AutoCAD 2021

中文版

从入门到精通

■ 王爱兵 胡仁喜 编著

人民邮电出版社

北 京

图书在版编目（CIP）数据

AutoCAD 2021中文版从入门到精通 / 王爱兵，胡仁
喜编著. — 北京：人民邮电出版社，2020.10
ISBN 978-7-115-54706-4

Ⅰ. ①A… Ⅱ. ①王… ②胡… Ⅲ. ①AutoCAD软件
Ⅳ. ①TP391.72

中国版本图书馆CIP数据核字（2020）第163992号

内 容 提 要

　　本书重点介绍了AutoCAD 2021中文版在产品设计中的应用方法和技巧。全书分为5篇共18章，分别介绍了AutoCAD 2021基础知识、简单二维绘制命令、文字与表格、基本绘图工具、二维编辑命令、复杂二维绘图与编辑命令、尺寸标注、图块及其属性、辅助绘图工具、绘制和编辑三维网格、三维实体绘制、三维实体编辑、机械设计工程实例、建筑设计工程实例、齿轮泵零件图、齿轮泵装配图、齿轮泵零件立体图以及齿轮泵装配立体图。在介绍的过程中，内容安排由浅入深，从易到难。本书图文并茂，语言简洁，思路清晰。每一章的知识点都配有案例讲解，帮助读者对知识点有进一步的了解；每章的最后都配有巩固练习，以帮助读者对全章知识点进行综合运用。

　　本书可作为广大工程技术人员的AutoCAD自学教程和参考书，也可作为各类院校的教学参考书。除传统的纸面讲解之外，本书还配有数字学习资料。资料中包含全书的讲解实例和练习实例的源文件素材，以及全程实例同步视频文件，可以帮助读者轻松愉悦地学习本书。

　◆ 编　　著　王爱兵　胡仁喜
　　　责任编辑　颜景燕
　　　责任印制　王　郁　马振武
　◆ 人民邮电出版社出版发行　　北京市丰台区成寿寺路 11 号
　　　邮编　100164　　电子邮件　315@ptpress.com.cn
　　　网址　https://www.ptpress.com.cn
　　　北京天宇星印刷厂印刷
　◆ 开本：787×1092　1/16
　　　印张：23.25　　　　　　　　　2020 年 10 月第 1 版
　　　字数：701 千字　　　　　　　2025 年 1 月北京第 16 次印刷

定价：69.80 元

读者服务热线：**(010)81055410**　印装质量热线：**(010)81055316**
反盗版热线：**(010)81055315**
广告经营许可证：京东市监广登字 20170147 号

前　言

随着CAD技术的发展，CAD设计已经成为人们日常工作和生活中的重要内容，特别是AutoCAD，几乎成为CAD的标准工具。近年来，网络技术和其他设计制造业的发展也使CAD技术如虎添翼。同时，AutoCAD技术一直致力于把工业技术与计算机技术融为一体，形成开放式的大型CAD平台，特别是在机械、建筑、电子等领域，更是先人一步，技术发展势头异常迅猛。

值此AutoCAD 2021面市之际，作者组织几所高校的老师，根据学生学习工程应用的需要精心编写了本书。书中处处凝结着教育者的经验与体会，贯彻着编写者的教学思想，希望能够为广大读者的学习提供一条有效的捷径。

一、本书特色

图书市场上的AutoCAD相关书籍浩如烟海，读者要挑选一本自己中意的书反而很困难，可以说是"乱花渐欲迷人眼"。那么，本书为什么能够让读者在"众里寻他千百度"之际，在"灯火阑珊"处"蓦然回首"呢？那是因为本书有以下五大特色。

1．作者权威

本书总结了作者多年的设计经验以及教学的心得体会，精心编著，力求全面细致地展现AutoCAD在工业设计应用领域的各种功能和使用方法。

2．案例专业

书中很多案例源于实际工程设计项目，在选用时，作者又进行了精心提炼和改编。不仅保证了读者能够学好知识点，更重要的是能帮助读者掌握实际的操作技能。

3．提升技能

本书从全面提升读者AutoCAD设计能力的角度出发，结合大量的案例来讲解如何利用AutoCAD进行工程设计，真正让读者懂得计算机辅助设计并能够独立地完成各种工程设计。

4．内容全面

本书包罗了AutoCAD常用的功能，内容涵盖二维绘制、二维编辑、基本绘图工具、文字和表格、尺寸编辑、图块与外部参照、辅助绘图工具、数据交换、三维绘图和编辑命令等。本书不仅有透彻的讲解，还有丰富的实例。通过这些实例的演练，读者将找到一条学习AutoCAD的有效途径。

5．知行合一

本书结合大量的工业设计实例，详细讲解了AutoCAD的知识要点，让读者在学习案例的过程中潜移默化地掌握AutoCAD软件的操作技巧，同时提升工程设计实践能力。

二、本书的组织结构和主要内容

本书以AutoCAD 2021版本为演示平台，全面介绍AutoCAD软件的应用知识。全书分为5篇，共18章，各部分内容如下。

第一篇　二维绘图基础——全面介绍二维绘图基础知识。
第1章主要介绍AutoCAD 2021基础知识。
第2章主要介绍简单二维绘制命令。
第3章主要介绍文字与表格。
第4章主要介绍基本绘图工具。
第5章主要介绍二维编辑命令。
第6章主要介绍复杂二维绘图与编辑命令。

第二篇　二维绘图进阶——介绍高级二维绘图相关知识。
第7章主要介绍尺寸标注。
第8章主要介绍图块及其属性。
第9章主要介绍辅助绘图工具。

第三篇　三维绘图——全面介绍三维绘图相关知识。
第10章主要介绍绘制和编辑三维网格。
第11章主要介绍三维实体绘制。

第12章主要介绍三维实体编辑。

第四篇 综合实例——介绍完整的机械和建筑设计工程实例。

第13章主要介绍机械设计工程实例。

第14章主要介绍建筑设计工程实例。

第五篇 工程项目实践——围绕齿轮泵设计全面介绍工程实践案例实施过程。

第15章主要介绍齿轮泵零件图。

第16章主要介绍齿轮泵装配图。

第17章主要介绍齿轮泵零件立体图。

第18章主要介绍齿轮泵装配立体图。

三、本书的配套资源

本书为读者提供了极为丰富的配套电子资源,以便读者朋友在最短的时间内学会并精通这门技术。

1. 实例配套教学视频

编者针对本书实例专门制作了配套教学视频,读者可以先看视频,像看电影一样轻松愉悦地学习本书内容,然后对照课本加以实践和练习,能大大提高学习效率。

2. 全书实例的源文件

本书附带讲解实例和练习实例的源文件。

3. 其他资源

为了延伸读者的学习范围,电子资料中还收录了AutoCAD官方认证的考试大纲和模拟题、AutoCAD应用技巧大全、AutoCAD常用图块集、AutoCAD疑难问题汇总、AutoCAD典型习题库、AutoCAD设计常用填充图案集、常用快捷键速查手册、常用工具按钮速查手册、常用快捷命令速查手册等超值资源。

四、配套资源使用方式

为了方便读者学习,本书以二维码的形式提供了实例的视频教程。扫描"云课"二维码,即可观看全书视频。

云课

此外,读者可关注"职场研究社"公众号,回复"54706"获取所有配套资源的下载链接;也可登录异步社区官网(www.epubit.com),搜索关键词"54706"下载配套资源;还可以加入福利QQ群【1015838604】,额外获取九大学习资源库。

五、读者学习导航

本书注重实用性及技巧性,有助于读者快速掌握AutoCAD工程设计的方法和技巧,可供广大技术人员和工程设计专业的学生学习使用,也可作为各大、中专院校的教学参考书。

本书既讲解了AutoCAD的基础知识,又讲解了各个行业的设计实例,学习内容导航如下。

- 如果没有任何基础,请从头开始学习。
- 如果需要学习二维工程图形设计,请学习第1~9章。
- 如果需要学习三维工程图形设计,请学习第10~12章。
- 如果想成为AutoCAD设计高手,就从头学到最后一页吧!

六、致谢

本书由河北交通职业技术学院的王爱兵、胡仁喜两位老师编著,其中王爱兵执笔编写了第1~9章,胡仁喜编写了第10~18章。

由于时间仓促,加之作者水平有限,疏漏之处在所难免,敬请广大读者批评指正。可发送电子邮件至yanjingyan@ptpress.com.cn或加入QQ群537360114参与讨论。

编者
2020年9月

目　录

| 第二篇　二维绘图进阶 |

| 第三篇　三维绘图 |

| 第四篇　综合实例 |

| 第五篇　工程项目实践 |

第一篇 二维绘图基础

第1章

AutoCAD 2021 基础知识

在本章中，我们会循序渐进地学习有关 AutoCAD 2021 绘图的基本知识，了解如何设置图形的系统参数、样板图，掌握建立新的图形文件、打开已有文件的方法等。本章主要内容包括操作界面、绘图环境设置和文件管理等。

重点与难点

- ➲ 操作界面
- ➲ 设置绘图环境
- ➲ 图形的缩放和平移
- ➲ 文件管理
- ➲ 基本输入操作

1.1 操作界面

AutoCAD的操作界面是AutoCAD显示、编辑图形的区域。启动AutoCAD 2021后的默认界面（草图与注释）如图1-1所示，这是AutoCAD自2021版本出现的新界面风格。

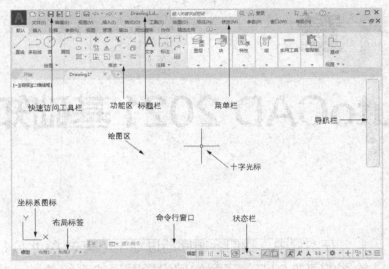

图1-1 默认界面

一个完整的草图与注释操作界面包括标题栏、绘图区、十字光标、坐标系图标、菜单栏、命令行窗口、状态栏、布局标签和快速访问工具栏等。

1.1.1 标题栏

在AutoCAD 2021中文版绘图窗口的最上端是

标题栏。标题栏用于显示系统当前运行的应用程序（AutoCAD 2021）和用户正在使用的图形文件。用户第一次启动AutoCAD时，AutoCAD 2021绘图窗口的标题栏中将显示AutoCAD 2021在启动时创建并打开的图形文件的名字Drawing1.dwg，如图1-2所示。

图1-2 AutoCAD 2020 中文版的"明"操作界面

安装AutoCAD 2021后，默认界面如图1-1所示。在绘图区中单击鼠标右键，打开快捷菜单，如图1-3所示。选择"选项"命令，打开"选项"对话框，选择"显示"选项卡，在"窗口元素"区域中将"颜色主题"设置为"明"，如图1-4所示。单击"确定"按钮，关闭对话框，其操作界面如图1-2所示。

在 AutoCAD 中，将该十字线称为光标，AutoCAD 通过光标显示当前点的位置。十字线的方向与当前用户坐标系的X轴、Y轴方向平行，系统将十字线的长度预设为屏幕大小的5%。

在默认情况下，AutoCAD的绘图窗口是黑色背景、白色线条，用户可根据个人习惯进行修改。

修改绘图窗口颜色的步骤如下。

（1）选择"工具"下拉菜单中的"选项"命令，打开"选项"对话框，打开图1-4所示的"显示"选项卡，单击"窗口元素"区域中的"颜色"按钮，将打开图1-5所示的"图形窗口颜色"对话框。

图1-3　快捷菜单

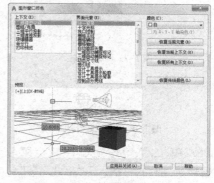

图1-5　"图形窗口颜色"对话框

（2）单击"图形窗口颜色"对话框中"颜色"字样右侧的下拉箭头，在打开的下拉列表中选择需要的窗口颜色，然后单击"应用并关闭"按钮，此时AutoCAD的绘图窗口的颜色就做出了相应的更改，通常按视觉习惯选择白色为窗口颜色。

图1-4　"选项"对话框

1.1.2 | 绘图区

绘图区是指标题栏下方的大片空白区域。绘图区域是用户使用AutoCAD绘制图形的区域，用户完成一幅设计图形所做的主要工作都是在绘图区域中完成的。

在绘图区域中，还有一个作用类似光标的十字线，其交点反映了光标在当前坐标系中的位置。

1.1.3 | 坐标系图标

在绘图区域的左下角，有一个箭头指向图标，称之为坐标系图标，表示用户绘图时正使用的坐标系形式。坐标系图标的作用是为点的坐标确定一个参照系，详细情况将在后文介绍。根据工作需要，用户可以选择将其关闭。方法是单击"视图"选项卡"视口工具"面板中的"UCS图标"按钮，将其以灰色状态显示，如图1-6所示。

图1-6　"视图"选项卡

1.1.4 | 菜单栏

在AutoCAD快速访问工具栏处调出菜单栏，如图1-7所示，调出后的菜单栏如图1-8所示。同大多数Windows程序一样，AutoCAD的菜单也是下拉形式的，并在菜单中包含子菜单。

图1-7 调出菜单栏

图1-8 菜单栏显示界面

AutoCAD的菜单栏中包含12个菜单："文件""编辑""视图""插入""格式""工具""绘图""标注""修改""参数""窗口""帮助"。这些菜单几乎包含了AutoCAD的所有绘图命令，后面的章节将围绕这些菜单展开讲述。一般来说，AutoCAD下拉菜单中的命令有以下3种。

1. 带有小三角形的菜单命令

这种类型的命令后面带有子菜单。例如，单击"绘图"菜单，指向其下拉菜单中的"圆"命令，屏幕上就会进一步下拉出"圆"子菜单中所包含的命令，如图1-9所示。

图1-9 带有子菜单的菜单命令

2. 打开对话框的菜单命令

这种类型的命令后面带有省略号。例如，单击菜单栏中的"格式"菜单，选择其下拉菜单中的"表格样式"命令，如图1-10所示。屏幕上就会打开"表格样式"对话框，如图1-11所示。

图1-10 具有相应对话框的菜单命令

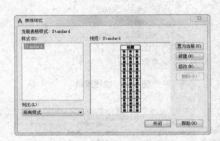

图1-11 "表格样式"对话框

3. 直接操作的菜单命令

选择这种类型的命令将直接进行相应的绘图或其他操作。例如，选择"视图"菜单中的"重画"命令，系统将刷新显示所有视口，如图1-12所示。

图1-12 直接操作的菜单命令

1.1.5 | 工具栏

工具栏是一组图标型工具的集合，把光标移动到某个图标上稍停片刻，该图标一侧即显示相应的工具提示。此时，单击图标可以启动相应命令。

1. 设置工具栏

选择菜单栏中的"工具"→"工具栏"→"AutoCAD"命令，调出所需要的工具栏，如图1-13所示。单击某一个未在界面显示的工具栏名，系统会自动在界面打开该工具栏；反之，关闭工具栏。

图1-13 调出工具栏

2. 工具栏的"固定""浮动""打开"

工具栏可以在绘图区"浮动"，此时显示该工具栏标题，并可关闭该工具栏。可以使用鼠标拖动"浮动"工具栏到图形区边界，使它变为"固定"工具栏，此时工具栏标题隐藏。也可以把"固定"工具栏拖出，使它成为"浮动"工具栏，如图1-14所示。

图1-14 "浮动"工具栏

有些图标的右下角带有一个小三角，按住鼠标左键会打开相应的工具栏，继续按住鼠标左键将光

标移动到某一图标上然后松开，工具栏上的图标就变为当前图标。单击当前图标可执行相应命令，如图1-15所示。

图1-15 "三维导航"工具栏

1.1.6 | 命令行窗口

命令行窗口是输入命令名和显示命令提示的区域，默认的命令行窗口布置在绘图区下方，是若干文本行，如图1-16所示。对命令行窗口，有以下几点需要说明。

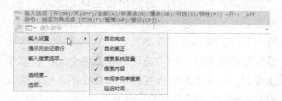

图1-16 命令行窗口

（1）移动拆分条，可以扩大或缩小命令行窗口。

（2）可以拖动命令行窗口，将其布置在屏幕上的其他位置。默认情况下，命令行窗口布置在图形窗口的下方。

（3）对当前命令行窗口中输入的内容，可以按F2键用文本编辑的方法进行编辑，如图1-17所示。AutoCAD文本窗口和命令窗口相似，它可以显示当前AutoCAD进程中命令的输入和执行过程。在执行AutoCAD的某些命令时，它会自动切换到文本窗口，列出有关信息。

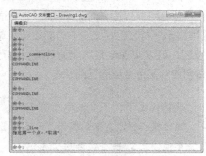

图1-17 文本窗口

（4）AutoCAD通过命令行窗口反馈各种信息，包括出错信息。因此，用户要时刻关注命令行窗口中出现的信息。

1.1.7 布局标签

AutoCAD系统默认设定一个模型空间布局标签和"布局1""布局2"两个图样空间布局标签。在这里有两个概念需要解释。

1. 布局

布局是系统为绘图设置的一种环境，包括图样大小、尺寸单位、角度设定，数值精确度等。在系统预设的3个标签中，这些环境变量都按默认设置。用户可根据实际需要改变这些变量的值，也可以根据需要设置符合自己要求的新标签。

2. 模型

AutoCAD的空间分为模型空间和图纸空间。模型空间是我们通常绘图的环境，而在图纸空间中，用户可以创建叫作"浮动视口"的区域，以不同视图显示所绘图形。用户还可以在图纸空间中调整浮动视口，并决定所包含视图的缩放比例。如果选择图纸空间，则用户可以打印任意布局的多个视图。

AutoCAD系统默认打开模型空间，用户可以通过单击鼠标左键选择需要的布局。

1.1.8 状态栏

状态栏在屏幕的底部，依次有"坐标""模型空间""栅格""捕捉模式""推断约束""动态输入""正交模式""极轴追踪""等轴测草图""对象捕捉追踪""二维对象捕捉""线宽""透明度""选择循环""三维对象捕捉""动态UCS""选择过滤""小控件""注释可见性""自动缩放""注释比例""切换工作空间""注释监视器""单位""快捷特性""锁定用户界面""隔离对象""图形性能速""全屏显示""自定义"30个功能按钮。单击部分开关按钮，可以实现这些功能的开关。也可以通过部分按钮控制图形或绘图区的状态。

> **注意** 默认情况下，不会显示所有工具，可以通过状态栏最右侧的按钮，选择要在"自定义"菜单显示的工具。状态栏上显示的工具可能会发生变化，具体取决于当前的工作空间以及当前显示的是"模型"选项卡还是"布局"选项卡。下面对状态栏上的部分按钮做简单介绍，如图1-18所示。

图1-18 状态栏

（1）模型空间：在模型空间与布局空间之间进行转换。

（2）栅格：栅格是覆盖用户坐标系（UCS）的整个XY平面的直线或点的矩形图案。使用栅格类似于在图形下放置一张坐标纸，可以对齐对象并直观显示对象之间的距离。

（3）捕捉模式：对象捕捉对于在对象上指定精确位置非常重要。不论何时提示输入点，都可以指定对象捕捉。默认情况下，当光标移到对象的对象捕捉位置时，将显示标记和工具提示。

（4）正交限制光标（正交模式）：将光标限制在水平或垂直方向上移动，以便于精确地创建和修改对象。当创建或移动对象时，可以使用"正交模式"将光标限制在相对于用户坐标系（UCS）的水平或垂直方向上。

（5）按指定角度限制光标（极轴追踪）：使用极轴追踪，光标将按指定角度进行移动。创建或修改对象时，可以使用"极轴追踪"来显示由指定的极轴角度所定义的临时对齐路径。

（6）等轴测草图：通过设定"等轴测捕捉/栅格"，可以很容易地沿3个等轴测平面之一对齐对象。尽管等轴测图形看似三维图形，但它实际上是二维表示。因此，不能期望提取三维距离和面积、从不同视点显示对象或自动消除隐藏线。

（7）显示捕捉参照线（对象捕捉追踪）：使用对象捕捉追踪，可以沿着基于对象捕捉点的对齐路径进行追踪。已获取的点将显示一个小加号（＋），一次最多可以获取7个追踪点。获取点之后，当在绘图路径上移动光标时，将显示相对于获取点的水平、垂直或极轴对齐路径。例如，可以基于对象端点、中点或者交点，沿着某个路径选择一点。

（8）将光标捕捉到二维参照点（二维对象捕捉）：执行对象捕捉设置可以在对象上的精确位置指定捕捉点。选择多个选项后，将应用选定的捕捉模式，以返回距离靶框中心最近的点。按Tab键可以在这些选项之间循环。

（9）注释可见性：当图标亮显时表示显示所有

比例的注释对象,当图标变暗时表示仅显示当前比例的注释对象。

(10)自动缩放:注释比例更改时,自动将比例添加到注释性对象。

(11)注释比例:单击注释比例右下角的小三角符号将弹出注释比例列表,如图1-19所示。可以根据需要选择适当的注释比例。

图 1-19 注释比例列表

(12)切换工作空间:进行工作空间转换。

(13)注释监视器:打开仅用于所有事件或模型文档事件的注释监视器。

(14)图形性能:设定图形卡的驱动程序以及设置硬件加速的选项。

(15)隔离对象:当选择隔离对象时,在当前视图中显示选定对象,所有其他对象都暂时隐藏;当选择隐藏对象时,在当前视图中暂时隐藏选定对象,所有其他对象都可见。

(16)全屏显示:该选项可以清除Windows窗口中的标题栏、功能区和选项板等界面元素,使AutoCAD的绘图窗口全屏显示,如图1-20所示。

(17)自定义:状态栏可以提供重要信息,而无须中断工作流。使用MODEMACRO系统变量可将应用程序所能识别的大多数数据显示在状态栏中。使用该系统变量的计算、判断和编辑功能可以完全按照用户的要求构造状态栏。

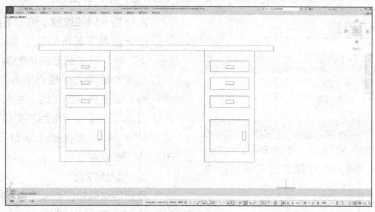

图 1-20 全屏显示

1.1.9 | 滚动条

AutoCAD 2021的默认界面是不显示滚动条的,我们需要把滚动条调出来。选择菜单栏中的"工具"→"选项"命令,弹出"选项"对话框,单击"显示"选项卡,勾选"窗口元素"中的"在图形窗口中显示滚动条"复选框,如图1-21所示。

滚动条包括水平和垂直滚动条,用于左右或上下移动绘图窗口内的图形。按住鼠标左键拖动滚动条中的滑块或单击滚动条两侧的三角按钮,即可移动图形,如图1-22所示。

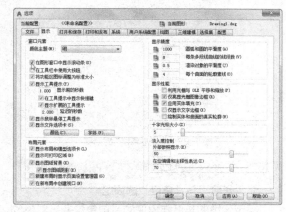

图 1-21 "选项"对话框中的"显示"选项卡

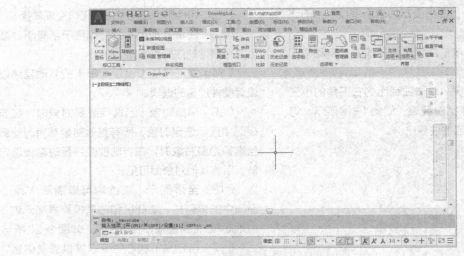

图 1-22   显示"滚动条"

1.2   设置绘图环境

在 AutoCAD 中，可以利用相关命令对图形单位和图形边界进行具体设置。

1.2.1   图形单位设置

执行方式

命令行：DDUNITS（或 UNITS）

菜单栏："格式"→"单位"

操作步骤

执行上述命令后，将弹出"图形单位"对话框，如图 1-23 所示。该对话框用于定义单位和角度格式。

图 1-23   "图形单位"对话框

选项说明

1."长度"与"角度"选项组

指定测量的长度与角度的当前单位及当前单位的精度。

2."插入时的缩放单位"下拉列表框

控制使用工具选项板（例如 DesignCenter 或 i-drop）拖入当前图形的块的测量单位。如果块或图形创建时使用的单位与该选项指定的单位不同，则在插入这些块或图形时，将对其按比例缩放。插入比例是源块或图形使用的单位与目标块或图形使用的单位之比。如果插入块时不按指定单位缩放，请选择"无单位"。

3."输出样例"

显示用当前单位和角度设置的例子。

4."光源"下拉列表框

用于指定当前图形中光源强度的单位。

5."方向"按钮

单击该按钮，弹出"方向控制"对话框，如图 1-24 所示。可以在该对话框中进行方向控制设置。

图 1-24   "方向控制"对话框

1.2.2 | 图形边界设置

执行方式

命令行：LIMITS

菜单栏："格式"→"图形范围"

操作步骤

命令行提示如下。

命令：LIMITS ✓

重新设置模型空间界限：

指定左下角点或 [开 (ON) / 关 (OFF)] <0.0000,

0.0000>:(输入图形界线左下角的坐标后按<Enter>键)

指定右上角点 <12.0000,9.0000>:（输入图形边

界右上角的坐标后按 <Enter> 键）

选项说明

1. 开（ON）

使绘图边界有效。系统在绘图边界以外拾取的

点视为无效。

2. 关（OFF）

使绘图边界无效。用户可以在绘图边界以外拾取点或实体。

3. 动态输入角点坐标

可以直接在屏幕上输入角点坐标，输入横坐标值后按"，"键，接着输入纵坐标值，如图1-25所示。也可以按光标位置直接按下鼠标左键确定角点位置。

图1-25　动态输入

1.3 图形的缩放和平移

所谓视图就是必须有特定的放大倍数、位置及方向的图形。改变视图的一般方法就是利用缩放和平移命令，可以在绘图区域放大或缩小图像显示，或者改变观察位置。

1.3.1 | 实时缩放

AutoCAD 2021为交互式的缩放和平移提供了可能。有了实时缩放，就可以通过垂直向上或向下移动光标来放大或缩小图形。利用实时平移（1.3.2节介绍），能通过单击和移动光标以重新放置图形。

执行方式

命令行：Zoom

菜单栏："视图"→"缩放"→"实时"

工具栏：标准→实时缩放 ±ₐ

功能区：单击"视图"选项卡"导航"面板中的"范围"下拉列表下的"实时"按钮 ±ₐ

操作步骤

按住选择钮垂直向上或向下移动。从图形的中点向顶端垂直地移动光标就可以放大图形，向底部垂直地移动光标就可以缩小图形。

在"标准"工具栏的"缩放"下拉工具栏（见图1-26）和"缩放"工具栏（见图1-27）中还有

一些类似的"缩放"命令，读者可以自行操作体会，这里不一一赘述。

图1-26　"缩放"下拉工具栏

图1-27　"缩放"工具栏

1.3.2 | 实时平移

执行方式

命令行：PAN

菜单栏："视图"→"平移"→"实时"

工具栏：标准→实时平移 🖐

快捷菜单：在绘图窗口中单击鼠标右键，选择

"平移"命令

功能区：单击"视图"选项卡"导航"面板中的"平移"按钮✋，如图1-28所示

图1-28 "导航"面板

操作步骤

执行上述命令后，用鼠标单击选择钮，然后移动手形光标就可以平移图形了。当移动到图形的边

缘时，光标将呈三角形显示。

另外，AutoCAD 2021为显示控制命令设置了一个右键快捷菜单，如图1-29所示。在该菜单中，用户可以在显示命令执行的过程中透明地进行切换。

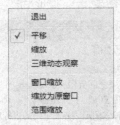

图1-29 右键快捷菜单

1.4 文件管理

本节将介绍有关文件管理的一些基本操作方法，包括新建文件、打开文件、保存文件、删除文件等，这些都是AutoCAD 2021最基础的知识。

1.4.1 新建文件

执行方式

命令行：NEW或QNEW

菜单栏："文件"→"新建"或"主菜单"→"新建"

工具栏：标准→新建 或快速访问→新建

快捷键：Ctrl+N

操作步骤

执行上述命令后，弹出图1-30所示的"选择样板"对话框，在文件类型下拉列表框中有3种格

式的图形样板，后缀分别是dwt、dwg、dws。一般情况下，dwt文件是标准的样板文件，通常将一些规定的标准性的样板文件设成dwt文件；dwg文件是普通的样板文件；而dws文件是包含标准图层、标注样式、线型和文字样式的样板文件。

1.4.2 打开文件

执行方式

命令行：OPEN

菜单栏："文件"→"打开"或"主菜单"→"打开"

工具栏：标准→打开 或快速访问→打开

快捷键：Ctrl+O

操作步骤

执行上述命令后，弹出"选择文件"对话框，如图1-31所示。用户可在"文件类型"列表框中选择dwg文件、dwt文件、dxf文件和dws文件。dxf文件是以文本形式存储的图形文件，能够被其他程序读取，许多第三方应用软件都支持dxf格式。

图1-30 "选择样板"对话框

图 1-31 "选择文件"对话框

1.4.3 保存文件

执行方式

命令行：QSAVE 或 SAVE

菜单栏："文件"→"保存"或"另存为"

工具栏：标准→保存 或快速访问→保存

快捷键：Ctrl+S

操作步骤

执行上述命令后，若文件已命名，则AutoCAD自动保存；若文件未命名（即为默认名drawing1.dwg），则系统弹出"图形另存为"对话框（见图1-32），用户可以命名保存。在"保存于"下拉列表框中可以

指定保存文件的路径，在"文件类型"下拉列表框中可以指定保存文件的类型。

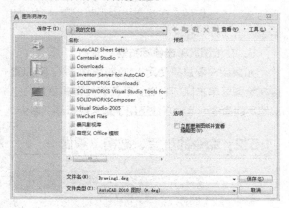

图 1-32 "图形另存为"对话框

为了防止因意外操作或计算机系统故障导致正在绘制的图形文件丢失，可以对当前图形文件设置自动保存。步骤如下。

（1）利用系统变量SAVEFILEPATH设置所有"自动保存"文件的位置，如：D:\HU\。

（2）利用系统变量SAVEFILE存储"自动保存"文件名。该系统变量储存的文件是只读文件，用户可以从中查询自动保存的文件名。

（3）利用系统变量SAVETIME指定在使用"自动保存"时多长时间保存一次图形。

1.5 基本输入操作

在AutoCAD中，有一些基本的输入操作方法。掌握这些基本方法是使用AutoCAD进行绘图的基础，也是深入学习AutoCAD功能的前提。

1.5.1 命令输入方式

AutoCAD交互绘图必须输入必要的指令和参数。AutoCAD命令的输入方式有很多种（以画直线为例）。

1. 在命令窗口输入命令

命令可不区分大小写。例如，命令：LINE↙。执行命令时，在命令行提示中经常会出现命令选项。如输入绘制直线命令"LINE"后，命令行中的提示如下。

```
命令：LINE ↙
指定第一个点：(在屏幕上指定一点或输入一个点的坐标)
指定下一点或 [放弃(U)]：
```

选项中不带括号的提示为默认选项，因此可

以直接输入直线段的起点坐标或在屏幕上指定一点。如果要选择其他选项，则应该首先输入该选项的标识字符，如"放弃"选项的标识字符"U"，然后按系统提示输入数据即可。在命令选项的后面有时候还带有尖括号，尖括号内的数值为默认数值。

2. 在命令窗口输入命令缩写

如L（Line）、C（Circle）、A（Arc）、Z（Zoom）、R（Redraw）、M（More）、CO（Copy）、PL（PLINE）、E（Erase）等。

3. 选取绘图菜单直线选项

选取该选项后，在状态栏中可以看到对应的命令说明及命令名。

4．选取工具栏中的对应图标

选取该图标后，在状态栏中也可以看到对应的命令说明及命令名。

5．在绘图区单击鼠标右键

如果用户要重复使用上次使用的命令，可以直接在绘图区单击鼠标右键，系统将立即重复执行上次使用的命令，这种方法适用于重复执行某个命令。

1.5.2 命令的重复、撤销、重做

执行方式

命令行：UNDO

菜单栏："编辑"→"放弃"

工具栏：标准→放弃 ⟵ ・ 或快速访问→放弃 ⟵ ・

快捷键：Esc

已被撤销的命令还可以恢复重做。

执行方式

命令行：REDO（快捷命令：RE）

菜单栏："编辑"→"重做"

工具栏：标准→重做 ⟶ ・ 或快速访问→重做 ⟶ ・

快捷键：Ctrl+Y

该命令可以一次执行多重放弃和重做操作。单击 UNDO 或 REDO 列表的箭头，可以选择要放弃或重做的操作，如图 1-33 所示。

图 1-33　多重放弃或重做

选项说明

1．命令的重复

在命令窗口中输入"Enter"可重复调用上一个命令，不管上一个命令是完成了还是被取消了。

2．命令的撤销

在命令执行的任何时刻都可以取消和终止命令

的执行。

1.5.3 坐标系

AutoCAD 采用两种坐标系：世界坐标系（WCS）与用户坐标系（UCS）。用户刚进入 AutoCAD 时的坐标系统就是世界坐标系，是固定的坐标系统。世界坐标系也是坐标系统中的基准，绘制图形时多数情况下都是在这个坐标系统下进行的。

执行方式

命令行：UCS

菜单栏："工具"→"UCS"

AutoCAD 有两种视图显示方式：模型空间和图纸空间。模型空间使用单一视图显示，我们通常采用的都是这种显示方式；图纸空间能够在绘图区创建图形的多视图，用户可以对其中每一个视图进行单独操作。在默认情况下，当前 UCS 与 WCS 重合。在图 1-34 中，图 1-34（a）为模型空间下的 UCS 坐标系图标，通常位于绘图区左下角；也可以指定在当前 UCS 的实际坐标原点位置，如图 1-34（b）所示；图 1-34（c）为图纸空间下的坐标系图标。

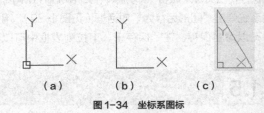

（a）　　　　（b）　　　　（c）

图 1-34　坐标系图标

1.5.4 按键定义

在 AutoCAD 中，除了可以通过在命令窗口输入命令、单击工具栏图标或选择菜单项来完成操作外，还可以使用键盘上的功能键或快捷键来快速实现某些操作，如单击 F1 键，系统将调用 AutoCAD 帮助对话框。

系统使用 AutoCAD 传统标准（Windows 之前）或 Microsoft Windows 标准解释快捷键。有些功能键或快捷键在 AutoCAD 的菜单中已经指出，如"粘贴"的快捷键为"Ctrl+V"，用户只要在使用的过程中多加留意，就能熟练掌握。快捷键的定义见菜单命令后面的说明，如"粘贴(P) Ctrl+V"。

1.6 上机实验

【实验1】熟悉操作界面

1. 目的要求

通过本实验的操作练习，熟悉AutoCAD 2021的操作界面。

2. 操作提示

（1）启动AutoCAD 2021，进入绘图界面。

（2）调整操作界面的大小。

（3）设置绘图窗口颜色与光标大小。

（4）打开、移动、关闭工具栏和功能区。

（5）尝试同时利用命令行、下拉菜单和功能区绘制一条线段。

【实验2】管理图形文件

1. 目的要求

通过本实验的操作练习，掌握管理AutoCAD 2021图形文件的方法。

2. 操作提示

（1）启动AutoCAD 2021，进入绘图界面。

（2）打开一幅已经保存过的图形。

（3）进行自动保存设置。

（4）将图形以新的名字保存。

（5）尝试在图形上绘制任意图线。

（6）关闭该图形。

（7）尝试打开按新名字保存的原图形。

【实验3】数据输入

1. 目的要求

通过本实验的操作练习，掌握AutoCAD 2021图形文件的数据输入方法。

2. 操作提示

（1）在命令行输入"LINE"命令。

（2）输入起点的直角坐标方式下的绝对坐标值。

（3）输入下一点的直角坐标方式下的相对坐标值。

（4）输入下一点的极坐标方式下的绝对坐标值。

（5）输入下一点的极坐标方式下的相对坐标值。

（6）用鼠标直接指定下一点的位置。

（7）按下状态栏上的"正交"按钮，用鼠标拉出下一点的方向，在命令行输入一个数值。

（8）按<Enter>键结束绘制线段的操作。

【实验4】用缩放工具查看零件图的细节部分

1. 目的要求

如图1-35所示，本例给出的零件图形比较复杂，为了绘制或查看零件图的局部或整体，需要用到图形显示工具。通过本例的练习，读者应熟练掌握各种图形显示工具的使用方法与技巧。

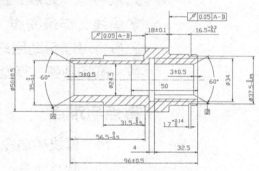

图1-35 零件图

2. 操作提示

（1）利用"平移"工具移动图形到合适位置。

（2）利用"缩放"工具栏中的各种缩放工具对图形的各个局部进行缩放。

第2章

简单二维绘制命令

二维图形是指在二维空间绘制的图形，主要由一些图形元素组成，如点、直线、圆弧、圆、椭圆、矩形、多边形、多段线、样条曲线、多线等。AutoCAD 提供了大量的绘图工具，可以帮助用户完成二维图形的绘制。本章主要讲解直线、圆和圆弧、椭圆和椭圆弧、平面图形、点等的绘制。

重点与难点

- ➲ 直线类命令
- ➲ 圆类命令
- ➲ 平面图形
- ➲ 点

2.1 直线类命令

直线类命令包括直线段、射线和构造线，这几个命令是AutoCAD中较简单的绘图命令。

2.1.1 直线段

执行方式

命令行：LINE（快捷命令：L）

菜单栏："绘图"→"直线"

工具栏：单击"绘图"工具栏中的"直线"按钮 ╱

功能区：单击"默认"选项卡"绘图"面板中的"直线"按钮 ╱

操作步骤

命令行提示如下。

命令：LINE ✓
指定第一个点：输入直线段的起点坐标或在绘图区单击指定点
指定下一点或 ［放弃 (U)］：输入直线段的端点坐标，或单击光标指定一定角度后，直接输入直线的长度
指定下一点或 ［放弃 (U)］：输入下一直线段的端点，或输入选项"U"表示放弃前面的输入；单击鼠标右键或按<Enter>键，结束命令
指定下一点或 ［闭合 (C) /放弃 (U)］：
输入下一直线段的端点，或输入选项"C"使图形闭合，结束命令

选项说明

（1）输入点的坐标时，数值之间的逗号一定要在英文状态下输入，否则会出现错误。

（2）若按<Enter>键响应"指定第一个点"提示，系统会把上次绘制图线的终点作为本次图线的起始点。若上次操作为绘制圆弧，按<Enter>键响应后则绘出通过圆弧终点并与该圆弧相切的直线段，该线段的长度为光标在绘图区指定的一点与切点之间的距离。

（3）在"指定下一点"提示下，用户可以指定多个端点，从而绘出多条直线段。但是，每一条直线段是一个独立的对象，可以进行单独的编辑操作。

（4）绘制两条以上直线段后，若采用输入选项"C"响应"指定下一点"提示，系统会自动连接起始点和最后一个端点，从而绘出封闭的图形。

（5）若采用输入选项"U"响应提示，则删除最近一次绘制的直线段。

（6）若设置正交方式（按下状态栏中的"正交模式"按钮 ⌐），则只能绘制水平线段或垂直线段。

（7）若设置动态数据输入方式（按下状态栏中的"动态输入"按钮 ＋），则可以动态输入坐标或长度值，效果与非动态数据输入方式类似。除了特别需要，以后不再强调，只按非动态数据输入方式输入相关数据。

实例教学

下面以图2-1所示的五角星为例，介绍直线命令的使用方法。

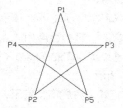

图2-1 五角星

STEP 绘制步骤

单击状态栏中的"动态输入"按钮 ＋，关闭动态输入，单击"默认"选项卡"绘图"面板中的"直线"按钮 ╱，命令行提示如下。

命令：_line
指定第一个点：120,120 ✓（在命令行中输入"120,120"（即顶点P1的位置）后按<Enter>键，系统继续提示，用相似方法输入五角星的各个顶点）
指定下一点或 ［放弃 (U)］：@80<252 ✓（P2 点）
指定下一点或 ［放弃 (U)］：159.091,90.870 ✓（P3点，也可以输入相对坐标"@80<36"）
指定下一点或 ［闭合 (C) /放弃 (U)］：@80,0 ✓（错位的 P4 点）
指定下一点或 ［闭合 (C) /放弃 (U)］：U ✓（取消对 P4 点的输入）
指定下一点或 ［闭合 (C) /放弃 (U)］：@-80,0 ✓（P4 点）
指定下一点或 ［闭合 (C) /放弃 (U)］：144.721,43.916 ✓（P5点，也可以输入相对坐标"@80<-36"）
指定下一点或 ［闭合 (C) /放弃 (U)］：C ✓

2.1.2 数据的输入方法

在AutoCAD中，点的坐标可以用直角坐标、

极坐标、球面坐标和柱面坐标表示，每一种坐标又分别具有两种坐标输入方式：绝对坐标和相对坐标。其中，直角坐标和极坐标最为常用，下面主要介绍它们的输入方法。

（1）直角坐标法。用点的 X、Y 坐标值表示的坐标。

例如，在命令行中输入点的坐标提示下，输入"15,18"，则表示输入一个 X、Y 的坐标值分别为15、18的点，此为绝对坐标输入方式，表示该点的坐标是相对于当前坐标原点的坐标值，如图2-2（a）所示。如果输入"@10,20"，则为相对坐标输入方式，表示该点的坐标是相对于前一点的坐标值，如图2-2（b）所示。

（2）极坐标法。用长度和角度表示的坐标，只能用来表示二维点。

在绝对坐标输入方式下，表示为"长度<角度"，如"25<50"，其中长度为该点到坐标原点的距离，角度为该点至原点的连线与 X 轴正向的夹角，如图2-2（c）所示。

在相对坐标输入方式下，表示为"@长度<角度"，如"@25<45"，其中长度为该点到前一点的距离，角度为该点至前一点的连线与 X 轴正向的夹角，如图2-2（d）所示。

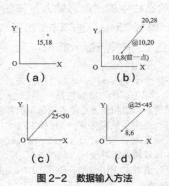

图2-2　数据输入方法

（3）动态数据输入。按下状态栏上的"动态输入"按钮 ，系统将开启动态输入功能（如果不需要动态输入功能，可单击"动态输入"按钮 ，关闭动态输入功能）。可以在屏幕上动态地输入某些参数数据。例如，绘制直线时，在光标附近，会动态地显示"指定第一个点"及后面的坐标框，当前坐标框中显示的是光标所在位置，可以输入数据，两个数据之间以逗号隔开，如图2-3所示。指定第一

点后，系统将动态地显示直线的角度，同时要求输入线段长度值，如图2-4所示，其输入效果与"@长度<角度"方式相同。

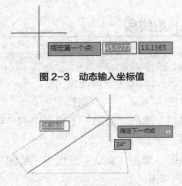

图2-3　动态输入坐标值

图2-4　动态输入长度值

下面分别讲述点与距离值的输入方法。

（1）点的输入。在绘图过程中常需要输入点的位置，AutoCAD提供以下几种输入点的方式。

1）直接在命令行窗口中输入点的坐标。笛卡儿坐标有两种输入方式："X,Y"（点的绝对坐标值，如"100,50"）和"@X,Y"（相对于上一点的相对坐标值，如"@50,-30"）。坐标值是相对于当前的用户坐标系而言的。

极坐标的输入方式为"长度<角度"（其中，长度为点到坐标原点的距离，角度为原点至该点连线与 X 轴的正向夹角，如"20<45"）或"@长度<角度"（相对于上一点的相对极坐标，如"@50<-30"）。

> **提示** 第二个点和后续点的默认设置为相对极坐标。不需要输入 @ 符号。如果需要使用绝对坐标，请使用 # 符号前缀。例如，要将对象移到原点，请在提示输入第二个点时，输入"#0,0"。

2）用鼠标单击的方式在屏幕上直接取点。

3）用目标捕捉方式捕捉屏幕上已有图形的特殊点（如端点、中点、中心点、插入点、交点、切点、垂足等，详见第4章）。

4）直接输入距离。先用光标拖拉出橡筋线确定方向，然后用键盘输入距离。这样有利于准确控制对象的长度等参数。

（2）距离值的输入。在AutoCAD命令中，有时需要提供高度、宽度、半径、长度等距离值。AutoCAD提供两种输入距离值的方式：一种是用

键盘在命令行窗口中直接输入数值；另一种是在屏幕上拾取两点，以两点的距离值定出所需数值。

 实例教学

下面以图2-5所示的五角星为例，介绍直线命令在动态输入功能下的使用方法。

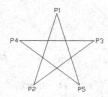

图 2-5　五角星

STEP 绘制步骤

❶ 系统默认打开动态输入，如果动态输入没有打开，可以单击状态栏中的"动态输入"按钮 ，打开动态输入。单击"默认"选项卡"绘图"面板中的"直线"按钮 ，在动态输入框中输入第一点坐标为（120,120），如图2-6所示。按 <Enter> 键确认 P1 点。

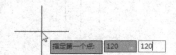

图 2-6　确定 P1 点

❷ 拖动鼠标，然后在动态输入框中输入长度为"80"，按 <Tab> 键切换到角度输入框，输入角度为"108"，如图2-7所示，按 <Enter> 键确认 P2 点。

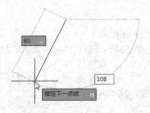

图 2-7　确定 P2 点

❸ 拖动鼠标，然后在动态输入框中输入长度为"80"，按 <Tab> 键切换到角度输入框，输入角度为"36"，如图2-8所示，按 <Enter> 键确认 P3 点。也可以输入绝对坐标（#159.091，90.870），如图2-9所示，按 <Enter> 键确

认 P3 点。

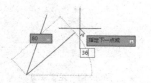

图 2-8　确定 P3 点

图 2-9　确定 P3 点（绝对坐标方式）

❹ 拖动鼠标，然后在动态输入框中输入长度为"80"，按 <Tab> 键切换到角度输入框，输入角度为"180"，如图 2-10 所示，按 <Enter> 键确认 P4 点。

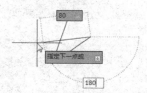

图 2-10　确定 P4 点

❺ 拖动鼠标，然后在动态输入框中输入长度为"80"，按 <Tab> 键切换到角度输入框，输入角度为"36"，如图 2-11 所示，按 <Enter> 键确认 P5 点。也可以输入绝对坐标（#144.721，43.916），如图 2-12 所示，按 <Enter> 键确认 P5 点。

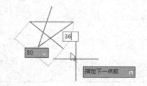

图 2-11　确定 P5

图 2-12　确定 P5（绝对坐标方式）

❻ 拖动鼠标，直接捕捉 P1 点，如图 2-13 所示。也可以输入长度为"80"，按 <Tab> 键切换到角度输入框，输入角度为"108"，完成绘制。

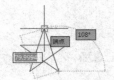

图2-13 完成绘制

2.1.3 构造线

命令行：XLINE（快捷命令：XL）

菜单栏："绘图"→"构造线"

工具栏：单击"绘图"工具栏中的"构造线"按钮✓

功能区：单击"默认"选项卡"绘图"面板中的"构造线"按钮✓

命令行提示如下。

命令：XLINE ✓
指定点或 [水平(H)/垂直(V)/角度(A)/二等分(B)/偏移(O)]：指定起点1
指定通过点：指定通过点2，绘制一条双向无限长直线
指定通过点：继续指定点，继续绘制直线，按<Enter>键结束命令

（1）执行选项中有"指定点""水平""垂直""角度""二等分""偏移"6种方式绘制构造线，分别如图2-14（a）～（f）所示。

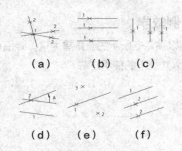

(a)　　(b)　　(c)

(d)　　(e)　　(f)

图2-14 构造线

（2）构造线模拟手工作图中的辅助作图线。用特殊的线型显示，在图形输出时可不输出。应用构造线作为辅助线绘制机械图中的三视图是构造线的主要用途，构造线的应用保证了三视图之间"主、俯视图长对正，主、左视图高平齐，俯、左视图宽相等"的对应关系。图2-15所示为应用构造线作为辅助线绘制机械图中三视图的示例。图中细线为构造线，粗线为三视图轮廓线。

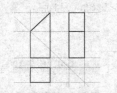

图2-15 构造线辅助绘制三视图

2.2 圆类命令

圆类命令主要包括"圆""圆弧""圆环""椭圆""椭圆弧"命令，这几个命令是AutoCAD中较简单的曲线命令。

2.2.1 圆

命令行：CIRCLE（快捷命令：C）

菜单栏："绘图"→"圆"

工具栏：单击"绘图"工具栏中的"圆"按钮⊙

功能区：单击"默认"选项卡"绘图"面板中的"圆"按钮⊙

命令行提示如下。

命令：CIRCLE ✓
指定圆的圆心或 [三点(3P)/两点(2P)/切点、切点、半径(T)]：指定圆心
指定圆的半径或 [直径(D)]：直接输入半径值或在绘图区单击指定半径长度
指定圆的直径 <默认值>：输入直径值或在绘图区单击指定直径长度

（1）三点（3P）：通过指定圆周上3点绘制圆。

（2）两点（2P）：通过指定直径的两端点绘制圆。

（3）切点、切点、半径（T）：通过先指定两个

相切对象，再给出半径的方法绘制圆。图2-16展示了以"切点、切点、半径"方式绘制圆的各种情形（加粗的圆为最后绘制的圆）。

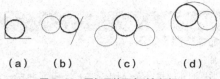

（a）　　（b）　　　（c）　　　（d）

图2-16　圆与另外两个对象相切

单击菜单栏中的"绘图"→"圆"命令，其子菜单中还有"相切、相切、相切"的绘制方法，当单击此方式时（见图2-17），命令行提示如下。

> 指定圆上的第一个点：_tan 到：单击相切的第一个圆弧
> 指定圆上的第二个点：_tan 到：单击相切的第二个圆弧
> 指定圆上的第三个点：_tan 到：单击相切的第三个圆弧

> **注意**　对于圆心点，除了可直接输入圆心点的坐标外，还可以利用圆心点与中心线的对应关系，以单击对象捕捉的方法获取。按下状态栏中的"对象捕捉"按钮，命令行中会提示"命令:<对象捕捉开>"。

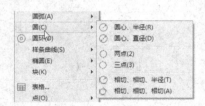

图2-17　"相切、相切、相切"绘制方法

实例教学

下面以图2-18所示的哈哈猪为例，介绍圆命令的使用方法。

图2-18　哈哈猪

 绘制步骤

❶ 单击"默认"选项卡"绘图"面板中的"圆"按

钮，绘制圆。绘制哈哈猪的两个眼睛，命令行提示如下。

> 命令：CIRCLE ✓（输入绘制圆命令）
> 指定圆的圆心或 [三点(3P)/两点(2P)/切点、切点、半径(T)]：200,200✓（输入左边小圆的圆心坐标）
> 指定圆的半径或 [直径(D)] <75.3197>：25✓（输入圆的半径）
> 命令：C✓（输入绘制圆命令的缩写名）
> CIRCLE 指定圆的圆心或 [三点(3P)/两点(2P)/切点、切点、半径(T)]：2P✓（两点方式绘制右边小圆）
> 指定圆直径的第一个端点：280,200✓（输入圆直径的左端点坐标）
> 指定圆直径的第二个端点：330,200✓（输入圆直径的右端点坐标）

绘制结果如图2-19所示。

图2-19　哈哈猪的眼睛

❷ 单击"默认"选项卡"绘图"面板中的"圆"按钮⊙，以"切点、切点、半径"方式，捕捉两个眼睛的切点，绘制半径为"50"的圆。绘制哈哈猪的嘴巴，命令行提示如下。

> 命令：✓（按<Enter>键，或单击鼠标右键，继续执行绘制圆命令）
> CIRCLE 指定圆的圆心或 [三点(3P)/两点(2P)/切点、切点、半径(T)]：T✓（以"切点、切点、半径"方式绘制中间的圆，并自动打开"切点"捕捉功能）
> 指定对象与圆的第一个切点：（捕捉左边小圆的切点）
> 指定对象与圆的第二个切点：（捕捉右边小圆的切点）
> 指定圆的半径 <25.0000>：50（输入圆的半径）

绘制结果如图2-20所示。

图2-20　哈哈猪的嘴巴

❸ 选择菜单栏中的"绘图"→"圆"→"相切、相切、相切"命令，分别捕捉3个圆的切点，绘制圆。绘制哈哈猪的头部，命令行提示如下。

> 命令：_circle
> 指定圆的圆心或 [三点(3P)/两点(2P)/切点、切点、半径(T)]：_3P
> 指定圆上的第一个点：_tan 到（捕捉左边小圆的切点）

指定圆上的第二个点：_tan 到（捕捉右边小圆的切点）

指定圆上的第三个点：_tan 到（捕捉中间大圆的切点）

绘制结果如图2-21所示。

图 2-21　哈哈猪的头部

❹ 单击"默认"选项卡"绘图"面板中的"直线"按钮 ╱，绘制哈哈猪的上下颌分界线。命令行提示如下。

```
命令：_line
指定第一个点：（指定哈哈猪嘴巴圆上水平半径位置左端点）
指定下一点或 [放弃(U)]：（指定哈哈猪嘴巴圆上水平半径位置右端点）
指定下一点或 [放弃(U)]：✓
```

绘制结果如图2-22所示。

图 2-22　哈哈猪的上下颌分界线

❺ 单击"默认"选项卡"绘图"面板中的"圆"按钮 ⊙，绘制哈哈猪的鼻子。命令行提示如下。

```
命令：_circle
指定圆的圆心或 [三点(3P)/两点(2P)/切点、切点、半径(T)]:225,165 ✓
指定圆的半径或 [直径(D)] <10.0000>：D✓
指定圆的直径 <10.0000>:20✓
命令：_circle
指定圆的圆心或 [三点(3P)/两点(2P)/切点、切点、半径(T)]:280,165 ✓
指定圆的半径或 [直径(D)] <10.0000>：D✓
指定圆的直径 <10.0000>:20✓
```

最终结果如图2-18所示。

2.2.2 圆弧

命令行：ARC（快捷命令：A）

菜单栏："绘图"→"圆弧"

工具栏：单击"绘图"工具栏中的"圆弧"按钮 ╱

功能区：单击"默认"选项卡"绘图"面板中的"圆弧"按钮 ╱

命令行提示如下。

```
命令：ARC✓
指定圆弧的起点或 [圆心(C)]：指定起点
指定圆弧的第二个点或 [圆心(C)/端点(E)]：指定第二点
指定圆弧的端点：指定末端点
```

（1）用命令行方式绘制圆弧时，可以根据系统提示单击不同的选项，具体功能和单击菜单栏中的"绘图"→"圆弧"中子菜单提供的11种方式相似。采用这11种方式绘制的圆弧分别如图2-23（a）～（k）所示。

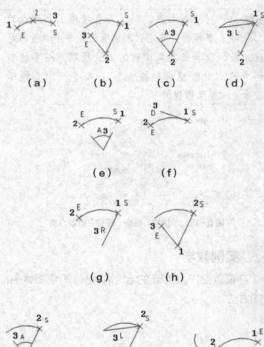

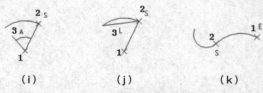

图 2-23　11 种方法绘制的圆弧

（2）需要强调的是，采用"继续"方式绘制的圆弧与上一线段圆弧相切。继续绘制圆弧段，只提供端点即可。

注意 圆弧凸度的方向是遵循逆时针方向的，由指定其端点的顺序决定，所以在单击指定圆弧的两个端点和半径模式时，需要注意端点的指定顺序，否则有可能导致圆弧的凹凸形状与预期的相反。

 实例教学

下面以图2-24所示的椅子为例，介绍圆弧命令的使用方法。

图 2-24 椅子

STEP 绘制步骤

❶ 单击"默认"选项卡"绘图"面板中的"直线"按钮╱，绘制初步轮廓。结果如图2-25所示。

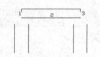

图 2-25 椅子初步轮廓

❷ 单击"默认"选项卡"绘图"面板中的"圆弧"按钮╭，绘制图形。命令行提示如下。

```
命令：_arc
指定圆弧的起点或 [圆心(C)]：（用鼠标指定左上方
竖线段端点1）
指定圆弧的第二个点或 [圆心(C)/端点(E)]：（用
鼠标在上方两竖线段正中间指定一点2）
指定圆弧的端点：（用鼠标指定右上方竖线段端点3）
绘制结果如图2-26所示。
```

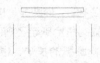

图 2-26 绘制圆弧

❸ 单击"默认"选项卡"绘图"面板中的"直线"按钮╱，绘制图形。命令行提示如下。

```
命令：_line
指定第一个点：（用鼠标在圆弧上指定一点）
指定下一点或 [放弃(U)]：（在垂直方向上用鼠标
在中间水平线段上指定一点）
指定下一点或 [放弃(U)]：
使用同样方法在圆弧上指定一点为起点，向下绘制另一
```

条竖线段。
绘制结果如图2-27所示。

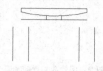

图 2-27 绘制线段

再以图2-25中1、3两点下面的水平线段的端点为起点，各向下绘制两条长度适当的竖直线段。单击"默认"选项卡"绘图"面板中的"直线"按钮╱，命令行提示如下。

```
命令：_line
指定第一个点：（用鼠标指定水平直线的左端点）
指定下一点或 [放弃(U)]：（在垂直方向上用鼠标
指定一点）
指定下一点或 [放弃(U)]：✓
绘制结果如图2-28所示。
```

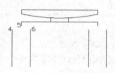

图 2-28 绘制线段

❹ 单击"默认"选项卡"绘图"面板中的"圆弧"按钮╭，以同样方法绘制扶手位置的圆弧。命令行提示如下。

```
命令：_arc
指定圆弧的起点或 [圆心(C)]：（用鼠标指定左边
第一条竖线段上端点4，如图2-28所示）
指定圆弧的第二个点或 [圆心(C)/端点(E)]：（用
鼠标指定上面刚绘制的竖线段上端点5）
指定圆弧的端点：（用鼠标指定左下方第二条竖线段
上端点6）
绘制结果如图2-29所示。
```

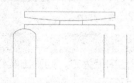

图 2-29 绘制圆弧

❺ 单击"默认"选项卡"绘图"面板中的"圆弧"按钮╭，以同样方法绘制其他扶手处圆弧，如图2-30所示。

❻ 单击"默认"选项卡"绘图"面板中的"直线"按钮╱，在扶手下侧圆弧中点绘制长度适当的

竖直线段，如图 2-31 所示。

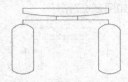

图 2-30　绘制其他圆弧

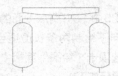

图 2-31　绘制竖直线段

❼ 单击"默认"选项卡"绘图"面板中的"圆弧"
按钮 ╱，在上一步绘制的两条竖直线端点处绘
制适当的圆弧，最后完成的图形如图 2-24 所示。

2.2.3　圆环

执行方式

命令行：DONUT（快捷命令：DO）
菜单栏："绘图"→"圆环"
功能区：单击"默认"选项卡"绘图"面板中
的"圆环"按钮◎

操作步骤

命令行提示如下。

命令：DONUT ↙
指定圆环的内径 ＜默认值＞：指定圆环内径
指定圆环的外径 ＜默认值＞：指定圆环外径
指定圆环的中心点或 ＜退出＞：指定圆环的中心点
指定圆环的中心点或 ＜退出＞：继续指定圆环的中心
点，则继续绘制内外径相同的圆环

按＜Enter键＞＜Space＞键或右击鼠标结束命
令，如图 2-32（a）所示。

选项说明

（1）若指定内径为零，则画出实心填充圆，如
图 2-32（b）所示。
（2）用命令"FILL"可以控制圆环是否填充，
具体方法如下。

命令：FILL ↙
输入模式 [开(ON)/关(OFF)] ＜开＞：（单击"开"
表示填充，单击"关"表示不填充，如图 2-32（c）
所示）

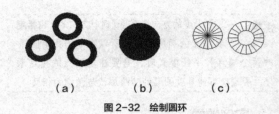

　（a）　　　　　（b）　　　　　（c）

图 2-32　绘制圆环

2.2.4　椭圆与椭圆弧

执行方式

命令行：ELLIPSE（快捷命令：EL）
菜单栏："绘图"→"椭圆"→"椭圆弧"
工具栏：单击"绘图"工具栏中的"椭圆"按
钮 ⬭ 或"椭圆弧"按钮 ⬭
功能区：单击"默认"选项卡"绘图"面板中
的"圆心"按钮 ⬭、"轴，端点"按钮 ⬭ 或"椭圆
弧"按钮 ⬭

操作步骤

命令行提示如下。

命令：ELLIPSE ↙
指定椭圆的轴端点或 [圆弧(A)/中心点(C)]：指
定轴端点 1，如图 2-33（a）所示
指定轴的另一个端点：指定轴端点 2，如图 2-33（a）
所示
指定另一条半轴长度或 [旋转(R)]：

选项说明

（1）指定椭圆的轴端点：根据两个端点定义椭圆
的第一条轴，第一条轴的角度确定了整个椭圆的角度。
第一条轴既可定义椭圆的长轴，也可定义其短轴。
（2）圆弧（A）：用于创建一段椭圆弧，与"单
击'绘图'工具栏中的'椭圆弧'按钮 ⬭"作用相
同。其中第一条轴的角度确定了椭圆弧的角度。第
一条轴既可定义椭圆弧的长轴，也可定义其短轴。
单击该项，系统命令行中继续提示如下。

指定椭圆弧的轴端点或 [中心点(C)]：指定端点或
输入"C"↙
指定轴的另一个端点：指定另一端点
指定另一条半轴长度或 [旋转(R)]：指定另一条半
轴长度或输入"R"↙
指定起点角度或 [参数(P)]：指定起始角度或输入
"P"↙
指定端点角度或 [参数(P)/夹角(I)]：
其中各选项含义如下。

1）起点角度：指定椭圆弧端点的两种方式之一，光标到椭圆中心点的连线与水平线的夹角为椭圆端点位置的角度，如图2-33（b）所示。

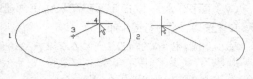

（a）椭圆　　　　　（b）椭圆弧

图2-33　椭圆和椭圆弧

2）参数（P）：指定椭圆弧端点的另一种方式，该方式同样用于指定椭圆弧端点的角度，但通过以下矢量参数方程式创建椭圆弧。

$$p(u) = c + a \times \cos(u) + b \times \sin(u)$$

其中，c是椭圆的中心点，a和b分别是椭圆的长半轴和短半轴，u为光标到椭圆中心点的连线与水平的夹角。

3）夹角（I）：定义从起始角度开始的包含角度。

4）中心点（C）：通过指定的中心点创建椭圆。

5）旋转（R）：通过绕第一条轴旋转圆来创建椭圆。相当于将一个圆绕椭圆轴翻转一个角度后的投影视图。

 注意　椭圆命令生成的椭圆是以多义线还是以椭圆为实体，是由系统变量PELLIPSE决定的，当其为1时，生成的椭圆就以多义线形式存在。

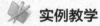 实例教学

下面以图2-34所示的浴室洗脸盆为例，介绍椭圆与椭圆弧命令的使用方法。

图2-34　浴室洗脸盆

STEP 绘制步骤

❶ 单击"默认"选项卡"绘图"面板中的"直线"按钮╱，绘制水龙头图形，绘制结果如图2-35所示。

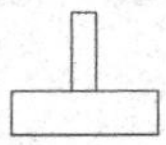

图2-35　绘制水龙头

❷ 单击"默认"选项卡"绘图"面板中的"圆"按钮⊙，绘制两个水龙头旋钮，绘制结果如图2-36所示。

图2-36　绘制水龙头旋钮

❸ 单击"默认"选项卡"绘图"面板中的"轴，端点"按钮○，绘制洗脸盆外沿，命令行提示如下。

```
命令：_ellipse
指定椭圆的轴端点或 [圆弧(A)/中心点(C)]：指定椭圆轴端点
指定轴的另一个端点：指定另一端点
指定另一条半轴长度或 [旋转(R)]：在绘图区拉出另一半轴长度
```
绘制结果如图2-37所示。

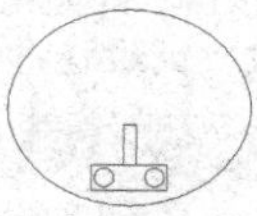

图2-37　绘制洗脸盆外沿

❹ 单击"默认"选项卡"绘图"面板中的"椭圆弧"按钮⊙，绘制洗脸盆部分内沿，命令行提示如下。

```
命令：_ellipse
指定椭圆的轴端点或 [圆弧(A)/中心点(C)]：_a
指定椭圆弧的轴端点或 [中心点(C)]：C↙
指定椭圆弧的中心点：按下状态栏中的"对象捕捉"按钮▯，捕捉绘制的椭圆中心点
指定轴的端点：适当指定一点
指定另一条半轴长度或 [旋转(R)]：R↙
指定绕长轴旋转的角度：在绘图区指定椭圆轴端点
指定起点角度或 [参数(P)]：在绘图区拉出起始角度
指定端点角度或 [参数(P)/夹角(I)]：在绘图区拉出终止角度
```
绘制结果如图2-38所示。

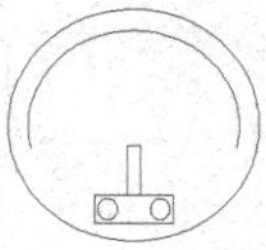

图2-38　绘制洗脸盆部分内沿

❺ 单击"默认"选项卡"绘图"面板中的"圆弧"按钮╱，绘制洗脸盆内沿的其他部分，最终绘制结果如图2-34所示。

2.3 平面图形

2.3.1 矩形

执行方式

命令行：RECTANG（快捷命令：REC）

菜单栏："绘图"→"矩形"

工具栏：单击"绘图"工具栏中的"矩形"按钮▢

功能区：单击"默认"选项卡"绘图"面板中的"矩形"按钮▢

操作步骤

命令行提示如下。

命令：RECTANG ↙
指定第一个角点或 [倒角 (C) / 标高 (E) / 圆角 (F) / 厚度 (T) / 宽度 (W)]：指定角点
指定另一个角点或 [面积 (A) / 尺寸 (D) / 旋转 (R)]：

选项说明

（1）第一个角点：通过指定两个角点确定矩形，如图2-39（a）所示。

（2）倒角（C）：指定倒角距离，绘制带倒角的矩形，如图2-39（b）所示。每一个角点的逆时针和顺时针方向的倒角可以相同，也可以不同，其中第一个倒角距离是指角点逆时针方向倒角距离，第二个倒角距离是指角点顺时针方向倒角距离。

（3）标高（E）：指定矩形标高（Z坐标），即把矩形放置在标高为Z并与XOY坐标面平行的平面上，并作为后续矩形的标高值。

（4）圆角（F）：指定圆角半径，绘制带圆角的矩形，如图2-39（c）所示。

（5）厚度（T）：指定矩形的厚度，如图2-39（d）所示。

（6）宽度（W）：指定线宽，如图2-39（e）所示。

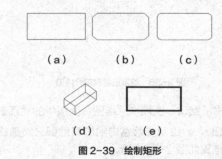

（a）　　　　（b）　　　　（c）

（d）　　　　（e）

图2-39　绘制矩形

（7）面积（A）：以指定面积和长或宽创建矩形。单击该项，命令行提示如下。

输入以当前单位计算的矩形面积 <20.0000>：输入面积值
计算矩形标注时依据 [长度 (L) / 宽度 (W)] < 长度 >：按 <Enter> 键或输入 "W"
输入矩形长度 <4.0000>：指定长度或宽度

指定长度或宽度后，系统会自动计算另一个维度，绘制出矩形。如果矩形需要倒角或圆角，则长度或面积计算中也会考虑此设置，如图2-40所示。

倒角距离 (1,1)　　　　圆角半径：1.0

面积：20　长度：6　　面积：20　宽度：6

图2-40　按面积绘制矩形

（8）尺寸（D）：使用长和宽创建矩形，第二个指定点将矩形定位在与第一角点相关的4个位置之一。

（9）旋转（R）：使所绘制的矩形旋转一定角度。单击该项，命令行提示如下。

指定旋转角度或 [拾取点 (P)] <135>：指定角度
指定另一个角点或 [面积 (A) / 尺寸 (D) / 旋转 (R)]：指定另一个角点或单击其他选项

指定旋转角度后，系统将按指定角度创建矩形，如图2-41所示。

图2-41　按指定旋转角度绘制矩形

实例教学

下面以图2-42所示的方头平键为例，介绍矩形命令的使用方法。

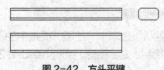

图2-42　方头平键

STEP 绘制步骤

❶ 单击"默认"选项卡"绘图"面板中的"矩形"按

钮 □，绘制主视图外形，命令行提示如下。

```
命令：_rectang
指定第一个角点或 [倒角(C)/标高(E)/圆角(F)/
厚度(T)/宽度(W)]：0,30 ✓
指定另一个角点或 [面积(A)/尺寸(D)/旋转
(R)]：@100,11 ✓
```

绘制结果如图2-43所示。

图 2-43   绘制主视图外形

❷ 单击"默认"选项卡"绘图"面板中的"直线"
按钮 ╱，绘制主视图的两条棱线。一条棱线端
点的坐标值为（0,32）和（@100,0），另一条
棱线端点的坐标值为（0,39）和（@100,0），
绘制结果如图 2-44 所示。

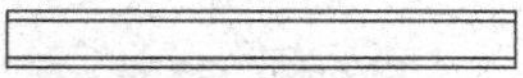

图 2-44   绘制主视图棱线

❸ 单击"默认"选项卡"绘图"面板中的"构造线"
按钮 ╱，绘制构造线，命令行提示如下。

```
命令：_xline
指定点或 [水平(H)/垂直(V)/角度(A)/二等分
(B)/偏移(O)]：指定主视图左边竖线上一点
指定通过点：指定竖直位置上一点
指定通过点：✓
```

采用同样的方法绘制右边的竖直构造线，绘制
结果如图2-45所示。

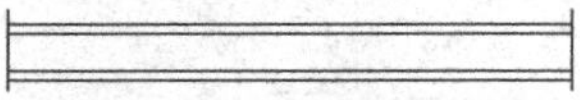

图 2-45   绘制竖直构造线

❹ 单击"默认"选项卡"绘图"面板中的"矩形"
按钮 □，绘制俯视图，命令行提示如下。

```
命令：_rectang
指定第一个角点或 [倒角(C)/标高(E)/圆角(F)/
厚度(T)/宽度(W)]：0,18 ✓
指定另一个角点或 [面积(A)/尺寸(D)/旋转
(R)]：@100,-18 ✓
```

❺ 单击"默认"选项卡"绘图"面板中的"直线"
按钮 ╱，接着绘制两条直线，端点分别为{（0,2），
（@100,0）}和{（0,16），（@100,0）}，绘制结
果如图2-46所示。

图 2-46   绘制俯视图

❻ 单击"默认"选项卡"绘图"面板中的"构造线"
按钮 ╱，绘制左视图构造线，命令行提示
如下。

```
命令：_xline
指定点或 [水平(H)/垂直(V)/角度(A)/二等分
(B)/偏移(O)]：H ✓
指定通过点：指定主视图上右上端点
指定通过点：指定主视图上右下端点
指定通过点：指定俯视图上右上端点
指定通过点：指定俯视图上右下端点
指定通过点：✓
命令：✓（按 <Enter> 键或空格键表示重复绘制构
造线命令）
指定点或 [水平(H)/垂直(V)/角度(A)/二等分
(B)/偏移(O)]：A ✓
输入构造线的角度(0) 或 [参照(R)]：-45 ✓
指定通过点：任意指定一点
指定通过点：✓
命令：✓
指定点或 [水平(H)/垂直(V)/角度(A)/二等分
(B)/偏移(O)]：V ✓
指定通过点：指定斜线与向下数第 3 条水平线的交点
指定通过点：指定斜线与向下数第 4 条水平线的交点
```

绘制结果如图2-47所示。

图 2-47   绘制左视图构造线

❼ 单击"默认"选项卡"绘图"面板中的"矩形"
按钮 □，按照绘制的构造线网格绘制左视
图，设置矩形两个倒角的距离为"2"，命令
行提示如下。

```
命令：_rectang
指定第一个角点或 [倒角(C)/标高(E)/圆角(F)/
厚度(T)/宽度(W)]：C ✓
指定矩形的第一个倒角距离 <0.0000>：2 ✓
指定矩形的第二个倒角距离 <2.0000>：✓
指定第一个角点或 [倒角(C)/标高(E)/圆角(F)/
厚度(T)/宽度(W)]：按构造线确定位置指定一个角点
指定另一个角点或 [面积(A)/尺寸(D)/旋
转(R)]：按构造线确定位置指定另一个角点
```

绘制结果如图2-48所示。

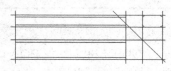

图 2-48   绘制左视图

⑧ 删除构造线，最终绘制结果如图 2-42 所示。

2.3.2 多边形

执行方式

命令行：POLYGON（快捷命令：POL）

菜单栏："绘图"→"多边形"

工具栏：单击"绘图"工具栏中的"多边形"按钮⬡

功能区：单击"默认"选项卡"绘图"面板中的"多边形"按钮⬡

操作步骤

命令行提示如下。

```
命令：POLYGON ✓
输入侧面数 <4>：指定多边形的边数，默认值为 4
指定正多边形的中心点或 [ 边（E）]：指定中心点
输入选项 [ 内接于圆（I）/ 外切于圆（C）] <I>：
指定是内接于圆或外切于圆
指定圆的半径：指定外接圆或内切圆的半径
```

选项说明

（1）边（E）：单击该选项，则只要指定多边形的一条边，系统就会按逆时针方向创建该正多边形，如图 2-49（a）所示。

（2）内接于圆（I）：单击该选项，绘制的多边形内接于圆，如图 2-49（b）所示。

（3）外切于圆（C）：单击该选项，绘制的多边形外切于圆，如图 2-49（c）所示。

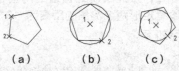

（a）　　　　（b）　　　　（c）

图 2-49　绘制正多边形

2.4 点

点在 AutoCAD 中有多种表示方式，用户可以根据需要进行设置，也可以设置等分点和测量点。

2.4.1 点

执行方式

命令行：POINT（快捷命令：PO）

菜单栏："绘图"→"点"

实例教学

下面以图 2-50 所示的螺母为例，介绍多边形命令的使用方法。

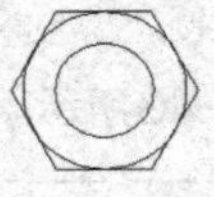

图 2-50　螺母

STEP 绘制步骤

❶ 单击"默认"选项卡"绘图"面板中的"圆"按钮⊙，以（150,150）为圆心，以"30"为半径绘制圆，结果如图 2-51 所示。

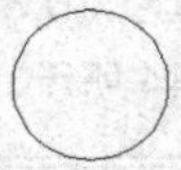

图 2-51　绘制圆

❷ 单击"默认"选项卡"绘图"面板中的"多边形"按钮⬡，绘制中心点为（150，150），外切圆半径为"30"的多边形。命令行提示如下。

```
命令：_polygon
输入侧面数 <4>：6 ✓
指定正多边形的中心点或 [ 边（E）]：150,150 ✓
输入选项 [ 内接于圆（I）/ 外切于圆（C）] <I>：c ✓
指定圆的半径：30 ✓
绘制结果如图 2-52 所示。
```

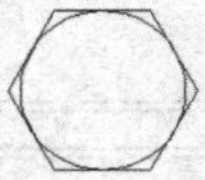

图 2-52　绘制正六边形

❸ 单击"默认"选项卡"绘图"面板中的"圆"按钮⊙，同样以（150,150）为圆心，以"20"为半径绘制另一个圆，结果如图 2-50 所示。

工具栏：单击"绘图"工具栏中的"点"按钮∴

功能区：单击"默认"选项卡"绘图"面板中的"多点"按钮∴

操作步骤

命令行提示如下。

```
命令：POINT ✓
当前点模式：PDMODE=0 PDSIZE=0.0000
指定点：指定点所在的位置。
```

选项说明

（1）通过菜单方法操作时（见图2-53），"单点"命令表示只输入一个点，"多点"命令表示可输入多个点。

图2-53 "点"的子菜单

（2）可以按下状态栏中的"对象捕捉"按钮 ，设置点捕捉模式，这种模式有助于用户单击点。

（3）点在图形中的表示样式共有20种。可通过"DDPTYPE"命令或选择菜单栏中的"格式"→"点样式"命令，打开的"点样式"对话框来设置，如图2-54所示。

图2-54 "点样式"对话框

2.4.2 等分点

执行方式

命令行：DIVIDE（快捷命令：DIV）
菜单栏："绘图"→"点"→"定数等分"
功能区：单击"默认"选项卡"绘图"面板中的"定数等分"按钮

操作步骤

命令行提示如下。

```
命令：DIVIDE ✓
选择要定数等分的对象：
输入线段数目或 [块 (B)]：指定实体的等分数
```
图2-55（a）所示为绘制等分点的图形。

选项说明

（1）等分数目范围为2～32767。

（2）在等分点处，按当前点样式设置画出等分点。

（3）在第二提示行单击"块（B）"选项时，表示在等分点处插入指定的块。

2.4.3 测量点

执行方式

命令行：MEASURE（快捷命令：ME）
菜单栏："绘图"→"点"→"定距等分"
功能区：单击"默认"选项卡"绘图"面板中的"定距等分"按钮

操作步骤

命令行提示如下。

```
命令：MEASURE ✓
选择要定距等分的对象：单击要设置测量点的实体
指定线段长度或 [块 (B)]：指定分段长度
```
图2-55（b）所示为绘制测量点的图形。

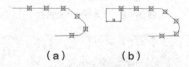

（a） （b）

图2-55 绘制等分点和测量点

选项说明

（1）设置的起点一般是指定线的绘制起点。

（2）在第二提示行单击"块（B）"选项时，表示在测量点处插入指定的块。

（3）在等分点处，按当前点样式设置绘制测量点。

（4）最后一个测量段的长度不一定等于指定分段长度。

 实例教学

下面以图2-56所示的楼梯为例，介绍等分点命令的使用方法。

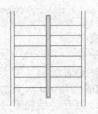

图 2-56 楼梯

绘制步骤

❶ 单击"默认"选项卡"绘图"面板中的"直线"
按钮 ╱，绘制墙体与扶手，如图 2-57 所示。

图 2-57 绘制墙体与扶手

❷ 单击"默认"选项卡"实用工具"面板中的"点
样式"按钮 ◌，在打开的"点样式"对话框中
单击"╳"样式，如图 2-58 所示。

图 2-58 "点样式"对话框

❸ 单击"默认"选项卡"绘图"面板中的"定数等
分"按钮 ◌，以左边扶手的外面线段为对象绘
制等分点，数目为 8，如图 2-59 所示。

图 2-59 绘制等分点

❹ 单击"默认"选项卡"绘图"面板中的"直线"
按钮 ╱，以等分点为起点、以左边墙体上的点
为终点绘制水平线段，如图 2-60 所示。

图 2-60 绘制水平线段

❺ 单击"默认"选项卡"修改"面板中的"删除"
按钮 ╱，删除绘制的等分点，如图 2-61 所示。

图 2-61 删除等分点

❻ 用相同方法绘制另一侧楼梯，最终结果如图 2-56
所示。

2.5 综合演练——汽车的绘制

本实例绘制的汽车简易造型如图 2-62 所示。大致顺序是先绘制两个车轮，从而确定汽车的大体尺寸
和位置；然后绘制车体轮廓；最后绘制车窗。绘制过程中要用到直线、圆、圆弧、圆环、矩形和多边形等
命令。

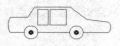

图 2-62 汽车

绘制步骤

❶ 绘制车轮。

（1）单击"默认"选项卡"绘图"面板中的"圆"
按钮 ⊙，绘制圆。命令行提示如下。

```
命令：_circle
指定圆的圆心或 [三点 (3P) / 两点 (2P) / 切点、切
点、半径 (T)]：500,200 ↙
指定圆的半径或 [直径 (D)] <163.7959>：150 ↙
结果如图 2-63所示。
```

图 2-63 绘制圆

（2）用同样方法，指定圆心坐标为（1500，200），半径为"150"，绘制另外一个圆，如图2-64所示。

图2-64　绘制另外一个圆

（3）选择菜单栏中的"绘图"→"圆环"命令，绘制两个圆环。命令行提示如下。

```
命令：_donut
指定圆环的内径 <10.0000>: 30 ✓
指定圆环的外径 <80.0000>:100 ✓
指定圆环的中心点或 <退出>:500,200 ✓
指定圆环的中心点或 <退出>:1500,200 ✓
指定圆环的中心点或 <退出>: ✓
```

结果如图2-65所示。

图2-65　绘制车轮

❷ 绘制车体轮廓。

（1）单击"默认"选项卡"绘图"面板中的"直线"按钮 ╱，绘制底板。命令行提示如下。

```
命令：_line
指定第一个点：50,200 ✓
指定下一点或 [放弃(U)]: 350,200 ✓
指定下一点或 [放弃(U)]: ✓
```

结果如图2-66所示。

图2-66　绘制底板

（2）用同样方法，指定端点坐标分别为{（650,200），（1350,200）}和{（1650,200），（2200,200）}，绘制两条线段，如图2-67所示。

图2-67　绘制两条线段

（3）单击"默认"选项卡"绘图"面板中的"多段线"按钮 ⎯⌐，绘制轮廓。命令行提示如下。

```
命令：_pline
指定起点：50,200 ✓
当前线宽为 0.0000
指定下一点或 [圆弧(A)/半宽(H)/长度(L)/放弃(U)/宽度(W)]: A✓（在AutoCAD中，执行命令时，采用大写字母与采用小写字母效果相同）
指定圆弧的端点(按住<Ctrl>键以切换方向)或[角度(A)/圆心(CE)/方向(D)/半宽(H)/直线(L)/半径
```

（R）/第二个点(S)/放弃(U)/宽度(W)]: S✓
指定圆弧上的第二个点：0,380 ✓
指定圆弧的端点：50,550 ✓
指定圆弧的端点(按住<Ctrl>键以切换方向)或[角度(A)/圆心(CE)/闭合(CL)/方向(D)/半宽(H)/直线(L)/半径(R)/第二个点(S)/放弃(U)/宽度(W)]: L✓
指定下一点或 [圆弧(A)/闭合(C)/半宽(H)/长度(L)/放弃(U)/宽度(W)]: @375,0 ✓
指定下一点或 [圆弧(A)/闭合(C)/半宽(H)/长度(L)/放弃(U)/宽度(W)]: @160,240 ✓
指定下一点或 [圆弧(A)/闭合(C)/半宽(H)/长度(L)/放弃(U)/宽度(W)]: @780,0 ✓
指定下一点或 [圆弧(A)/闭合(C)/半宽(H)/长度(L)/放弃(U)/宽度(W)]: @365,-285 ✓
指定下一点或 [圆弧(A)/闭合(C)/半宽(H)/长度(L)/放弃(U)/宽度(W)]: @470,-60 ✓
指定下一点或 [圆弧(A)/闭合(C)/半宽(H)/长度(L)/放弃(U)/宽度(W)]: ✓

结果如图2-68所示。

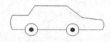

图2-68　绘制轮廓

（4）单击"默认"选项卡"绘图"面板中的"圆弧"按钮 ╱，绘制圆弧。命令行提示如下。

```
命令：_arc
指定圆弧的起点或 [圆心(C)]: 2200,200 ✓
指定圆弧的第二个点或 [圆心(C)/端点(E)]:2256,322 ✓
指定圆弧的端点：2200,445 ✓
```

结果如图2-69所示。

图2-69　绘制圆弧

❸ 绘制车窗。

（1）单击"默认"选项卡"绘图"面板中的"矩形"按钮 ⬚，绘制矩形。命令行提示如下。

```
命令：_rectang
指定第一个角点或 [倒角(C)/标高(E)/圆角(F)/厚度(T)/宽度(W)]: 650,730 ✓
指定另一个角点或 [面积(A)/尺寸(D)/旋转(R)]: 880,370 ✓
```

结果如图2-70所示。

图2-70　绘制矩形

（2）单击"默认"选项卡"绘图"面板中的"多边形"按钮⬡，绘制多边形命令行提示如下。

```
命令：_polygon
输入侧面数 <4>：↙
指定正多边形的中心点或 [边(E)]：E ↙
指定边的第一个端点：920,730 ↙
```

指定边的第二个端点：920,370 ↙
结果如图2-71所示。

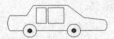

图2-71　汽车

2.6 上机实验

【实验1】绘制螺栓

1. 目的要求

如图2-72所示，本例图形涉及的命令主要是"直线"。为了做到准确无误，要求通过坐标值的输入指定直线的相关点，从而使读者灵活掌握直线的绘制方法。

2. 操作提示

利用"直线"命令绘制螺栓。

图2-72　螺栓

【实验2】绘制连环圆

1. 目的要求

如图2-73所示，本例图形涉及的命令主要是"圆"，可以使读者灵活掌握圆的绘制方法。

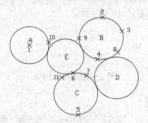

图2-73　连环圆

2. 操作提示

利用"圆"命令绘制连环圆。

【实验3】绘制五瓣梅

1. 目的要求

如图2-74所示，本例图形涉及的命令主要是"圆弧"。为了做到准确无误，要求通过坐标值的输入指定圆弧的相关点，从而使读者灵活掌握圆弧的绘制方法。

2. 操作提示

利用"圆弧"命令绘制五瓣梅。

图2-74　五瓣梅

【实验4】绘制卡通造型

1. 目的要求

如图2-75所示，本例图形涉及多种命令。要求读者做到准确无误，灵活掌握各种命令的使用方法。

图2-75　卡通造型

2. 操作提示

主要利用"直线""圆""多边形""椭圆""圆环"命令绘制卡通造型。

【实验5】绘制棘轮

1. 目的要求

如图2-76所示，本例图形涉及"直线""圆"和"等分点"命令。要求读者做到准确无误，灵活掌握各种命令的使用方法。

图2-76　棘轮

2. 操作提示

（1）利用"圆"命令绘制3个同心圆。

（2）利用"等分点"命令对外面的两个圆进行同数量的等分。

（3）利用"直线"命令依次连接等分点。

（4）删除外面的两个圆。

第 3 章

文字与表格

文字注释是图形中很重要的一部分内容，在进行各种设计时，通常不仅要绘出图形，还要在图形中标注一些文字，如技术要求、注释说明等，对图形对象加以解释。AutoCAD 提供了多种写入文字的方法，本章将介绍文本的标注和编辑功能。图表在 AutoCAD 绘图中也有大量的应用，如明细表、参数表和标题栏等，因此本章还将介绍与图表有关的知识。

重点与难点

- ➲ 文本样式
- ➲ 文本标注
- ➲ 文本编辑
- ➲ 表格

3.1 文本样式

AutoCAD图形中的所有文字都有与其相对应的文本样式。当输入文字对象时，AutoCAD使用当前设置的文本样式。文本样式是用来控制文字基本形状的一组设置。AutoCAD 2021提供了"文字样式"对话框，用户可以通过这个对话框方便直观地设置需要的文本样式，或是对已有样式进行修改。

执行方式

命令行：STYLE（快捷命令：ST）或DDSTYLE
菜单栏："格式"→"文字样式"
工具栏：单击"文字"工具栏中的"文字样式"按钮 A

功能区：单击"默认"选项卡"注释"面板中的"文字样式"按钮 A（见图3-1），或单击"注释"选项卡"文字"面板上的"文字样式"下拉菜单中的"管理文字样式"按钮（见图3-2），或单击"注释"选项卡"文字"面板中的"对话框启动器"按钮 ┘

图3-1 "注释"面板

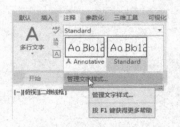

图3-2 "文字"面板

执行上述操作后，系统打开"文字样式"对话框，如图3-3所示。

选项说明

（1）"样式"列表框：列出所有已设定的文字样式名，也可对已有样式名进行相关操作。单击"新建"按钮，系统打开图3-4所示的"新建文字

样式"对话框。在该对话框中可以为新建的文字样式输入名称。从"样式"列表框中选中要改名的文本样式并单击鼠标右键，选择快捷菜单中的"重命名"命令，可以为所选文本样式输入新的名称，如图3-5所示。

图3-3 "文字样式"对话框

图3-4 "新建文字样式"对话框

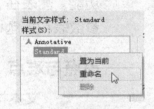

图3-5 快捷菜单

（2）"字体"选项组：用于确定字体样式。文字的字体决定字符的形状，在AutoCAD中，除了可使用固有的SHX形状字体文件外，还可以使用TrueType字体（如宋体、楷体、italley等）。一种字体可以设置不同的效果，从而被多种文本样式使用，图3-6所示是同一种字体（宋体）的不同样式。

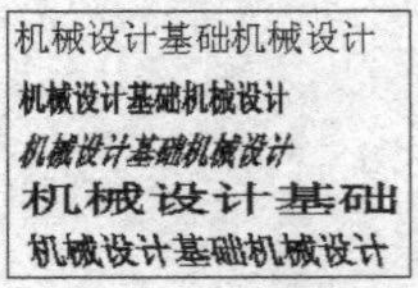

机械设计基础机械设计
机械设计基础机械设计
机械设计基础机械设计
机械设计基础
机械设计基础机械设计

图3-6 同一种字体的不同样式

（3）"大小"选项组：用于确定文本样式使用的字体文件、字体风格及字高。"高度"文本框用来设置创建文字时的固定字高，在用"TEXT"命令输入文字时，AutoCAD 不再提示输入字高参数。如果在此文本框中设置字高为"0"，系统会在每一次创建文字时提示输入字高。所以，如果不想固定字高，就可以把"高度"文本框中的数值设置为"0"。

（4）"效果"选项组。

1）"颠倒"复选框：勾选该复选框，表示将文本文字倒置标注，如图 3-7（a）所示。

2）"反向"复选框：勾选该复选框，表示将文本文字反向标注，如图 3-7（b）所示。

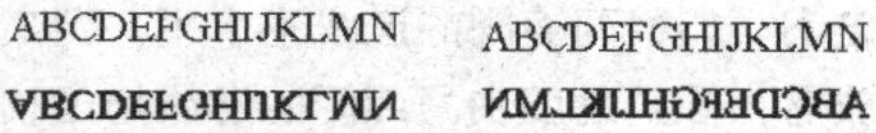

ABCDEFGHIJKLMN　ABCDEFGHIJKLMN

ABCDEFGHIJKLMN　ABCDEFGHIJKLMN

（a）　　　　　　　（b）

图 3-7　文字倒置标注与反向标注

3）"垂直"复选框：确定文本是水平标注还是垂直标注。勾选该复选框时为垂直标注，反之为水平标注。垂直标注效果如图 3-8 所示。

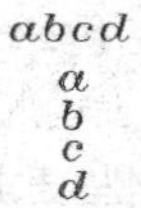

abcd

a
b
c
d

图 3-8　垂直标注文字

4）"宽度因子"文本框：设置宽度系数，确定文本字符的宽高比。当比例系数为 1 时，表示将按字体文件中定义的宽高比标注文字；当此系数小于 1 时，字会变窄，反之变宽。图 3-6 所示是在不同比例系数下标注的文本文字。

5）"倾斜角度"文本框：用于确定文字的倾斜角度。角度为"0"时不倾斜，为正数时向右倾斜，为负数时向左倾斜，效果如图 3-6 所示。

（5）"应用"按钮：确认对文字样式的设置。无论是创建新的文字样式还是对现有文字样式的某些特征进行修改后，都需要单击此按钮，只有这样系统才会确认所做的改动。

（6）"置为当前"按钮：该按钮用于将在"样式"下选定的样式设置为当前。

（7）"新建"按钮：该按钮用于新建文字样式。单击此按钮，系统会弹出图 3-9 所示的"新建文字样式"对话框并自动为当前设置提供名称"样式 *n*"（其中 *n* 为所提供样式的编号）。可以采用默认值或在该框中输入名称，然后单击"确定"按钮使新样式名使用当前样式设置。

图 3-9　"新建文字样式"对话框

（8）"删除"按钮：该按钮用于删除未使用的文字样式。

3.2　文本标注

在绘制图形的过程中，文字传递了很多设计信息，它可能是一个很复杂的说明，也可能是一个简短的说明。当需要标注的文本不太长时，可以利用"TEXT"命令创建单行文本；当需要标注很长、很复杂的文本时，可以利用"MTEXT"命令创建多行文本。

3.2.1　单行文本标注

执行方式

命令行：TEXT

菜单栏："绘图"→"文字"→"单行文字"

工具栏：单击"文字"工具栏中的"单行文字"按钮 A

功能区：单击"注释"选项卡"文字"面板中的"单行文字"按钮 A 或单击"默认"选项卡"注释"面板中的"单行文字"按钮 A

操作步骤

命令行提示如下。

```
命令：TEXT✓
当前文字样式："Standard"文字高度：2.5000
    注释性：否 对正：左
指定文字的起点或［对正 (J) / 样式 (S)］：
```

选项说明

（1）指定文字的起点：在此提示下直接在绘图区选择一点作为输入文本的起始点。命令行提示如下。

> 指定高度 <0.2000>：确定文字高度
> 指定文字的旋转角度 <0>：确定文本行的倾斜角度

执行上述命令后，即可在指定位置输入文本，输入后按<Enter>键，文本另起一行，可继续输入文本，待全部输入完后按两次<Enter>键，退出"TEXT"命令。可见，使用"TEXT"命令也可创建多行文本，只是这种多行文本每一行是一个对象，用户不能对多行文本同时进行操作。

> **注意** 只有当前文本样式中设置的字符高度为"0"，在使用"TEXT"命令时，系统才出现要求用户确定字符高度的提示。AutoCAD允许将文本行倾斜排列，图3-10所示为倾斜角度分别是0°、45°和-45°时的排列效果。可以在"指定文字的旋转角度 <0>"提示下输入文本行的倾斜角度或在绘图区拉出一条直线来指定倾斜角度。

图3-10 文本行倾斜排列的效果

（2）对正（J）：在"指定文字的起点或[对正（J）/样式（S）]"提示下输入"J"，可确定文本的对齐方式，对齐方式决定文本的哪部分与所选插入点对齐。执行此选项，命令行提示如下。

> 输入选项 [左（L）/居中（C）/右（R）/对齐（A）/中间（M）/布满（F）/左上（TL）/中上（TC）/右上（TR）/左中（ML）/正中（MC）/右中（MR）/左下（BL）/中下（BC）/右下（BR）]：

在此提示下选择一个选项作为文本的对齐方式。当文本水平排列时，AutoCAD为文本定义了图3-11所示的顶线、基线、中线和底线。各种对齐方式如图3-12所示，图中大写字母对应上述提示中的各命令。下面以"对齐"方式为例进行简要说明。

图3-11 文本行的顶线、基线、中线和底线

图3-12 文本的对齐方式

选择"对齐（A）"选项，要求用户指定文本行基线的起始点与终止点的位置。命令行提示如下。

> 指定文字基线的第一个端点：指定文本行基线的起点位置
> 指定文字基线的第二个端点：指定文本行基线的终点位置
> 输入文字：输入文本文字✓
> 输入文字：✓

执行结果：输入的文本均匀地分布在指定的两点之间，如果两点间的连线不水平，则文本行倾斜放置，倾斜角度由两点间的连线与X轴夹角确定；字高、字宽根据两点间的距离、字符的多少以及文本样式中设置的宽度系数自动确定。指定了两点之后，每行输入的字符越多，字宽和字高越小。其他选项与"对齐"类似，此处不再赘述。

实际绘图时，有时需要标注一些特殊字符，例如直径符号、上划线或下划线、温度符号等。这些符号不能直接使用键盘上输入，AutoCAD提供了一些控制码，用来实现这些要求。控制码用两个百分号（%%）加一个字符构成，常用的控制码及其功能如表3-1所示。

表3-1 AutoCAD常用控制码及其功能

控制码	标注的特殊字符	控制码	标注的特殊字符
%%O	上划线	\u+0278	电相位
%%U	下划线	\u+E101	流线
%%D	"度"符号（°）	\u+2261	标识
%%P	正负符号（±）	\u+E102	界碑线
%%C	直径符号（Φ）	\u+2260	不相等（≠）
%%%	百分号（%）	\u+2126	欧姆（Ω）
\u+2248	约等于（≈）	\u+03A9	欧米加（Ω）
\u+2220	角度（∠）	\u+214A	低界线
\u+E100	边界线	\u+2082	下标2
\u+2104	中心线	\u+00B2	上标2
\u+0394	差值		

其中，%%O和%%U分别是上划线和下划线的开关，第一次出现此符号开始画上划线和下划线，第二次出现此符号则上划线和下划线终止。例如输入"I want to %%U go to Beijing%%U."，则得到图3-13（a）所示的文本行；输入"50%%D+%%C75%%P12"，则得到图3-13（b）所示的文本行。

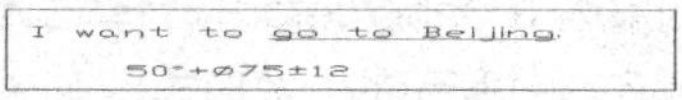

I want to go to Beijing.
50°+Ø75±12

（a）

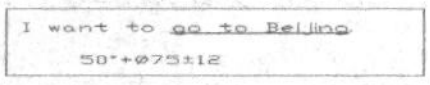

I want to go to Beijing
50°+Ø75±12

（b）

图3-13　文本行

利用"TEXT"命令可以创建一个或若干个单行文本，即此命令可以标注多行文本。在"输入文字"提示下输入一行文字后按<Enter>键，命令行继续提示"输入文字"，用户可输入第二行文字。依此类推，直到全部输入完毕，再在此提示下按两次<Enter>键，结束文本输入命令。每一次按<Enter>键就结束一个单行文本的输入，每一个单行文本是一个对象，用户可以单独修改其文本样式、字高、旋转角度、对齐方式等。

用"TEXT"命令创建文本时，在命令行输入的文字会同时显示在绘图区，而且在创建过程中用户可以随时改变文本的位置，只要移动光标到新的位置并单击，则当前行结束，随后输入的文字将在新的文本位置出现。用这种方法可以把多行文本标注到绘图区的不同位置。

3.2.2 | 多行文本标注

执行方式

命令行：MTEXT（快捷命令：T或MT）

菜单栏："绘图"→"文字"→"多行文字"

工具栏：单击"绘图"工具栏中的"多行文字"按钮 **A** 或单击"文字"工具栏中的"多行文字"按钮 **A**

功能区：单击"默认"选项卡"注释"面板中的"多行文字"按钮 **A** 或单击"注释"选项卡"文字"面板中的"多行文字"按钮 **A**

操作步骤

命令行提示如下。

命令：MTEXT ↙
当前文字样式："Standard"　文字高度：1.9122
注释性：　否
指定第一角点：指定矩形框的第一个角点
指定对角点或 ［高度（H）/对正（J）/行距（L）/旋转（R）/样式（S）/宽度（W）/栏（C）]

选项说明

（1）指定对角点：直接在屏幕上拾取一个点作为矩形框的第二个角点，AutoCAD以这两个点为对角点形成一个矩形区域，其宽度作为将要标注的多行文本的宽度，而且第一个点作为第一行文本顶线的起点。响应后AutoCAD打开"文字编辑器"选项卡和多行文字编辑器，用户可利用此编辑器输入多行文本并对其格式进行设置。关于对话框中各选项的含义与编辑器功能，稍后再详细介绍。

（2）对正(J)：确定所标注文本的对齐方式。

这些对齐方式与"TEXT"命令中的各对齐方式相同，在此不再重复。选择一种对齐方式后按<Enter>键，AutoCAD回到上一级提示。

（3）行距(L)：确定多行文本的行间距，这里所说的行间距是指相邻两文本行基线之间的垂直距离。选择此选项，命令行提示如下。

输入行距类型 ［至少（A）/精确（E）]<至少（A）>：

在此提示下有两种方式确定行间距："至少"方式和"精确"方式。"至少"方式下AutoCAD根据每行文本中最大的字符自动调整行间距。"精确"方式下AutoCAD给多行文本赋予一个固定的行间距。可以直接输入一个确切的间距值，也可以输入"nx"，其中"n"是一个具体数，表示行间距设置为单行文本高度的n倍，而单行文本高度是本行文本字符高度的1.66倍。

（4）旋转(R)：确定文本行的倾斜角度。选择此选项，命令行提示如下。

指定旋转角度 <0>：（输入倾斜角度）

输入角度值后按<Enter>键，返回"指定对角点或［高度(H)/对正(J)/行距(L)/旋转(R)/样式(S)/宽度(W)]："提示。

（5）样式(S)：确定当前的文字样式。

（6）宽度(W)：指定多行文本的宽度。可在屏幕上拾取一点，将其与前面确定的第一个角点组成的矩形框的宽度作为多行文本的宽度，也可以输入一个数值，精确设置多行文本的宽度。

> **注意** 在创建多行文本时，只要指定文本行的起始点和宽度，AutoCAD就会打开"文字编辑器"选项卡和多行文字编辑器，如图3-14和图3-15所示。该编辑器界面与Microsoft Word编辑器界面相似，事实上该编辑器与Word编辑器在某些功能上也趋于一致。这样既增强了多行文字的编辑功能，又能让用户更熟悉以便于使用。

图3-14 "文字编辑器"选项卡

图3-15 多行文字编辑器

（7）栏(C)：可以将多行文字对象的格式设置为多栏。可以指定栏和栏之间的宽度、高度及栏数，以及使用夹点编辑栏宽和栏高。其中提供了3个栏选项："不分栏""静态栏"和"动态栏"。

（8）"文字编辑器"选项卡：用来控制文本的显示特性。可以在输入文本前设置文本的特性，也可以改变已输入的文本的特性。要改变已有文本的特性，首先应选择要修改的文本，选择文本的方式有以下3种。

1）将光标定位到文本开始处，按住鼠标左键，拖到文本末尾。

2）双击某个文字，则该文字被选中。

3）单击鼠标3次，则选中全部内容。

下面介绍选项卡中部分选项的功能。

（1）"文字高度"下拉列表框：用于确定文本的字符高度，可在文本编辑器中输入新的字符高度，也可从此下拉列表框中选择已设定过的高度值。

（2）"粗体"按钮**B**和"斜体"按钮I：用于设置加粗或斜体效果，但这两个按钮只对TrueType字体有效。

（3）"删除线"按钮：用于在文字上添加水平删除线。

（4）"下划线"按钮⊍和"上划线"按钮ō：用于设置或取消文字的上下划线。

（5）"堆叠"按钮：为层叠或非层叠文本按钮，用于层叠所选的文本文字，也就是创建分数形式。当文本中某处出现"/""^"或"#"3种层叠符号之一时，选中需层叠的文字，才可层叠文本，二者缺一不可，符号左边的文字作为分子，右边的文字作为分母。

AutoCAD提供了3种分数形式。

1）如果选中"abcd/efgh"后单击此按钮，则得到图3-16（a）所示的分数形式。

2）如果选中"abcd^efgh"后单击此按钮，则得到图3-16（b）所示的形式，此形式多用于标注极限偏差。

3）如果选中"abcd # efgh"后单击此按钮，则创建斜排的分数形式，如图3-16（c）所示。

$$\frac{abcd}{efgh} \qquad \frac{abcd}{efgh} \qquad abcd\!\!\!/efgh$$

（a） （b） （c）

图3-16 文本层叠

如果选中已经层叠的文本对象后单击此按钮，则恢复到非层叠形式。

（6）"倾斜角度"（0/）文本框：用于设置文本的倾斜角度。

> **注意** 倾斜角度与斜体效果是两个不同的概念，前者可以设置任意倾斜角度，后者是在任意倾斜角度的基础上设置斜体效果，如图3-17所示。第一行倾斜角度为0°，非斜体效果；第二行倾斜角度为12°，非斜体效果；第三行倾斜角度为12°，斜体效果。

图3-17 倾斜角度与斜体效果

（7）"符号"按钮@：用于输入各种符号。单击此按钮，系统打开符号列表，可以从中选择符号输入到文本中，如图3-18所示。

（8）"插入字段"按钮：用于插入一些常用或预设字段。单击此按钮，系统打开"字段"对话框，如图3-19所示。用户可从中选择字段，插入到标注文本中。

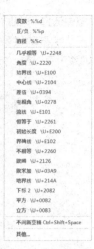

图 3-18 符号列表

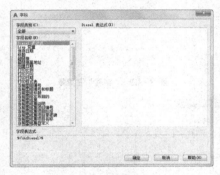

图 3-19 "字段"对话框

（9）"追踪"下拉列表框：用于增大或减小选定字符的间距。1.0 表示设置常规间距，设置大于 1.0 表示增大间距，设置小于 1.0 表示减小间距。

（10）"宽度因子"下拉列表框：用于扩展或收缩选定字符。1.0 表示设置此字体中字母的常规宽度，可以增大或减小该宽度。

（11）"上标"按钮：将选定文字转换为上标，即在输入线的上方设置稍小的文字。

（12）"下标"按钮：将选定文字转换为下标，即在输入线的下方设置稍小的文字。

（13）"清除格式"下拉列表：删除选定字符的字符格式，或删除选定段落的段落格式，或删除选定段落中的所有格式。

（14）"项目符号和编号"：用于创建表的选项。（不包括表格单元。）缩进列表使其与第一个选定的段落对齐。

1）关闭：如果选择此选项，将从应用了列表格式的选定文字中删除字母、数字和项目符号，不

更改缩进状态。

2）以数字标记：应用带有句点的数字标记列表中的项。

3）以字母标记：应用带有句点的字母标记列表中的项。如果列表含有的项多于字母序列中已含有的字母，可以使用双字母继续序列。

4）以项目符号标记：应用项目符号标记列表中的项。

5）启动：在列表格式中启动新的字母或数字序列。如果选定的项位于列表中间，则选定项下面未选中的项也将成为新列表的一部分。

6）继续：将选定的段落添加到上面最后一个列表，然后继续序列。如果选择了列表项而非段落，选定项下面未选中的项将继续序列。

7）允许自动项目符号和编号：在输入时应用列表格式。句点 (.)、逗号 (,)、右括号 ())、右尖括号 (>)、右方括号 (]) 和右花括号 (}) 可以用作字母和数字后的标点，但不能用作项目符号。

8）允许项目符号和列表：如果选择此选项，列表格式将应用到外观类似列表的多行文字对象中的所有纯文本。

9）拼写检查：设置输入时拼写检查处于打开还是关闭状态。

10）编辑词典：显示"词典"对话框，从中可添加或删除在拼写检查过程中使用的自定义词典。

11）标尺：在编辑器顶部显示标尺。拖动标尺末尾的箭头可更改文字对象的宽度。列模式处于活动状态时，还显示高度和列夹点。

（15）段落：为段落和段落的第一行设置缩进。指定制表位和缩进，控制段落对齐方式、段落间距和段落行距，如图 3-20 所示。

图 3-20 "段落"对话框

（16）输入文字：选择此项，系统打开"选择文件"对话框，如图3-21所示。选择任意ASCII或RTF格式的文件，输入的文字保留原始字符格式和样式特性，但可以在多行文字编辑器中编辑和格式化输入的文字。选择要输入的文本文件后，可以替换选定的文字或全部文字，或在文字边界内将插入的文字附加到选定的文字中。切记，输入文字的文件必须小于32K。

在"符号"子菜单中选择"其他"命令，如图3-22所示。系统打开"字符映射表"对话框，其中包含当前字体的整个字符集，如图3-23所示。

图3-21 "选择文件"对话框

图3-22 "符号"子菜单

（17）编辑器设置：显示"文字格式"工具栏的选项列表。详细信息请见编辑器设置。

 多行文字是由任意数目的行或段落组成的，不满指定的宽度，还可以沿垂直方向无限延伸。多行文字中，无论行数是多少，单个编辑任务中创建的每个段落集将构成单个对象；用户可对其进行移动、旋转、删除、复制、镜像或缩放操作。

图3-23 "字符映射表"对话框

❷ 选中要插入的字符，然后单击"选择"按钮。

❸ 选中要使用的所有字符，然后单击"复制"按钮。

❹ 在多行文字编辑器中单击鼠标右键，在打开的快捷菜单中选择"粘贴"命令。

实例教学

下面以在标注文字时插入"±"号为例，介绍文字标注命令的使用方法。

STEP 绘制步骤

❶ 单击"默认"选项卡"注释"面板中的"多行文字"按钮A，系统打开"文字编辑器"选项卡。

3.3 文本编辑

执行方式

命令行：DDEDIT（快捷命令：ED）
菜单栏："修改"→"对象"→"文字"→"编辑"

工具栏：单击"文字"工具栏中的"编辑"按钮A

快捷菜单："修改多行文字"或"编辑文字"

命令行提示如下。

命令：DDEDIT ✓
选择注释对象或 [放弃(U)/模式(M)]：
选择想要修改的文本，同时光标变为拾取框。用拾取框选择对象，如果选择的文本是用

"TEXT"命令创建的单行文本，则深显该文本，可对其进行修改；如果选择的文本是用"MTEXT"命令创建的多行文本，选择对象后则打开多行文字编辑器，可根据前面的介绍对各项设置或内容进行修改。

3.4 表格

在以前的 AutoCAD 版本中，要绘制表格必须采用绘制图线或结合偏移、复制等编辑命令来完成，这样的操作过程烦琐而复杂，不利于提高绘图效率。"表格"绘图功能使创建表格变得非常容易，用户可以直接插入设置好样式的表格，而不用绘制由单独图线组成的表格。

3.4.1 定义表格样式

和文字样式一样，AutoCAD 图形中的表格也都有与其相对应的表格样式。当插入表格对象时，系统使用当前设置的表格样式。表格样式是用来控制表格基本形状和间距的一组设置。模板文件 ACAD.DWT 和 ACADISO.DWT 中定义了名为"Standard"的默认表格样式。

执行方式

命令行：TABLESTYLE
菜单栏："格式"→"表格样式"
工具栏：单击"样式"工具栏中的"表格样式"按钮 ▦
功能区：单击"默认"选项卡"注释"面板中的"表格样式"按钮 ▦（见图3-24），或单击"注释"选项卡"表格"面板上的"表格样式"下拉菜单中的"管理表格样式"按钮（见图3-25），或单击"注释"选项卡"表格"面板中的"对话框启动器"按钮 ▨

图 3-24 "注释"面板

图 3-25 "表格"面板

执行上述操作后，系统打开"表格样式"对话框，如图3-26所示。

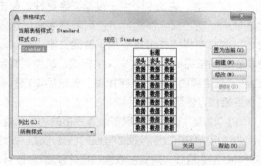

图 3-26 "表格样式"对话框

选项说明

（1）"新建"按钮：单击该按钮，系统打开"创建新的表格样式"对话框，如图3-27所示。输入新的表格样式名后，单击"继续"按钮，系统打开"新建表格样式"对话框，从中可以定义新的表格样式，如图3-28所示。

图 3-27 "创建新的表格样式"对话框

"新建表格样式"对话框的"单元样式"下拉列表框中有3个重要的选项："数据""表头"和"标题"。它们分别控制表格中数据、列标题和总标题的相关参数。在"新建表格样式"对话框中有3个重要的选项卡，分别介绍如下。

图 3-28 "新建表格样式"对话框

1）"常规"选项卡：用于控制数据栏与标题栏的上下位置关系。

2）"文字"选项卡：用于设置文字属性。单击此选项卡，在"文字样式"下拉列表框中可以选择已定义的文字样式并将其应用于数据文字，也可以单击右侧的按钮 重新定义文字样式。其中"文字高度""文字颜色"和"文字角度"各选项设定的相应参数格式可供用户选择。

3）"边框"选项卡：用于设置表格的边框属性。下面的边框线按钮控制数据边框线的各种形式，如绘制所有数据边框线、只绘制数据边框外部边框线、只绘制数据边框内部边框线、无边框线、只绘制底部边框线等。选项卡中的"线宽""线型"和"颜色"下拉列表框则控制边框线的线宽、线型和颜色；选项卡中的"间距"文本框用于控制单元边界和内容的间距。

图 3-29 所示是数据文字样式为"standard"，文字高度为"4.5"，文字颜色为"红色"，对齐方式为"右下"；标题文字样式为"standard"，文字高度为"6"，文字颜色为"蓝色"，对齐方式为"正中"，表格方向为"上"，水平单元边距和垂直单元边距都为"1.5"的表格样式。

图 3-29 表格样式

（2）"修改"按钮：用于对当前表格样式进行修改，方式与新建表格样式相同。

3.4.2 创建表格

在设置好表格样式后，用户可以利用"TABLE"命令创建表格。

执行方式

命令行：TABLE

菜单栏："绘图"→"表格"

工具栏：单击"绘图"工具栏中的"表格"按钮

功能区：单击"默认"选项卡"注释"面板中的"表格"按钮，或单击"注释"选项卡"表格"面板中的"表格"按钮

执行上述操作后，系统打开"插入表格"对话框，如图 3-30 所示。

图 3-30 "插入表格"对话框

选项说明

（1）"表格样式"下拉列表框：用于选择表格样式，也可以单击右侧的按钮 新建或修改表格样式。

（2）"插入方式"选项组。

1）"指定插入点"单选钮：指定表左上角的位置。可以使用定点设备，也可以在命令行输入坐标值。如果在"表格样式"对话框中将表格的方向设置为由下而上读取，则插入点位于表格的左下角。

2）"指定窗口"单选钮：指定表格的大小和位置。可以使用定点设备，也可以在命令行输入坐标值。选中该单选钮，列数、列宽、数据行数和行高取决于窗口的大小及列和行的设置情况。

（3）"列和行设置"选项组：用于指定列和行的数目及列宽与行高。

注意　在"插入方式"选项组中选中"指定窗口"单选钮后，列与行设置的两个参数中只能指定一个，另外一个由指定窗口的大小自动等分来确定。

在"插入表格"对话框中进行相应设置后，单击"确定"按钮，系统将在指定的插入点或窗口自动插入一个空表格，并打开多行文字编辑器，用户可以逐行逐列输入相应的文字或数据，如图3-31所示。

图 3-31 空表格和多行文字编辑器

在插入后的表格中选择某一个单元格，单击后出现钳夹点，通过移动钳夹点可以改变单元格的大小，如图3-32所示。

图 3-32 改变单元格大小

3.4.3 表格文字编辑

执行方式

命令行：TABLEDIT

快捷菜单：选择表格一个或多个单元后单击鼠标右键，选择快捷菜单中的"编辑文字"命令。

定点设备：在表格单元内双击

执行上述操作后，命令行出现"拾取表格单元"的提示，选择要编辑的表格单元，系统打开图3-31所示的多行文字编辑器，用户可以对选择的表格单元的文字进行编辑。

实例教学

下面以图3-33所示的明细表为例，介绍表格命令的使用方法。

STEP 绘制步骤

❶ 选择菜单栏中的"格式"→"表格样式"命令，打开"表格样式"对话框，如图3-34所示。

11	hu11	橡胶密封圈	1	
10	hu10	橡胶密封圈	1	
9	hu9	卡环	1	
8	hu8	卡环	1	
7	hu7	离合器压板	1	
6	hu6	外齿摩擦片	7	
5	hu5	弹簧	20	
4	hu4	离合器活塞	1	
3	hu3	CNL离合器缸体	1	
2	hu2	弹簧座总成	1	
1	hu1	内齿摩擦片总成	7	
序号	代 号	名 称	数量	备 注

图 3-33 明细表

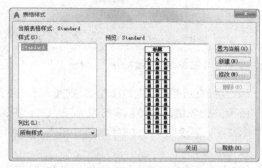

图 3-34 "表格样式"对话框

❷ 单击"修改"按钮，系统打开"修改表格样式"对话框，如图3-35所示。在该对话框中进行如下设置：数据单元中的文字样式为"Standard"，文字高度为"5"，文字颜色为"红色"，填充颜色为"无"，对齐方式为"左中"，边框颜色为"绿色"，水平页边距和垂直页边距为"1.5"；标题单元中的文字样式为"Standard"，文字高度为"5"，文字颜色为"蓝色"，填充颜色为"无"，对齐方式为"正中"；表格方向为"上"。

图 3-35 "修改表格样式"对话框

❸ 设置好文字样式后，单击"置为当前"按钮，然后单击"关闭"按钮退出。

❹ 选择菜单栏中的"绘图"→"表格"命令，打开
"插入表格"对话框，设置插入方式为"指定
插入点"，数据行数和列数设置为 11 行 5 列，
列宽为"10"，行高为"1"，如图 3-36 所示。

图 3-36 "插入表格"对话框

确定后，在绘图平面指定插入点，则插入图 3-37
所示的空表格，并显示多行文字编辑器。不输
入文字，直接在多行文字编辑器中单击"确定"
按钮退出。

❺ 单击第 2 列中的任意一个单元格，出现钳夹点后，
将右边钳夹点向右拖动可以改变列宽，右键单击
单元格，在弹出的快捷菜单选择"特性"，打开"特
性"选项板，使列宽变成"30"；用同样方法，
将第 3 列和第 5 列的列宽设置为"40"和"20"。
结果如图 3-38 所示。

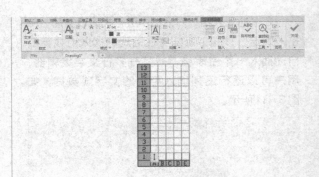

图 3-37 多行文字编辑器

图 3-38 改变列宽

❻ 双击要输入文字的单元格，重新打开多行文字编
辑器，在各单元中输入相应的文字或数据，最
终结果如图 3-33 所示。

注意 如果多个文本格式一样，可以采用复制后
修改文字内容的方法进行表格文字的填充，
这样只需双击就可以直接修改表格文字的内容，
而不用重新设置每个文本的格式。

3.5 综合演练——绘制电气制图样板图

绘制图 3-39 所示的A3样板图。

图 3-39 A3 样板图

STEP 绘制步骤

❶ 单击"默认"选项卡"绘图"面板中的"矩形"
按钮，绘制一个矩形，指定矩形两个角点的
坐标分别为（25,10）和（410,287），如图 3-40
所示。

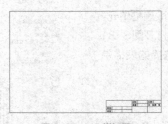

图 3-40 绘制矩形

注意 国家标准规定A3图纸的幅面大小是420mm×297mm，这里留出了带装订边的图框到纸面边界的距离。

❷ 标题栏结构如图 3-41 所示。由于分隔线并不整齐，所以可以先绘制一个 28 列 4 行（每个单元格的尺寸是宽为"5"，高为"8"）的标准表格，然后在此基础上合并单元格。

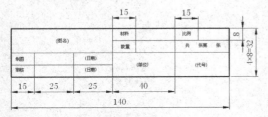
图 3-41　标题栏示意图

❸ 选择菜单栏中的"格式"→"表格样式"命令，打开"表格样式"对话框，如图 3-42 所示。

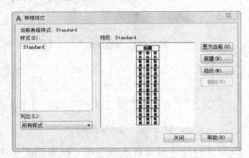
图 3-42　"表格样式"对话框

❹ 单击"修改"按钮，系统打开"修改表格样式"对话框，在"单元样式"下拉列表框中选择"数据"选项，在下面的"文字"选项卡中将"文字高度"设置为"3"，如图 3-43 所示。再打开"常规"选项卡，将"页边距"选项组中的"水平"和"垂直"都设置成"1"，如图 3-44 所示。

图 3-43　设置"文字"选项卡

图 3-44　设置"常规"选项卡

❺ 回到"表格样式"对话框，单击"关闭"按钮退出。

❻ 选择菜单栏中的"绘图"→"表格"命令，系统打开"插入表格"对话框，在"列和行设置"选项组中将"列数"设置为"28"，将"列宽"设置为"5"，将"数据行数"设置为"2"（加上标题行和表头行共 4 行），将"行高"设置为"1"（即为"10"）；在"设置单元样式"选项组中将"第一行单元样式""第二行单元样式"和"第三行单元样式"都设置为"数据"，如图 3-45 所示。

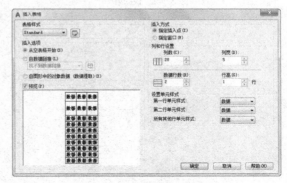
图 3-45　"插入表格"对话框

❼ 在图框线右下角附近指定表格位置，系统生成表格，同时打开多行文字编辑器，如图 3-46 所示。直接按 <Enter> 键，不输入文字，生成的表格如图 3-47 所示。

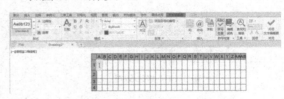
图 3-46　表格和文字编辑器

图 3-47　生成表格

❽ 单击表格中的一个单元格，系统显示其编辑夹点，单击鼠标右键，在打开的快捷菜单中选择"特性"命令，如图 3-48 所示。系统打开"特性"对话框，将"单元高度"参数改为"8"，如图 3-49 所示，这样该单元格所在行的高度就统一改为"8"。用同样方法将其他行的高度改为"8"，如图 3-50 所示。

图 3-48　快捷菜单

图 3-49　"特性"对话框

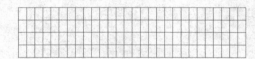

图 3-50　修改表格行高度

❾ 选择 A1 单元格，按住 <Shift> 键，同时选择右边的 12 个单元格以及下面的 13 个单元格，单击鼠标右键，打开快捷菜单，选择其中的"合并"→"全部"命令，如图 3-51 所示。完成这些单元格的合并，如图 3-52 所示。

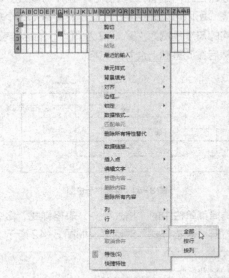

图 3-51　快捷菜单

图 3-52　合并单元格

用同样的方法合并其他单元格，结果如图 3-53 所示。

图 3-53　完成表格绘制

❿ 在单元格上单击鼠标，打开文字编辑器，在单元格中输入文字，将文字大小改为"4"，如图 3-54 所示。

图 3-54　输入文字

用同样的方法在其他单元格中输入文字，结果如图 3-55 所示。

	材料		比例	
	数量		共 张第 张	
制图				
审核				

图 3-55　完成标题栏文字输入

⑪ 无法准确确定刚生成的标题栏与图框的相对位置，需要移动。选择刚绘制的表格，捕捉表格的右下角点，将表格准确放置在图框的右下角，如图 3-56 所示。

图 3-56　移动表格

⑫ 选择菜单栏中的"文件"→"另存为…"命令，打开"图形另存为"对话框，将图形保存为 DWT 格式文件即可，如图 3-57 所示。

图 3-57　"图形另存为"对话框

3.6　上机实验

【实验 1】标注技术要求

1.　目的要求

如图 3-58 所示，文字标注在零件图或装配图的技术要求中经常用到，正确进行文字标注是 AutoCAD 绘图中必不可少的一项工作。通过本例的练习，读者应掌握文字标注的一般方法，尤其是特殊字体的标注方法。

> 1.当无标准齿轮时,允许检查下列三项代替检查径向综合公差和一齿径向综合公差
> 　a.齿圈径向跳动公差Fr为0.056
> 　b.齿形公差ff为0.016
> 　c.基节极限偏差±fpb为0.018
> 2.未注倒角1x45。

图 3-58　技术要求

2.　操作提示

（1）设置文字标注的样式。

（2）利用"多行文字"命令进行标注。

（3）利用快捷菜单输入特殊字符。

【实验 2】在"实验 1"标注的技术要求中加入一段文字

> 3. 尺寸为Φ30$^{+0.05}_{-0.06}$的孔抛光处理.

1.　目的要求

文字编辑是对标注的文字进行调整的重要手段。本例通过添加技术要求文字，让读者掌握文字尤其

是特殊符号的编辑方法和技巧。

2.　操作提示

（1）选择"实验 1"中标注好的文字，进行文字编辑。

（2）在打开的文字编辑器中输入要添加的文字。

（3）在输入尺寸公差时，一定要输入"+0.05^-0.06"，然后选择这些文字，单击"文字格式"对话框中的"堆叠"按钮。

【实验 3】绘制齿轮参数表

1.　目的要求

本例通过绘制图 3-59 所示的齿轮参数表，帮助读者掌握表格相关命令的用法，体会表格功能的便捷性。

齿　数	Z	24
模　数	m	3
压力角	α	30°
公差等级及配合类别	6H-GB	T3478.1-1995
作用齿槽宽最小值	E_{Vmin}	4.712
实际齿槽宽最大值	E_{max}	4.837
实际齿槽宽最小值	E_{min}	4.759
作用齿槽宽最大值	E_{Vmax}	4.790

图 3-59　齿轮参数表

2.　操作提示

（1）设置表格样式。

（2）插入空表格，调整列宽。

（3）重新输入文字和数据。

第 4 章

基本绘图工具

　　AutoCAD 为用户提供了图层工具，用于为每个图层设置颜色和线型，并把具有相同特征的图形对象放在同一层上绘制。这样绘图时就不用分别设置对象的线型和颜色，不仅方便绘图，而且存储图形时只需存储其几何数据和所在图层，节省了存储空间。AutoCAD 还提供了多种必要的和辅助的绘图工具，如工具条、对象选择工具、对象捕捉工具、栅格和正交模式等。用户利用这些工具，可以方便、迅速、准确地实现图形的绘制和编辑，不仅可提高工作效率，而且能更好地保证图形的质量。

重点与难点

- ➜ 设置图层
- ➜ 设置颜色
- ➜ 图层的线型
- ➜ 精确绘图
- ➜ 对象约束

4.1 设置图层

图层类似投影片，可以将不同属性的对象分别放置在不同的投影片（图层）上。例如将图形的主要线段、中心线、尺寸标注等分别绘制在不同的图层上，每个图层可设定不同的线型、线条颜色，然后把不同的图层堆栈在一起成为一张完整的视图，这样可使视图层次分明，方便对图形对象进行编辑与管理。一个完整的图形就是由它所包含的所有图层上的对象叠加在一起构成的，如图4-1所示。

图 4-1 图层效果

4.1.1 利用对话框设置图层

AutoCAD 2020提供了详细直观的"图层特性管理器"对话框，用户可以通过对该对话框中的各选项及其二级对话框进行设置，方便地实现创建新图层、设置图层颜色及线型等操作。

执行方式

命令行：LAYER

菜单栏："格式"→"图层"

工具栏：单击"图层"工具栏中的"图层特性管理器"按钮

功能区：单击"默认"选项卡"图层"面板中的"图层特性"按钮，或单击"视图"选项卡"选项板"面板中的"图层特性"按钮

执行上述操作后，系统打开图4-2所示的"图层特性管理器"对话框。

图 4-2 "图层特性管理器"对话框

选项说明

（1）"新建特性过滤器"按钮：单击该按钮，可以打开"图层过滤器特性"对话框，如图4-3所示。从中可以基于一个或多个图层特性创建图层过滤器。

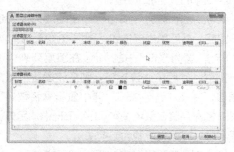

图 4-3 "图层过滤器特性"对话框

（2）"新建组过滤器"按钮：单击该按钮可以创建一个图层过滤器，其中包含用户选定并添加到该过滤器的图层。

（3）"图层状态管理器"按钮：单击该按钮，可以打开"图层状态管理器"对话框，如图4-4所示。从中可以将图层的当前特性设置保存到命名图层状态中，以后可以再恢复这些设置。

图 4-4 "图层状态管理器"对话框

（4）"新建图层"按钮：单击该按钮，图层列表中将出现一个新的图层，名称为"图层1"，用户可使用此名称，也可改名。要想同时创建多个图层，可选中一个图层名后，输入多个名称，各名称之间以逗号分隔。图层的名称可以包含字母、数字、空格和特殊符号，AutoCAD 2021支持长达255个

字符的图层名称。新的图层会继承创建新图层时所选中的已有图层的所有特性（颜色、线型、开/关状态等），如果新建图层时没有图层被选中，则新图层具有默认的设置。

（5）"在所有视口中都被冻结的新图层视口"按钮：单击该按钮，将创建新图层，然后在所有现有布局视口中将其冻结。可以在"模型"空间或"布局"空间上访问此按钮。

（6）"删除图层"按钮：在图层列表中选中某一图层，然后单击该按钮，则把该图层删除。

（7）"置为当前"按钮：在图层列表中选中某一图层，然后单击该按钮，则把该图层设置为当前图层，并在"当前图层"列中显示其名称。当前图层的名称存储在系统变量CLAYER中。另外，双击图层名也可把其设置为当前图层。

（8）"搜索图层"文本框：输入字符时，按名称快速过滤图层列表。关闭图层特性管理器时并不保存此过滤器。

（9）"状态行"：显示当前过滤器的名称、列表视图中显示的图层数和图形中的图层数。

（10）过滤器列表：显示图形中的图层过滤器列表。单击《和》按钮可展开或收拢过滤器列表。当"过滤器"列表处于收拢状态时，请使用位于图层特性管理器左下角的"展开或收拢弹出图层过滤器树"按钮 来显示过滤器列表。

（11）"反转过滤器"复选框：勾选该复选框，显示所有不满足选定图层特性过滤器中条件的图层。

（12）图层列表区：显示已有的图层及其特性。要修改某一图层的某一特性，单击它所对应的图标即可。在空白区域单击鼠标右键或利用快捷菜单可快速选中所有图层。列表区中各列的含义如下。

1）状态：指示项目的类型，有图层过滤器、正在使用的图层、空图层或当前图层4种。

2）名称：显示满足条件的图层名称。如果要对某图层进行修改，首先要选中该图层的名称。

3）状态转换图标：在"图层特性管理器"对话框的图层列表中有一列图标，单击这些图标，可以打开或关闭该图标所代表的功能。各图标功能说明如表4-1所示。

表4-1 图标功能说明

图标	名称	功 能 说 明
♀/♀	开/关闭	将图层设定为打开或关闭状态。当呈现关闭状态时，该图层上的所有对象将隐藏，只有处于打开状态的图层会在绘图区显示或由打印机打印出来。因此，绘制复杂的视图时，可以先将不编辑的图层暂时关闭，以降低图形的复杂性。图4-5（a）和图4-5（b）分别表示尺寸标注图层打开和关闭的情形
☼/❆	解冻/冻结	将图层设定为解冻或冻结状态。当图层呈现冻结状态时，该图层上的对象均不会显示在绘图区，也不能由打印机打印出来，而且不会执行重生（REGEN）、缩放（EOOM）、平移（PAN）等命令。因此若将视图中不编辑的图层暂时冻结，可加快执行绘图编辑的速度。而♀/♀（开/关闭）功能只是单纯将对象显示或隐藏，因此并不会加快执行速度
⌂/🔒	解锁/锁定	将图层设定为解锁或锁定状态。被锁定的图层仍然显示在绘图区，但被锁定的对象不能编辑修改，用户只能绘制新的图形，这样可防止重要的图形被修改
🖨/🖨	打印/不打印	将图层设定为是否可以打印

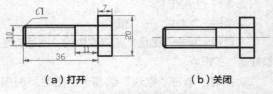

（a）打开　　　　（b）关闭

图4-5　打开或关闭尺寸标注图层

4）颜色：显示和改变图层的颜色。如果要改变某一图层的颜色，单击其对应的颜色图标，AutoCAD系统打开图4-6所示的"选择颜色"对话框，用户可从中选择需要的颜色。

5）线型：显示和修改图层的线型。如果要修改某一图层的线型，单击该图层的"线型"项，系统打开"选择线型"对话框，如图4-7所示。其中列出了当前可用的线型，用户可从中进行选择。

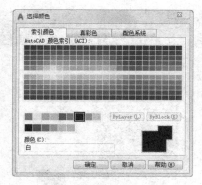

图 4-6 "选择颜色"对话框

图 4-7 "选择线型"对话框

6) 线宽：显示和修改图层的线宽。如果要修改某一图层的线宽，单击该图层的"线宽"列，打开"线宽"对话框，如图 4-8 所示。其中列出了 AutoCAD 设定的线宽，用户可从中进行选择。"线宽"列表框中显示可以选用的线宽值，用户可从中选择需要的线宽。"旧的"显示行显示前面赋予图层的线宽，当创建一个新图层时，采用默认线宽（其值为 0.01in，即 0.25mm），默认线宽的值由系统变量 LWDEFAULT 设置；"新的"显示行显示赋予图层的新线宽。

图 4-8 "线宽"对话框

7) 打印样式：打印图形时各项属性的设置。

 注意 合理利用图层，可以达到事半功倍的效果。我们可以在开始绘制图形时设置一些基本图层，设置并锁定每个图层的专门用途。这样，只需绘制一份图形文件，就可以组合出许多需要的图纸，修改时可针对各个图层进行。

4.1.2 利用面板设置图层

AutoCAD 2021 提供了一个"特性"面板，如图 4-9 所示。用户可以利用面板下拉列表框中的选项，快速查看和改变所选对象的图层、颜色、线型和线宽特性。"特性"面板上对图层颜色、线型、线宽和打印样式的控制增加了查看和编辑对象属性的命令。在绘图区选择任何对象，面板上都会自动显示它所在的图层、颜色、线型等属性。"特性"面板各部分的功能介绍如下。

图 4-9 "特性"面板

（1）"对象颜色"下拉列表框：单击右侧的向下箭头，用户可从打开的选项列表中选择一种颜色，使之成为当前颜色。如果选择"更多颜色"选项，系统将打开"选择颜色"对话框，提供更多颜色供用户选择。修改当前颜色后，不论在哪个图层上绘图都采用这种颜色，但对各个图层的颜色设置没有影响。

（2）"线型"下拉列表框：单击右侧的向下箭头，用户可从打开的选项列表中选择一种线型，使之成为当前线型。修改当前线型后，不论在哪个图层上绘图都采用这种线型，但对各个图层的线型设置没有影响。

（3）"线宽"下拉列表框：单击右侧的向下箭头，用户可从打开的选项列表中选择一种线宽，使之成为当前线宽。修改当前线宽后，不论在哪个图层上绘图都采用这种线宽，但对各个图层的线宽设置没有影响。

（4）"打印样式"下拉列表框：单击右侧的向下箭头，用户可从打开的选项列表中选择一种打印样式，使之成为当前打印样式。

4.2 设置颜色

AutoCAD绘制的图形对象都具有一定的颜色，为清晰表达绘制的图形，可把同一类图形对象用相同的颜色绘制，而使不同类的对象具有不同的颜色，以示区分，这样就需要适当地对颜色进行设置。AutoCAD允许用户设置图层颜色，为新建的图形对象设置当前颜色，或改变已有图形对象的颜色。

执行方式

命令行：COLOR（快捷命令：COL）

菜单栏："格式"→"颜色"

功能区：单击"默认"选项卡"特性"面板上的"对象颜色"下拉菜单中的"更多颜色"按钮 ●

执行上述操作后，系统打开图4-6所示的"选择颜色"对话框。

选项说明

1."索引颜色"选项卡

单击此选项卡，可以在系统提供的255种颜色索引表中选择所需要的颜色。

（1）"颜色索引"列表框：依次列出了255种索引色，用户可在此列表框中选择所需要的颜色。

（2）"颜色"文本框：所选择的颜色代号值显示在"颜色"文本框中，也可以直接在该文本框中输入代号值来选择颜色。

（3）"ByLayer"和"ByBlock"按钮：单击这两个按钮，颜色分别按图层和图块设置。这两个按钮只有在设定了图层颜色和图块颜色后才可以使用。

2."真彩色"选项卡

单击此选项卡，可以选择需要的任意颜色，如图4-10所示。可以拖动调色板中的颜色指示光标和亮度滑块选择颜色及其亮度，也可以通过"色调""饱和度"和"亮度"的调节钮来选择需要的颜色。所选颜色的红、绿、蓝值显示在下面的"颜色"文本框中，也可以直接在该文本框中输入红、绿、蓝值来选择颜色。

在此选项卡中还有一个"颜色模式"下拉列表框，默认的颜色模式为"HSL"模式，即图4-10所示的模式。RGB模式也是常用的一种颜色模式，如图4-11所示。

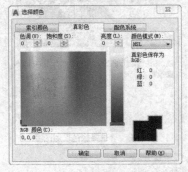

图4-10 "真彩色"选项卡

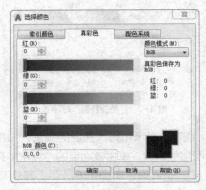

图4-11 RGB模式

3."配色系统"选项卡

单击此选项卡，可以从标准配色系统（如Pantone）中选择预定义的颜色，如图4-12所示。在"配色系统"下拉列表框中选择需要的系统，然后拖动右边的滑块来选择具体的颜色，所选颜色编号显示在下面的"颜色"文本框中，也可以直接在该文本框中输入编号值来选择颜色。

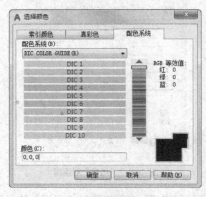

图4-12 "配色系统"选项卡

4.3　图层的线型

国家标准GB/T4457.3-2002对机械图样中使用的各种图线名称、线型、线宽以及在图样中的应用做了规定，如表4-2所示。其中常用的图线有4种，即粗实线、细实线、虚线、细点划线。图线分为粗、细两种，粗线的宽度b应按图样的大小和图形的复杂程度在0.5 ～ 2mm选择，细线的宽度约为b/2。

表4-2　图线的形式及用途

图线名称	线　　型	线宽	主要用途
粗实线	————————	b	可见轮廓线，可见过渡线
细实线	————————	约b/2	尺寸线、尺寸界线、剖面线、引出线、弯折线、牙底线、齿根线、辅助线等
细点划线	—— — — ——	约b/2	轴线、对称中心线、齿轮节线等
虚线	— — — — —	约b/2	不可见轮廓线、不可见过渡线
波浪线	∿∿∿	约b/2	断裂处的边界线、剖视与视图的分界线
双折线	─〜�─	约b/2	断裂处的边界线
粗点划线	▬▬ ▬ ▬ ▬▬	b	有特殊要求的线或面的表示线
双点划线	—— ·· —— ·· ——	约b/2	相邻辅助零件的轮廓线、极限位置的轮廓线、假想投影的轮廓线

4.3.1　在"图层特性管理器"对话框中设置线型

单击"默认"选项卡"图层"面板中的"图层特性"按钮，打开"图层特性管理器"对话框，如图4-2所示。在图层列表的线型列下单击线型名，系统打开"选择线型"对话框，如图4-7所示。对话框中选项的含义如下。

（1）"已加载的线型"列表框：显示在当前绘图中加载的线型，可供用户选用，其右侧显示线型的形式。

（2）"加载"按钮：单击该按钮，打开"加载或重载线型"对话框，如图4-13所示。用户可通过此对话框加载线型并把它添加到线型列中。但要注意，加载的线型必须在线型库（LIN）文件中定义过，标准线型都保存在acad.lin文件中。

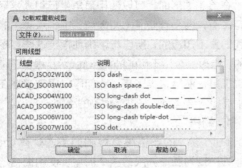

图 4-13　"加载或重载线型"对话框

4.3.2　直接设置线型

执行方式

命令行：LINETYPE

功能区：单击"默认"选项卡"特性"面板上的"线型"下拉菜单中的"其他"按钮

在命令行输入上述命令后按<Enter>键，系统打开"线型管理器"对话框，如图4-14所示。用户可在该对话框中设置线型。该对话框中的选项含义与前面介绍的选项含义相同，此处不赘述。

图 4-14　"线型管理器"对话框

 实例教学

下面以图4-15所示的螺栓为例，介绍图层命令的使用方法。

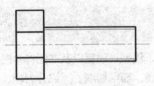

图 4-15　绘制图形

STEP 绘制步骤

❶ 单击"默认"选项卡"图层"面板中的"图层特性"按钮 ，打开"图层特性管理器"对话框。

❷ 单击"新建图层"按钮创建一个新层，把名字由默认的"图层 1"改为"中心线"。

❸ 单击"中心线"层对应的"颜色"项，打开"选择颜色"对话框，选择红色为该层颜色，单击"确定"按钮返回"图层特性管理器"对话框。

❹ 单击"中心线"层对应的"线型"项，打开"选择线型"对话框。

❺ 在"选择线型"对话框中，单击"加载"按钮，系统打开"加载或重载线型"对话框，选择CENTER 线型，单击"确定"按钮退出。在"选择线型"对话框中选择 CENTER（点划线）为该层线型，单击"确定"按钮返回"图层特性管理器"对话框。

❻ 单击"中心线"层对应的"线宽"项，打开"线宽"对话框，选择 0.09mm 线宽，单击"确定"按钮退出。

❼ 用相同的方法再建立两个新层，分别命名为"轮廓线"和"细实线"。"轮廓线"层的颜色设置为白色，线型为 Continuous（实线），线宽

为 0.30mm。"细实线"层的颜色设置为蓝色，线型为 Continuous，线宽为 0.09mm。并且让3 个图层均处于打开、解冻和解锁状态，各项设置如图 4-16 所示。

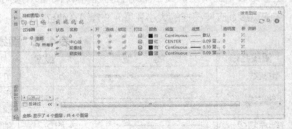

图 4-16　新建图层的各项设置

❽ 选中"中心线"层，单击"置为当前"按钮，将其设置为当前图层，然后单击"关闭"按钮关闭"图层特性管理器"对话框。

❾ 在当前图层"中心线"层上绘制图 4-15 所示的中心线，如图 4-17（a）所示。

❿ 单击"默认"选项卡"图层"面板中的图层下拉列表的下三角按钮，将"轮廓线"层设置为当前图层，并在其上绘制图 4-15 所示的主体图形，如图 4-17（b）所示。

⓫ 将当前图层设置为"细实线"层，并在"细实线"层上绘制螺纹牙底线。

（a）　　　　　　　　（b）

图 4-17　绘制过程

绘制结果如图 4-15 所示。

4.4　精确绘图

精确定位工具是指能够帮助用户快速准确地定位某些特殊点（如端点、中点、圆心等）和特殊位置（如水平位置、垂直位置）的工具。

精确定位工具主要集中在状态栏上，图4-18 所示为默认状态下显示的状态栏按钮。

图 4-18　状态栏按钮

在绘制图形时，可以使用直角坐标和极坐标精确定位点，但是有些点（如端点、中心点等）的坐标我们是不知道的，所以想精确地指定这些点是很难的，有时甚至是不可能的。AutoCAD 提供了辅助定位工具，使用这类工具，我们可以很容易地在屏幕中捕捉到这些点，并进行精确的绘图。

1. 栅格

AutoCAD 的栅格由有规则的点的矩阵组成，延伸到指定为图形界限的整个区域。使用栅格与在

坐标纸上绘图十分相似，可以对齐对象并直观显示对象之间的距离。如果放大或缩小图形，可能需要调整栅格间距，使其更适合新的比例。虽然栅格在屏幕上是可见的，但它并不是图形对象，因此不会被打印成图形中的一部分，也不会影响在何处绘图。

可以单击状态栏上的"栅格"按钮或按<F7>键，打开或关闭栅格。启用栅格并设置栅格在X轴方向和Y轴方向上的间距的方法如下。

执行方式

命令行：DSETTINGS或DS，SE或DDRMODES
菜单栏："工具"→"绘图设置"
快捷菜单：右键单击"栅格"按钮处→网格设置

操作步骤

执行上述命令，系统弹出"草图设置"对话框，如图4-19所示。

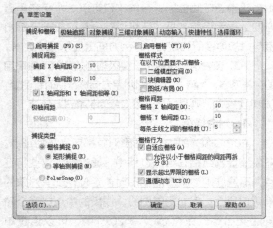

图4-19 "草图设置"对话框

如果需要显示栅格，可勾选"启用栅格"复选框。在"栅格X轴间距"文本框中输入栅格点之间的水平距离，单位为毫米。如果使用相同的间距设置垂直和水平分布的栅格点，则按<Tab>键；否则，在"栅格Y轴间距"文本框中输入栅格点之间的垂直距离。

用户可改变栅格与图形界限的相对位置。默认情况下，栅格以图形界限的左下角为起点，沿着与坐标轴平行的方向填充整个由图形界限所确定的区域。"捕捉"选项区中的"角度"项可决定栅格与相应坐标轴之间的夹角；"X基点"和"Y基点"项可

决定栅格与图形界限的相对位移。

 注意 如果栅格的间距设置得太小，那么在进行"打开栅格"操作时，AutoCAD将在文本窗口中显示"栅格太密，无法显示"信息，而不在屏幕上显示栅格点。使用"缩放"命令将图形缩得很小时，也会出现同样的提示，不显示栅格。

捕捉可以使用户直接使用鼠标快速地定位目标点。捕捉有几种不同的模式：栅格捕捉、对象捕捉、极轴捕捉和自动捕捉（在下文中将详细讲解）。

另外，可以使用"GRID"命令通过命令行方式设置栅格，功能与"草图设置"对话框类似。

2. 捕捉

捕捉是指AutoCAD可以生成一个隐含分布于屏幕上的栅格，这种栅格能够捕捉光标，使得光标只能落到其中一个栅格点上。捕捉可分为"矩形捕捉"和"等轴测捕捉"两种类型。默认设置为"矩形捕捉"，即捕捉点的阵列类似于栅格，如图4-20所示。用户可以指定捕捉模式在X轴方向和Y轴方向上的间距，也可改变捕捉模式与图形界限的相对位置。与栅格的不同之处：捕捉间距的值必须为正实数；另外捕捉模式不受图形界限的约束。"等轴测捕捉"表示捕捉模式为等轴测模式，此模式是绘制正等轴测图时的工作环境，如图4-21所示。在"等轴测捕捉"模式下，栅格和光标十字线呈绘制等轴测图时的特定角度。

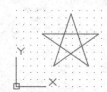

图4-20 "矩形捕捉"实例

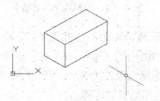

图4-21 "等轴测捕捉"实例

在绘制图4-20和图4-21中的图形时，输入参数点时光标只能落在栅格点上。两种模式的切换方法：打开"草图设置"对话框，进入"捕捉和栅格"

选项卡，在"捕捉类型"选项区中，通过单选钮可以切换"矩形捕捉"模式与"等轴测捕捉"模式。

3．极轴捕捉

极轴捕捉是在创建或修改对象时，按事先给定的角度增量和距离增量来追踪特征点，即捕捉相对于初始点，且满足指定极轴距离和极轴角的目标点。

极轴追踪设置主要是设置追踪的距离增量和角度增量，以及与之相关联的捕捉模式。这些设置可以通过"草图设置"对话框的"捕捉和栅格"选项卡与"极轴追踪"选项卡来实现，如图4-22和图4-23所示。

图4-22　"捕捉和栅格"选项卡

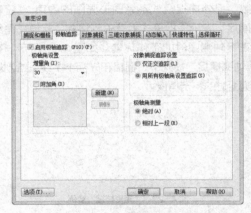

图4-23　"极轴追踪"选项卡

（1）设置极轴距离：如图4-22所示，在"草图设置"对话框的"捕捉和栅格"选项卡中，可以设置极轴距离，单位为毫米。绘图时，光标将按指定的极轴距离增量进行移动。

（2）设置极轴角度：如图4-23所示，在"草图设置"对话框的"极轴追踪"选项卡中，可以设置极轴角增量。设置时，可以点击向下箭头，在打开的下拉选择框中选择"90""45""30""22.5"

"18""15""10"和"5"的极轴角增量，也可以直接输入其他任意角度。光标移动时，如果接近极轴角，将显示对齐路径和工具栏提示。图4-24所示为当极轴角增量设置为"30"，光标移动"90"时显示的对齐路径。

图4-24　设置极轴角度

"附加角"用于设置极轴追踪时是否采用附加角度追踪。勾选"附加角"复选框，通过单击"增加"按钮或者"删除"按钮来增加、删除附加角度值。

（3）对象捕捉追踪设置用于设置对象捕捉追踪的模式。如果选择"仅正交追踪"选项，则当采用追踪功能时，系统仅在水平和垂直方向上显示追踪数据；如果选择"用所有极轴角设置追踪"选项，则当采用追踪功能时，系统不仅可以在水平和垂直方向上显示追踪数据，还可以在设置的极轴追踪角度与附加角度所确定的一系列方向上显示追踪数据。

（4）极轴角测量用于设置极轴角的角度测量采用的参考基准，"绝对"是相对水平方向进行逆时针测量，"相对上一段"则是以上一段对象为基准进行测量。

4．对象捕捉

AutoCAD给所有的图形对象都定义了特征点，对象捕捉则是指在绘图过程中，通过捕捉这些特征点，迅速准确地将新的图形对象定位在现有对象的确切位置上，例如圆的圆心、线段的中点或两个对象的交点等。在AutoCAD 2021中，可以通过单击状态栏中"对象捕捉"选项，或是在"草图设置"对话框的"对象捕捉"选项卡中选中"启用对象捕捉"单选钮来完成启用对象捕捉操作。在绘图过程中，对象捕捉功能的调用可以通过以下方式完成。

（1）"对象捕捉"工具栏：如图4-25所示，在绘图过程中，当系统提示需要指定点位置时，可以单击"对象捕捉"工具栏中相应的特征点按钮，再把光标移动到要捕捉的对象的特征点附近，AutoCAD会自动提示并捕捉这些特征点。例如，如果需要用直线连接一系列圆的圆心，可以将"圆心"设置为执行对象捕捉。如果有两个可能的捕捉点落在选择区域，AutoCAD将捕捉离光标中心最近的符合条件的点。

还有可能指定点时需要检查哪一个对象捕捉有效，例如在指定位置有多个对象捕捉符合条件，在指定点之前，按<Tab>键可以捕捉所有可能的点。

图4-25 "对象捕捉"工具栏

（2）对象捕捉快捷菜单：在需要指定点位置时，按住<Ctrl>键或<Shift>键，单击鼠标右键，弹出对象捕捉快捷菜单，如图4-26所示。从该菜单中也可以选择某一种特征点执行对象捕捉，把光标移动到要捕捉对象上的特征点附近，即可捕捉到这些特征点。

（3）使用命令行：当需要指定点位置时，在命令行中输入相应特征点的关键词，把光标移动到要捕捉对象的特征点附近，即可捕捉到这些特征点。对象捕捉特征点的关键字如表4-3所示。

图4-26 "对象捕捉"快捷菜单

> **注意** （1）对象捕捉不可单独使用，必须配合别的绘图命令使用。仅当AutoCAD提示输入点时，对象捕捉才生效。如果试图在命令提示下使用对象捕捉，AutoCAD将显示错误信息。
>
> （2）对象捕捉只影响屏幕上可见的对象，包括锁定图层、布局视口边界和多段线上的对象。不能捕捉不可见的对象，如未显示的对象、关闭或冻结图层上的对象以及虚线的空白部分。

5. 自动对象捕捉

在绘制图形的过程中，使用对象捕捉的频率非常高，如果每次在捕捉时都要先选择捕捉模式，将使工作效率大大降低。为避免这种情况发生，AutoCAD 2021提供了自动对象捕捉模式。启用自

动捕捉功能后，当光标距指定的捕捉点较近时，系统会自动精确地捕捉这些特征点，并显示出相应的标记以及该捕捉的提示。设置"草图设置"对话框中的"对象捕捉"选项卡，勾选"启用对象捕捉追踪"复选框，可以启动自动捕捉，如图4-27所示。

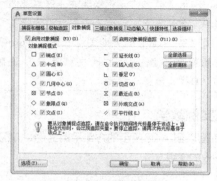

图4-27 "对象捕捉"选项卡

表4-3 对象捕捉模式及其关键字

模式	关键字	模式	关键字	模式	关键字
临时追踪点	TT	捕捉自	FROM	端点	END
中点	MID	交点	INT	外观交点	APP
延长线	EXT	圆心	CEN	象限点	QUA
切点	TAN	垂足	PER	平行线	PAR
节点	NOD	最近点	NEA	无捕捉	NON

> **注意** 我们可以设置自己常用的捕捉方式。一旦设置了运行捕捉方式后，在每次绘图时，所设定的目标捕捉方式都会被激活，而不是仅对一次选择有效。当同时使用多种方式时，系统将捕捉距光标最近、同时又是满足多种目标捕捉方式之一的点。当光标距要获取的点非常近时，按<Shift>键将暂时不捕捉对象。

6. 正交绘图

使用正交绘图模式，即在命令的执行过程中，光标只能沿X轴或Y轴移动。所有绘制的线段和构造线都将平行于X轴或Y轴，因此它们相互垂直，呈90°相交，即正交。使用正交绘图，对于绘制水平和垂直线非常有用，特别是在绘制构造线时经常使用。而且当捕捉模式为等轴测捕捉时，它还迫使直线平行于3个等轴测中的一个。

设置正交绘图可以直接单击状态栏中的"正交"按钮或按<F8>键，相应地会在文本窗口中显示开/关提示信息；也可以在命令行中输入"ORTHO"命令，开启或关闭正交绘图。

 注意 正交模式将光标限制在水平或垂直（正交）轴上。因为不能同时打开正交模式和极轴追踪，因此正交模式打开时，AutoCAD会关闭极轴追踪。如果再次打开极轴追踪，AutoCAD将关闭正交模式。

 实例教学

下面以图4-28所示的方头平键为例，介绍极轴追踪命令的使用方法。

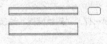

图4-28 方头平键

STEP 绘制步骤

❶ 单击"默认"选项卡"绘图"面板中的"矩形"按钮 □ ，绘制主视图外形。首先在屏幕上的适当位置指定一个角点，然后指定第二个角点为（@100,11），结果如图4-29所示。

图4-29 绘制主视图外形

❷ 单击"默认"选项卡"绘图"面板中的"直线"按钮 ╱ ，绘制主视图棱线。命令行提示如下。

```
命令：_line
指定第一个点：FROM ↙
基点：(捕捉矩形左上角点，如图4-30所示)
<偏移>：@0,-2 ↙
指定下一点或 [放弃(U)]：(右移光标，捕捉矩形右边上的垂足，如图4-31所示)
指定下一点或 [放弃(U)]：↙
```

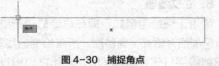

图4-30 捕捉角点

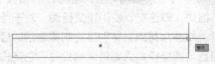

图4-31 捕捉垂足

用相同的方法，以矩形左下角点为基点，向上偏移两个单位，利用基点捕捉绘制下边的另一条棱线，结果如图4-32所示。

图4-32 绘制主视图棱线

❸ 单击状态栏上的"对象捕捉"和"对象追踪"按钮，启动对象捕捉追踪功能。打开图4-33所示的"草图设置"对话框中的"极轴追踪"选项卡，将"增量角"设置为"90"，将对象捕捉追踪设置为"仅正交追踪"。

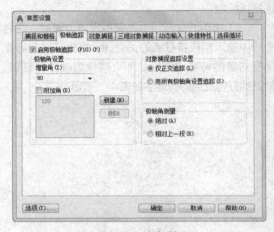

图4-33 追踪对象

❹ 单击"默认"选项卡"绘图"面板中的"矩形"按钮 □ ，绘制俯视图外形。捕捉上面绘制的矩形的左下角点，系统显示追踪线，沿追踪线向下，在适当位置指定一点为矩形角点，另一角点坐标为（@100,18），结果如图4-34所示。

图4-34 绘制俯视图外形

❺ 单击"默认"选项卡"绘图"面板中的"直线"按钮 ╱ ，结合基点捕捉功能绘制俯视图棱线，偏移距离为"2"，结果如图4-35所示。

图4-35 绘制俯视图棱线

❻ 单击"默认"选项卡"绘图"面板中的"构造线"
按钮 ╱，绘制左视图构造线。首先指定适当一
点绘制 −45° 构造线，继续绘制构造线，命令行
提示如下。

```
命令：XLINE
指定点或 [水平 (H) / 垂直 (V) / 角度 (A) / 二等分
(B) / 偏移 (O)]：(捕捉俯视图右上角点，在水平追
踪线上指定一点，如图 4-36 所示)
指定通过点：(打开状态栏上的"正交"开关，指定
水平方向一点，指定斜线与第四条水平线的交点)
```

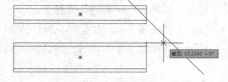

图 4-36　绘制左视图构造线

用同样的方法绘制另一条水平构造线。再捕捉
水平构造线与斜构造线交点为指定点，绘制两
条竖直构造线，如图 4-37 所示。

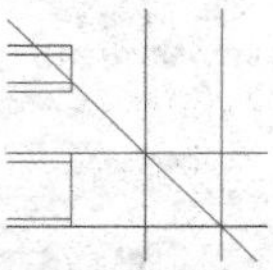

图 4-37　完成左视图构造线

❼ 单击"默认"选项卡"绘图"面板中的"矩形"
按钮 ▭，绘制左视图。命令行提示如下。

```
命令：_rectang
指定第一个角点或 [倒角 (C) / 标高 (E) / 圆角 (F) /
厚度 (T) / 宽度 (W)]：C ↙
指定矩形的第一个倒角距离 <0.0000>：2 ↙
指定矩形的第二个倒角距离 <2.0000>：2 ↙
指定第一个角点或 [倒角 (C) / 标高 (E) / 圆角 (F) /
厚度 (T) / 宽度 (W)]：(捕捉主视图矩形上边延长线
与第一条竖直构造线的交点，如图 4-38 所示)
指定另一个角点或 [面积 (A) / 尺寸 (D) / 旋转
(R)]：(捕捉主视图矩形下边延长线与第二条竖直构
造线的交点)
```

绘制结果如图 4-39 所示。

图 4-38　捕捉交点

图 4-39　绘制左视图

❽ 单击"默认"选项卡"修改"面板中的"删除"
按钮 ╱，删除构造线，最终结果如图 4-28 所示。

4.5　对象约束

约束能够精确地控制草图中的对象。草图约束
有两种类型：几何约束和尺寸约束。

几何约束建立草图对象的几何特性（如要求某
一直线具有固定长度），或是两个或更多草图对象的
关系类型（如要求两条直线垂直或平行，或是几个圆
弧具有相同的半径）。用户可以在绘图区使用"参数
化"选项卡内的"全部显示""全部隐藏"或"显示"
来显示有关信息，并显示代表这些约束的直观标记。
图 4-40 所示的是几何约束中的水平标记 ═ 和共线标
记 ╱。

尺寸约束建立草图对象的大小（如直线的长度、
圆弧的半径等），或是两个对象之间的关系（如两点
之间的距离）。图 4-41 所示为带有尺寸约束的图形
示例。

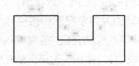

图 4-40　"几何约束"示意图

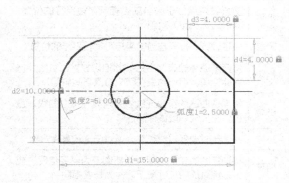

图 4-41　"尺寸约束"示意图

4.5.1 建立几何约束

利用几何约束工具，可以指定草图对象必须遵守的条件，或是草图对象之间必须维持的关系。"几何约束"面板及工具栏（其面板在"二维草图与注释"工作空间"参数化"选项卡的"几何"面板中）如图4-42所示，其主要几何约束选项功能如表4-4所示。

图4-42　"几何约束"面板及工具栏

表4-4　几何约束选项功能

约束模式	功　　能
重合	约束两个点使其重合，或约束一个点使其位于曲线（或曲线的延长线）上。可以使对象上的约束点与某个对象重合，也可以使其与另一对象上的约束点重合
共线	使两条或多条直线段处于同一直线方向，并使它们共线
同心	将两个圆弧、圆或椭圆约束到同一个中心点，结果与将重合约束应用于曲线的中心点所产生的效果相同
固定	将几何约束应用于一对对象时，选择对象的顺序以及选择每个对象的点可能会影响对象间的放置方式
平行	使选定的直线彼此平行，平行约束在两个对象之间应用
垂直	使选定的直线彼此垂直，垂直约束在两个对象之间应用
水平	使直线或点位于与当前坐标系X轴平行的位置，默认选择类型为对象
竖直	使直线或点位于与当前坐标系Y轴平行的位置
相切	将两条曲线约束为保持彼此相切或其延长线保持彼此相切，相切约束在两个对象之间应用
平滑	将样条曲线约束为连续，并与其他样条曲线、直线、圆弧或多段线保持连续性
对称	使选定对象受对称约束，相对于选定直线对称
相等	将选定圆弧和圆的尺寸重新调整为半径相同，或将选定直线的尺寸重新调整为长度相同

在绘图过程中可指定二维对象或对象上点之间

的几何约束。在编辑受约束的几何图形时，将保留约束，因此用户可以通过使用几何约束，在图形中体现设计要求。

4.5.2 设置几何约束

在用AutoCAD绘图时，可以控制约束栏的显示，利用"约束设置"对话框（见图4-43）可控制约束栏上显示或隐藏的几何约束类型。单独或全局显示或隐藏几何约束和约束栏，可执行以下操作。

- 显示（或隐藏）所有的几何约束。
- 显示（或隐藏）指定类型的几何约束。
- 显示（或隐藏）所有与选定对象相关的几何约束。

图4-43　"约束设置"对话框

执行方式

命令行：DSETTINGS或DS，SE或DDRMODES
命令行：CONSTRAINTSETTINGS（CSETTINGS）
菜单栏："参数"→"约束设置"
功能区：单击"参数化"选项卡中的"约束设置，几何"按钮
工具栏：单击"参数化"工具栏中的"约束设置"按钮

执行上述操作后，系统打开"约束设置"对话框"几何"选项卡，如图4-43所示。利用此对话框可以控制约束栏上约束类型的显示。

选项说明

（1）"约束栏显示设置"选项组：此选项组控制图形编辑器中是否为对象显示约束栏或约束点标记。例如，可以为水平约束和竖直约束隐藏约束栏的显示。

（2）"全部选择"按钮：选择全部几何约束类型。

（3）"全部清除"按钮：清除所有选定的几何

约束类型。

（4）"仅为处于当前平面中的对象显示约束栏"复选框：仅为当前平面上受几何约束的对象显示约束栏。

（5）"约束栏透明度"选项组：设置图形中约束栏的透明度。

（6）"将约束应用于选定对象后显示约束栏"复选框：手动应用约束或使用"AUTOCONSTRAIN"命令时，显示相关约束栏。

实例教学

下面以图4-44所示的同心相切圆为例，介绍几何约束命令的使用方法。

图 4-44　同心相切圆

STEP 绘制步骤

❶ 单击"默认"选项卡"绘图"面板中的"圆"按钮 ⊙，以适当半径绘制 4 个圆，绘制结果如图 4-45 所示。

图 4-45　绘制圆

❷ 单击"参数化"选项卡"几何"面板中的"相切"按钮 ◌，使得圆 1 和圆 2 相切，命令行提示如下。

```
命令：_GcTangent
选择第一个对象：选择圆 1
选择第二个对象：选择圆 2
```

❸ 系统自动将圆 2 向左移动，使其与圆 1 相切，结果如图 4-46 所示。

图 4-46　建立圆 1 与圆 2 的相切关系

❹ 单击"参数化"选项卡"几何"面板中的"同心"按钮 ◎，使其中两圆同心，命令行提示如下。

```
命令：_GcConcentric
选择第一个对象：选择圆 1
选择第二个对象：选择圆 3
```

系统自动建立同心的几何关系，结果如图 4-47 所示。

图 4-47　建立圆 1 与圆 3 的同心关系

❺ 采用同样的方法，使圆 3 与圆 2 建立相切几何约束，结果如图 4-48 所示。

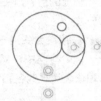

图 4-48　建立圆 3 与圆 2 的相切关系

❻ 采用同样的方法，使圆 1 与圆 4 建立相切几何约束，结果如图 4-49 所示。

图 4-49　建立圆 1 与圆 4 的相切关系

❼ 采用同样的方法，使圆 4 与圆 2 建立相切几何约束，结果如图 4-50 所示。

图 4-50　建立圆 4 与圆 2 的相切关系

❽ 采用同样的方法，使圆 3 与圆 4 建立相切几何约束，最终结果如图 4-44 所示。

4.5.3 建立尺寸约束

建立尺寸约束可以限制图形几何对象的大小，与在草图上标注尺寸相似。建立尺寸约束同样会设置尺寸标注线并建立相应的表达式，与在草图上标注尺寸不同的是，可以在后续的编辑工作中实现尺寸的参数化驱动。"标注约束"面板及工具栏（其面板在"二维草图与注释"工作空间"参数化"选项卡的"标注"面板中）如图4-51所示。

图4-51 "标注约束"面板及工具栏

在生成尺寸约束时，用户可以选择草图曲线、边、基准平面或基准轴上的点，以生成水平、竖直、平行、垂直和角度尺寸。

生成尺寸约束时，系统会生成一个表达式，其名称和值显示在一个文本框中，如图4-52所示。用户可以在其中编辑该表达式的名和值。

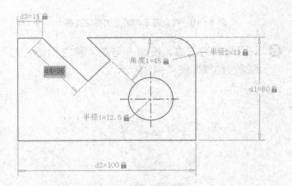

图4-52 编辑尺寸约束示意图

生成尺寸约束时，只要选中了几何体，其尺寸及延伸线和箭头就会全部显示出来。将尺寸拖动到位，然后单击，就完成了尺寸约束的添加。完成尺寸约束后，用户还可以随时更改尺寸约束，只需在绘图区选中该值并双击，就可以使用生成过程中所采用的方式，编辑其名称、值或位置。

4.5.4 设置尺寸约束

在用AutoCAD绘图时，使用"约束设置"对话框中的"标注"选项卡，可控制显示标注约束时

的系统配置，标注约束控制设计的大小和比例，如图4-53所示。尺寸约束的具体内容如下。

图4-53 "标注"选项卡

- 对象之间或对象上点之间的距离。
- 对象之间或对象上点之间的角度。

执行方式

命令行：CONSTRAINTSETTINGS（CSETTINGS）

菜单栏："参数"→"约束设置"

功能区：单击"参数化"选项卡中的"约束设置，标注"按钮 ⅴ

工具栏："参数化"→"约束设置"按钮 ⟨✓⟩

执行上述操作后，系统打开"约束设置"对话框，用户可切换到"标注"选项卡，如图4-53所示。利用此对话框可以控制约束栏上约束类型的显示。

选项说明

（1）"标注约束格式"选项组：该选项组内可以设置标注名称格式和锁定图标的显示。

（2）"标注名称格式"下拉列表框：为应用标注约束时显示的文字指定格式。可将名称格式设置为显示名称、值或名称和表达式。例如，宽度=长度/2。

（3）"为注释性约束显示锁定图标"复选框：针对已应用注释性约束的对象显示锁定图标。

（4）"为选定对象显示隐藏的动态约束"复选框：显示选定时已设置为隐藏的动态约束。

 实例教学

下面以图4-54所示的方头平键为例，介绍尺寸约束命令的使用方法。

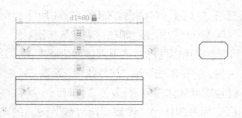

图 4-54　方头平键（键 B18×80）

绘制步骤

❶ 绘制方头平键轮廓（键 B18×100），如图 4-55 所示。

图 4-55　键 B18×100 轮廓

❷ 单击"参数化"选项卡"几何"面板中的"共线"按钮 ✓，使左端各竖直直线建立共线的几何约束。采用同样的方法使右端各竖直直线建立共线的几何约束。

❸ 单击"参数化"选项卡"几何"面板中的"相等"按钮 ＝，使最上端水平线与下面各条水平线建立相等的几何约束。

❹ 单击"参数化"选项卡"标注"面板中的"水平"按钮 📐，更改水平尺寸，命令行提示如下。

命令：_DcHorizontal
指定第一个约束点或 [对象 (O)] ＜对象＞：选择最上端直线左端
指定第二个约束点：选择最上端直线右端
指定尺寸线位置：在合适位置单击
标注文字 = 100（输入长度 80）✓

❺ 系统自动将长度调整为 80，最终结果如图 4-54 所示。

"约束设置"对话框中还有一个"自动约束"选项卡，如图 4-56 所示。利用该选项卡，可将设定于公差范围内的对象自动设置为相关约束，读者可以自行练习体会。

图 4-56　"自动约束"选项卡

4.6　综合演练——轴

绘制图 4-57 所示的轴。

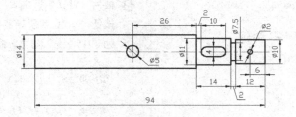

图 4-57　轴

绘制步骤

❶ 在命令行中输入"LIMITS"命令设置绘图环境，命令行提示如下。

命令：LIMITS ✓
重新设置模型空间界限：
指定左下角点或 [开 (ON) / 关 (OFF)] ＜0.0000, 0.0000＞： ✓

指定右上角点 ＜420.0000,297.0000＞：297,210 ✓

❷ 图层设置。
（1）单击"默认"选项卡"图层"面板中的"图层特性"按钮 🗂，打开"图层特性管理器"对话框。
（2）单击"新建图层"按钮 🗂，创建一个新图层，把该图层命名为"中心线"。

（3）单击"中心线"图层对应的"颜色"列，打开"选择颜色"对话框，如图 4-58 所示。选择红色为该图层颜色，单击"确定"按钮，返回"图层特性管理器"对话框。

（4）单击"中心线"图层对应的"线型"列，打开"选择线型"对话框，如图 4-59 所示。

（5）在"选择线型"对话框中，单击"加载"按钮，系统打开"加载或重载线型"对话框，选择"CENTER"线型，如图 4-60 所示，单击"确定"按钮退出。

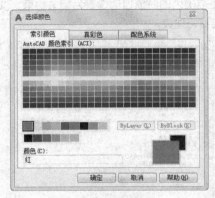

图 4-58 "选择颜色"对话框

图 4-59 "选择线型"对话框

图 4-60 "加载或重载线型"对话框

（6）单击"中心线"图层对应的"线宽"列，

打开"线宽"对话框，如图 4-61 所示。选择"0.09mm"线宽，单击"确定"按钮。

（7）采用相同的方法再创建两个新图层，分别命名为"轮廓线"和"尺寸线"。设置"轮廓线"图层的颜色为白色，线型为 Continuous（实线），线宽为 0.30mm。设置"尺寸线"图层的颜色为蓝色，线型为 Continuous，线宽为 0.09mm。设置完成后，使 3 个图层均处于打开、解冻和解锁状态，各项设置如图 4-62 所示。

图 4-61 "线宽"对话框

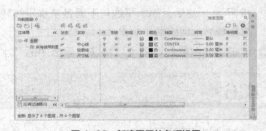

图 4-62 新建图层的各项设置

❸ 单击"默认"选项卡"绘图"面板中的"直线"按钮 ╱，绘制泵轴的中心线。将当前图层设置为"中心线"图层，命令行提示如下。

```
命令：_line
指定第一个点：65,130 ↙
指定下一点或 [放弃(U)]：170,130 ↙
指定下一点或 [放弃(U)]：↙
```

绘制结果如图 4-63 所示。

———— — —— · —— — ————

图 4-63 绘制直线

采用相同的方法，单击"默认"选项卡"绘图"面板中的"直线"按钮 ╱，绘制 ∅5 圆与 ∅2 圆的竖直中心线，端点坐标分别为 {（110,135），（110,125）} 和 {（158,133），（158,127）}，如图 4-64 所示。

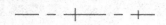

图 4-64 绘制中心线

④ 将当前图层设置为"轮廓线"图层，绘制泵轴的外轮廓线。

⑤ 单击"默认"选项卡"绘图"面板中的"矩形"按钮 □，以角点坐标为（70,123）（@66,14）绘制左端 ∅14 轴段。单击"默认"选项卡中的"直线"按钮 ╱，命令行提示如下。

```
命令：_line（绘制 ∅11 轴段）
指定第一个点：_from 基点：（单击"对象捕捉"
工具栏中的图标，打开"捕捉自"功能，按提示操作）
_int 于：（捕捉 ∅14 轴段右端与水平中心线的交点）
<偏移>：@0,5.5 ✓
指定下一点或 [放弃 (U)]：@14,0 ✓
指定下一点或 [放弃 (U)]：@0,-11 ✓
指定下一点或 [闭合 (C)/放弃 (U)]：@-14,0 ✓
指定下一点或 [闭合 (C)/放弃 (U)]：✓
命令：_line
指定第一个点：_from 基点：_int 于（捕捉
∅11 轴段右端与水平中心线的交点）
<偏移>：@0,3.75 ✓
指定下一点或 [放弃 (U)]：@ 2,0 ✓
指定下一点或 [放弃 (U)]：✓
命令：_line
指定第一个点：_from 基点：_int 于（捕捉
∅11 轴段右端与水平中心线的交点）
<偏移>：@0,-3.75 ✓
指定下一点或 [放弃 (U)]：@2,0 ✓
指定下一点或 [放弃 (U)]：✓
命令：_rectang （绘制右端 ∅10 轴段）
指定第一个角点或 [倒角 (C)/标高 (E)/圆角 (F)/
厚度 (T)/宽度 (W)]：152,125 ✓ （输入矩形的左下
角点坐标）
指定另一个角点或 [面积 (A)/尺寸 (D)/旋转
(R)]：@12,10 ✓ （输入矩形的右上角点相对坐标）
```
绘制结果如图4-65所示。

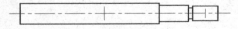

图 4-65 绘制外轮廓线

> 注意 "_int于："是"对象捕捉"功能启动后系统在命令行提示选择捕捉点的一种提示语言，此时通常会在绘图屏幕上显示可供选择的对象点的标记。

⑥ 单击"默认"选项卡"绘图"面板中的"圆"按钮 ◌，在绘图区指定一点为圆心，设置直径为"5"，绘制轴孔，如图 4-66 所示。

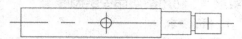

图 4-66 绘制轴孔

⑦ 单击"默认"选项卡"绘图"面板中的"圆"按钮 ◌，在绘图区指定一点为圆心，设置直径为"2"，绘制轴的键槽，如图 4-67 所示。

图 4-67 绘制轴的键槽

⑧ 单击"默认"选项卡"绘图"面板中的"多段线"按钮 ⌐，绘制泵轴的键槽。命令行提示如下。

```
命令：_pline
指定起点：140,132 ✓
当前线宽为 0.0000
指定下一个点或 [圆弧 (A)/半宽 (H)/长度 (L)/
放弃 (U)/宽度 (W)]：@6,0 ✓
指定下一点或 [圆弧 (A)/闭合 (C)/半宽 (H)/长
度 (L)/放弃 (U)/宽度 (W)]：A ✓ （绘制圆弧）
指定圆弧的端点 (按住<Ctrl>键以切换方向) 或 [角
度 (A)/圆心 (CE)/闭合 (CL)/方向 (D)/半宽 (H)/
直线 (L)/半径 (R)/第二个点 (S)/放弃 (U)/宽
度 (W)]：@0,-4 ✓
指定圆弧的端点 (按住<Ctrl>键以切换方向) 或 [角
度 (A)/圆心 (CE)/闭合 (CL)/方向 (D)/半宽 (H)/
直线 (L)/半径 (R)/第二个点 (S)/放弃 (U)/宽
度 (W)]：L ✓
指定下一点或 [圆弧 (A)/闭合 (C)/半宽 (H)/长
度 (L)/放弃 (U)/宽度 (W)]：@-6,0 ✓
指定下一点或 [圆弧 (A)/闭合 (C)/半宽 (H)/长
度 (L)/放弃 (U)/宽度 (W)]：A ✓
指定圆弧的端点 (按住<Ctrl>键以切换方向) 或 [角度
(A)/圆心 (CE)/闭合 (CL)/方向 (D)/半宽 (H)/直
线 (L)/半径 (R)/第二个点 (S)/放弃 (U)/宽度 (W)]：
_endp 于 (捕捉上部直线段的左端点,绘制左端的圆弧)
指定圆弧的端点 (按住<Ctrl>键以切换方向) 或 [角度
(A)/圆 心 (CE)/闭 合 (CL)/方 向 (D)/半 宽 (H)/直线
(L)/半径 (R)/第二个点 (S)/放弃 (U)/宽度 (W)]：✓
```
最终绘制结果如图 4-57 所示。

⑨ 保存图形。
在命令行输入命令"QSAVE"，或选择菜单栏中的"文件"→"另保存"命令，或者单击快速访问工具栏中的"另存为"按钮 ▣。在打开的"图形另存为"对话框中输入文件名并保存即可。

4.7 上机实验

【实验1】利用图层命令绘制螺母

1. 目的要求

如图4-68所示，本例要绘制的图形虽然简单，但与前面所学知识有一个明显的不同，就是图中不止一种图线。通过本例，读者应掌握设置图层的方法与步骤。

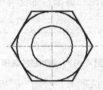

图4-68 螺母

2. 操作提示

（1）设置两个新图层。

（2）绘制中心线。

（3）绘制螺母轮廓线。

【实验2】捕捉四边形上、下边延长线交点做四边形右边的平行线

1. 目的要求

如图4-69所示，本例要绘制的图形比较简单，但是要准确找到四边形上、下边延长线必须启用"对象捕捉"功能，捕捉延长线交点。通过本例，读者可以体会到对象捕捉功能的方便与快捷。

图4-69 四边形

2. 操作提示

（1）在界面上方的工具栏区单击鼠标右键，选择快捷菜单中的"AutoCAD"→"对象捕捉"命令，打开"对象捕捉"工具栏。

（2）利用"对象捕捉"工具栏中的"捕捉到交点"工具捕捉四边形上、下边的延长线交点，将其作为线段起点。

（3）利用"对象捕捉"工具栏中的"捕捉到平行线"工具捕捉一点作为线段终点。

第5章

二维编辑命令

使用基本绘图命令配合二维编辑命令可以进一步完成复杂图形对象的绘制工作，合理安排和组织图形，确保图形绘制准确，减少重复。因此，对编辑命令的熟练掌握和使用有助于提高设计和绘图的效率。本章主要讲解如何选择和编辑对象，以及复制类命令、改变位置类命令、删除及恢复类命令、改变几何特性命令的使用方法。

重点与难点

- ➲ 选择对象
- ➲ 复制类命令
- ➲ 删除及恢复类命令
- ➲ 改变位置类命令

5.1 选择对象

选择对象是进行编辑的前提。AutoCAD提供了多种选择对象的方法，如通过点取方式选择对象、用选择窗口选择对象、用选择线选择对象、用对话框选择对象等。AutoCAD可以把选择的多个对象组成整体，如选择集和对象组，以便进行整体编辑与修改。

AutoCAD提供两种效果相同的编辑图形的形式。

（1）先执行编辑命令，然后选择要编辑的对象。

（2）先选择要编辑的对象，然后执行编辑命令。

选择集可以仅由一个图形对象构成，也可以是一个复杂的对象组，如位于某一特定层上具有某种特定颜色的一组对象。选择集的构造可以在调用编辑命令之前或之后进行。

AutoCAD提供以下几种方法构造选择集。

（1）先选择一个编辑命令，然后选择对象，按<Enter>键结束操作。

（2）使用"SELECT"命令。

（3）用点取设备选择对象，然后调用编辑命令。

（4）定义对象组。

无论使用哪种方法，AutoCAD都将提示用户选择对象，并且光标的形状由十字变为拾取框。

下面结合"SELECT"命令说明选择对象的方法。

"SELECT"命令可以单独使用，即在命令行输入"SELECT"后按<Enter>键，也可以在执行其他编辑命令时被自动调用。此时，屏幕出现如下提示。

```
选择对象：
```

等待用户以某种方式选择对象作为回答。AutoCAD提供多种选择方式，可以输入"？"查看这些选择方式。选择该选项后，出现如下提示。

```
需要点或 窗口(W)/上一个(L)/窗交(C)/框
(BOX)/全部(ALL)/栏选(F)/圈围(WP)/圈交
(CP)/编组(G)/添加(A)/删除(R)/多个(M)/前
一个(P)/放弃(U)/自动(AU)/单个(SI)/子对象
(SU)/对象(O)
选择对象：
```

上面各选项含义如下。

1. 点

该选项表示直接通过点取的方式选择对象。这是较常用也是系统默认的一种对象选择方法。用鼠标或键盘移动拾取框，使其框住要选取的对象，然后单击鼠标，就会选中该对象并高亮显示。该点的选定也可以使用键盘输入一个点坐标值来实现。当选定点后，系统将立即扫描图形，搜索并且选择穿过该点的对象。

用户可以选择"工具"下拉菜单中的"选项"命令，打开"选项"对话框，选择"选择"选项卡，设置拾取框的大小。

移动"拾取框大小"选项组的滑动标尺可以调整拾取框的大小。左侧的空白区中会显示相应的拾取框的尺寸。

2. 窗口（W）

用由两个对角顶点确定的矩形窗口选取位于其范围内部的所有图形，与边界相交的对象不会被选中。指定对角顶点时应该按照从左向右的顺序。

在"选择对象"提示下，输入"W"，按<Enter>键，选择该选项后，出现如下提示。

```
指定第一个角点：（输入矩形窗口的第一个对角点的位置）
指定对角点：（输入矩形窗口的另一个对角点的位置）
```

指定两个对角顶点后，位于矩形窗口内部的所有图形将被选中，并高亮显示，如图5-1所示。

图中下部方框为选择框　　　　选择后的图形

图5-1 "窗口"对象选择方式

3. 上一个（L）

在"选择对象"提示下，输入"L"，按<Enter>键，系统会自动选取最近绘出的一个对象。

4. 窗交（C）

该方式与"窗口"方式类似，区别在于：它不但会选中矩形窗口内部的对象，也会选中与矩形窗口边界相交的对象。

在"选择对象"提示下，输入"C"，按<Enter>键，系统提示如下。

```
指定第一个角点：（输入矩形窗口的第一个对角点的位置）
指定对角点：（输入矩形窗口的另一个对角点的位置）
```

选择的对象如图5-2所示。

图中下部虚线框为选择框　　选择后的图形

图 5-2　"窗交"对象选择方式

5. 框（BOX）

该方式没有命令缩写字。使用时，系统根据用户在屏幕上给出的两个对角点的位置自动引用"窗口"或"窗交"选择方式。若从左向右指定对角点，为"窗口"方式；反之，为"窗交"方式。

6. 全部（ALL）

选取图面上所有对象。在"选择对象"提示下，输入"ALL"，按<Enter>键。此时，绘图区域内的所有对象均被选中。

7. 栏选（F）

用户临时绘制一些直线，这些直线不必构成封闭图形，凡是与这些直线相交的对象均被选中。这种方式对选择相距较远的对象比较有效，交线可以穿过对象本身。在"选择对象"提示下，输入"F"，按<Enter>键。选择该选项后，出现如下提示。

指定第一个栏选点或拾取 / 拖动光标：（指定交线的第一点）
指定下一个栏选点或 ［放弃 (U)］：（指定交线的第二点）
指定下一个栏选点或 ［放弃 (U)］：（指定下一条交线的端点）
······
指定下一个栏选点或 ［放弃 (U)］：（按 <Enter> 键结束操作）

执行结果如图5-3所示。

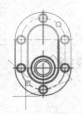 

图中虚线为选择栏　　选择后的图形

图 5-3　"栏选"对象选择方式

8. 圈围（WP）

使用一个不规则的多边形来选择对象。在"选

择对象："提示下，输入"WP"，出现如下提示。

第一个圈围点或拾取 / 拖动光标：（输入不规则多边形的第一个顶点坐标）
指定直线的端点或 ［放弃 (U)］：（输入第二个顶点坐标）
指定直线的端点或 ［放弃 (U)］：（按 <Enter> 键结束操作）

根据提示，用户顺次输入构成多边形所有顶点的坐标，直到最后按<Enter>键作出空回答结束操作，系统将自动连接第一个顶点与最后一个顶点，形成封闭的多边形。多边形的边不能接触或穿过对象本身。若输入"U"，则取消刚才定义的坐标点并且重新指定。凡是被多边形围住的对象均被选中（不包括边界）。执行结果如图5-4所示。

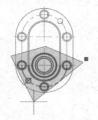 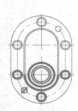

图中十字线所拉出多边形为选择框　　选择后的图形

图 5-4　"圈围"对象选择方式

9. 圈交（CP）

类似于"圈围"方式，在提示后输入"CP"，后续操作与WP方式相同。区别在于与多边形边界相交的对象也被选中。执行结果如图5-5所示。

图中十字线所拉出多边形为选择框　　选择后的图形

图 5-5　"圈交"对象选择方式

注意　若矩形框从左向右定义，即第一个选择的对角点为左侧的对角点，则矩形框内部的对象被选中，框外部及与矩形框边界相交的对象不会被选中；若矩形框从右向左定义，则矩形框内部及与矩形框边界相交的对象都会被选中。

其他的选择方式与上面讲述的方式类似，这里不赘述。

5.2 复制类命令

本节详细介绍 AutoCAD 2021 的复制类命令，利用这些编辑功能，可以方便地编辑绘制的图形。

5.2.1 复制命令

执行方式

命令行：COPY（快捷命令：CO）

菜单栏："修改"→"复制"（见图5-6）

图 5-6 "修改"菜单

工具栏：单击"修改"工具栏中的"复制"按钮 🎝

快捷菜单：选中要复制的对象后单击鼠标右键，选择快捷菜单中的"复制选择"命令

功能区：单击"默认"选项卡"修改"面板中的"复制"按钮 🎝

操作步骤

命令行提示如下。

命令：COPY ✓
选择对象：选择要复制的对象

用前面介绍的对象选择方法选择一个或多个对象，按<Enter>键结束选择，命令行提示如下。

指定基点或 [位移（D）/模式（O）]＜位移＞：指定基点或位移

选项说明

（1）指定基点：指定一个坐标点后，AutoCAD 系统把该点作为复制对象的基点，命令行提示"指定第二个点或 [阵列(A)]＜使用第一个点作为位移＞:"。在指定第二个点后，系统将根据这两点确定的位移矢量把选择的对象复制到第二点处。如果此时直接按<Enter>键，即选择默认的"用第一点作位移"，则第一个点被当作相对于 X、Y、Z 的位移。例如，如果指定基点为（2,3），并在下一个提示下按<Enter>键，则该对象从它当前的位置开始在 X 方向上移动2个单位，在 Y 方向上移动3个单位。复制完成后，命令行提示"指定第二个点或 [阵列(A)/退出(E)/放弃(U)]＜退出＞:"。这时，可以不断指定新的第二点，从而实现多重复制。

（2）位移（D）：直接输入位移值，表示以选择对象时的拾取点为基准，以拾取点坐标为移动方向，按纵横比移动指定位移后确定的点为基点。例如，选择对象时拾取点坐标为（2,3），输入位移为"5"，则表示以点（2,3）为基准，沿纵横比为3：2的方向移动5个单位所确定的点为基点。

（3）模式（O）：控制是否自动重复该命令，该设置由 COPYMODE 系统变量控制。

📝 实例教学

下面以图5-7所示的办公桌为例，介绍复制命令的使用方法。

图 5-7 办公桌

STEP 绘制步骤

❶ 单击"默认"选项卡"绘图"面板中的"矩形"按钮 □，绘制矩形，绘制结果如图5-8（a）所示。

❷ 单击"默认"选项卡"绘图"面板中的"矩形"按钮 □，在合适的位置绘制一系列的矩形，绘制结果如图5-8（b）所示。

❸ 单击"默认"选项卡"绘图"面板中的"矩形"按钮 ▭，在合适的位置绘制一系列的矩形，绘制结果如图 5-8（c）所示。

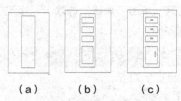

（a）　　　（b）　　　（c）

图 5-8　绘制矩形

❹ 单击"默认"选项卡"绘图"面板中的"矩形"按钮 ▭，在合适的位置绘制一个矩形，绘制结果如图 5-9 所示。

图 5-9　绘制矩形

❺ 单击"默认"选项卡"修改"面板中的"复制"按钮 ❏ ，将办公桌左边的一系列矩形复制到右边，完成办公桌的绘制。命令行提示如下。

```
命令：_copy
选择对象：选择左边的一系列矩形
选择对象：✓
当前设置：复制模式 = 多个
指定基点或 [ 位移 (D) / 模式 (O) ] < 位移 >：选
择最外面的矩形与桌面的交点
指定第二个点或 [ 阵列 (A) ] < 使用第一个点作为
位移 >：选择放置矩形的位置
指定第二个点或 [ 阵列 (A) / 退出 (E) / 放弃 (U) ]
< 退出 >：✓
```

最终绘制结果如图 5-7 所示。

5.2.2 镜像命令

镜像命令是指把选择的对象以一条镜像线为轴进行对称复制。镜像操作完成后，可以保留原对象，也可以将其删除。

执行方式

命令行：MIRROR（快捷命令：MI）

菜单栏："修改"→"镜像"

工具栏：单击"修改"工具栏中的"镜像"按钮 ⚐

功能区：单击"默认"选项卡"修改"面板中的"镜像"按钮 ⚐

操作步骤

命令行提示如下。

```
命令：MIRROR ✓
选择对象：选择要镜像的对象
选择对象：✓
指定镜像线的第一点：指定镜像线的第一个点
指定镜像线的第二点：指定镜像线的第二个点
要删除源对象吗？[ 是 (Y) / 否 (N) ] < 否 >：确定
是否删除源对象
```

根据选择的两点确定一条镜像线，被选择的对象以该直线为对称轴进行镜像复制。包含该线的镜像平面与用户坐标系统的 XY 平面垂直，即镜像操作在与用户坐标系统的 XY 平面平行的平面上执行。

图 5-10 所示为利用"镜像"命令绘制的办公桌。读者可以比较用"复制"命令（见图 5-7）和"镜像"命令绘制的办公桌有何异同。

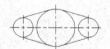

图 5-10　利用"镜像"命令绘制的办公桌

🎯 实例教学

下面以图 5-11 所示的压盖为例，介绍镜像命令的使用方法。

图 5-11　压盖

STEP 绘制步骤

❶ 选择菜单栏中的"格式"→"图层"命令，设置如下图层：第一图层命名为"轮廓线"，线宽属性为 0.3mm，其余属性为默认值；第二图层名称设为"中心线"，颜色设为红色，线型加载为"CENTER"，其余属性为默认值，如图 5-12 所示。

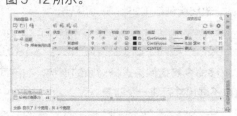

图 5-12　"图层特性管理器"对话框

❷ 将"中心线"层设置为当前层，在屏幕上适当位

置指定直线端点坐标，绘制一条水平中心线和两条竖直中心线，如图 5-13 所示。

图 5-13　绘制中心线

❸ 将轮廓线图层设置为当前图层，单击"默认"选项卡"绘图"面板中的"圆"按钮⊙，分别捕捉两中心线交点作为圆心，指定适当的半径绘制两个圆，如图 5-14 所示。

❹ 单击"默认"选项卡"绘图"面板中的"直线"按钮╱，结合对象捕捉功能，绘制一条切线，如图 5-15 所示。

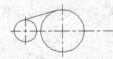

图 5-14　绘制圆　　　**图 5-15　绘制切线**

❺ 单击"默认"选项卡"修改"面板中的"镜像"按钮⚠，以水平中心线为对称线镜像复制刚绘制的切线。命令行提示如下。

```
命令：_mirror
选择对象：（选择切线）
选择对象：✓
指定镜像线的第一点：（在中间的中心线上选取一点）
指定镜像线的第二点：（在中间的中心线上选取第二点）
是否删除源对象？［是 (Y) / 否 (N)］＜否＞：✓
```

结果如图 5-16 所示。

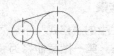

图 5-16　镜像切线

❻ 同样利用"镜像"命令，以中间竖直中心线为对称线，选择对称线左边的图形对象进行镜像复制。最终绘制结果如图 5-11 所示。

5.2.3　偏移命令

偏移命令是指保持选择对象的形状，在不同的位置以不同尺寸新建一个对象。

执行方式

命令行：OFFSET（快捷命令：O）

菜单栏："修改"→"偏移"

工具栏：单击"修改"工具栏中的"偏移"按钮⊂

功能区：单击"默认"选项卡"修改"面板中的"偏移"按钮⊂

操作步骤

命令行提示如下。

```
命令：OFFSET ✓
当前设置：删除源 = 否　图层 = 源 OFFSETGAPTYPE=0
指定偏移距离或［通过 (T) / 删除 (E) / 图层 (L)］
＜通过＞：指定偏移距离值
选择要偏移的对象，或［退出 (E) / 放弃 (U)］＜退
出＞：指定要偏移的那一侧上的点，或［退出 (E) /
多个 (M) / 放弃 (U)］＜退出＞：指定偏移方向
选择要偏移的对象，或［退出 (E) / 放弃 (U)］＜退出＞：
```

选项说明

（1）指定偏移距离：输入一个距离值，或按＜Enter＞键使用当前的距离值，系统把该距离值作为偏移的距离，如图 5-17（a）所示。

（2）通过（T）：指定偏移的通过点，选择该选项后，命令行提示如下。

```
选择要偏移的对象，或［退出 (E) / 放弃 (U)］＜
退出＞：选择要偏移的对象，
指定通过点或［退出 (E) / 多个 (M) / 放弃 (U)］＜
退出＞：指定偏移对象的一个通过点
```

执行上述操作后，系统会根据指定的通过点绘制出偏移对象，如图 5-17（b）所示。

（a）指定偏移距离

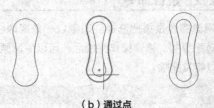

（b）通过点

图 5-17　偏移选项说明

（3）删除（E）：偏移源对象后将其删除，如图 5-18（a）所示。选择该项后，命令行提示如下。

```
要在偏移后删除源对象吗？［是 (Y) / 否 (N)］＜否＞：
```

（4）图层（L）：确定将偏移对象创建在当前图

层上还是源对象所在的图层上，这样就可以在不同图层上偏移对象。选择该项后，命令行提示如下。

输入偏移对象的图层选项 [当前 (C) / 源 (S)] < 当前 >:

如果偏移对象的图层选择为当前图层，则偏移对象的图层特性与当前图层相同，如图 5-18（b）所示。

（a）删除源对象　（b）偏移对象的图层为当前图层

图 5-18　偏移选项说明

（5）多个（M）: 使用当前偏移距离重复进行偏移操作，并接受附加的通过点，执行结果如图 5-19 所示。

> **注意**　在 AutoCAD 2021 中，可以使用"偏移"命令对指定的直线、圆弧、圆等对象进行定距离偏移复制操作。在实际应用中，常利用"偏移"命令的特性创建平行线或等距离分布图形，效果与"阵列"相同。默认情况下，需要先指定偏移距离，再选择要偏移复制的对象，然后指定偏移方向，以复制出需要的对象。

实例教学

下面以图 5-20 所示的门为例，介绍偏移命令的使用方法。

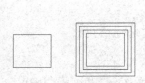

图 5-19　偏移选项说明 　　　　　　图 5-20 门

STEP 绘制步骤

❶ 单击"默认"选项卡"绘图"面板中的"矩形"按钮 ▢，绘制一个矩形，两个角点的坐标分别为（0,0）和（@900,2400）。结果如图 5-21 所示。

❷ 单击"默认"选项卡"修改"面板中的"偏移"按钮 ⊜，将矩形向内偏移"60"。命令行提示如下。

```
命令：_offset
当前设置：删除源=否　图层=源 OFFSETGAPTYPE=0
指定偏移距离或 [通过 (T) / 删除 (E) / 图层 (L)]
<1.0000>: 60 ↙
```

选择要偏移的对象，或 [退出 (E) / 放弃 (U)] < 退出 >:（选取上步绘制的矩形）
指定要偏移的那一侧上的点，或 [退出 (E) / 多个 (M) / 放弃 (U)] < 退出 >:（在矩形内部单击）
选择要偏移的对象，或 [退出 (E) / 放弃 (U)] < 退出 >: ↙

结果如图 5-22 所示。

图 5-21　绘制矩形 　　　图 5-22　偏移操作

❸ 单击"默认"选项卡"绘图"面板中的"直线"按钮 ╱，绘制一条直线，端点的坐标分别为（60,2000）和（@780,0），结果如图 5-23 所示。

❹ 单击"默认"选项卡"修改"面板中的"偏移"按钮 ⊜，将上一步骤中绘制的直线向下偏移"60"。结果如图 5-24 所示。

❺ 单击"默认"选项卡"绘图"面板中的"矩形"按钮 ▢，绘制一个矩形，两个角点的坐标分别为（200,1500）和（700,1800）。最终绘制结果如图 5-20 所示。

图 5-23　绘制直线　　　图 5-24　偏移操作

5.2.4 阵列命令

阵列命令用于多重复制选择的对象，并把这些副本按矩形或环形排列。把副本按矩形排列称为创建矩形阵列，把副本按环形排列称为创建环形阵列。

AutoCAD 2021 提供"ARRAY"命令创建阵列，用该命令可以创建矩形阵列、环形阵列和旋转的矩形阵列。

执行方式

命令行：ARRAY（快捷命令：AR）

菜单栏："修改"→"阵列"

工具栏：单击"修改"工具栏中的"矩形阵列"按钮 ▦，或单击"修改"工具栏中的"路径阵列"按钮 ◔◔，或单击"修改"工具栏中的"环形阵列"

按钮

功能区：单击"默认"选项卡"修改"面板中的"矩形阵列"按钮 品、"环形阵列"按钮 以及"路径阵列"按钮 。

选项说明

（1）"矩形阵列"按钮 品：用于创建矩形阵列。
（2）"环形阵列"按钮 ：用于创建环形阵列。
（3）"路径阵列"按钮 ：用于创建路径阵列。

> **注意** 用阵列命令在平面作图时有两种方式，可以在矩形或环形（圆形）阵列中创建对象的副本。对于矩形阵列，可以控制行和列的数目以及它们之间的距离。对于环形阵列，可以控制对象副本的数目并决定是否旋转副本。

实例教学

下面以图 5-25 所示的连接盘为例，介绍阵列命令的使用方法。

图 5-25　连接盘

STEP 绘制步骤

❶ 选择菜单栏中的"格式"→"图层"命令，或者单击"默认"选项卡"图层"面板中的"图层特性"按钮 ，新建 3 个图层：粗实线层，线宽为 0.50mm，其余属性为默认值；细实线层，线宽为 0.30mm，所有属性为默认值；中心线层，线宽为 0.30mm，颜色为红色，线型为"CENTER"，其余属性为默认值，如图 5-26 所示。

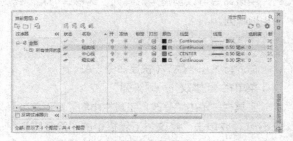

图 5-26　新建图层

❷ 将线宽显示功能打开。将当前图层设置为中心线图层。利用"直线"和"圆"命令并结合"正交""对象捕捉"和"对象追踪"等工具选取适当尺寸绘制图 5-27 所示的中心线。

❸ 将当前图层设置为粗实线图层。单击"默认"选项卡"绘图"面板中的"圆"按钮 ，并结合"对象捕捉"工具选取适当尺寸绘制图 5-28 所示的同心圆。

图 5-27　中心线　　　　图 5-28　绘制同心圆

❹ 单击"默认"选项卡"绘图"面板中的"圆"按钮 ，以竖直中心线与圆形中心线交点为圆心绘制适当尺寸的同心圆，如图 5-29 所示。

图 5-29　绘制内部圆

❺ 单击"默认"选项卡的"修改"面板中的"环形阵列"按钮 ，将两个同心的小圆以中心线圆的圆心为阵列中心进行环形阵列。命令行提示如下。

```
命令：_arraypolar
选择对象：选取两个同心的小圆
选择对象：↙
类型 = 极轴　关联 = 否
指定阵列的中心点或 [基点 (B)/旋转轴 (A)]：捕捉中心线圆的圆心
选择夹点以编辑阵列或 [关联 (AS)/基点 (B)/项目 (I)/项目间角度 (A)/填充角度 (F)/行 (ROW)/层 (L)/旋转项目 (ROT)/退出 (X)] <退出>：I↙
输入阵列中的项目数或 [表达式 (E)] <6>：3 ↙
选择夹点以编辑阵列或 [关联 (AS)/基点 (B)/项目 (I)/项目间角度 (A)/填充角度 (F)/行 (ROW)/层 (L)/旋转项目 (ROT)/退出 (X)] <退出>：F↙
指定填充角度 (+= 逆时针、-= 顺时针 ) 或 [表达式 (EX)] <360>：↙
选择夹点以编辑阵列或 [关联 (AS)/基点 (B)/项目 (I)/项目间角度 (A)/填充角度 (F)/行 (ROW)/层 (L)/旋转项目 (ROT)/退出 (X)] <退出>：↙
```

最终结果如图 5-25 所示。

5.3 删除及恢复类命令

删除及恢复类命令主要用于删除图形某部分或对已被删除的部分进行恢复，包括删除、恢复、重做、清除等命令。

5.3.1 删除命令

如果所绘制的图形不符合要求或为不小心错绘，可以使用删除命令"ERASE"把其删除。

执行方式

命令行：ERASE（快捷命令：E）

菜单栏："修改"→"删除"

工具栏：单击"修改"工具栏中的"删除"按钮

快捷菜单：选择要删除的对象，在绘图区单击鼠标右键，选择快捷菜单中的"删除"命令

功能区：单击"默认"选项卡"修改"面板中的"删除"按钮

可以先选择对象，再调用删除命令，也可以先调用删除命令，再选择对象。选择对象时可以使用前面介绍的对象选择的各种方法。

当选择多个对象时，多个对象都被删除；若选择的对象属于某个对象组，则该对象组中的所有对象都被删除。

 注意 在绘图过程中，如果出现了绘制错误或对绘制的图形不满意，需要删除时，可以单

击"标准"工具栏中的"放弃"按钮 ，也可以按<Delete>键，命令行提示"_.erase"。使用删除命令可以一次删除一个或多个图形，如果删除错误，可以利用"放弃"按钮 来补救。

5.3.2 恢复命令

若不小心误删了图形，可以使用恢复命令"OOPS"恢复误删的对象。

执行方式

命令行：OOPS或U

工具栏：单击"快速访问"工具栏中的"放弃"按钮

快捷键：Ctrl+Z

5.3.3 清除命令

此命令与删除命令功能完全相同。

执行方式

菜单栏："编辑"→"删除"

快捷键：Delete

执行上述操作后，命令行提示如下。

选择对象：选择要清除的对象，按<Enter>键执行清除命令。

5.4 改变位置类命令

改变位置类命令是指按照指定要求改变当前图形或图形中某部分的位置，主要包括移动、旋转和缩放命令。

5.4.1 移动命令

执行方式

命令行：MOVE（快捷命令：M）

菜单栏："修改"→"移动"

工具栏：单击"修改"工具栏中的"移动"按钮

快捷菜单：选择要移动的对象，在绘图区单击鼠标右键，选择快捷菜单中的"移动"命令

功能区：单击"默认"选项卡"修改"面板中的"移动"按钮

操作步骤

命令行提示如下。

命令：MOVE ✓

选择对象：用前面介绍的对象选择方法选择要移动的对象，按<Enter>键结束选择

指定基点或[位移(D)]<位移>：指定基点或

位移指定第二个点或 < 使用第一个点作为位移 >：
移动命令选项功能与复制命令类似。

实例教学

下面以图5-30所示的餐厅桌椅为例，介绍移动
命令的使用方法。

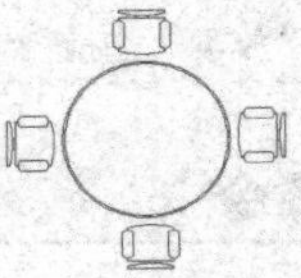

图 5-30　餐厅桌椅

STEP　绘制步骤

❶ 单击"默认"选项卡"绘图"面板中的"直线"
按钮 ∕ ，绘制 3 条线段，过程略，如图 5-31
所示。

图 5-31　初步轮廓

❷ 单击"默认"选项卡"修改"面板中的"复制"
按钮 ，复制直线。命令行提示如下。

```
命令：_copy
选择对象：（选择左边短竖线）
找到 1 个
选择对象：✓
当前设置：　复制模式 = 多个
指定基点或 [位移 (D) / 模式 (O)] <位移>：（捕
捉横线段左端点）
指定第二个点或 [阵列 (A)]<用第一点作位移>：（捕
捉横线段右端点）
指定第二个点或 [阵列 (A) / 退出 (E) / 放弃 (U)]
<退出>：✓
```

结果如图 5-32 所示。以同样方法按图 5-33 ～
图 5-35 的顺序复制椅子轮廓线。

图 5-32　复制步骤一　　　图 5-33　复制步骤二

图 5-34　复制步骤三 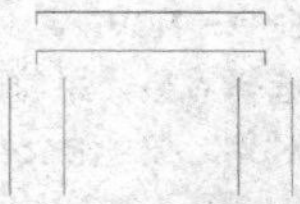　　　图 5-35　复制步骤四

❸ 单击"默认"选项卡"绘图"面板中的"圆弧"
按钮 ⌒ 和"直线"按钮 ∕ ，完成椅子轮廓绘制。
命令行提示如下。

```
命令：_arc
指定圆弧的起点或 [圆心 (C)]：（用鼠标指定左上
方竖线段端点）
指定圆弧的第二个点或 [圆心 (C) / 端点 (E)]：（用
鼠标在上方两竖线段正中间指定一点）
指定圆弧的端点：（用鼠标指定右上方竖线段端点）
命令：_line
指定第一个点：（用鼠标在刚才绘制的圆弧上指定一点）
指定下一点或 [放弃 (U)]：（在垂直方向上用鼠标
在中间水平线段上指定一点）
指定下一点或 [放弃 (U)]：✓
```

复制另一条竖线段，如图 5-36 所示，单击"默认"
选项卡"绘图"面板中的"圆弧"按钮 ⌒ ，绘制
圆弧，命令行提示如下。

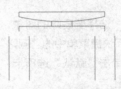

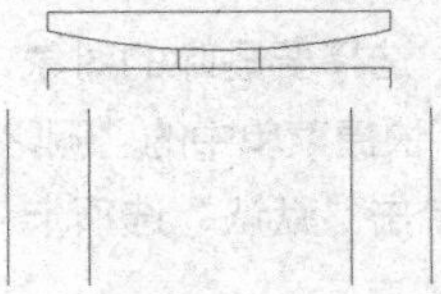

图 5-36　绘制连接板

```
命令：_arc
指定圆弧的起点或 [圆心 (C)]：（用鼠标指定左下
方第一条竖线段上端点）
指定圆弧的第二个点或 [圆心 (C) / 端点 (E)]：（用
鼠标指定中间竖线段下端点）
指定圆弧的端点：（用鼠标指定左下方第二条竖线段
上端点）
```

以同样的方法或者采用复制的方法绘制另外 3
段圆弧，如图 5-37 所示。单击"默认"选项卡
"绘图"面板中的"直线"按钮 ∕ ，绘制直线，
命令行提示如下。

```
命令：_line
指定第一个点：（用鼠标在刚才绘制的圆弧正中间指
定一点）
指定下一点或 [放弃 (U)]：（在垂直方向上用鼠标
指定一点）
指定下一点或 [放弃 (U)]：✓
```

采用复制的方法绘制下面两条短竖线段。单击
"默认"选项卡"绘图"面板中的"圆弧"按
钮 ⌒ ，绘制圆弧，命令行提示如下。

```
命令：_arc
指定圆弧的起点或 [圆心 (C)]：（用鼠标指定刚才
绘制的线段的下端点）
指定圆弧的第二个点或 [圆心 (C) / 端点 (E)]：E ✓
```

指定圆弧的端点：（用鼠标指定刚才绘制的另一线段的下端点）

指定圆弧的中心点（按住 <Ctrl> 键以切换方向）或 ［角度 (A) / 方向 (D) / 半径 (R)］：D ✓

指定圆弧起点的相切方向（按住 <Ctrl> 键以切换方向）：（用鼠标指定圆弧起点切向）

绘制完成的椅子图形如图 5-38 所示。

图 5-37　绘制扶手圆弧

图 5-38　绘制椅子

注意　复制命令的应用是不是简捷快速而且准确？那么，是否可以用偏移命令取代复制命令？答案是可以。

❹ 单击"默认"选项卡"绘图"面板中的"圆"按钮 ⊘，在绘图区任意指定一点为圆心，以任意长度为半径绘制圆，如图 5-39 所示。

❺ 单击"默认"选项卡"修改"面板中的"偏移"按钮 ⊑，向外偏移上步绘制的圆。绘制完成的桌子图形如图 5-40 所示。

图 5-39　绘制圆

图 5-40　绘制桌子

❻ 单击"默认"选项卡"修改"面板中的"移动"按钮 ✛，选中椅子，捕捉椅背中心点，将其水平移动到适当位置。命令行提示如下。

命令：_move
选择对象：选取椅子
选择对象：✓
指定基点或 ［位移 (D)］ < 位移 >：捕捉椅背中心点
指定第二个点或 < 使用第一个点作为位移 >：指定适当位置

绘制结果如图 5-41 所示。

图 5-41　移动椅子

❼ 单击"默认"选项卡"修改"面板中的"环形阵列"按钮 ⛶，框选椅子图形为阵列对象，按下

状态栏上的"对象捕捉"按钮，指定桌面圆心为阵列中心点，确认并退出。绘制的最终图形如图 5-30 所示。

5.4.2 旋转命令

执行方式

命令行：ROTATE（快捷命令：RO）

菜单栏："修改"→"旋转"

工具栏：单击"修改"工具栏中的"旋转"按钮 ↻

快捷菜单：选择要旋转的对象，在绘图区单击鼠标右键，选择快捷菜单中的"旋转"命令

功能区：单击"默认"选项卡"修改"面板中的"旋转"按钮 ↻

操作步骤

命令行提示如下。

命令：ROTATE ✓
UCS 当前的正角方向： ANGDIR= 逆时针 ANGBASE=0
选择对象：选择要旋转的对象
指定基点： 指定旋转基点，在对象内部指定一个坐标点
指定旋转角度，或 ［复制 (C) / 参照 (R)］ <0>：指定旋转角度或其他选项

选项说明

（1）复制（C）：选择该选项，则在旋转对象的同时，保留源对象，如图 5-42 所示。

旋转前　　　　　　旋转后
图 5-42　复制旋转

（2）参照（R）：采用参照方式旋转对象时，命令行提示如下。

指定参照角 <0>：指定要参照的角度，默认值为 0
指定新角度或 ［点 (P)］ <0>：输入旋转后的角度值
操作完毕后，对象被旋转至指定的角度位置。

注意　可以用拖动鼠标的方法旋转对象。选择对象并指定基点后，从基点到当前光标位置会出现一条连线，拖动鼠标，选择的对象会动态地随着该连线与水平方向夹角的变化而旋转，按 <Enter> 键确认旋转操作，如图5-43 所示。

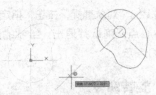

图 5-43 拖动鼠标旋转对象

 实例教学

下面以图 5-44 所示的曲柄为例，介绍旋转命令的使用方法。

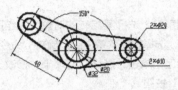

图 5-44 曲柄

STEP 绘制步骤

❶ 单击"默认"选项卡"图层"面板中的"图层特性"按钮 ，设置图层，如图 5-45 所示。
  （1）"中心线"层：线型为"CENTER"，颜色为红色。
  （2）其余属性为默认值。
  （3）"粗实线"层：线宽为 0.30mm。
  （4）其余属性为默认值。

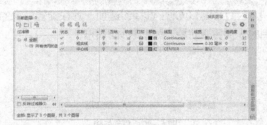

图 5-45 设置图层

❷ 将"中心线"层设置为当前图层，单击"默认"选项卡"绘图"面板中的"直线"按钮 ，绘制中心线，端点坐标分别为{(100,100)、(180,100)}和{(120,120)、(120,80)}，结果如图 5-46 所示。

图 5-46 绘制中心线

❸ 单击"默认"选项卡"修改"面板中的"偏移"

按钮 ，绘制另一条中心线，偏移距离为"48"，结果如图 5-47 所示。

图 5-47 偏移中心线

❹ 转换到"粗实线"层，单击"默认"选项卡"绘图"面板中的"圆"按钮 ，绘制图形轴孔部分。绘制圆时，以水平中心线与左边竖直中心线交点为圆心，以"32"和"20"为直径绘制同心圆；再以水平中心线与右边竖直中心线交点为圆心，以"20"和"10"为直径绘制同心圆，结果如图 5-48 所示。

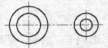

图 5-48 绘制同心圆

❺ 单击"默认"选项卡"绘图"面板中的"直线"按钮 ，绘制连接板。分别捕捉左右外圆的切点为端点，绘制上下两条连接线，结果如图 5-49 所示。

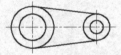

图 5-49 绘制连接线

❻ 单击"默认"选项卡"修改"面板中的"旋转"按钮 ，对所绘制的图形进行复制旋转。命令行提示如下。

```
命令：_rotate
UCS 当前的正角方向： ANGDIR= 逆时针 ANGBASE=0
选择对象：(如图 5-49 所示，选择图形中要旋转的部分)
找到 1 个，总计 6 个
选择对象：✓
指定基点：_int 于（捕捉左边中心线的交点）
指定旋转角度，或 [复制 (C) / 参照 (R)] <0>:C✓
旋转一组选定对象。
指定旋转角度，或 [复制 (C) / 参照 (R)] <0>: 150 ✓
最终结果如图 5-50 所示。
```

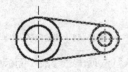

图 5-50 复制旋转

5.4.3 缩放命令

执行方式

命令行：SCALE（快捷命令：SC）

菜单栏："修改"→"缩放"

工具栏：单击"修改"工具栏中的"缩放"按钮 🔲

快捷菜单：选择要缩放的对象，在绘图区单击鼠标右键，选择快捷菜单中的"缩放"命令

功能区：单击"默认"选项卡"修改"面板中的"缩放"按钮 🔲

操作步骤

命令行提示如下。

```
命令：SCALE ✓
选择对象：选择要缩放的对象
选择对象：✓
指定基点：指定缩放基点
指定比例因子或 [复制（C）/参照（R）]：
```

选项说明

（1）采用参照方向缩放对象时，命令行提示如下。

```
指定参照长度 <1>：指定参照长度值
指定新的长度或 [点（P）] <1.0000>：指定新长度值
```

若新长度值大于参照长度值，则放大对象；反之，缩小对象。操作完毕后，系统以指定的基点按指定的比例因子缩放对象。如果选择"点（P）"选项，则选择两点来定义新的长度。

（2）可以用拖动鼠标的方法缩放对象。选择对象并指定基点后，从基点到当前光标位置会出现一条连线，线段的长度即为比例大小。拖动鼠标，选择的对象会动态地随着该连线长度的变化而缩放，按<Enter>键确认缩放操作。

（3）选择"复制（C）"选项时，可以复制缩放对象，即缩放对象时，保留源对象，此功能是AutoCAD 2021新增的功能，如图5-51所示。

　　（a）缩放前　　　　　　（b）缩放后

图 5-51　复制缩放

5.5 改变几何特性类命令

使用改变几何特性类命令可在对指定对象进行编辑后，使其几何特性发生改变，包括修剪、延伸、拉伸、拉长、圆角、倒角、打断等命令。

5.5.1 修剪命令

执行方式

命令行：TRIM（快捷命令：TR）

菜单栏："修改"→"修剪"

工具栏：单击"修改"工具栏中的"修剪"按钮 ✂

功能区：单击"默认"选项卡"修改"面板中的"修剪"按钮 ✂

操作步骤

命令行提示如下。

```
命令：TRIM ✓
当前设置：投影 =UCS，边 =无，模式 =快速
选择要修剪的对象，或按住 <Shift> 键选择要延伸的
对象或 [剪切边（T）/窗交（C）/模式（O）/投影（P）/
删除（R）]：O
```

```
输入修剪模式选项 [快速（Q）/标准（S）] <快速
（Q）>：S
选择要修剪的对象，或按住<Shift>键选择要延伸
的对象或 [剪切边（T）/栏选（F）/窗交（C）/模式
（O）/投影（P）/边（E）/删除（R）/放弃（U）]：
```

选项说明

（1）在选择对象时，如果按住<Shift>键，系统就会自动将"修剪"命令转换成"延伸"命令，"延伸"命令将在下节介绍。

（2）选择"栏选（F）"选项时，系统以栏选的方式选择被修剪的对象，如图5-52所示。

（a）选定剪切边　　（b）使用栏选　　　（c）结果

选定的修剪对象

图 5-52　"栏选"修剪对象

（3）选择"窗交（C）"选项时，系统以窗交的方式选择被修剪的对象。如图5-53所示。

（a）使用窗交选定　（b）选定要修剪　（c）结果
　　　剪切边　　　　　　的对象

图5-53　"窗交"修剪对象

（4）选择"边（E）"选项时，可以选择对象的修剪方式。

1）延伸（E）：延伸边界进行修剪。在此方式下，如果剪切边没有与要修剪的对象相交，系统会延伸剪切边直至与对象相交，然后修剪，如图5-54所示。

（a）选择剪切边　（b）选定要修剪的对象　（c）结果

图5-54　"延伸"修剪对象

2）不延伸（N）：不延伸边界修剪对象，只修剪与剪切边相交的对象。

（5）被选择的对象可以互为边界和被修剪对象，此时系统会在选择的对象中自动判断边界。

 注意　在使用修剪命令选择修剪对象时，若逐个单击选择，则效率较低。

要比较快地实现修剪过程，可以先输入修剪命令"TR"或"TRIM"，然后按<Space>或<Enter>键，命令行中就会提示选择修剪的对象。这时可以不选择对象，继续按<Space>或<Enter>键，系统将默认选择全部，这样做就可以很快地完成修剪过程。

 实例教学

下面以图5-55所示的间歇轮为例，介绍修剪命令的使用方法。

图5-55　间歇轮

STEP **绘制步骤**

❶ 选择菜单栏中的"格式"→"图层"命令，新建两个图层，如图5-56所示。

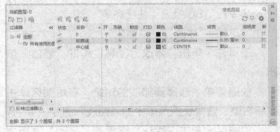

图5-56　新建图层

（1）将第一图层命名为"轮廓线"，线宽属性为0.3mm，其余属性为默认值。

（2）将第二图层命名为"中心线"，颜色设为红色，线型加载为"CENTER"，其余属性为默认值。

❷ 将当前图层设置为"中心线"层。单击"默认"选项卡"绘图"面板中的"直线"按钮 ╱，指定端点坐标为（165,200）（235,200），绘制直线，重复"LINE"命令绘制从点（200,165）到（200,235）的直线，结果如图5-57所示。

❸ 将当前图层设置为"轮廓线"层，单击"默认"选项卡"绘图"面板中的"圆"按钮 ⊙，以圆心（200,200），半径"32"为绘制圆，如图5-58所示。

图5-57　绘制直线　　　图5-58　绘制外轮廓

❹ 单击"默认"选项卡"绘图"面板中的"圆"按钮 ⊙，绘制以点（200,200）为圆心，分别以"26.5"和"14"为半径的同心圆，如图5-59所示。

❺ 单击"默认"选项卡"绘图"面板中的"直线"按钮 ╱，在竖直中心线左右两边各3mm处绘制两条与之平行的线段，如图5-60所示。

图5-59　绘制同心圆　　图5-60　绘制平行线段

6 单击"默认"选项卡"绘图"面板中的"圆弧"
按钮 ⌒，绘制圆弧。命令行提示如下。

```
命令：_arc
指定圆弧的起点或 [圆心 (C)]：(选取 1 点)
指定圆弧的第二个点或 [圆心 (C) /端点 (E)]：E↙
指定圆弧的端点： (选取 2 点)
指定圆弧的中心点（按住 <Ctrl> 键以切换方向）或
[角度 (A) /方向 (D) /半径 (R)]：R↙
指定圆弧的半径（按住 <Ctrl> 键以切换方向）：3 ↙
结果如图 5-61 所示。
```

图 5-61 绘制圆弧

7 单击"默认"选项卡"修改"面板中的"修剪"
按钮 ✂，对上步绘制的两条竖直线段进行修剪
处理。命令行提示如下。

```
命令：_trim
当前设置：投影 =UCS，边 = 延伸，模式 = 标准
选择剪切边 ...
选择对象或 [模式 (O)] <全部选择>：↙
选择要修剪的对象，或按住 <Shift> 键选择要延伸
的对象或 [剪切边 (T) /栏选 (F) /窗交 (C) /模式
(O) /投影 (P) /边 (E) /删除 (R)]：修剪竖直线的上端
选择要修剪的对象，或按住 <Shift> 键选择要延伸
的对象或 [剪切边 (T) /栏选 (F) /窗交 (C) /模式
(O) /投影 (P) /边 (E) /删除 (R) /放弃 (U)]：↙
结果如图 5-62 所示。
```

图 5-62 修剪处理

8 单击"默认"选项卡"绘图"面板中的"圆"按
钮 ⊙，绘制以大圆与水平直线的交点为圆心，
半径为"9"的圆，如图 5-63 所示。

图 5-63 绘制圆

9 单击"默认"选项卡"修改"面板中的"修剪"
按钮 ✂，进行修剪，结果如图 5-64 所示。

图 5-64 修剪处理

10 单击"默认"选项卡"修改"面板中的"环形阵列"
按钮 ⸬，在绘图屏幕选择圆中心线交点为中心
点，在绘图屏幕选择刚修剪的圆弧与第 6 步修
剪的两竖线及其相连的圆弧为对象。在"项目数"
中输入"6"，在"填充角度"中输入"360"，
进行环形阵列，结果如图 5-65 所示。

图 5-65 环形阵列结果

11 单击"默认"选项卡"修改"面板中的"修剪"
按钮 ✂，对阵列后的图形进行修剪，结果如图 5-55
所示。

5.5.2 延伸命令

延伸命令用于延伸对象到另一个对象的边界线，
如图 5-66 所示。

选择边界　　选定要延伸的对象　　结果
图 5-66 延伸对象

执行方式

命令行：EXTEND（快捷命令：EX）

菜单栏："修改"→"延伸"

工具栏：单击"修改"工具栏中的"延伸"按
钮 ⟶

功能区：单击"默认"选项卡"修改"面板中
的"延伸"按钮 ⟶

操作步骤

命令行提示如下。

```
命令：EXTEND ↙
当前设置：投影 =UCS，边 = 延伸，模式 = 标准
选择边界边 ...
选择对象或 [模式 (O)] <全部选择>：选择边界对象
```

此时可以选择对象来定义边界，若直接按<Enter>键，则选择所有对象作为可能的边界对象。

系统规定可以用作边界对象的对象有：直线段、射线、双向无限长线、圆弧、圆、椭圆、二维/三维多义线、样条曲线、文本、浮动的视口、区域。如果选择二维多义线作为边界对象，系统会忽略其宽度而把对象延伸至多义线的中心线。

选择边界对象后，命令行提示如下。

选择要延伸的对象，或按住<Shift>键选择要修剪的对象或［边界边（B）/栏选（F）/窗交（C）/模式（O）/投影（P）/边（E）］：

选项说明

（1）如果要延伸的对象是适配样条多段线，则延伸后会在多段线的控制框上增加新节点；如果要延伸的对象是锥形的多段线，系统会修正延伸端的宽度，使多义线从起始端平滑地延伸至新终止端；如果延伸操作导致终止端宽度为负值，则取宽度值为"0"，操作提示如图5-67所示。

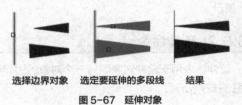

选择边界对象   选定要延伸的多段线   结果

图5-67 延伸对象

（2）选择对象时，如果按住<Shift>键，系统就会自动将"延伸"命令转换成"修剪"命令。

实例教学

下面以图5-68所示的沙发为例，介绍延伸命令的使用方法。

图5-68 沙发

STEP 绘制步骤

❶ 单击"默认"选项卡"绘图"面板中的"矩形"按钮 □，绘制圆角为"10"、第一角点坐标为（20,20）、长度和宽度分别为"140"和"100"的矩形作为沙发的外框，如图5-69所示。

❷ 单击"默认"选项卡"绘图"面板中的"直线"

按钮 ⁄，绘制连续线段，坐标分别为（40,20）（@0,80）（@100,0）（@0,-80），绘制结果如图5-70所示。

图5-69 绘制矩形　　图5-70 绘制初步轮廓

❸ 单击"默认"选项卡"修改"面板中的"分解"按钮 ⬚、"圆角"按钮 ⌐（此命令将在5.5.5节中详细介绍），修改沙发轮廓。命令行提示如下。

```
命令：_explode
选择对象：选择外面倒圆矩形
选择对象：↙
命令：_fillet
当前设置：模式 = 修剪，半径 = 6.0000
选择第一个对象或［放弃（U）/多段线（P）/半径（R）/修剪（T）/多个（M）]：M↙
选择第一个对象或［放弃（U）/多段线（P）/半径（R）/修剪（T）/多个（M）]：R↙
指定圆角半径 <6.0000>：6↙
选择第一个对象或［放弃（U）/多段线（P）/半径（R）/修剪（T）/多个（M）]：选择内部四边形左边
选择第二个对象，或按住<Shift>键选择对象以应用角点或［半径（R）]：选择内部四边形上边
选择第一个对象或［放弃（U）/多段线（P）/半径（R）/修剪（T）/多个（M）]：选择内部四边形右边
选择第二个对象，或按住<Shift>键选择对象以应用角点或［半径（R）]：选择内部四边形上边
选择第一个对象或［放弃（U）/多段线（P）/半径（R）/修剪（T）/多个（M）]：↙
```

采用相同的方法，单击"默认"选项卡"修改"面板中的"圆角"按钮 ⌐，选择内部四边形左边和外部矩形下边左端为对象，进行圆角处理，结果如图5-71所示。

图5-71 倒圆角处理

❹ 单击"默认"选项卡"修改"面板中的"延伸"按钮 →↙，命令行提示如下。

```
命令：_extend
当前设置：投影=UCS，边=延伸，模式=标准
选择边界边 ...
```

选择对象或 ［模式 (O)］＜全部选择＞：选择图
5-78 所示的右下角圆弧
选择对象：✓
选择要延伸的对象，或按住＜Shift＞键选择要修剪
的对象或 ［边界边 (B)／栏选 (F)／窗交 (C)／模式
(O)／投影 (P)／边 (E)］：选择图5-78 所示的左端
短水平线
选择要延伸的对象，或按住＜Shift＞键选择要修剪
的对象或 ［边界边 (B)／栏选 (F)／窗交 (C)／模式
(O)／投影 (P)／边 (E)／放弃 (U)］✓
结果如图5-72所示。

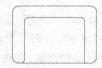

图 5-72　完成倒圆角

❺ 单击"默认"选项卡"修改"面板中的"圆角"
按钮 ⌐ ，选择内部四边形右边和外部矩形下边
为倒圆角对象，进行圆角处理，如图5-73所示。

❻ 单击"默认"选项卡"修改"面板中的"修剪"
按钮 ⊱ ，以刚倒出的圆角圆弧为边界，对内
部四边形右边下端进行修剪，结果如图 5-74
所示。

图 5-73　倒圆角处理　　　**图 5-74　完成倒圆角**

❼ 单击"默认"选项卡"绘图"面板中的"圆弧"
按钮 ⌒ ，在沙发拐角位置绘制 6 条圆弧，作为
沙发皱纹。最终绘制结果如图 5-68 所示。

5.5.3 | 拉伸命令

　　拉伸命令用于拖拉选择的对象，且使对象的形
状发生改变。拉伸对象时应指定拉伸的基点和移至
点。利用一些辅助工具，如捕捉、钳夹及相对坐
标等，可以提高拉伸的精度。拉伸图例如图5-75
所示。

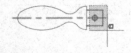
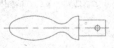

（a）选择对象　　　　　　　**（b）拉伸后**
图 5-75　拉伸

执行方式

　　命令行：STRETCH（快捷命令：S）
　　菜单栏："修改"→"拉伸"
　　工具栏：单击"修改"工具栏中的"拉伸"按
钮 ▣
　　功能区：单击"默认"选项卡"修改"面板中
的"拉伸"按钮 ▣

操作步骤

　　命令行提示如下。

命令：STRETCH ✓
以交叉窗口或交叉多边形选择要拉伸的对象 ...
选择对象：C ✓
指定第一个角点：
指定对角点：找到 2 个：采用交叉窗口的方式
选择对象✓
指定基点或 ［位移 (D)］＜位移＞：指定拉伸的基点
指定第二个点或 ＜使用第一个点作为位移＞：指定
拉伸的移至点

　　此时，若指定第二个点，系统将根据这两点决
定矢量拉伸的对象；若直接按＜Enter＞键，系统会
把第一个点作为X轴和Y轴的分量值。

　　使用拉伸命令时，完全包含在交叉窗口内的对
象不会被拉伸，部分包含在交叉窗口内的对象则会
被拉伸，如图5-75所示。

> **注意**　在执行"STRETCH"命令的过程中，必须
> 采用"交叉窗口"的方式选择对象。用交
> 叉窗口选择拉伸对象后，落在交叉窗口内的端点
> 被拉伸，落在外部的端点保持不动。

5.5.4 | 拉长命令

执行方式

　　命令行：LENGTHEN（快捷命令：LEN）
　　菜单栏："修改"→"拉长"
　　功能区：单击"默认"选项卡"修改"面板中
的"拉长"按钮 ／

操作步骤

　　命令行提示如下。

命令：LENGTHEN ✓
选择要测量的对象或 ［增量 (DE)／百分比 (P)／总计
(T)／动态 (DY)］＜增量 (DE)＞：DE ✓（选择拉长
或缩短的方式为增量方式）

输入长度增量或 [角度(A)] <10.0000>: 10✓（在此输入长度增量数值。如果选择圆弧段，则可输入选项"A"，给定角度增量）

选择要修改的对象或 [放弃(U)]:(选择要拉长的对象)

选择要修改的对象或 [放弃(U)]: ✓

选项说明

（1）增量（DE）：用指定增加量的方法改变对象的长度或角度。

（2）百分比（P）：用指定占总长度百分比的方法改变圆弧或直线段的长度。

（3）总计（T）：用指定新总长度或总角度值的方法改变对象的长度或角度。

（4）动态（DY）：在此模式下，可以使用拖拉鼠标的方法来动态地改变对象的长度或角度。

实例教学

下面以图 5-76 所示的手柄为例，介绍拉长命令的使用方法。

图 5-76　手柄

STEP 绘制步骤

❶ 选择菜单栏中的"格式"→"图层"命令，或单击"默认"选项卡"图层"面板中的"图层特性"按钮，新建两个图层："轮廓线"层，线宽属性为"0.3mm"，其余属性为默认值；"中心线"层，颜色设为"红色"，线型加载为"CENTER"，其余属性为默认值，如图 5-77 所示。

图 5-77　新建图层

❷ 将"中心线"层设置为当前图层。单击"默认"选项卡"绘图"面板中的"直线"按钮，绘制直线，直线的两个端点坐标是（150,150）和（@100,0）。结果如图 5-78 所示。

❸ 将"轮廓线"层设置为当前图层。单击"默认"选项卡"绘图"面板中的"圆"按钮，先以（160,150）为圆心，半径为"10"绘制圆；再以（235,150）为圆心，半径为"15"绘制圆。再绘制半径为"50"的圆并使其与前两个圆相切。结果如图 5-79 所示。

图 5-78　绘制直线　　　　图 5-79　绘制圆

❹ 单击"默认"选项卡"绘图"面板中的"直线"按钮，以端点坐标为 {（250,150）（@10,<90）（@15<180）} 绘制直线，单击空格键重复"直线"命令，绘制从点（235,165）到点（235,150）的直线。结果如图 5-80 所示。

❺ 单击"默认"选项卡"修改"面板中的"修剪"按钮，将图 5-80 修剪成图 5-81 所示图形。

图 5-80　绘制直线　　　　图 5-81　修剪处理

❻ 单击"默认"选项卡"绘图"面板中的"圆"按钮，绘制与圆弧 1 和圆弧 2 相切的圆，半径为"12"。结果如图 5-82 所示。

❼ 单击"默认"选项卡"修改"面板中的"修剪"按钮，对多余的圆弧进行修剪。结果如图 5-83 所示。

图 5-82　绘制圆　　　　图 5-83　修剪处理

❽ 单击"默认"选项卡"修改"面板中的"镜像"按钮，以中心线为对称轴，不删除源对象，镜像复制中心线以上的对象。结果如图 5-84 所示。

❾ 单击"默认"选项卡"修改"面板中的"修剪"按钮，进行修剪处理。结果如图 5-85 所示。

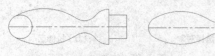

图 5-84　镜像处理　　　　图 5-85　修剪处理

⑩ 单击"默认"选项卡"修改"面板中的"拉伸"按钮⬚，拉长接头部分。命令行提示如下。

```
命令：_stretch
以交叉窗口或交叉多边形选择要拉伸的对象 ...
选择对象：C↙
指定第一个角点：(框选手柄接头部分，如图 5-86
所示)
指定对角点：找到 6 个
选择对象：↙
指定基点或 [ 位移 (D) ] < 位移 >:100, 100↙
指定第二个点或 < 使用第一个点作为位移 >:105,
100↙
```

结果如图5-87所示。

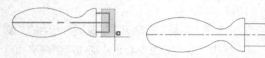

图 5-86　选择对象　　图 5-87　拉伸结果

⑪ 单击"默认"选项卡"修改"面板中的"拉长"按钮／，拉长中心线。命令行提示如下。

```
命令：_lengthen
选择要测量的对象或 [ 增量 (DE) / 百分比 (P) / 总
计 (T) / 动态 (DY) ] < 总计 (T) >: DE↙
输入长度增量或 [ 角度 (A) ] <0.0000>:4↙
选择要修改的对象或 [ 放弃 (U) ]:(选择中心线右端)
选择要修改的对象或 [ 放弃 (U) ]:(选择中心线左端)
选择要修改的对象或 [ 放弃 (U) ]:↙
```

最终结果如图5-76所示。

5.5.5 圆角命令

圆角命令用于创建一条指定半径的圆弧，使其平滑连接两个对象。可以平滑连接一对直线段、非圆弧的多义线段、样条曲线、双向无限长线、射线、圆、圆弧或椭圆，并且可以在任何时候平滑连接多义线的每个节点。

执行方式

命令行：FILLET（快捷命令：F）

菜单栏："修改"→"圆角"

工具栏：单击"修改"工具栏中的"圆角"按钮⬚

功能区：单击"默认"选项卡"修改"面板中的"圆角"按钮⬚

操作步骤

命令行提示如下。

```
命令：FILLET↙
当前设置：模式 = 修剪，半径 = 0.0000
选择第一个对象或 [ 放弃 (U) / 多段线 (P) / 半径 (R) /
修剪 (T) / 多个 (M) ]：选择第一个对象或别的选项
选择第二个对象，或按住 <Shift> 键选择对象以应
用角点或 [ 半径 (R) ]：选择第二个对象
```

选项说明

（1）多段线（P）：在一条二维多段线两段直线段的节点处插入圆弧。选择多段线后，系统会根据指定的圆弧半径把多段线各顶点用圆弧平滑连接起来。

（2）修剪（T）：设置在平滑连接两条边时，是否修剪这两条边，如图5-88所示。

（a）修剪方式　　　　（b）不修剪方式

图 5-88　圆角连接

（3）多个（M）：同时对多个对象进行圆角编辑，而不必重新启用命令。

（4）按住<Shift>键并选择两条直线，可以快速创建零距离倒角或零半径圆角。

实例教学

下面以图5-89所示的挂轮架为例，介绍圆角命令的使用方法。

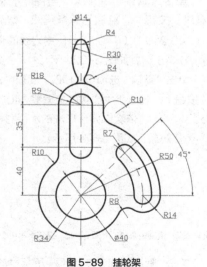

图 5-89　挂轮架

STEP 绘制步骤

❶ 设置绘图环境。

（1）利用"LIMITS"命令设置图幅：297×210。

（2）选择菜单栏中的"格式"→"图层"命令，创建图层"CSX"及"XDHX"。其中"CSX"层的线型为实线，线宽为 0.30mm，其他为默认值；"XDHX"层的线型为"CENTER"，线宽为 0.09mm，其他默认，如图 5-90 所示。

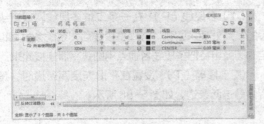

图 5-90　设置图层

❷ 将"XDHX"图层设置为当前图层，单击"默认"选项卡"绘图"面板中的"直线"按钮 ╱，绘制对称中心线。

```
命令：_line （绘制最下面的水平对称中心线）
指定第一个点：80,70 ✓
指定下一点或 [放弃(U)]：210,70 ✓
指定下一点或 [放弃(U)]：✓
```

结果如图 5-91 所示。

图 5-91　绘制对称中心线

（1）单击"默认"选项卡"绘图"面板中的"直线"按钮 ╱，绘制另两条线段，端点分别为 {(140,210)，(140,12)}{(中心线的交点)，(@70<45)}，如图 5-92 所示。

（2）单击"默认"选项卡"修改"面板中的"偏移"按钮 ⊂，将水平中心线向上偏移"40""35""50""4"，依次以偏移形成的水平对称中心线为偏移对象，如图 5-93 所示。

图 5-92　绘制中心线 　　图 5-93　偏移水平中心线

（3）单击"默认"选项卡"绘图"面板中的"圆"按钮 ⊙，以下部中心线的交点为圆心绘制半径为"50"的中心线圆，如图 5-94 所示。

（4）单击"默认"选项卡"修改"面板中的"修剪"按钮 ⱱ，修剪中心线圆。结果如图 5-95 所示。

图 5-94　绘制圆　　　图 5-95　修剪圆

❸ 将"CSX"图层设置为当前图层，绘制挂轮架中部。

（1）单击"默认"选项卡"绘图"面板中的"圆"按钮 ⊙，以下部中心线的交点为圆心，绘制半径分别为"20"和"34"的同心圆，如图 5-96 所示。

（2）单击"默认"选项卡"修改"面板中的"偏移"按钮 ⊂，将竖直中心线分别向两侧偏移"9""18"，如图 5-97 所示。

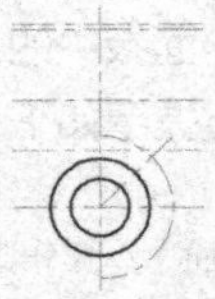

图 5-96　绘制同心圆 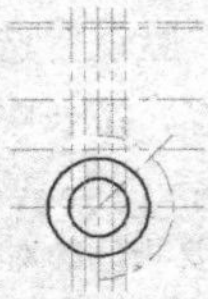　　图 5-97　偏移竖直中心线

（3）单击"默认"选项卡"绘图"面板中的"直线"按钮 ╱，分别捕捉竖直中心线与水平中心线的交点，绘制 4 条竖直线，如图 5-98 所示。

（4）单击"默认"选项卡"修改"面板中的"删除"按钮 ⱴ，删除偏移的竖直对称中心线。结果如图 5-99 所示。

图 5-98　绘制竖直线 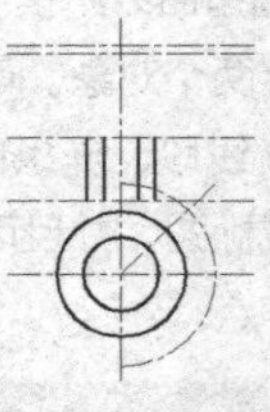　　图 5-99　删除偏移的竖直线

（5）单击"默认"选项卡"绘图"面板中的"圆弧"按钮 ╱，在偏移的中心线上方绘制圆弧。命令行提示如下。

```
命令：_arc（绘制 R18 圆弧）
指定圆弧的起点或 [圆心(C)]：C ✓
指定圆弧的圆心：（捕捉中心线的交点）
指定圆弧的起点：（捕捉左侧中心线的交点）
指定圆弧的端点（按住 <Ctrl> 键以切换方向）或
[角度(A)/弦长(L)]：A ✓
```

指定夹角（按住 <Ctrl> 键以切换方向）：-180 ✓
命令：_arc（圆弧命令，绘制上部 R9 圆弧）
指定圆弧的起点或 [圆心 (C)]：C ✓
指定圆弧的圆心：
指定圆弧的起点：
指定圆弧的端点（按住 <Ctrl> 键以切换方向）或
[角度 (A) / 弦长 (L)]：A ✓
指定夹角（按住 <Ctrl> 键以切换方向）：-180 ✓
结果如图 5-100 所示。

图 5-100　绘制圆弧

同理，绘制下部 R9 圆弧和左端 R10 圆角。命令行提示如下。

命令：_arc（单击空格键继续执行圆弧角命令，绘制下部 R9 圆弧）
指定圆弧的起点或 [圆心 (C)]：C ✓
指定圆弧的圆心：
指定圆弧的起点：
指定圆弧的端点（按住 <Ctrl> 键以切换方向）或
[角度 (A) / 弦长 (L)]：A ✓
指定夹角（按住 <Ctrl> 键以切换方向）：180 ✓
命令：_fillet（圆角命令，绘制左端 R10 圆角）
当前设置：模式 = 修剪，半径 = 0.0000
选择第一个对象或 [放弃 (U) / 多段线 (P) / 半径 (R) / 修剪 (T) / 多个 (M)]：R ✓
指定圆角半径 <0.0000>：10 ✓
选择第一个对象或 [放弃 (U) / 多段线 (P) / 半径 (R) / 修剪 (T) / 多个 (M)]：T ✓
输入修剪模式选项 [修剪 (T) / 不修剪 (N)] <修剪 >：T ✓
选择第一个对象或 [放弃 (U) / 多段线 (P) / 半径 (R) / 修剪 (T) / 多个 (M)]：（选择中间最左侧的竖直线的下部）
选择第二个对象，或按住 <Shift> 键选择对象以应用角点或 [半径 (R)]：（选择下部 R34 圆）
结果如图 5-101 所示。

图 5-101　绘制圆弧及圆角

（6）单击"默认"选项卡"修改"面板中的"修剪"按钮，修剪 R34 圆。结果如图 5-102 所示。

图 5-102　绘制挂轮架中部图形

❹ 绘制挂轮架右部。

（1）分别捕捉圆弧 R50 与倾斜中心线、水平中心线的交点为圆心，以"7"为半径绘制圆。捕捉 R34 圆的圆心，分别绘制半径为"43""57"的圆弧。命令行提示如下。

命令：_circle（绘制 R7 圆弧）
指定圆的圆心或 [三点 (3P) / 两点 (2P) / 切点、切点、半径 (T)]：_int 于（捕捉圆弧 R50 与倾斜中心线的交点）
指定圆的半径或 [直径 (D)]：7 ✓
命令：_circle
指定圆的圆心或 [三点 (3P) / 两点 (2P) / 切点、切点、半径 (T)]：捕捉圆弧 R50 与水平中心线的交点
指定圆的半径或 [直径 (D)] <7.0000>：✓
命令：_arc（绘制 R43 圆弧）
指定圆弧的起点或 [圆心 (C)]：C ✓
指定圆弧的圆心：（捕捉 R34 圆弧的圆心）
指定圆弧的起点：（捕捉下部 R7 圆与水平对称中心线的左交点）
指定圆弧的端点（按住 <Ctrl> 键以切换方向）或
[角度 (A) / 弦长 (L)]：_int 于（捕捉上部 R7 圆与倾斜对称中心线的左交点）
命令：_arc（绘制 R57 圆弧）
指定圆弧的起点或 [圆心 (C)]：C ✓
指定圆弧的圆心：（捕捉 R34 圆弧的圆心）
指定圆弧的起点：（捕捉下部 R7 圆与水平对称中心线的右交点）
指定圆弧的端点（按住 <Ctrl> 键以切换方向）或
[角度 (A) / 弦长 (L)]：（捕捉上部 R7 圆与倾斜对称中心线的右交点）
结果如图 5-103 所示。

（2）单击"默认"选项卡"修改"面板中的"修剪"按钮，修剪 R7 圆，如图 5-104 所示。

图 5-103　绘制圆和圆弧　　　图 5-104　修剪图形

（3）单击"默认"选项卡"绘图"面板中的"圆"按钮⊙，以R34圆弧的圆心为圆心，绘制半径为"64"的圆，如图5-105所示。

（4）单击"默认"选项卡"修改"面板中的"圆角"按钮，绘制上部R10圆角，如图5-106所示。

图5-105　绘制圆　　　　图5-106　绘制圆角

（5）单击"默认"选项卡"修改"面板中的"修剪"按钮，修剪R64圆，如图5-107所示。

（6）单击"默认"选项卡"绘图"面板中的"圆弧"按钮，绘制R14圆弧。

```
命令：_arc（绘制下部R14圆弧）
指定圆弧的起点或 [圆心(C)]：C ✓
指定圆弧的圆心：_cen 于（捕捉下部R7圆的圆心）
指定圆弧的起点：_int 于（捕捉R64圆与水平对称中心线的交点）
指定圆弧的端点（按住<Ctrl>键以切换方向）或[角度(A)/弦长(L)]：A ✓
指定夹角（按住<Ctrl>键以切换方向）：-180 ✓
```
结果如图5-108所示

图5-107　修剪图形　　　　图5-108　绘制圆弧

（7）单击"默认"选项卡"修改"面板中的"圆角"按钮，绘制下部R8圆角。结果如图5-109所示。命令行提示如下。

图5-109　绘制挂轮架右部图形

```
命令：_fillet
当前设置：模式 = 修剪，半径 = 10.0000
选择第一个对象或 [放弃(U)/多段线(P)/半径(R)/修剪(T)/多个(M)]：R ✓
指定圆角半径 <10.0000>：8 ✓
选择第一个对象或 [放弃(U)/多段线(P)/半径(R)/修剪(T)/多个(M)]：T ✓
输入修剪模式选项 [修剪(T)/不修剪(N)] <修剪>：T ✓
选择第一个对象或 [放弃(U)/多段线(P)/半径(R)/修剪(T)/多个(M)]：
选择第二个对象，或按住<Shift>键选择对象以应用角点或 [半径(R)]：
```

❺ 绘制挂轮架上部。

（1）单击"默认"选项卡"修改"面板中的"偏移"按钮，将竖直对称中心线向右偏移"22"，如图5-110所示。

（2）将"0"层设置为当前图层，单击"默认"选项卡"绘图"面板中的"圆"按钮⊙，以第二条水平中心线与竖直中心线的交点为圆心，绘制R26辅助圆，如图5-111所示。

图5-110　偏移竖直中心线　　图5-111　绘制辅助圆

（3）将"CSX"层设置为当前图层，单击"默认"选项卡"绘图"面板中的"圆"按钮⊙，以R26圆与偏移的竖直中心线的交点为圆心，绘制R30圆，如图5-112所示。

（4）单击"默认"选项卡"修改"面板中的"删除"按钮，分别选择偏移形成的竖直中心线及R26圆，如图5-113所示。

图5-112　绘制圆　　　　图5-113　删除辅助图形

（5）单击"默认"选项卡"修改"面板中的"修剪"按钮，修剪R30圆，如图5-114所示。

（6）单击"默认"选项卡"修改"面板中的"镜

像"按钮 ⚐ ，以竖直中心线为镜像轴，镜像复制所绘制的 R30 圆弧，如图 5-115 所示。

图 5-114 修剪圆　　　图 5-115 镜像复制圆弧

（7）单击"默认"选项卡"修改"面板中的"圆角"按钮 ⌐ ，绘制 R4 圆角。

命令：_fillet（绘制最上部 R4 圆弧）
当前设置：模式 = 修剪，半径 = 8.0000
选择第一个对象或 [放弃(U)/多段线(P)/半径(R)/修剪(T)/多个(M)]：R ✓
指定圆角半径 <8.0000>：4 ✓
选择第一个对象或 [放弃(U)/多段线(P)/半径(R)/修剪(T)/多个(M)]：T ✓
输入修剪模式选项 [修剪(T)/不修剪(N)] <修剪>：T ✓
选择第一个对象或 [放弃(U)/多段线(P)/半径(R)/修剪(T)/多个(M)]：（选择左侧 R30 圆弧的上部）
选择第二个对象，或按住 <Shift> 键选择对象以应用角点或 [半径(R)]：（选择右侧 R30 圆弧的上部）
命令：_fillet（绘制左边 R4 圆角）
当前设置：模式 = 修剪，半径 = 4.0000
选择第一个对象或 [放弃(U)/多段线(P)/半径(R)/修剪(T)/多个(M)]：T ✓（更改修剪模式）
输入修剪模式选项 [修剪(T)/不修剪(N)] <修剪>：N ✓（选择修剪模式为不修剪）
选择第一个对象或 [放弃(U)/多段线(P)/半径(R)/修剪(T)/多个(M)]：（选择左侧 R30 圆弧的下端）
选择第二个对象，或按住 <Shift> 键选择对象以应用角点或 [半径(R)]：（选择 R18 圆弧的左侧）
命令：_fillet（绘制右边 R4 圆角）
当前设置：模式 = 不修剪，半径 = 4.0000
选择第一个对象或 [放弃(U)/多段线(P)/半径(R)/修剪(T)/多个(M)]：（选择右侧 R30 圆弧的下端）
选择第二个对象，或按住 <Shift> 键选择对象以应用角点或 [半径(R)]：（选择 R18 圆弧的右侧）

（8）单击"默认"选项卡"修改"面板中的"修剪"按钮 ⅄，修剪 R30 圆，如图 5-116 所示。

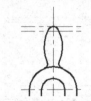

图 5-116 绘制挂轮架上部图形

❻ 选择菜单栏中的"修改"→"拉长（G）"命令，调整中心线长度；单击"快速访问"工具栏中的"保存"按钮 ⊟，保存文件。命令行提示如下。

命令：_lengthen（拉长命令。对图中的中心线进行调整）
选择要测量的对象或 [增量(DE)/百分比(P)/总计(T)/动态(DY)] <总计(T)>：DY ✓（选择动态调整）
选择要修改的对象或 [放弃(U)]：（分别选择欲调整的中心线）
指定新端点：（将选择的中心线调整到新的长度）
命令：EARSE ✓（删除多余的中心线）
选择对象：（选择最上边的两条水平中心线）
……找到 1 个，总计 2 个
命令：SAVEAS ✓（将绘制完成的图形以"挂轮架.dwg"为文件名保存在指定的路径中）

5.5.6 倒角命令

倒角命令即斜角命令，是用斜线连接两个不平行的线型对象。可以用斜线连接直线段、双向无限长线、射线和多义线。

系统采用两种方法确定连接两个对象的斜线：指定两个斜线距离；指定斜线角度和一个斜线距离。下面分别介绍这两种方法。

1. 指定两个斜线距离

斜线距离是指从被连接对象与斜线的交点到被连接的两对象交点之间的距离，如图 5-117 所示。

2. 指定斜线角度和一个斜线距离连接选择的对象

采用这种方法连接对象时，需要输入两个参数：斜线与一个对象的斜线距离和斜线与该对象的夹角，如图 5-118 所示。

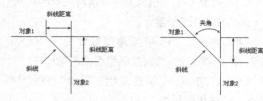

图 5-117 斜线距离　　　图 5-118 斜线距离与夹角

执行方式

命令行：CHAMFER（快捷命令：CHA）
菜单栏："修改"→"倒角"
工具栏：单击"修改"工具栏中的"倒角"按钮 ⌐

功能区：单击"默认"选项卡"修改"面板中的"倒角"按钮✓。

命令行提示如下。

命令：CHAMFER ✓
（"不修剪"模式）当前倒角距离 1 = 0.0000，距离 2 = 0.0000
选择第一条直线或 [放弃 (U) /多段线 (P) /距离 (D) /角度 (A) /修剪 (T) /方式 (E) /多个 (M)]：选择第一条直线或别的选项
选择第二条直线，或按住 <Shift> 键选择直线以应用角点或 [距离 (D) /角度 (A) /方法 (M)]：选择第二条直线

选项说明

（1）多段线（P）：对多段线的各个交叉点倒斜角。为了得到最好的连接效果，一般设置斜线是相等的值，系统根据指定的斜线距离把多段线的每个交叉点都作斜线连接，连接的斜线成为多段线新的构成部分，如图 5-119 所示。

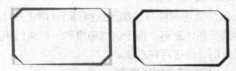

（a）选择多段线　　（b）倒斜角结果
图 5-119　斜线连接多段线

（2）距离（D）：选择倒角的两个斜线距离。这两个斜线距离可以相同也可以不相同，若二者均为 0，则系统不绘制连接的斜线，而是把两个对象延伸至相交并修剪超出的部分。

（3）角度（A）：选择第一条直线的斜线距离和第一条直线的倒角角度。

（4）修剪（T）：与圆角连接命令"FILLET"相同，该选项决定连接对象后是否剪切源对象。

（5）方式（E）：设置采用"距离"方式还是"角度"方式来倒斜角。

（6）多个（M）：同时对多个对象进行倒斜角编辑。

实例教学

下面以图 5-120 所示的洗菜盆为例，介绍倒角命令的使用方法。

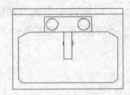

图 5-120　洗菜盆

绘制步骤

❶ 单击"默认"选项卡"绘图"面板中的"直线"按钮✓，绘制出初步轮廓，大致尺寸如图 5-121 所示。

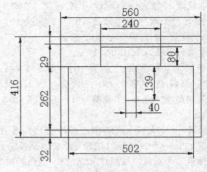

图 5-121　初步轮廓图

❷ 单击"默认"选项卡"绘图"面板中的"圆"按钮⊘，指定任意圆心，任意半径，绘制一个圆，如图 5-122 所示。

❸ 单击"默认"选项卡"修改"面板中的"复制"按钮❀，对上一步绘制的圆进行复制，如图 5-123 所示。

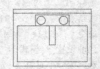

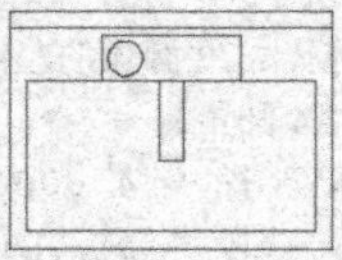

图 5-122　绘制圆　　　　图 5-123　复制圆

❹ 单击"默认"选项卡"绘图"面板中的"圆"按钮⊘，指定任意圆心，任意半径。绘制出水口，如图 5-124 所示。

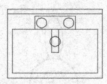

图 5-124　绘制出水口

❺ 单击"默认"选项卡"修改"面板中的"修剪"
按钮，对水龙头进行修剪。命令行提示如下。

```
命令 : _trim
当前设置 : 投影 =UCS，边 = 延伸，模式 = 标准
选择剪切边 ...
选择对象或 [ 模式 (O)] < 全部选择 >:（选择水龙
头的两条竖线）
找到 1 个
选择对象 :
找到 1 个，总计 2 个
选择对象 : ↙
选择要修剪的对象，或按住 <Shift> 键选择要延伸的
对象或 [ 剪切边 (T)/ 栏选 (F)/ 窗交 (C)/ 模式 (O)/
投影 (P)/ 边 (E)/ 删除 (R)]:（选择两竖线之间的
圆弧）
选择要修剪的对象，或按住 <Shift> 键选择要延伸的
对象或 [ 剪切边 (T)/ 栏选 (F)/ 窗交 (C)/ 模式 (O)/
投影 (P)/ 边 (E)/ 删除 (R)/ 放弃 (U)]:（选择两竖
线之间的另一圆弧）
选择要修剪的对象，或按住 <Shift> 键选择要延伸的
对象或 [ 剪切边 (T)/ 栏选 (F)/ 窗交 (C)/ 模式 (O)/
投影 (P)/ 边 (E)/ 删除 (R)/ 放弃 (U)]:↙
```
绘制结果如图5-125所示。

图 5-125　绘制水龙头和出水口

❻ 单击"默认"选项卡"修改"面板中的"倒角"
按钮，对水盆四角进行倒角。命令行提示
如下。

```
命令 : _chamfer
（"修剪"模式） 当前倒角距离 1 = 0.0000，距离
2 = 0.0000
选择第一条直线或 [ 放弃 (U)/ 多段线 (P)/ 距离 (D)/
角度 (A)/ 修剪 (T)/ 方式 (E)/ 多个 (M)]: D↙
指定第一个倒角距离 <0.0000>: 50 ↙
指定第二个倒角距离 <50.0000>: 30 ↙
选择第一条直线或 [ 放弃 (U)/ 多段线 (P)/ 距离
(D)/ 角度 (A)/ 修剪 (T)/ 方式 (E)/ 多个 (M)]:M↙
选择第一条直线或 [ 放弃 (U)/ 多段线 (P)/ 距离
(D)/ 角度 (A)/ 修剪 (T)/ 方式 (E)/ 多个 (M)]:（选
择左上角横线段）
选择第二条直线，或按住 <Shift> 键选择直线以应
用角点或 [ 距离 (D)/ 角度 (A)/ 方法 (M)]:（选择
左上角竖线段）
选择第一条直线或 [ 放弃 (U)/ 多段线 (P)/ 距离
(D)/ 角度 (A)/ 修剪 (T)/ 方式 (E)/ 多个 (M)]:（选
择右上角横线段）
```

```
选择第二条直线，或按住 <Shift> 键选择直线以应
用角点或 [ 距离 (D)/ 角度 (A)/ 方法 (M)]:（选择
右上角竖线段）
选择第一条直线或 [ 放弃 (U)/ 多段线 (P)/ 距离 (D)/
角度 (A)/ 修剪 (T)/ 方式 (E)/ 多个 (M)]: ↙
命令 : _chamfer
（"修剪"模式） 当前倒角距离 1 = 50.0000，距离
2 = 30.0000
选择第一条直线或 [ 放弃 (U)/ 多段线 (P)/ 距离 (D)/
角度 (A)/ 修剪 (T)/ 方式 (E)/ 多个 (M)]: A↙
指定第一条直线的倒角长度 <20.0000>: ↙
指定第一条直线的倒角角度 <0>: 45 ↙
选择第一条直线或 [ 放弃 (U)/ 多段线 (P)/ 距离 (D)/
角度 (A)/ 修剪 (T)/ 方式 (E)/ 多个 (M)]: M↙
选择第一条直线或 [ 放弃 (U)/ 多段线 (P)/ 距离
(D)/ 角 度 (A)/ 修 剪 (T)/ 方 式 (E)/ 多 个 (M)]:
（选择左下角横线段）
选择第二条直线，或按住 <Shift> 键选择直线以应
用角点或 [ 距离 (D)/ 角度 (A)/ 方法 (M)]:（选择
左下角竖线段）
选择第一条直线或 [ 放弃 (U)/ 多段线 (P)/ 距离
(D)/ 角 度 (A)/ 修 剪 (T)/ 方 式 (E)/ 多 个 (M)]:
（选择右下角横线段）
选择第二条直线，或按住 <Shift> 键选择直线以应
用角点或 [ 距离 (D)/ 角度 (A)/ 方法 (M)]:（选择
右下角竖线段）
选择第一条直线或 [ 放弃 (U)/ 多段线 (P)/ 距离 (D)/
角度 (A)/ 修剪 (T)/ 方式 (E)/ 多个 (M)]: ↙
```
最终绘制结果如图5-120所示。

5.5.7 打断命令

执行方式

命令行：BREAK（快捷命令：BR）

菜单栏："修改" → "打断"

工具栏：单击"修改"工具栏中的"打断"按
钮

功能区：单击"默认"选项卡"修改"面板中
的"打断"按钮

操作步骤

命令行提示如下。

```
命令 : BREAK ↙
选择对象 : 选择要打断的对象
指定第二个打断点或 [ 第一点 (F)]: 指定第二个断
开点或输入 "F" ↙
```

选项说明

如果选择"第一点（F）"选项，系统将放弃

前面选择的第一个点，重新提示用户指定两个断开点。

 实例教学

下面以图5-126所示的法兰盘为例，介绍打断命令的使用方法。

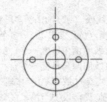

图5-126 法兰盘

STEP 绘制步骤

❶ 单击"默认"选项卡"修改"面板中的"打断"按钮凸，按命令行提示选择过长的中心线上需要打断的位置，如图5-127（a）所示。

指定第二个打断点，如图5-127（b）所示。

❷ 在中心线的延长线上选择第二点，多余的中心线被删除，如图5-127（c）所示。

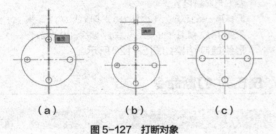

（a）　　　　（b）　　　　（c）

图5-127 打断对象

 机械制图国家标准中规定，中心线超过轮廓线范围2~5mm。

5.5.8 打断于点命令

打断于点命令是指在对象上指定一点，从而把对象在此点拆分成两部分，此命令与打断命令类似。

执行方式

工具栏：单击"修改"工具栏中的"打断于点"按钮凹

功能区：单击"默认"选项卡"修改"面板中的"打断于点"按钮凹

操作步骤

单击"修改"工具栏中的"打断于点"按钮凹，命令行提示如下。

命令：_breakatpoint
选择对象：（选择要打断的对象）
指定打断点：（选择打断点）

5.5.9 分解命令

执行方式

命令行：EXPLODE（快捷命令：X）
菜单栏："修改"→"分解"
工具栏：单击"修改"工具栏中的"分解"按钮
功能区：单击"默认"选项卡"修改"面板中的"分解"按钮

操作步骤

命令行提示如下。

命令：EXPLODE✓
选择对象：选择要分解的对象

选择一个对象后，该对象会被分解，系统继续提示该行信息，允许分解多个对象。

注意 分解命令用于将一个合成图形分解为其部件。例如，一个矩形被分解后就会变成4条直线，且一个有宽度的直线分解后就会失去其宽度属性。

 实例教学

下面以图5-128所示的圆头平键为例，介绍分解命令的使用方法。

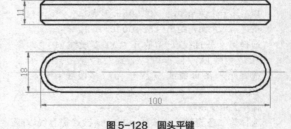

图5-128 圆头平键

STEP 绘制步骤

❶ 选择菜单栏中的"格式"→"图层"命令，新建3个图层，如图5-129所示。

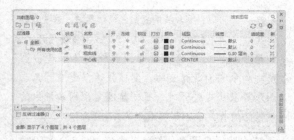

图 5-129　新建图层

（1）第一层名称为"粗实线"，线宽为 0.3mm，其余属性为默认值。

（2）第二层名称为"中心线"，颜色为红色，线型为"CENTER"，其余属性为默认值。

（3）第三层名称为"标注"，颜色为绿色，其余属性为默认值。

（4）打开线宽显示。

❷ 选择菜单栏中的"视图"→"缩放"→"圆心"命令，命令行提示如下。

```
命令：'_zoom
指定窗口角点，输入比例因子（nX 或 nXP），或者
[全部(A)/中心(C)/动态(D)/范围(E)/上一个
(P)/比例(S)/窗口(W)/对象(O)]<实时>：_c
指定中心点：50,-10 ✓
输入比例或高度<967.9370>：70 ✓
```

❸ 将当前图层设置为"中心线"图层。单击"默认"选项卡"绘图"面板中的"直线"按钮 ╱。指定坐标为（-5,-21）（@110,0）绘制线段，如图 5-130 所示。

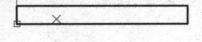

图 5-130　绘制中心线

❹ 将当前图层设为"粗实线"图层。单击"默认"选项卡"绘图"面板中的"矩形"按钮 囗，以角点坐标为（0,0）（@100,11）绘制平键主视图，如图 5-131 所示。

图 5-131　绘制矩形

❺ 单击"默认"选项卡"绘图"面板中的"直线"按钮 ╱，指定坐标为{（0,2）（@100,0）}{（0,9）

（@100,0）} 绘制线段。绘制结果如图 5-132 所示。

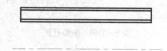

图 5-132　绘制主视图

❻ 单击"默认"选项卡"绘图"面板中的"矩形"按钮 囗，设置两个角点的坐标分别为（0,-30）和（@100,18），绘制矩形。

❼ 单击"默认"选项卡"修改"面板中的"偏移"按钮 ⊆，选择上步绘制的矩形，向内侧偏移"2"。绘制结果如图 5-133 所示。

图 5-133　偏移矩形

❽ 利用"分解"命令，框选主视图图形分解矩形，主视图矩形被分解成 4 条直线。

> 注意　为什么要分解矩形？分解命令是将合成对象分解为其部件对象，可以分解的对象包括矩形、尺寸标注、块体、多边形等。将矩形分解成线段是为下一步进行倒角做准备。

❾ 单击"默认"选项卡"修改"面板中的"倒角"按钮 ╱，倒角距离为"2"。对图 5-134 所示的直线进行倒角处理，结果如图 5-135 所示。

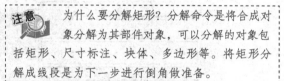

图 5-134　倒角所选择的两条直线

图 5-135　倒角之后的图形

❿ 对其他边倒角，仍然运用倒角命令，将图形绘制为图 5-136 所示的效果。

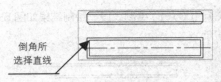

图 5-136　倒角处理

> **注意** 倒角需要指定倒角的距离和对象。如果需要加倒角的两个对象在同一图层，AutoCAD将在这个图层创建倒角；否则，AutoCAD将在当前图层上创建倒角线。倒角的颜色、线型和线宽的设置也是如此。

⑪ 单击“默认”选项卡“修改”面板中的“圆角”按钮，对图形进行圆角处理（见图 5-137）。命令行提示如下。

```
命令：_fillet
当前设置：模式 = 修剪，半径 = 0.0000
选择第一个对象或 [ 放弃 (U)/ 多段线 (P)/ 半径 (R)/ 修剪 (T)/ 多个 (M)]:R↙
指定圆角半径 <0.0000>: 9↙
选择第一个对象或 [ 放弃 (U)/ 多段线 (P)/ 半径 (R)/ 修剪 (T)/ 多个 (M)]: P↙
选择二维多段线或 [ 半径 (R)]:（选择图 5-143 俯视图中的外矩形）
```

圆角处理完毕之后，如图5-138所示。

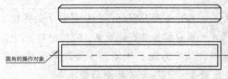

图 5-137　操作圆角的对象

⑫ 按上步操作对第二个矩形进行圆角操作，结果如图 5-139 所示。

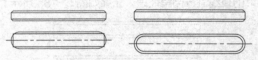

图 5-138　倒圆角之后的图形

图 5-139　圆角处理

> **注意** 可以给多段线的直线线段加圆角，这些直线可以相邻、不相邻、相交或由线段隔开。如果多段线的线段不相邻，则被延伸以适应圆角。如果它们是相交的，则被修剪以适应圆角。图形界限检查打开时，要创建圆角，则多段线的线段必须收敛于图形界限之内。

结果是包含圆角（作为弧线段）的单个多段线。这条新多段线的所有特性（例如图层、颜色和线型）将继承所选的第一个多段线的特性。

5.5.10　合并命令

合并命令可以将直线、圆、椭圆弧和样条曲线等独立的图线合并为一个对象，如图5-140所示。

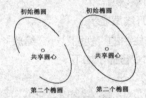

图 5-140　合并对象

执行方式

命令行：JOIN

菜单栏：“修改”→“合并”

工具栏：单击“修改”工具栏中的“合并”按钮

功能区：单击“默认”选项卡“修改”面板中的“合并”按钮

操作步骤

命令行提示如下。

```
命令：JOIN↙
选择源对象或要一次合并的多个对象：(选择一个对象)
选择要合并的对象：(选择另一个对象)
选择要合并的对象：↙
```

5.6　综合演练——螺母

本实例绘制的螺母如图5-141所示。

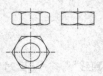

图 5-141　螺母

STEP 绘制步骤

❶ 由于图形中出现了两种不同的线型，所以需要设置图层来管理。选择菜单栏中的"格式"→"图层"命令，或者单击"默认"选项卡"图层"面板中的"图层特性"按钮🖺，新建两个图层，如图 5-142 所示。

（1）"粗实线"图层，线宽为 0.5mm，其余属性为默认值。

（2）"中心线"图层，线宽为 0.3mm，线型为"CENTER"，颜色设为红色，其余属性为默认值。

（3）打开线宽显示。

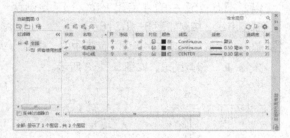

图 5-142 新建图层

❷ 单击"视图"选项卡"导航"面板"范围"下拉列表下的"圆心"按钮🔍，缩放至合适比例。命令行提示如下。

```
命令：'_zoom
指定窗口的角点，输入比例因子 (nX 或 nXP)，或者
[全部 (A) / 中心 (C) / 动态 (D) / 范围 (E) / 上一个
(P) / 比例 (S) / 窗口 (W) / 对象 (O)] < 实时 >：_c
指定中心点：15,10 ✓
输入比例或高度 <39.8334>：40 ✓
```

❸ 将当前图层设为"中心线"图层。单击"默认"选项卡"绘图"面板中的"直线"按钮╱，指定坐标为 {（-13,0）（@26,0）}{（0,-11）（@0,22）} 绘制中心线，如图 5-143 所示。

❹ 将当前图层设为"粗实线"图层。单击"默认"选项卡"绘图"面板中的"多边形"按钮⬠，绘制中心点为（0,0），内接于半径为 10 的圆的正六边形，结果如图 5-144 所示。

图 5-143 绘制中心线　　图 5-144 绘制正多边形

> **注意** 正多边形的绘制有3种方法。
> （1）指定中心点和外接圆半径，正多边形的所有顶点都在此圆周上。
> （2）指定中心点和内切圆半径，并指定正多边形中心点到各边中点的距离。
> （3）指定边，通过指定第一条边的端点来定义正多边形。

❺ 单击"默认"选项卡"绘图"面板中的"圆"按钮⊙，绘制圆心（0,0），半径分别为"8.6603"和"5"的圆，结果如图 5-145 所示。

❻ 单击"默认"选项卡"绘图"面板中的"矩形"按钮▭，将两个角点的坐标分别设为（-10,15）和（@20,7），绘制主视图矩形，结果如图 5-146 所示。

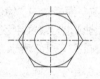

图 5-145 绘制圆　　　　图 5-146 绘制矩形

❼ 单击"默认"选项卡"绘图"面板中的"构造线"按钮╱，指定点 A 和点 B 通过点（@0,10）绘制构造线，如图 5-147 所示。

❽ 单击"默认"选项卡"绘图"面板中的"圆"按钮⊙，绘制圆心为（0,7）、半径为"15"的圆，如图 5-148 所示。

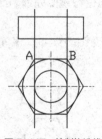 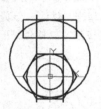

图 5-147 绘制构造线　　图 5-148 绘制圆

❾ 单击"默认"选项卡"修改"面板中的"修剪"按钮✂，修剪绘制的圆，结果如图 5-149 所示。

❿ 单击"默认"选项卡"绘图"面板中的"构造线"按钮╱，指定点 A 通过点为（@10,0）绘制构造线，结果如图 5-150 所示。

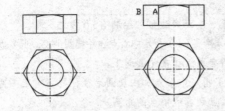

图 5-149　修剪图形　　　　图 5-150　绘制构造线

⑪ 单击"默认"选项卡"绘图"面板中的"圆弧"按钮 ⌒，绘制圆弧。命令行提示如下。

```
命令：_arc
指定圆弧的起点或 [圆心(C)]：（捕捉图 5-150 中的 A 点）
指定圆弧的第二个点或 [圆心(C)/端点(E)]：-7.5,22 ✓
指定圆弧的端点：（捕捉图 5-150 中的 B 点）
```

⑫ 单击"默认"选项卡"修改"面板中的"删除"按钮 ✎，删除构造线，结果如图 5-151 所示。

⑬ 单击"默认"选项卡"修改"面板中的"镜像"按钮 ⚠，选择上步绘制的圆弧指定镜像点（0,0）（0,10）进行镜像，结果如图 5-152 所示。

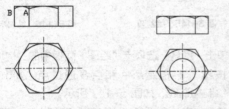

图 5-151　删除构造线　　　　图 5-152　镜像处理

⑭ 同样以（-10,18.5）（10,18.5）为镜像线上的两点，对上面的三条圆弧进行镜像处理，结果如图 5-153 所示。

⑮ 单击"默认"选项卡"修改"面板中的"修剪"按钮 ⤱，修剪图形，结果如图 5-154 所示。

图 5-153　镜像处理　　　　图 5-154　修剪图形

⑯ 单击"默认"选项卡"绘图"面板中的"直线"按钮 ╱，指定坐标为（0,13）（@0,11）绘制中心线，结果如图 5-155 所示。

⑰ 单击"默认"选项卡"绘图"面板中的"多边

形"按钮 ⬡，绘制边端点为（33.6603,13.5）（@0,10）的正六边形，如图 5-156 所示。

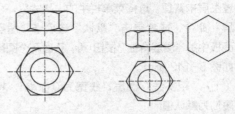

图 5-155　绘制中心线　　　　图 5-156　绘制正六边形

⑱ 单击"默认"选项卡"绘图"面板中的"构造线"按钮 ╱，通过点（0,15）（@10,0）绘制构造线。

⑲ 按上述操作，通过点（0,22）和（@10,0），以及图 5-157 中的 A 点和（@0,10）绘制两条构造线，结果如图 5-157 所示。

⑳ 单击"默认"选项卡"绘图"面板中的"修剪"按钮 ⤱，修剪图形，如图 5-158 所示。

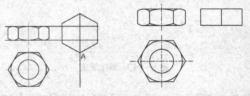

图 5-157　绘制构造线　　　　图 5-158　修剪图形

㉑ 单击"默认"选项卡"绘图"面板中的"构造线"按钮 ╱，指定图 5-159 中的 A 点通过点（@10,0）绘制构造线，结果如图 5-159 所示。

㉒ 选择菜单栏中的"绘图"→"圆弧"→"三点"命令，或者单击"默认"选项卡"绘图"面板中的"三点"按钮 。捕捉图 5-160 中的 A、B、C 三点，其中 B 点为该直线的 1/4 点，如果捕捉不到，可以采用下拉菜单中的"绘图"→"打断"命令来打断其中点，再以捕捉其中点的方式操作。

㉓ 绘制好圆弧之后单击"默认"选项卡"修改"面板中的"镜像"按钮 ⚠，镜像线分别为（25,18.5）（@10,0）以及 C 点和 C 的（@0,10），做两次镜像操作，如图 5-160 所示。

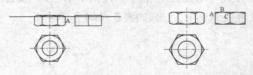

图 5-159　绘制构造线　　　　图 5-160　镜像操作

㉔ 单击"默认"选项卡"修改"面板中的"修剪"

按钮 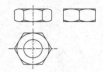，修剪图形，结果如图 5-161 所示。

图 5-161　修剪操作

㉕ 将当前图层设置为"中心线"图层。单击"默认"选项卡"绘图"面板中的"直线"按钮 ∕，指定坐标为（25,13）（@0,11）绘制中心线。最终绘制结果如图 5-141 所示。

5.7　上机实验

【实验 1 】绘制轴

1. 目的要求

如图 5-162 所示，绘制本实验设计的图形除了要用到基本的绘图命令外，还要用到"偏移""修剪"和"倒角"等编辑命令。通过本实验，读者应灵活掌握绘图的基本技巧，巧妙利用一些编辑命令来快速灵活地完成绘图工作。

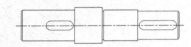

图 5-162　轴

2. 操作提示

（1）设置新图层。

（2）利用"直线""圆"和"偏移"命令绘制初步轮廓。

（3）利用"修剪"命令剪掉多余的图线。

（4）利用"倒角"命令对轴端进行倒角处理。

【实验 2 】绘制吊钩

1. 目的要求

如图 5-163 所示，绘制本实验设计的图形除了要用到基本的绘图命令外，还要用到"偏移""修剪""圆角"等编辑命令。通过本实验，读者应灵活掌握绘图的基本技巧。

图 5-163　吊钩

2. 操作提示

（1）设置新图层。

（2）利用"直线"命令绘制定位轴线。

（3）利用"偏移"和"圆"命令绘制圆心定位线并绘制圆。

（4）利用"偏移"和"修剪"命令绘制钩上端图线。

（5）利用"圆角"和"修剪"命令绘制钩圆弧图线。

【实验 3 】绘制均布结构图形

1. 目的要求

如图 5-164 所示，本实验设计的图形是一个常见的机械零件。在绘制的过程中，除了要用到"直线""圆"等基本绘图命令外，还要用到"剪切"和"阵列"等编辑命令。通过本实验，读者应熟练掌握"剪切"和"阵列"编辑命令的用法。

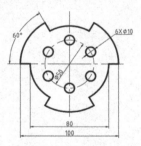

图 5-164　均布结构图形

2. 操作提示

（1）设置新图层。

（2）绘制中心线和基本轮廓。

（3）进行阵列编辑。

（4）进行剪切编辑。

【实验 4 】绘制轴承座

1. 目的要求

如图 5-165 所示，本实验要绘制的是一个轴承座。除了要用到一些基本的绘图命令外，还要用到"镜像"命令及"圆角""剪切"等编辑命令。通过本实验，读者应进一步熟悉常见编辑命令的应用。

2．操作提示

（1）利用"图层"命令设置3个图层。

（2）利用"直线"命令绘制中心线。

（3）利用"直线"命令和"圆"命令绘制部分轮廓线。

（4）利用"圆角"命令进行圆角处理。

（5）利用"直线"命令绘制螺孔线。

（6）利用"镜像"命令对左端局部结构进行镜像复制。

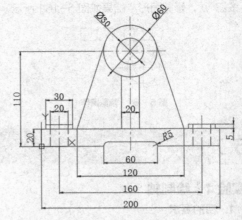

图 5-165　轴承座

第 6 章

复杂二维绘图与编辑命令

本章将循序渐进地讲解有关 AutoCAD 2021 复杂二维绘图命令和编辑命令的应用，帮助读者熟练掌握应用 AutoCAD 2021 绘制一维几何元素，包括多段线、样条曲线及多线等的方法，以及利用编辑命令修正图形，包括面域、图案填充等的方法。

重点与难点

- ➲ 多段线
- ➲ 样条曲线
- ➲ 多线
- ➲ 图案填充
- ➲ 对象编辑命令

6.1 多段线

多段线是一种由线段和圆弧组合而成的，可以有不同线宽的多线。多段线组合形式多样，线宽可以变化，弥补了直线或圆弧功能的不足，适合用来绘制各种复杂的图形的轮廓，在绘图中得到了广泛的应用。

执行方式

命令行：PLINE（快捷命令：PL）

菜单栏："绘图"→"多段线"

工具栏：单击"绘图"工具栏中的"多段线"按钮 ⌐⊃

功能区：单击"默认"选项卡"绘图"面板中的"多段线"按钮 ⌐⊃

操作步骤

命令行提示如下。

```
命令：PLINE ↙
指定起点：指定多段线的起点
当前线宽为 0.0000
指定下一个点或 [圆弧 (A) / 半宽 (H) / 长度 (L) /
放弃 (U) / 宽度 (W)]：指定多段线的下一个点
```

选项说明

多段线主要由连续且宽度不同的线段或圆弧组成，如果在上述提示中选择"圆弧（A）"选项，则命令行提示如下。

```
指定圆弧的端点 (按住<Ctrl>键以切换方向) 或 [角度
(A) / 圆心 (CE) / 闭合 (CL) / 方向 (D) / 半宽 (H) / 直线
(L) / 半径 (R) / 第二个点 (S) / 放弃 (U) / 宽度 (W)]：
绘制圆弧的方法与"圆弧"命令相似。
```

 实例教学

下面以图6-1所示的交通标志为例，介绍多段线命令的使用方法。

图 6-1 交通标志

STEP 绘制步骤

❶ 绘制标志。

（1）单击"默认"选项卡"绘图"面板中的"圆环"

按钮 ◎，绘制圆心坐标为（100,100），内径为"110"、外径为"140"的圆环。结果如图6-2所示。

（2）单击"默认"选项卡"绘图"面板中的"多段线"按钮 ⌐⊃，绘制斜线。命令行提示如下。

```
命令：_pline
指定起点：(在圆环左上方适当捕捉一点)
当前线宽为 0.0000
指定下一个点或 [圆弧 (A) / 半宽 (H) / 长度 (L) /
放弃 (U) / 宽度 (W)]：W ↙
指定起点宽度 <0.0000>：20 ↙
指定端点宽度 <20.0000>：↙
指定下一个点或 [圆弧 (A) / 半宽 (H) / 长度 (L) /
放弃 (U) / 宽度 (W)]：(斜向向下在圆环上捕捉一点)
指定下一点或 [圆弧 (A) / 闭合 (C) / 半宽 (H) / 长
度 (L) / 放弃 (U) / 宽度 (W)]：↙
```

结果如图 6-3 所示。

图 6-2 绘制圆环　　　　图 6-3 绘制斜杠

❷ 绘制载货汽车。

（1）设置当前图层颜色为黑色。单击"默认"选项卡"绘图"面板中的"圆环"按钮 ◎，绘制圆心坐标为（128,83）和（83,83），内径为"9"、外径为"14"的两个圆环。结果如图6-4所示。

 注意 这里巧妙地运用了绘制实心圆环的命令来绘制汽车轮胎。

（2）单击"默认"选项卡"绘图"面板中的"多段线"按钮 ⌐⊃，绘制车身。命令行提示如下。

```
命令：_pline
指定起点：140,83 ↙
当前线宽为 0.0000
指定下一个点或 [圆弧 (A) / 半宽 (H) / 长度 (L) /
放弃 (U) / 宽度 (W)]：136,83 ↙
指定下一点或 [圆弧 (A) / 闭合 (C) / 半宽 (H) / 长
度 (L) / 放弃 (U) / 宽度 (W)]：A ↙
指定圆弧的端点 (按住<Ctrl>键以切换方向) 或
[角度 (A) / 圆心 (CE) / 闭合 (CL) / 方向 (D) / 半宽
(H) / 直线 (L) / 半径 (R) / 第二个点 (S) / 放弃 (U) /
宽度 (W)]：CE ↙
指定圆弧的圆心：128,83 ↙
```

指定圆弧的端点（按住<Ctrl>键以切换方向）或 [角度 (A) / 长度 (L)]：指定一点（在极限追踪的条件下拖动鼠标向左并在屏幕上单击）

指定圆弧的端点（按住<Ctrl>键以切换方向）或 [角度 (A) / 圆心 (CE) / 闭合 (CL) / 方向 (D) / 半宽 (H) / 直线 (L) / 半径 (R) / 第二个点 (S) / 放弃 (U) / 宽度 (W)]：L ✓

指定下一点或 [圆弧 (A) / 闭合 (C) / 半宽 (H) / 长度 (L) / 放弃 (U) / 宽度 (W)]：@-27.22,0 ✓

指定下一点或 [圆弧 (A) / 闭合 (C) / 半宽 (H) / 长度 (L) / 放弃 (U) / 宽度 (W)]：A ✓

指定圆弧的端点（按住<Ctrl>键以切换方向）或 [角度 (A) / 圆心 (CE) / 闭合 (CL) / 方向 (D) / 半宽 (H) / 直线 (L) / 半径 (R) / 第二个点 (S) / 放弃 (U) / 宽度 (W)]：ce ✓

指定圆弧的圆心：83,83 ✓

指定圆弧的端点或 [角度 (A) / 长度 (L)]：A ✓

指定夹角：180 ✓

指定圆弧的端点（按住<Ctrl>键以切换方向）或[角度 (A) / 圆心 (CE) / 闭合 (CL) / 方向 (D) / 半宽 (H) / 直线 (L) / 半径 (R) / 第二个点 (S) / 放弃 (U) / 宽度 (W)]：L ✓

指定下一点或 [圆弧 (A) / 闭合 (C) / 半宽 (H) / 长度 (L) / 放弃 (U) / 宽度 (W)]：58,83 ✓

指定下一点或 [圆弧 (A) / 闭合 (C) / 半宽 (H) / 长度 (L) / 放弃 (U) / 宽度 (W)]：58,104.5 ✓

指定下一点或 [圆弧 (A) / 闭合 (C) / 半宽 (H) / 长度 (L) / 放弃 (U) / 宽度 (W)]：71,127 ✓

指定下一点或 [圆弧 (A) / 闭合 (C) / 半宽 (H) / 长度 (L) / 放弃 (U) / 宽度 (W)]：82,127 ✓

指定下一点或 [圆弧 (A) / 闭合 (C) / 半宽 (H) / 长度 (L) / 放弃 (U) / 宽度 (W)]：82,106 ✓

指定下一点或 [圆弧 (A) / 闭合 (C) / 半宽 (H) / 长度 (L) / 放弃 (U) / 宽度 (W)]：140,106 ✓

指定下一点或 [圆弧 (A) / 闭合 (C) / 半宽 (H) / 长度 (L) / 放弃 (U) / 宽度 (W)]：C ✓

结果如图6-5所示。

图6-4 绘制轮胎

图6-5 绘制车身

> **注意** 在绘制载货汽车时，调用了绘制多段线的命令。该命令的执行过程比较繁杂，反复使用了绘制圆弧和绘制直线的选项，注意灵活调用绘制圆弧的各个选项，尽量使绘制过程简单明了。

（3）单击"默认"选项卡"绘图"面板中的"矩形"按钮 ⬚，在车身后部合适的位置绘制几个矩形作为货箱。最终绘制结果如图6-1所示。

6.2 样条曲线

在AutoCAD中使用的样条曲线为非一致有理B样条（NURBS）曲线，使用NURBS曲线能够在控制点之间产生一条光滑的曲线，如图6-6所示。样条曲线可用于绘制形状不规则的图形，如为地理信息系统（GIS）或在汽车设计环节绘制轮廓线。

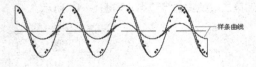

图6-6 样条曲线

执行方式

命令行：SPLINE（快捷命令：SPL）

菜单栏："绘图" → "样条曲线"

工具栏：单击"绘图"工具栏中的"样条曲线"按钮 ℕ

功能区：单击"默认"选项卡"绘图"面板中的"样条曲线拟合"按钮 ℕ 或"样条曲线控制点"按钮 ℕ

操作步骤

命令行提示如下。

命令：SPLINE ✓
当前设置：方式 = 拟合　节点 = 弦
指定第一个点或 [方式 (M) / 节点 (K) / 对象 (O)]：指定一点或选择"对象 (O)"选项
输入下一个点或 [起点切向 (T) / 公差 (L)]：（指定第二点）
输入下一个点或 [端点相切 (T) / 公差 (L) / 放弃 (U)]：（指定第三点）
输入下一个点或 [端点相切 (T) / 公差 (L) / 放弃 (U) / 闭合 (C)]：C

选项说明

（1）对象（O）：将二维或三维的二次或三次

样条曲线拟合多段线转换为等价的样条曲线，然后（根据DELOBJ系统变量的设置）删除该多段线。

（2）闭合（C）：将最后一点定义与第一点一致，并使其在连接处相切，以闭合样条曲线。

（3）端点相切(T)：选择该项，命令行提示如下。

指定端点切向：指定点或按 <Enter> 键

用户可以指定一点来定义切向矢量，或按下状态栏中的"对象捕捉"按钮 □ ，使用"切点"和"垂 足"对象捕捉模式使样条曲线与现有对象相切或垂直。

（4）公差（L）：修改当前样条曲线的拟合公差，根据新公差以现有点重新定义样条曲线。拟合公差表示样条曲线拟合所指定拟合点集时的拟合精度，公差越小，样条曲线与拟合点越接近。公差为0，样条曲线将通过该点；输入大于0的公差，将使样条曲线在指定的公差范围内通过拟合点。在绘制样条曲线时，可以改变样条曲线拟合公差以查看拟合效果。

实例教学

下面以图6-7所示的凸轮为例，介绍样条曲线命令的使用方法。

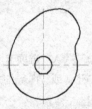

图 6-7　凸轮

STEP 绘制步骤

❶ 选择菜单栏中的"格式"→"图层"命令，或者单击"默认"选项卡"图层"面板中的"图层特性"按钮 ，新建 3 个图层，如图 6-8 所示。

（1）第一层命名为"粗实线"，线宽设为 0.3mm，其余属性为默认值。

（2）第二层命名为"细实线"，所有属性为默认值。

（3）第三层命名为"中心线"，颜色为红色，线型为"CENTER"，其余属性为默认值。

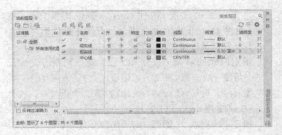

图 6-8　新建图层

❷ 将"中心线"图层设为当前图层，单击"默认"选项卡"绘图"面板中的"直线"按钮 ，指定端点坐标为 {（-40,0）（40,0）}{（0,40）（0,-40）}，绘制中心线，如图 6-9 所示。

❸ 将"细实线"图层设为当前图层，单击"默认"选项卡"绘图"面板中的"直线"按钮 ，指定端点坐标为 {（0,0）（@40<30）}{（0,0）（@40<100）}{（0,0）（@40<120）}，绘制辅助直线，如图 6-10 所示。

图 6-9　绘制中心线　　　图 6-10　绘制辅助线

❹ 单击"默认"选项卡"绘图"面板中的"圆弧"按钮 ，设置圆心坐标为（0,0），圆弧起点坐标为（30<120）（@30<30），夹角为"60"和"70"，绘制辅助线圆弧，如图 6-11 所示。

❺ 在命令行输入"DDPTYPE"命令，或者选择菜单栏中的"格式"→"点样式"命令，系统弹出"点样式"对话框，如图 6-12 所示。将点格式设为 ⊞ ，选择左边弧线进行 3 等分，另一圆弧 7 等分，绘制结果如图 6-13 所示。用直线连接中心点与第二段弧线的等分点，如图 6-14 所示。

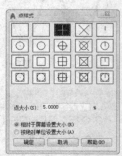

图 6-11　绘制辅助线圆弧　　　图 6-12　"点样式"对话框

图 6-13　绘制辅助线并等分　图 6-14　连接等分点与中心点

❻ 将"粗实线"图层设置为当前图层，单击"默认"
选项卡"绘图"面板中的"圆弧"按钮，设
置圆心坐标为（0,0），圆弧起点坐标为（24,0），
夹角为 −180°，绘制凸轮下半部分圆弧，结果
如图 6-15 所示。

图 6-15　绘制凸轮下半部分圆弧

❼ 绘制凸轮上半部分样条曲线。

（1）选择菜单栏中的"绘图"→"点"→"多
点"命令标记样条曲线的端点，命令行提示
如下。

```
命令：_point
当前点模式：PDMODE=2 PDSIZE=-2.0000
指定点：24.5<160 ✓
```

以相同的方法，依次标记点（26.5<140）
（30<120）（34<100）（37.5<90）（40<80）
（42<70）（41<60）（38<50）（33.5<40）
（26<30）。

> **注意** 这些点刚好在等分点与圆心连线延长线
> 上，可以通过"对象捕捉"功能中的"捕
> 捉到延长线"功能选项确定这些点的位置。"对象
> 捕捉"工具栏中的"捕捉到延长线"按钮如图6-16
> 所示。

图 6-16　"对象捕捉"工具栏

（2）单击"默认"选项卡"绘图"面板中的"样
条曲线拟合"按钮，绘制样条曲线，命令行
提示如下。

```
命令：_SPLINE
当前设置：方式=拟合　节点=弦
指定第一个点或 [ 方式 (M) / 节点 (K) / 对象 (O)]：_M
输入样条曲线创建方式 [ 拟合 (F) / 控制点 (CV)]
< 拟合 >：_FIT
当前设置：方式=拟合　节点=弦
指定第一个点或 [ 方式 (M) / 节点 (K) / 对象 (O)]：
（选择下方圆弧的右端点）
输入下一个点或 [ 起点切向 (T) / 公差 (L)]：（选
择26<30 点）
输入下一个点或 [ 端点相切 (T) / 公差 (L) / 放
弃 (U)]：（选择 33.5<40 点）
输入下一个点或 [ 端点相切 (T) / 公差 (L) / 放弃
(U) / 闭合 (C)]：（选择 38<50 点）
……（依次选择上面绘制的各点）
输入下一个点或 [ 端点相切 (T) / 公差 (L) / 放弃
(U) / 闭合 (C)]：t ✓
指定端点切向：（指定竖直向下方向，如图6-17所示）
```

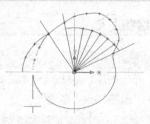

图 6-17　指定样条曲线的起始切线方向

绘制结果如图6-18所示。

> **注意** 绘制样条曲线时，除了需要指定各个点之
> 外，还需要指定初始与末位置的点的切线
> 方向，读者可以试着绘制两条具有相同点但是初
> 始与末位置的切线方向不同的样条曲线。

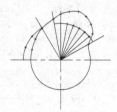

图 6-18　绘制样条曲线

❽ 单击"默认"选项卡"修改"面板中的"删
除"按钮，选择绘制的辅助线和点，将其
删除。

❾ 如图 6-19 所示。单击"默认"选项卡"绘图"
面板中的"圆"按钮，以（0,0）为圆心，以
"6"为半径绘制凸轮轴孔。

⑩ 单击"默认"选项卡"绘图"面板中的"直线"按钮 ╱，指定坐标为（-3,0）（@0,-6）（@6,0）（@0,6），命令行提示如下。

```
命令：_line
指定第一个点：-3,0 ✓
指定下一点或 [放弃(U)]: @0,-6 ✓
指定下一点或 [放弃(U)]: @6,0 ✓
指定下一点或 [闭合(C)/放弃(U)]:@0,6 ✓
指定下一点或 [闭合(C)/放弃(U)]: ✓
```

绘制结果如图6-20所示。

图6-19 修剪凸轮轮廓　　**图6-20 绘制凸轮轴孔**

⑪ 单击"默认"选项卡"修改"面板中的"修剪"按钮 ╳，对键槽位置的圆弧进行修剪，单击状态栏上的"线宽"按钮，打开线宽属性。最终绘制结果如图6-7所示。

6.3 多线

多线是一种复合线，由连续的直线段组成。多线的突出优点是能够大大提高绘图效率，保证图线之间的统一性。

6.3.1 绘制多线

执行方式

命令行：MLINE（快捷命令：ML）
菜单栏："绘图"→"多线"

操作步骤

命令行提示如下。

```
命令：MLINE ✓
当前设置：对正 = 上，比例 = 20.00，样式 =
STANDARD
指定起点或 [对正(J)/比例(S)/样式(ST)]:
指定起点
指定下一点：指定下一点
指定下一点或 [放弃(U)]:继续指定下一点绘制线
段；输入"U"，则放弃前一段多线的绘制；单击鼠标
右键或按<Enter>键，结束命令
指定下一点或 [闭合(C)/放弃(U)]:继续给定下
一点绘制线段；输入"C"，则闭合线段，结束命令
```

选项说明

（1）对正（J）：该项用于指定绘制多线的基准。共有3种对正类型："上""无"和"下"。其中，"上"表示以多线上侧的线为基准，其他两项依此类推。

（2）比例（S）：选择该项，要求用户设置平行线的间距。输入值为0时，平行线重合；输入值小于0时，多线的排列倒置。

（3）样式（ST）：用于设置当前使用的多线样式。

6.3.2 定义多线样式

执行方式

命令行：MLSTYLE

执行上述命令后，系统打开图6-21所示的"多线样式"对话框。在该对话框中，用户可以对多线样式进行定义、保存和加载等操作。下面通过定义一个新的多线样式来介绍该对话框的使用方法。欲定义的多线样式由3条平行线组成，中心轴线和两条平行的实线相对于中心轴线上、下各偏移"0.5"，其操作步骤如下。

图6-21 "多线样式"对话框

（1）在"多线样式"对话框中单击"新建"按钮，系统打开"创建新的多线样式"对话框，

如图6-22所示。

图6-22 "创建新的多线样式"对话框

（2）在"创建新的多线样式"对话框的"新样式名"文本框中输入"THREE"，单击"继续"按钮。

（3）系统打开"新建多线样式"对话框，如图6-23所示。

（4）在"封口"选项组中可以设置多线起点和端点的特性，包括直线、外弧、内弧封口以及封口线段或圆弧的角度。

（5）在"填充颜色"下拉列表框中可以选择多线填充的颜色。

（6）在"图元"选项组中可以设置组成多线元素的特性。单击"添加"按钮，可以为多线添加元素；单击"删除"按钮，可以为多线删除元素。在"偏移"文本框中可以设置选中元素的位置偏移值；在"颜色"下拉列表框中可以为选中的元素选择颜色。单击"线型"按钮，系统打开"选择线型"对话框，可以为选中的元素设置线型。

（7）设置完毕后，单击"确定"按钮，返回图6-23所示的"新建多线样式"对话框。再单击"确定"按钮，返回"多线样式"对话框，在"样式"列表中会显示刚设置的多线样式名，选择该样式，单击"置为当前"按钮，则将刚设置的多线样式设置为当前样式，下面的预览框中会显示所选的多线样式。

图6-23 "新建多线样式"对话框

（8）单击"确定"按钮，完成多线样式设置。图6-24所示为按设置后的多线样式绘制的多线。

图6-24 绘制的多线

6.3.3 编辑多线

执行方式

命令行：MLEDIT

菜单栏："修改"→"对象"→"多线"

执行上述操作后，打开"多线编辑工具"对话框，如图6-25所示。

图6-25 "多线编辑工具"对话框

利用该对话框，可以创建或修改多线的模式。对话框中分4列显示示例图形。其中，第一列管理十字交叉形多线，第二列管理T形多线，第三列管理拐角接合点和节点，第四列管理多线被剪切或连接的形式。

单击选择某个示例图形，就可以调用该项编辑功能。

下面以"十字打开"为例，介绍多线编辑的方法，对选择的两条多线进行打开交叉。命令行提示如下。

选择第一条多线：选择第一条多线
选择第二条多线：选择第二条多线

选择完毕后，第二条多线被第一条多线横断交叉。命令行提示如下。

选择第一条多线或 [放弃 (U)]：

可以继续选择多线进行操作，选择"放弃"选项会撤销前次操作。执行结果如图6-26所示。

选择第一条多线　　选择第二条多线　　执行结果

图 6-26　十字打开

实例教学

　　下面以图 6-27 所示的墙体为例，介绍多线命令的使用方法。

图 6-27　墙体

 绘制步骤

❶ 单击"默认"选项卡"绘图"面板中的"构造线"按钮，绘制一条水平构造线和一条竖直构造线，组成"十"字辅助线，如图 6-28 所示。继续绘制辅助线，命令行提示如下。

图 6-28　"十"字辅助线

```
命令：_xline
指定点或 [ 水平 (H) / 垂直 (V) / 角度 (A) / 二等分
(B) / 偏移 (O)]：O↙
指定偏移距离或 [ 通过 (T)]< 通过 >：4200 ↙
选择直线对象：选择水平构造线
指定向哪侧偏移：指定上边一点
选择直线对象：继续选择水平构造线
```

采用相同的方法将偏移得到的水平构造线依次向上偏移"5100""1800"和"3000"，绘制的水平构造线如图 6-29 所示。采用同样的方法绘制竖直构造线，依次向右偏移"3900""1800""2100"和"4500"，绘制完成的居室辅助线网格如图 6-30 所示。

图 6-29　水平构造线　　　图 6-30　居室辅助线网格

❷ 选择菜单栏中的"格式"→"多线样式"命令，系统打开"多线样式"对话框，如图 6-31 所示。单击"新建"按钮，系统打开"创建新的多线样式"对话框，在该对话框的"新样式名"文本框中输入"墙体线"，单击"继续"按钮，如图 6-32 所示。

图 6-31　"多线样式"对话框

图 6-32　"创建新的多线样式"对话框

❸ 系统打开"新建多线样式：墙体线"对话框，如图 6-33 所示，在其中可进行多线样式设置。

图 6-33　设置多线样式

❹ 选择菜单栏中的"绘图"→"多线"命令，绘制多线墙体。命令行提示如下。

```
命令：_mline
当前设置：对正 = 上，比例 = 20.00，样式 =
墙体线
指定起点或 [ 对正 (J) / 比例 (S) / 样式 (ST)]：S↙
输入多线比例 <20.00>：1↙
当前设置：对正 = 上，比例 = 1.00，样式 = 墙
体线
指定起点或 [ 对正 (J) / 比例 (S) / 样式 (ST)]：J↙
```

输入对正类型〔上（T）／无（Z）／下（B）〕＜上＞：Z✓

当前设置：对正＝无，比例＝1.00，样式＝墙体线

指定起点或〔对正（J）／比例（S）／样式（ST）〕：在绘制的辅助线交点上指定一点

指定下一点：在绘制的辅助线交点上指定下一点

指定下一点或〔放弃（U）〕：在绘制的辅助线交点上指定下一点

指定下一点或〔闭合（C）／放弃（U）〕：在绘制的辅助线交点上指定下一点

……

指定下一点或〔闭合（C）／放弃（U）〕：C✓

采用相同的方法根据辅助线网格绘制多线，绘制结果如图 6-34 所示。

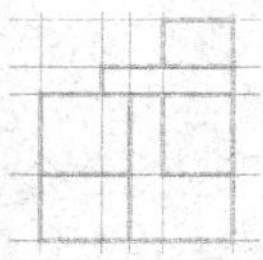

图 6-34　绘制多线结果

❺ 选择菜单栏中的"修改"→"对象"→"多线"命令，系统打开"多线编辑工具"对话框，如图 6-35

所示。选择"T 形合并"选项，命令行提示如下。

命令：_mledit

选择第一条多线：选择多线

选择第二条多线：选择多线

选择第一条多线或〔放弃（U）〕：选择多线

……

选择第一条多线或〔放弃（U）〕：✓

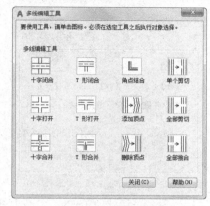

图 6-35　"多线编辑工具"对话框

采用同样的方法继续进行多线编辑，最终结果如图 6-27 所示。

6.4　图案填充

当用户需要用一个重复的图案（pattern）填充一个区域时，可以使用"BHATCH"命令，创建一个相关联的填充阴影对象，这就是图案填充。

6.4.1　基本概念

1．图案边界

在进行图案填充时，首先要确定填充图案的边界。定义边界的对象只能是直线、双向射线、单向射线、多义线、样条曲线、圆弧、圆、椭圆、椭圆弧、面域等对象或用这些对象定义的块，而且作为边界的对象在当前图层上必须全部可见。

2．孤岛

在进行图案填充时，我们把位于总填充区域内的封闭区称为孤岛，如图 6-36 所示。在使用"BHATCH"命令填充时，AutoCAD 系统允许用户以拾取点的方式确定填充边界，即在希望填充的区域内任意拾取一点，系统会自动确定出填充边界，同时也确定该边界内的孤岛。如果用户以选择对象的方式确定填充边界，则必须确切地选取这些孤岛，有关知识将在下一节中介绍。

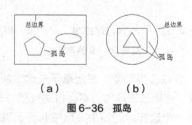

（a）　　　　　（b）

图 6-36　孤岛

3．填充方式

在进行图案填充时，需要控制填充的范围，AutoCAD 系统为用户设置了以下 3 种填充方式以实现对填充范围的控制。

（1）普通方式。如图 6-37（a）所示，该方式从边界开始，从每条填充线或每个填充符号的两端向里填充，遇到内部对象与之相交时，填充线或符号断开，直到遇到下一次相交时再继续填充。采用这种填充方式时，要避免剖面线或符号与内部对象的相交次数为奇数，该方式为系统内部的缺省方式。

（2）最外层方式。如图6-37（b）所示，该方式从边界向里填充，只要在边界内部与对象相交，剖面符号就会断开，而不再继续填充。

（3）忽略方式。如图6-37（c）所示，该方式忽略边界内的对象，所有内部结构都被剖面符号覆盖。

（a）　　　（b）　　　（c）

图6-37　填充方式

6.4.2 图案填充的操作

执行方式

命令行：BHATCH（快捷命令：H）

菜单栏："绘图"→"图案填充"或"渐变色"

工具栏：单击"绘图"工具栏中的"图案填充"按钮▨ 或"渐变色"按钮▤

功能区：单击"默认"选项卡"绘图"面板中的"图案填充"按钮▨

执行上述命令后，系统打开图6-38所示的"图案填充创建"选项卡。各选项和按钮含义介绍如下。

图6-38　"图案填充创建"选项卡

1."边界"面板

（1）拾取点：通过选择由一个或多个对象形成的封闭区域内的点，确定图案填充边界，如图6-39所示。指定内部点时，可以随时在绘图区域中单击鼠标右键以显示包含多个选项的快捷菜单。

（a）选择一点　（b）填充区域　（c）填充结果

图6-39　边界确定

（2）选取边界对象：指定基于选定对象的图案填充边界。使用该选项时，不会自动检测内部对象，必须选择选定边界内的对象，以按照当前孤岛检测样式填充这些对象，如图6-40所示。

（a）原始图形　（b）选取边界对象　（c）填充结果

图6-40　选取边界对象

（3）删除边界对象：从边界定义中删除之前添加的任何对象，如图6-41所示。

（4）重新创建边界：围绕选定的图案填充或填充对象创建多段线或面域，并使其与图案填充对象

相关联（可选）。

（a）选取边界对象　（b）删除边界　（c）填充结果

图6-41　删除边界对象

（5）显示边界对象：选择构成选定关联图案填充对象的边界的对象，使用显示的夹点可修改图案填充边界。

（6）保留边界对象：指定如何处理图案填充边界对象。

选项包括：

1）不保留边界。（仅在图案填充创建期间可用）不创建独立的图案填充边界对象。

2）保留边界—多段线。（仅在图案填充创建期间可用）创建封闭图案填充对象的多段线。

3）保留边界—面域。（仅在图案填充创建期间可用）创建封闭图案填充对象的面域对象。

4）选择新边界集。指定对象的有限集（称为边界集），以便通过创建图案填充时的拾取点进行计算。

2."图案"面板

显示所有预定义和自定义图案的预览图像。

3."特性"面板

（1）图案填充类型：指定是使用纯色、渐变

色、图案还是用户定义的填充。

（2）图案填充颜色：替代实体填充和填充图案的当前颜色。

（3）背景色：指定填充图案背景的颜色。

（4）图案填充透明度：设定新图案填充或填充的透明度，替代当前对象的透明度。

（5）图案填充角度：指定图案填充或填充的角度。

（6）填充图案比例：放大或缩小预定义或自定义填充图案。

（7）相对图纸空间：（仅在布局中可用）相对于图纸空间单位缩放填充图案。使用此选项，可很容易地做到以适用于布局的比例显示填充图案。

（8）双向：（仅当"图案填充类型"设定为"用户定义"时可用）将绘制第二组直线，与原始直线垂直，从而构成交叉线。

（9）ISO 笔宽：（仅对于预定义的 ISO 图案可用）基于选定的笔宽缩放 ISO 图案。

4."原点"面板

（1）设定原点：直接指定新的图案填充原点。

（2）左下：将图案填充原点设定在图案填充边界矩形范围的左下角。

（3）右下：将图案填充原点设定在图案填充边界矩形范围的右下角。

（4）左上：将图案填充原点设定在图案填充边界矩形范围的左上角。

（5）右上：将图案填充原点设定在图案填充边界矩形范围的右上角。

（6）中心：将图案填充原点设定在图案填充边界矩形范围的中心。

（7）使用当前原点：将图案填充原点设定在 HPORIGIN 系统变量中存储的默认位置。

（8）存储为默认原点：将新图案填充原点的值存储在 HPORIGIN 系统变量中。

5."选项"面板

（1）关联：指定图案填充或填充为关联图案填充。关联的图案填充或填充在用户修改其边界对象时将会更新。

（2）注释性：指定图案填充为注释性。此特性会自动完成缩放注释过程，从而使注释能够以正确的大小在图纸上打印或显示。

（3）特性匹配。

1）使用当前原点。使用选定图案填充对象（除图案填充原点外）设定图案填充的特性。

2）使用源图案填充的原点。使用选定图案填充对象（包括图案填充原点）设定图案填充的特性。

（4）允许的间隙：设定将对象用作图案填充边界时可以忽略的最大间隙。默认值为 0，此值指定对象必须为封闭区域且没有间隙。

（5）创建独立的图案填充：控制当指定了几个单独的闭合边界时，是创建单个图案填充对象，还是创建多个图案填充对象。

（6）孤岛检测。

1）普通孤岛检测。从外部边界向内填充。如果遇到内部孤岛，填充将关闭，直到遇到孤岛中的另一个孤岛。

2）外部孤岛检测。从外部边界向内填充。此选项仅填充指定的区域，不会影响内部孤岛。

3）忽略孤岛检测。忽略所有内部的对象，填充图案时将通过这些对象。

（7）绘图次序：为图案填充或填充指定绘图次序。选项包括不更改、后置、前置、置于边界之后和置于边界之前。

6."关闭"面板

关闭"图案填充创建"：退出"BHATCH"并关闭上下文选项卡。也可以按<Enter>键或<Esc>键退出"BHATCH"。

6.4.3 渐变色的操作

执行方式

命令行：GRADIENT

菜单栏："绘图"→"渐变色"

工具栏：单击"绘图"工具栏中的"渐变色"按钮

功能区：单击"默认"选项卡"绘图"面板中的"渐变色"按钮

操作步骤

执行上述命令后，系统打开图6-42所示的"图案填充创建"选项卡。各面板中的按钮含义与上一节中的类似，这里不再赘述。

图 6-42 "图案填充创建"选项卡

6.4.4 边界的操作

执行方式

命令行：BOUNDARY

功能区：单击"默认"选项卡"绘图"面板中的"边界"按钮□

操作步骤

执行上述命令后，系统打开图6-43所示的"边界创建"对话框。

选项说明

拾取点：根据围绕指定点构成封闭区域的现有对象来确定边界。

孤岛检测：控制"BOUNDARY"命令是否检测内部闭合边界，该边界称为孤岛。

图 6-43 "边界创建"对话框

对象类型：控制新边界对象的类型。"BOUNDARY"将边界作为面域或多段线对象创建。

边界集：定义通过指定点定义边界时，"BOUNDARY"要分析的对象集。

6.4.5 编辑填充的图案

利用"HATCHEDIT"命令，编辑已经填充的图案。

执行方式

命令行：HATCHEDIT

菜单栏："修改"→"对象"→"图案填充"

工具栏：单击"修改II"工具栏中的"编辑图案填充"按钮

功能区：单击"默认"选项卡"修改"面板中的"编辑图案填充"按钮

快捷菜单：选中填充的图案单击鼠标右键，在打开的快捷菜单中选择"图案填充编辑"命令（见图6-44）

图 6-44 快捷菜单

快捷方法：直接选择填充的图案，打开"图案填充编辑器"选项卡（见图6-45）

图 6-45 "图案填充编辑器"选项卡

实例教学

下面以图6-46所示的足球为例，介绍图案填充命令的使用方法。

图 6-46　足球

STEP　绘制步骤

❶ 单击"默认"选项卡"绘图"面板中的"多边形"按钮△，绘制中心点为（240,120），内接于圆，半径为"20"的正六边形，如图 6-47 所示。

图 6-47　正六边形

❷ 单击"默认"选项卡"修改"面板中的"镜像"按钮△，对正六边形进行镜像操作，结果如图6-48 所示。

图 6-48　正六边形镜像后的图形

❸ 单击"默认"选项卡"修改"面板中的"环形阵列"按钮 ，生成图6-49 所示的图形。

图 6-49　环形阵列后的图形

命令行提示如下。

```
命令：_arraypolar
选择对象：找到 1 个（选择图 6-48 下方的正六边形为源对象）
选择对象：↙
类型 = 极轴  关联 = 是
```

```
指定阵列的中心点或 ［基点 (B) / 旋转轴 (A)］：
240,120 ↙
选择夹点以编辑阵列或 ［关联 (AS) / 基点 (B) / 项目
(I) / 项目间角度 (A) / 填充角度 (F) / 行 (ROW) / 层
(L) / 旋转项目 (ROT) / 退出 (X)］<退出 >：I↙
输入阵列中的项目数或 ［表达式 (E)］<6>：6 ↙
选择夹点以编辑阵列或 ［关联 (AS) / 基点 (B) / 项目
(I) / 项目间角度 (A) / 填充角度 (F) / 行 (ROW) / 层
(L) / 旋转项目 (ROT) / 退出 (X)］<退出 >：↙
```

❹ 单击"默认"选项卡"绘图"面板中的"圆"按钮 ，指定圆心坐标为（250,115），半径为"35"，绘制圆。绘制结果如图6-50 所示。

图 6-50　绘制圆后的图形

❺ 单击"默认"选项卡"修改"面板中的"修剪"按钮 ，对图形进行修剪，结果如图6-51 所示。

图 6-51　修剪后的图形

❻ 执行"图案填充"命令，系统打开图 6-52 所示的"图案填充创建"选项卡，设置"图案填充图案"为"SOLID"。用鼠标拾取填充区域内一点，按 <Enter> 键，完成图案的填充。最终绘制结果如图 6-46 所示。

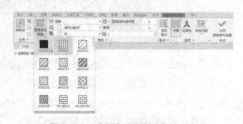

图 6-52　"图案填充创建"选项卡

6.5 对象编辑命令

在对图形进行编辑时，还可以对图形对象本身的某些特性进行编辑，以便于图形绘制。

6.5.1　钳夹功能

利用钳夹功能可以快速方便地编辑对象。AutoCAD在图形对象上定义了一些特殊点，称为夹持点。利用夹持点可以灵活地控制对象，如

图6-53所示。

图 6-53　夹持点

要使用钳夹功能编辑对象，必须先打开钳夹功能，方法是：选择菜单栏中的"工具"→"选项"命令，系统打开"选项"对话框；单击"选择集"选项卡，勾选"夹点"选项组中的"显示夹点"复选框。在该选项卡中还可以设置代表夹点的小方格的尺寸和颜色。也可以通过GRIPS系统变量控制是否打开钳夹功能，1代表打开，0代表关闭。

打开钳夹功能后，应该在编辑对象之前选择对象。夹点表示对象的控制位置。

使用夹点编辑对象，要选择一个夹点作为基点，称为基准夹点。然后，选择一种编辑操作：镜像、移动、旋转、拉伸和缩放。可以按<Space>键或<Enter>键循环选择这些功能。

下面以其中的拉伸对象操作为例进行讲解，其他操作类似。

在图形上选择一个夹点，该夹点改变颜色，此点为夹点编辑的基准点。此时命令行提示如下。

```
** 拉伸 **
指定拉伸点或 [基点 (B) / 复制 (C) / 放弃 (U) / 退出 (X)]：
```

在上述拉伸编辑提示下输入镜像命令或单击鼠标右键，选择快捷菜单中的"镜像"命令，系统就会执行"镜像"操作，其他操作类似。

6.5.2 修改对象属性

执行方式

命令行：DDMODIFY或PROPERTIES

菜单栏："修改"→"特性"

工具栏：单击"标准"工具栏中的"特性"按钮 ▦

功能区：单击"视图"选项卡"选项板"面板中的"特性"按钮 ▦（见图6-54），或单击"默认"选项卡"特性"面板中的"对话框启动器"按钮 ⌐

图 6-54 "选项板"面板

执行上述操作后，系统打开"特性"选项板，如图6-55所示。利用它可以方便地设置或修改对象的各种属性。不同的对象属性种类和值不同，修

改属性值，对象改变为新的属性。

图 6-55 "特性"选项板

实例教学

下面以图6-56所示的花朵为例，介绍钳夹功能的使用方法。

图 6-56 花朵

STEP 绘制步骤

❶ 单击"默认"选项卡"绘图"面板中的"圆"按钮 ⌒，绘制花蕊，如图6-57所示。

图 6-57 绘制花蕊

❷ 单击"默认"选项卡"绘图"面板中的"多边形"按钮 ⬠，以图6-58所示的圆心为正多边形的中心点，绘制内接于圆的正五边形，结果如图6-59所示。

圆心

图 6-58 捕捉圆心　　　图 6-59 绘制正五边形

注意　一定要先绘制中心的圆，因为正五边形的外接圆与此圆同心，必须通过捕捉获得正五边形的外接圆圆心位置。如果反过来，先画正五边形，再画圆，会发现无法捕捉正五边形外接圆圆心。

❸ 单击"默认"选项卡"绘图"面板中的"圆弧"按钮，以最上斜边的中点为圆弧起点，左上斜边的中点为圆弧端点，绘制花朵。
绘制结果如图 6-60 所示。以同样方法绘制另外 4 段圆弧，结果如图 6-61 所示。

图 6-60　绘制一段圆弧　　图 6-61　绘制所有圆弧

最后删除正五边形，结果如图 6-62 所示。

❹ 单击"默认"选项卡"绘图"面板中的"多段线"按钮，绘制枝叶。在命令行提示下捕捉圆弧右下角的交点为起点，依次输入"W""4"，按<Enter>键，输入"A""S""适当一点""适当一点"，按<Enter>键完成花枝绘制。再次执行"多段线"命令。在命令行提示下捕捉花枝上一点为起点，依次输入"H""12""3""A""S""适当一点""适当一点"按<Enter>键完成叶子绘制。以同样的方法绘制另外两片叶子，结果如图 6-63 所示。

图 6-62　删除正五边形　　图 6-63　绘制枝叶

❺ 选择枝叶，枝叶上显示夹点标志，在一个夹点上

单击鼠标右键，打开右键快捷菜单，选择其中的"特性"命令，如图 6-64 所示。系统打开"特性"选项板，在"颜色"下拉列表框中选择"绿"，如图 6-65 所示。

图 6-64　选择"特性"命令

图 6-65　修改枝叶颜色

以同样的方法修改花朵颜色为红色，花蕊颜色为洋红色。最终绘制结果如图 6-56 所示。

6.6 综合演练——深沟球轴承

绘制图 6-66 所示的深沟球轴承。

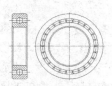

图 6-66　深沟球轴承

STEP 绘制步骤

❶ 选择菜单栏中的"格式"→"图层"命令或单击"默认"选项卡"图层"面板中的"图层特性"按钮 ➡，新建 3 个图层，如图 6-67 所示。

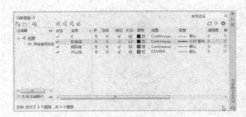

图 6-67　新建图层

（1）第一图层命名为"轮廓线"，线宽属性为 0.3mm，其余属性为默认值。

（2）第二图层命名为"中心线"，颜色设为红色，线型加载为"CENTER"，其余属性为默认值。

（3）第三图层命名为"细实线"，颜色设为蓝色，其余属性为默认值。

❷ 将"中心线"层设置为当前图层，单击"默认"选项卡"绘图"面板中的"直线"按钮 ╱，在水平方向上取两点绘制直线。将"轮廓线"层设置为当前图层，重复上述命令绘制竖直直线。结果如图 6-68 所示。

❸ 单击"默认"选项卡"修改"面板中的"偏移"按钮 ⊆，将水平直线向上偏移"20""25""27""29"和"34"，将竖直直线分别向右偏移"7.5"和"15"。

❹ 选取偏移后的直线，将其所在层修改为"轮廓线"层（偏移距离为"27"的水平点划线除外）。结果如图 6-69 所示。

图 6-68　绘制直线　　图 6-69　偏移处理

❺ 单击"默认"选项卡"绘图"面板中的"圆"按钮 ⊙，指定圆心坐标为直线 1 和直线 2 的交点、半径为"3"，绘制圆。结果如图 6-70 所示。

❻ 单击"默认"选项卡"修改"面板中的"圆角"按钮 ╭，选择直线 3 和 4、4 和 5 进行倒圆角

处理，圆角半径为"1.5"。结果如图 6-71 所示。

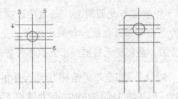

图 6-70　绘制圆　　　图 6-71　倒圆角处理

❼ 单击"默认"选项卡"修改"面板中的"倒角"按钮 ╱，选择直线 3 和 6、5 和 6 进行倒角处理，倒角距离为"1"。结果如图 6-72 所示。

❽ 单击"默认"选项卡"修改"面板中的"修剪"按钮 ✂，修剪相关图线。结果如图 6-73 所示。

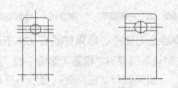

图 6-72　倒角处理　　图 6-73　修剪处理

❾ 单击"默认"选项卡"绘图"面板中的"直线"按钮 ╱，绘制倒角线。结果如图 6-74 所示。

❿ 单击"默认"选项卡"修改"面板中的"镜像"按钮 ⚠，选择全部图形，在最下端的直线上选择两点作为镜像点，对图形进行镜像处理。结果如图 6-75 所示。

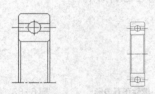

图 6-74　绘制倒角线　　图 6-75　镜像处理

⓫ 将"中心线"层设置为当前图层，单击"默认"选项卡"绘图"面板中的"直线"按钮 ╱，绘制左视图的中心线。结果如图 6-76 所示。

⓬ 转换图层，单击"默认"选项卡"绘图"面板中的"圆"按钮 ⊙，以中心线的交点为圆心，分别绘制半径为"34""29""27""25""21"和"20"的圆，再以半径为"27"的圆和竖直中心线的上方交点为圆心，绘制半径为"3"的圆。其中半径为"27"的圆为点划线，其他为粗实线。结果如图 6-77 所示。

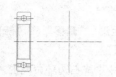
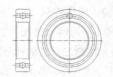

图 6-76 绘制中心线   图 6-77 绘制圆

⑬ 单击"默认"选项卡"修改"面板中的"修剪"按钮 ✂，对半径为"3"的圆进行修剪。结果如图 6-78 所示。

⑭ 单击"默认"选项卡"修改"面板中的"环形阵列"按钮 ⚙，对上步修剪的圆弧进行环形阵列。结果如图 6-79 所示。

⑮ 将"细实线"层设置为当前图层，单击"默认"选项卡"绘图"面板中的"图案填充"按钮 ▨，系统打开"图案填充创建"选项卡，选择"用户定义"类型，选择角度为 45°、比例为 3，并选择相应的填充区域。最终绘制结果如图 6-66 所示。

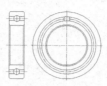
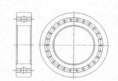

图 6-78 修剪处理   图 6-79 阵列处理

6.7 上机实验

【实验 1】绘制浴缸

1. 目的要求

如图 6-80 所示，本例绘制的是一个浴缸，对尺寸要求不太严格，涉及的命令有"多段线"和"椭圆"。通过本例，读者应掌握多段线相关命令的使用方法，同时体会利用多段线绘制浴缸的优点。

图 6-80 浴缸

2. 操作提示

（1）利用"多段线"命令绘制浴缸外沿。

（2）利用"椭圆"命令绘制缸底。

【实验 2】绘制墙体

1. 目的要求

如图 6-81 所示，本例绘制的是一个建筑图形，对尺寸要求不太严格，涉及的命令有"多线样式""多线"和"多线编辑工具"。通过本例，读者应掌握多线相关命令的使用方法，同时体会利用多线绘制建筑图形的优点。

图 6-81 墙体

2. 操作提示

（1）设置多线格式。

（2）利用"多线"命令绘制多线。

（3）打开"多线编辑工具"对话框。

（4）编辑多线。

【实验 3】绘制灯具

1. 目的要求

如图 6-82 所示，本例绘制的是一个日常用品图形，涉及的命令有"多段线""圆弧"和"样条曲线"等。本例对尺寸要求不是很严格，在绘图时可以适当指定位置。通过本例，读者应掌握样条曲线的绘制方法，同时复习多段线的绘制方法。

图 6-82 灯具

2. 操作提示

（1）利用"直线"和"圆弧"等命令绘制左半边图形。

（2）利用"镜像"命令绘制对称结构。

（3）利用"样条曲线"命令绘制灯罩上的褶皱。

【实验 4】绘制油杯

1. 目的要求

如图 6-83 所示，本例绘制的是一个油杯的半剖视图，其中有 2 处图案填充。通过本例，读者应掌握不同图案填充的设置和绘制方法。

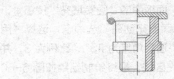

图6-83 油杯

2．操作提示

（1）利用"直线""矩形""偏移"和"修剪"等命令绘制油杯左边部分图形。

（2）利用"镜像"命令生成右边部分图形，并进行适当图线补充。

（3）利用"图案填充"命令填充相应区域。

第二篇 二维绘图进阶

第7章

尺寸标注

尺寸标注是绘图设计过程中相当重要的一个环节。由于图形的主要作用是表达物体的形状，而物体各部分的真实大小和各部分之间确切的位置关系只能通过尺寸标注来表达。没有正确的尺寸标注，绘制出的图纸对于加工制造就没有意义。AutoCAD 2021 提供了方便、准确的尺寸标注功能。

重点与难点

- ➡ 尺寸样式
- ➡ 标注尺寸
- ➡ 引线标注
- ➡ 形位公差

7.1 尺寸样式

组成尺寸标注的尺寸线、尺寸界线、尺寸文本、圆心标记和尺寸箭头可以采用多种形式；尺寸标注以什么形态出现取决于当前所采用的尺寸标注样式。在 AutoCAD 2021 中，用户可以利用"标注样式管理器"对话框方便地设置自己需要的尺寸标注样式。

7.1.1 新建或修改尺寸样式

在进行尺寸标注前，先要创建尺寸标注的样式。如果用户不创建尺寸样式而直接进行标注，系统会使用默认名称为"Standard"的样式。如果用户认为使用的标注样式中的某些设置不合适，也可以进行修改。

命令行：DIMSTYLE（快捷命令：D）

菜单栏："格式"→"标注样式"或"标注"→"标注样式"

工具栏：单击"标注"工具栏中的"标注样式"按钮

功能区：单击"默认"选项卡"注释"面板中的"标注样式"按钮（见图7-1），或单击"注释"选项卡"标注"面板上的"标注样式"下拉菜单中的"管理标注样式"按钮（见图7-2），或单击"注释"选项卡"标注"面板中的"对话框启动器"按钮

图 7-1 "注释"面板

图 7-2 "标注"面板

执行上述操作后，系统打开"标注样式管理器"对话框，如图7-3所示。利用此对话框可方便直观地定制和浏览尺寸标注样式，包括创建新的标注样式、修改已存在的标注样式、设置当前尺寸标注样式、重命名样式以及删除已有标注样式等。

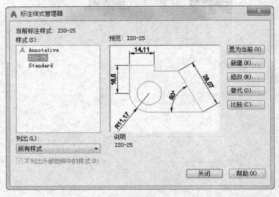

图 7-3 "标注样式管理器"对话框

（1）"置为当前"按钮：单击此按钮，把在"样式"列表框中选择的样式设置为当前标注样式。

（2）"新建"按钮：创建新的尺寸标注样式。单击此按钮，系统打开"创建新标注样式"对话框，如图7-4所示。利用此对话框可创建一个新的尺寸标注样式，其中各项的功能说明如下。

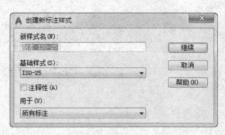

图 7-4 "创建新标注样式"对话框

1）"新样式名"文本框：为新的尺寸标注样式命名。

2）"基础样式"下拉列表框：选择创建新样式所基于的标注样式。单击"基础样式"下拉列表框，打开当前已有的样式列表，从中选择一个作为定义新样式的基础，新的样式是在所选样式的基础上修改一些特性得到的。

3）"用于"下拉列表框：指定新样式应用的尺寸类型。单击此下拉列表框，打开尺寸类型列表。如果新建样式应用于所有尺寸，则选择"所有标注"选项；如果新建样式只应用于特定的尺寸标注（如只在标注直径时使用此样式），则选择相应的尺寸类型。

4）"继续"按钮：各选项设置好以后，单击"继续"按钮，系统打开"新建标注样式"对话框，如图7-5所示。利用此对话框可对新标注样式的各项特性进行设置。

图 7-6 "比较标注样式"对话框

图 7-5 "新建标注样式"对话框

（3）"修改"按钮：修改一个已存在的尺寸标注样式。单击此按钮，系统打开"修改标注样式"对话框，该对话框中的各选项与"新建标注样式"对话框中完全相同，可以对已有标注样式进行修改。

（4）"替代"按钮：设置临时覆盖尺寸标注样式。单击此按钮，系统打开"替代当前样式"对话框，该对话框中各选项与"新建标注样式"对话框中完全相同，用户可改变选项的设置，以覆盖原来的设置。但这种修改只对指定的尺寸标注起作用，而不影响当前其他尺寸变量的设置。

（5）"比较"按钮：比较两个尺寸标注样式在参数上的区别，或浏览一个尺寸标注样式的参数设置。单击此按钮，系统打开"比较标注样式"对话框，如图7-6所示。可以把比较结果复制到剪贴板上，然后粘贴到其他的Windows应用软件上。

7.1.2 线

在"新建标注样式"对话框中，第一个选项卡就是"线"选项卡，如图7-5所示。该选项卡用于设置尺寸线、尺寸界线的形式和特性。现对选项卡中的各选项分别说明如下。

（1）"尺寸线"选项组：用于设置尺寸线的特性，其中各选项的含义如下。

1）"颜色"下拉列表框：用于设置尺寸线的颜色。可直接输入颜色名，也可从下拉列表框中选择。如果选择"选择颜色"选项，系统打开"选择颜色"对话框供用户选择其他颜色。

2）"线型"下拉列表框：用于设置尺寸线的线型。

3）"线宽"下拉列表框：用于设置尺寸线的线宽，下拉列表框中列出了各种线宽的名称和宽度。

4）"超出标记"微调框：当尺寸箭头设置为短斜线、短波浪线等，或尺寸线上无箭头时，可利用此微调框设置尺寸线超出尺寸界线的距离。

5）"基线间距"微调框：设置以基线方式标注尺寸时，相邻两尺寸线之间的距离。

6）"隐藏"复选框组：确定是否隐藏尺寸线及相应的箭头。勾选"尺寸线1"复选框，表示隐藏第一段尺寸线；勾选"尺寸线2"复选框，表示隐藏第二段尺寸线。

（2）"尺寸界线"选项组：用于确定尺寸界线的形式，其中各选项的含义如下。

1）"颜色"下拉列表框：用于设置尺寸界线的颜色。

2）"尺寸界线1的线型"下拉列表框：用于设置第一条界线的线型（DIMLTEX1系统变量）。

3）"尺寸界线2的线型"下拉列表框：用于设

置第二条界线的线型（DIMLTEX2系统变量）。

4）"线宽"下拉列表框：用于设置尺寸界线的线宽。

5）"超出尺寸线"微调框：用于确定尺寸界线超出尺寸线的距离。

6）"起点偏移量"微调框：用于确定尺寸界线的实际起始点相对于指定尺寸界线起始点的偏移量。

7）"隐藏"复选框组：确定是否隐藏尺寸界线。勾选"尺寸界线1"复选框，表示隐藏第一段尺寸界线；勾选"尺寸界线2"复选框，表示隐藏第二段尺寸界线。

8）"固定长度的尺寸界线"复选框：勾选该复选框，系统以固定长度的尺寸界线标注尺寸，可以在其下面的"长度"文本框中输入长度值。

"新建标注样式"对话框中的其他选项设置与"线"选项卡类似，这里不再赘述。

7.2 标注尺寸

正确地进行尺寸标注是设计绘图工作中非常重要的一个环节，AutoCAD 2021提供了方便快捷的尺寸标注方法，可通过执行命令实现，也可利用菜单或工具按钮实现。本节重点介绍如何对各种类型的尺寸进行标注。

7.2.1 长度型尺寸标注

执行方式

命令行：DIMLINEAR（缩写名：DIMLIN，快捷命令：DLI）

菜单栏："标注"→"线性"

工具栏：单击"标注"工具栏中的"线性"按钮⊢

功能区：单击"默认"选项卡"注释"面板中的"线性"按钮⊢（见图7-7），或单击"注释"选项卡"标注"面板中的"线性"按钮⊢（见图7-8）

图7-7 "注释"面板

图7-8 "标注"面板

操作步骤

命令行提示如下。

```
命令：_dimlinear
指定第一个尺寸界线原点或 <选择对象>：
```

（1）直接按<Enter>键：光标变为拾取框，命令行提示如下。

```
选择标注对象：（用拾取框选择要标注尺寸的线段）
指定尺寸线位置或[多行文字(M)/文字(T)/角度(A)/水平(H)/垂直(V)/旋转(R)]：
```

（2）选择对象：指定第一条与第二条尺寸界线的起始点。

选项说明

（1）指定尺寸线位置：用于确定尺寸线的位置。用户可移动鼠标选择合适的尺寸线位置，然后按<Enter>键或单击鼠标左键，AutoCAD则自动测量要标注线段的长度并标注出相应的尺寸。

（2）多行文字（M）：用多行文本编辑器确定尺寸文本。

（3）文字（T）：用于在命令行提示下输入或编辑尺寸文本。选择此选项后，命令行提示如下。

```
输入标注文字 <默认值>：
```

其中的默认值是AutoCAD自动测量得到的被标注线段的长度，直接按<Enter>键即可采用此长度值，也可输入其他数值代替默认值。当尺寸文本中包含默认值时，可使用尖括号"< >"表示默认值。

（4）角度（A）：用于确定尺寸文本的倾斜角度。

（5）水平（H）：水平标注尺寸，不论标注什么方向的线段，尺寸线总保持水平放置。

（6）垂直（V）：垂直标注尺寸，不论标注什么方向的线段，尺寸线总保持垂直放置。

（7）旋转（R）：输入尺寸线旋转的角度值，旋转标注尺寸。

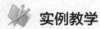 线性标注可水平、垂直或对齐放置。使用对齐标注时，尺寸线将平行于两尺寸延伸线原点之间的直线（想象或实际）。基线（或平行）和连续（或链）标注是一系列基于线性标注的连续标注，连续标注是首尾相连的多个标注。在创建基线或连续标注之前，必须创建线性、对齐或角度标注。可从当前任务最近创建的标注中以增量方式创建基线标注。

实例教学

下面以图7-9所示的螺栓尺寸标注为例，介绍长度型尺寸标注命令的使用方法。

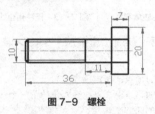

图7-9　螺栓

STEP 绘制步骤

❶ 在命令行输入"DIMSTYLE"，按<Enter>键，系统打开"标注样式管理器"对话框，如图7-10所示。

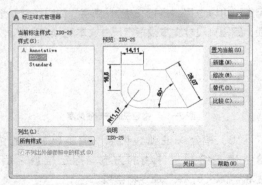

图7-10　"标注样式管理器"对话框

由于系统的标注样式有些不符合要求，因此根据图7-9所示的标注样式，对角度、直径、半径标注样式进行设置。单击"新建"按钮，打开"创建新标注样式"对话框，如图7-11所示。在"用于"下拉列表框中选择"线性标注"选项，然后单击"继续"按钮，打开"新建标注样式"对话框，单击"文字"选项卡，设置文字高度为"5"，其他选项保持默认设置，单击"确定"按钮，返回"标注样式管理器"对话框。单击"置为当前"按钮，将设置的标注样式置为当前标注样式，再单击"关闭"按钮。

图7-11　"创建新标注样式"对话框

❷ 打开状态栏中的"对象捕捉"按钮，再单击"默认"选项卡"注释"面板中的"线性"按钮 ┌┐，标注主视图高度。命令行提示如下。

```
命令：_dimlinear
指定第一个尺寸界线原点或 <选择对象>：捕捉标注为
"11"的边的一个端点，作为第一条尺寸界线的原点
指定第二条尺寸界线原点：捕捉标注为"11"的边的
另一个端点，作为第二条尺寸界线的原点
指定尺寸线位置或[多行文字(M)/文字(T)/角度
(A)/水平(H)/垂直(V)/旋转(R)]:T✓（系统在命
令行显示尺寸的自动测量值，可以对尺寸值进行修改）
输入标注文字<11>：✓（采用尺寸的自动测量值"11"）
指定尺寸线位置或[多行文字(M)/文字(T)/角度
(A)/水平(H)/垂直(V)/旋转(R)]：指定尺寸线
的位置。拖动鼠标，将出现动态的尺寸标注，在合适
的位置单击，确定尺寸线的位置
标注文字 =11
```

❸ 单击"默认"选项卡"绘图"面板中的"线性"按钮 ┌┐，标注其他水平与竖直方向的尺寸，方法与上面相同，结果如图7-9所示。

7.2.2 对齐标注

执行方式

命令行：DIMALIGNED（快捷命令：DAL）

菜单栏："标注"→"对齐"

工具栏：单击"标注"工具栏中的"对齐"按钮 ↖

功能区：单击"默认"选项卡"注释"面板中

的"对齐"按钮↖，或单击"注释"选项卡"标注"面板中的"已对齐"按钮↖。

命令行提示如下。

命令：DIMALIGNED ✓
指定第一个尺寸界线原点或 <选择对象>：

应用这种命令标注的尺寸线与所标注的轮廓线平行，标注起始点到终点之间的距离尺寸。

7.2.3 角度型尺寸标注

命令行：DIMANGULAR（快捷命令：DAN）

菜单栏："标注"→"角度"

工具栏：单击"标注"工具栏中的"角度"按钮△。

功能区：单击"默认"选项卡"注释"面板中的"角度"按钮△，或单击"注释"选项卡"标注"面板中的"角度"按钮△。

命令行提示如下。

命令：DIMANGULAR ✓
选择圆弧、圆、直线或 <指定顶点>：

（1）选择圆弧：标注圆弧的中心角。当用户选择一段圆弧后，命令行提示如下。

指定标注弧线位置或 [多行文字 (M) / 文字 (T) / 角度 (A) / 象限点 (Q)]：

在此提示下确定尺寸线的位置，AutoCAD系统按自动测量得到的值标注出相应的角度。在此之前用户可以选择"多行文字""文字"或"角度"选项，通过多行文本编辑器或命令行来输入或定制尺寸文本，以及指定尺寸文本的倾斜角度。

（2）选择圆：标注圆上某段圆弧的中心角。当用户选择圆上的一点后，命令行提示如下。

指定角的第二个端点：选择另一点，该点可在圆上，也可不在圆上
指定标注弧线位置或 [多行文字 (M) / 文字 (T) / 角度 (A) / 象限点 (Q)]：

在此提示下确定尺寸线的位置，AutoCAD系统标注出一个角度值，该角度以圆心为顶点，两条尺寸界线通过所选取的两点，第二点可以不必在圆周上。用户还可以选择"多行文字""文字"或"角度"选项，编辑其尺寸文本或指定尺寸文本的倾斜角度，如图7-12所示。

（3）选择直线：标注两条直线间的夹角。当用户选择一条直线后，命令行提示如下。

选择第二条直线：选择另一条直线
指定标注弧线位置或 [多行文字 (M) / 文字 (T) / 角度 (A) / 象限点 (Q)]：

在此提示下确定尺寸线的位置，系统自动标注出两条直线之间的夹角。该角以两条直线的交点为顶点，以两条直线为尺寸界线，所标注角度取决于尺寸线的位置，如图7-13所示。用户还可以选择"多行文字""文字"或"角度"选项，编辑其尺寸文本或指定尺寸文本的倾斜角度。

图7-12 标注角度   图7-13 标注两直线的夹角

（4）指定顶点，直接按<Enter>键。命令行提示如下。

指定角的顶点：指定顶点
指定角的第一个端点：输入角的第一个端点
指定角的第二个端点：输入角的第二个端点，创建无关联的标注
指定标注弧线位置或 [多行文字 (M) / 文字 (T) / 角度 (A) / 象限点 (Q)]：输入一点作为角的顶点

在此提示下给定尺寸线的位置，AutoCAD根据指定的三点标注出角度，如图7-14所示。另外，用户还可以选择"多行文字""文字"或"角度"选项，编辑其尺寸文本或指定尺寸文本的倾斜角度。

图7-14 指定三点确定的角度

（5）指定标注弧线位置：指定尺寸线的位置并确定绘制延伸线的方向。指定位置之后，"DIMANGULAR"命令将结束。

（6）多行文字（M）：显示在位文字编辑器，可用它来编辑标注文字。要添加前缀或后缀，请在生成的测量值前后输入前缀或后缀。用控制代码和Unicode字符串来输入特殊字符或符号。

（7）文字（T）：自定义标注文字，生成的标注测量值显示在尖括号"＜＞"中。命令行提示如下。

输入标注文字 ＜当前＞：

输入标注文字，或按＜Enter＞键接受生成的测量值。要包括生成的测量值，请用尖括号"＜＞"表示。

（8）角度（A）：修改标注文字的角度。

（9）象限点（Q）：指定标注应锁定到的象限。打开象限行为后，将标注文字放置在角度标注外时，尺寸线会延伸超过延伸线。

注意 角度标注可以测量指定的象限点，该象限点是在直线或圆弧的端点、圆心或两个顶点之间对角度进行标注时形成的。创建角度标注时，可以测量4个可能的角度。指定象限点可以确保标注出的角度正确。指定象限点后，放置角度标注时，用户可以将标注文字放置在标注的尺寸界线之外，尺寸线将自动延长。

7.2.4 直径标注

执行方式

命令行：DIMDIAMETER（快捷命令：DDI）
菜单栏："标注"→"直径"
工具栏：单击"标注"工具栏中的"直径"按钮◎
功能区：单击"默认"选项卡"注释"面板中的"直径"按钮◎，或单击"注释"选项卡"标注"面板中的"直径"按钮◎

操作步骤

命令行提示如下。

命令：DIMDIAMETER↙
选择圆弧或圆：选择要标注直径的圆或圆弧
指定尺寸线位置或 ［多行文字(M)/文字(T)/角度(A)］：确定尺寸线的位置或选择某一选项

用户可以选择"多行文字""文字"或"角度"选项来输入、编辑尺寸文本或确定尺寸文本的倾斜角度，也可以直接确定尺寸线的位置，标注出指定圆或圆弧的直径。

选项说明

（1）尺寸线位置：确定尺寸线的角度和标注文字的位置。如果未将标注放置在圆弧上而导致标注指向圆弧外，则AutoCAD会自动绘制圆弧延伸线。

（2）多行文字（M）：显示在位文字编辑器，

可用它来编辑标注文字。要添加前缀或后缀，请在生成的测量值前后输入前缀或后缀。用控制代码和Unicode字符串来输入特殊字符或符号。

（3）文字（T）：自定义标注文字，生成的标注测量值显示在尖括号"＜＞"中。

（4）角度（A）：修改标注文字的角度。

半径标注与直径标注类似，这里不赘述。

实例教学

下面以图7-15所示的卡槽标注尺寸为例，介绍直径标注命令的使用方法。

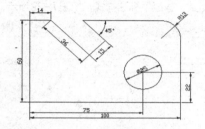

图7-15 卡槽

STEP 绘制步骤

❶ 利用学过的绘图命令与编辑命令绘制图形，结果如图7-16所示。

图7-16 绘制图形

❷ 单击"默认"选项卡"图层"面板中的"图层特性"按钮，系统打开"图层特性管理器"对话框。单击"新建图层"按钮，创建一个新图层"CHC"，颜色为绿色，线型为"Continuous"，线宽为默认值，并将其设置为当前图层，如图7-17所示。

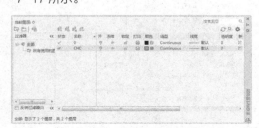

图7-17 设置图层

❸ 由于系统的标注样式有些不符合要求，因此根据

图 7-15 所示的标注样式，进行角度、直径、半径标注样式的设置。

命令：DIMSTYLE ✓

执行上述命令后，系统打开"标注样式管理器"对话框，如图 7-18 所示。单击"新建"按钮，打开"创建新标注样式"对话框，如图 7-19 所示。在"用于"下拉列表框中选择"角度标注"选项，然后单击"继续"按钮，打开"新建标注样式"对话框。单击"文字"选项卡，进行图 7-20 所示的设置，设置完成后，单击"确定"按钮，返回"标注样式管理器"对话框。方法同上，新建"半径"标注样式，如图 7-21 所示。新建"直径"标注样式，如图 7-22 所示。

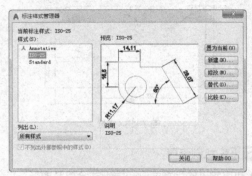

图 7-18 "标注样式管理器"对话框

图 7-19 "创建新标注样式"对话框

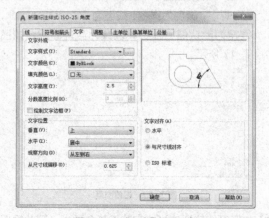

图 7-20 "角度"标注样式

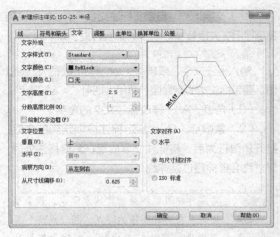

图 7-21 "半径"标注样式

图 7-22 "直径"标注样式

❹ 标注线性尺寸。

（1）单击"默认"选项卡"注释"面板中的"线性"按钮┤┤，标注线性尺寸"60"和"14"。命令行提示如下。

命令：DIMLINEAR ✓
指定第一个尺寸界线原点或 <选择对象>：
_endp 于：捕捉标注为"60"的边的一个端点，作为第一条尺寸界线的原点
指定第二条尺寸界线原点：
_endp 于：捕捉标注为"60"的边的另一个端点，作为第二条尺寸界线的原点
指定尺寸线位置或 [多行文字 (M) / 文字 (T) / 角度 (A) / 水平 (H) / 垂直 (V) / 旋转 (R)]：T ✓（系统在命令行显示尺寸的自动测量值，可以对尺寸值进行修改）
输入标注文字 <60>：✓（采用尺寸的自动测量值"60"）
指定尺寸线位置或 [多行文字 (M) / 文字 (T) / 角度 (A) / 水平 (H) / 垂直 (V) / 旋转 (R)]：指定尺寸线的位置，移动鼠标，将出现动态的尺寸标注，在合适

的位置单击，确定尺寸线的位置
标注文字 =60
采用相同的方法，标注线性尺寸"14"。
（2）选择菜单栏中的"标注"→"圆心标记"
命令，添加圆心标记。命令行提示如下。

命令：_dimcenter
选择圆弧或圆：选择 Ø25 圆，添加该圆的圆心
符号

（3）单击"默认"选项卡"注释"面板中的"线
性"按钮⊢，标注线性尺寸"75"和"22"。
命令行提示如下。

命令：_dimlinear
指定第一个尺寸界线原点或 <选择对象>：
_endp 于：捕捉标注为"75"长度的左端点，作为
第一条尺寸界线的原点
指定第二条尺寸界线原点：
_cen 于：捕捉圆的中心，作为第二条尺寸界线的
原点
指定尺寸线位置或[多行文字(M)/文字(T)/角度
(A)/水平(H)/垂直(V)/旋转(R)]：指定尺寸线
的位置
标注文字 =75

采用相同的方法，标注线性尺寸"22"。
（4）单击"注释"选项卡"标注"面板中的"基
线"按钮⊢，标注线性尺寸"100"。命令行
提示如下。

命令：_dimbaseline
指定第二个尺寸界线原点或 [选择(S)/放弃(U)]
<选择>：（选择作为基准的尺寸标注）
选择基准标注：选择尺寸标注"75"为基准标注
指定第二个尺寸界线原点或 [选择(S)/放弃(U)]
<选择>：
_endp 于：捕捉标注为"100"底边的左端点
标注文字 =100
指定第二个尺寸界线原点或 [选择(S)/放弃(U)]
<选择>：✓。
选择基准标注：✓

（5）单击"注释"选项卡"标注"面板中的
"已对齐"按钮，标注线性尺寸"36"。
命令行提示如下。

命令：_dimaligned
指定第一个尺寸界线原点或 <选择对象>：
_endp 于：捕捉标注为"36"的斜边的一个端点
指定第二条尺寸界线原点：
_endp 于：捕捉标注为"36"的斜边的另一个端点
指定尺寸线位置或[多行文字(M)/文字(T)/角度
(A)]：指定尺寸线的位置
标注文字 =36

采用相同的方法，标注对齐尺寸"15"。
❺ 标注其他尺寸。
（1）单击"默认"选项卡"注释"面板中
的"直径"按钮◎，标注 Ø25 圆。命令
行提示如下。

命令：_dimdiameter
选择圆弧或圆：选择标注为"Ø25"的圆
标注文字 =25
指定尺寸线位置或 [多行文字(M)/文字(T)/角度
(A)]：指定尺寸线位置

（2）单击"注释"选项卡"标注"面板中的
"半径"按钮，标注 R13 圆弧。命令行
提示如下。

命令：_dimradius
选择圆弧或圆：选择标注为"R13"的圆弧
标注文字 =13
指定尺寸线位置或 [多行文字(M)/文字(T)/角度
(A)]：指定尺寸线位置

（3）单击"注释"选项卡"标注"面板中的"角
度"按钮，标注 45°角。命令行提示如下。

命令：_dimangular
选择圆弧、圆、直线或 <指定顶点>：选择标注为
"45°"角的一条边
选择第二条直线：选择标注为"45°"角的另一条边
指定标注弧线位置或 [多行文字(M)/文字(T)/角
度(A)/象限点(Q)]：指定标注弧线的位置
标注文字 =45

最终标注结果如图 7-15 所示。

7.2.5 基线标注

基线标注用于产生一系列基于同一尺寸界线的
尺寸标注，适用于长度尺寸、角度和坐标标注。在
使用基线标注方式之前，应该标注出一个相关的尺
寸作为基线标准。

执行方式

命令行：DIMBASELINE（快捷命令：DBA）
菜单栏："标注"→"基线"
工具栏：单击"标注"工具栏中的"基线"按
钮⊢
功能区：单击"注释"选项卡"标注"面板中
的"基线"按钮⊢

操作步骤

命令行提示如下。

命令：DIMBASELINE ✓
指定第二个尺寸界线原点或 [选择 (S) / 放弃 (U)]
< 选择 >：

选项说明

（1）指定第二个尺寸界线原点：直接确定另一个尺寸的第二个尺寸界线的起点，AutoCAD以上次标注的尺寸为基准标注，标注出相应尺寸。

（2）选择（S）：在上述提示下直接按<Enter>键，命令行提示如下。

选择基准标注：选择作为基准的尺寸标注

7.2.6 连续标注

连续标注又叫尺寸链标注，用于产生一系列连续的尺寸标注，后一个尺寸标注均把前一个标注的第二条尺寸界线作为它的第一条尺寸界线，适用于长度尺寸、角度和坐标标注。在使用连续标注方式之前，应该标注出一个相关的尺寸。

执行方式

命令行：DIMCONTINUE（快捷命令：DCO）

菜单栏："标注"→"连续"

工具栏：单击"标注"工具栏中的"连续"按钮 ⊦⊦⊦

功能区：单击"注释"选项卡"标注"面板中的"连续"按钮 ⊦⊦⊦

操作步骤

命令行提示如下。

命令：DIMCONTINUE ✓
指定第二个尺寸界线原点或 [选择 (S) / 放弃 (U)]
< 选择 >：

此提示下的各选项与基线标注中完全相同，此处不再赘述。

注意　AutoCAD允许用户利用基线标注方式和连续标注方式进行角度标注，如图7-23所示。

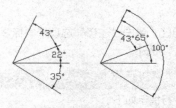

图 7-23　连续型和基线型角度标注

实例教学

下面以图7-24所示的轴承座尺寸标注为例，介绍连续标注命令的使用方法。

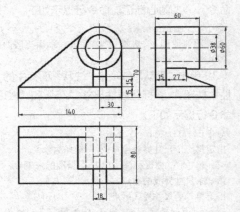

图 7-24　轴承座

STEP 绘制步骤

❶ 选择菜单栏中的"格式"→"文字样式"命令，设置文字样式，为后面尺寸标注输入文字做准备，如图7-25所示。

图 7-25　"文字样式"对话框

❷ 选择菜单栏中的"格式"→"标注样式"命令，设置标注样式，如图7-26所示。

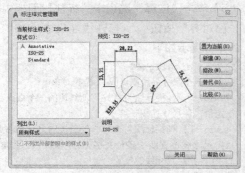

图 7-26　"标注样式管理器"对话框

❸ 单击"注释"选项卡"标注"面板中的"线性"
按钮 ⊢⊣，标注轴承座的线性尺寸。其中在标注
左视图尺寸"⌀60"时，命令行提示如下。

```
命令：_dimlinear
指定第一个尺寸界线原点或 <选择对象>：（打开对
象捕捉功能，捕捉 ⌀60 圆的上端点）
指定第二条尺寸界线原点：（捕捉 ⌀60 圆的下端点）
指定尺寸线位置或[多行文字（M）/文字（T）/角
度（A）/水平（H）/垂直（V）/旋转（R）]：T✓
输入标注文字 <60>：%%C60✓
指定尺寸线位置或[多行文字（M）/文字（T）/角
度（A）/水平（H）/垂直（V）/旋转（R）]：（拖
动鼠标，在适当位置单击，确定尺寸线位置）
```

用同样的方法标注尺寸"60""15"（左视图中）
和"⌀38"，如图 7-27 所示。

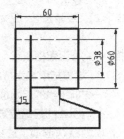

图 7-27　标注左视图

❹ 单击"注释"选项卡"标注"面板中的"基线"
按钮 ⊢⊣，标注轴承座主视图中的基线尺寸。命
令行提示如下。

```
命令：_dimbaseline
指定第二个尺寸界线原点或 [选择（S）/放弃（U）]
<选择>：✓
选择基准标注：（选择尺寸标注 30）
指定第二个尺寸界线原点或 [选择（S）/放弃（U）]
<选择>：✓
标注文字 =140
指定第二个尺寸界线原点或 [选择（S）/放弃（U）]
<选择>：✓
选择基准标注：✓
```

结果如图 7-28 所示。

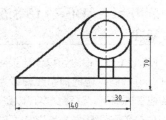

图 7-28　标注主视图

用同样的方法，标注尺寸"15"（主视图下面
一个尺寸"15"），如图 7-29 所示。

❺ 单击"注释"选项卡"标注"面板中的"连续"
按钮 ⊢⊣，标注轴承座主视图中的连续尺寸。命
令行提示如下。

```
命令：_dimcontinue
指定第二个尺寸界线原点或 [选择（S）/放弃（U）]
<选择>：✓
选择连续标注：（选择主视图尺寸 15）
指定第二个尺寸界线原点或 [选择（S）/放弃（U）]
<选择>：（捕捉图 7-30 中的交点 1）
标注文字 =15
指定第二个尺寸界线原点或 [选择（S）/放弃（U）]
<选择>：✓
选择连续标注：✓
```

结果如图 7-30 所示。

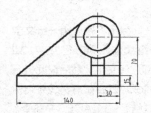 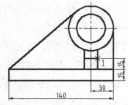

图 7-29　标注主视图　　**图 7-30　连续标注**

用同样的方法标注连续尺寸"27"，以及标注
俯视图。最终标注结果如图 7-24 所示。

其他标注方式与前面所讲的标注方式类似，这
里不赘述。

7.3　引线标注

　　AutoCAD 提供了引线标注功能，利用该功能不仅可以标注特定的尺寸，如圆角、倒角等，还可以实现在
图中添加多行旁注、说明。在引线标注中，指引线可以是折线，也可以是曲线；指引线端部可以有箭头，也
可以没有箭头。

7.3.1 利用"LEADER"命令进行引线标注

利用"LEADER"命令可以创建灵活多样的引线标注形式，可根据需要把指引线设置为折线或曲线，带箭头或不带箭头。注释文本可以是多行文本，也可以是形位公差；注释文本可以从图形某个部位复制，也可以从一个图块复制。

执行方式

命令行：LEADER（快捷命令：LEAD）

操作步骤

命令行提示如下。

命令：LEADER ✓
指定引线起点：输入指引线的起始点
指定下一点：输入指引线的另一点
指定下一点或 [注释(A)/格式(F)/放弃(U)] <注释>：

选项说明

（1）指定下一点：直接输入一点，AutoCAD将根据前面的点绘制出折线作为指引线。

（2）注释（A）：输入注释文本，为默认项。在此提示下直接按<Enter>键，命令行提示如下。

输入注释文字的第一行或 <选项>：

1）输入注释文字。在此提示下输入第一行文字后按<Enter>键，用户可继续输入第二行文字，如此反复执行，直到输入全部注释文字。然后在此提示下直接按<Enter>键，AutoCAD会在指引线终端标注出所输入的多行文字，并结束"LEADER"命令。

2）直接按<Enter>键。如果在上面的提示下直接按<Enter>键，命令行提示如下。

输入注释选项 [公差(T)/副本(C)/块(B)/无(N)/多行文字(M)] <多行文字>：

在此提示下选择一个注释选项或直接按<Enter>键，默认选择"多行文字"选项，其他各选项的含义如下。

a）公差（T）：标注形位公差。形位公差的标注见7.4节。

b）副本（C）：把已利用"LEADER"命令创建的注释复制到当前指引线的末端。选择该选项，命令行提示如下。

选择要复制的对象：

在此提示下选择一个已创建的注释文本，

AutoCAD将把它复制到当前指引线的末端。

c）块（B）：插入块，把已经定义好的图块插入指引线的末端。选择该选项，命令行提示如下。

输入块名或 [?]：

在此提示下输入一个已定义好的图块名，AutoCAD把该图块插入指引线的末端；或输入"？"列出当前已有图块，用户可从中选择。

d）无（N）：不进行注释，没有注释文本。

e）多行文字（M）：用多行文本编辑器标注注释文本，并定制文本格式，为默认选项。

（3）格式（F）：确定指引线的形式。选择该选项，命令行提示如下。

输入引线格式选项 [样条曲线(S)/直线(ST)/箭头(A)/无(N)] <退出>：

选择指引线形式，或直接按<Enter>键返回上一级提示。

1）样条曲线（S）：设置指引线为样条曲线。

2）直线（ST）：设置指引线为折线。

3）箭头（A）：在指引线的起始位置画箭头。

4）无（N）：在指引线的起始位置不画箭头。

5）退出：此项为默认选项，选择该选项退出"格式（F）"选项，返回"指定下一点或[注释（A）/格式（F）/放弃（U）]<注释>"提示，并且指引线形式按默认方式设置。

7.3.2 快速引线标注

利用"QLEADER"命令可快速生成指引线及注释，而且可以通过命令行优化对话框进行用户自定义，由此可以消除不必要的命令行提示，提高工作效率。

执行方式

命令行：QLEADER（快捷命令：LE）

操作步骤

命令行提示如下。

命令：QLEADER ✓
指定第一个引线点或 [设置(S)] <设置>：

选项说明

（1）指定第一个引线点：在上面的提示下确定一点作为指引线的第一点，命令行提示如下。

指定下一点：输入指引线的第二点
指定下一点：输入指引线的第三点

AutoCAD提示用户输入点的数目由"引线设

"置"对话框（见图7-31）确定。

图 7-31 "引线设置"对话框

输入完指引线的点后，命令行提示如下。

指定文字宽度 <0.0000>：输入多行文本文字的宽度
输入注释文字的第一行 < 多行文字 (M)>：

此时，有两种命令输入选择，含义如下。

1）输入注释文字的第一行：在命令行输入第一行文本文字，命令行提示如下。

输入注释文字的下一行：输入另一行文本文字
输入注释文字的下一行：输入另一行文本文字或按
<Enter> 键

2）多行文字（M）：打开多行文字编辑器，输入并编辑多行文字。

输入全部注释文本后，在此提示下直接按 <Enter> 键，AutoCAD 结束 "QLEADER" 命令，并把多行文本标注在指引线的末端附近。

（2）设置：在上面的提示下直接按 <Enter> 键或输入 "S"，系统打开图7-31所示的"引线设置"对话框，允许对引线标注进行设置。该对话框包含"注释""引线和箭头""附着"3个选项卡，下面分别进行介绍。

1）"注释"选项卡（见图7-32）：用于设置引线标注中注释文本的类型、多行文本的格式，并确定注释文本是否多次使用。

图 7-32 "注释"选项卡

2）"附着"选项卡（见图7-33）：用于设置注

释文本和指引线的相对位置。如果最后一段指引线指向右边，AutoCAD 将自动把注释文本放在右侧；如果最后一段指引线指向左边，AutoCAD 将自动把注释文本放在左侧。利用本页左侧和右侧的单选钮分别设置位于左侧和右侧的注释文本与最后一段指引线的相对位置，二者可相同也可不相同。

另外，还可以利用"多重引线"命令进行多重引线标注，具体方法读者可自行练习体会。

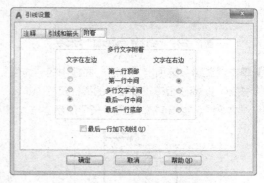

图 7-33 "附着"选项卡

 实例教学

下面以图7-34所示的齿轮轴套尺寸标注为例，介绍快速引线标注命令的使用方法。

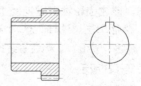

图 7-34 齿轮轴套

STEP 绘制步骤

❶ 选择菜单栏中的"格式"→"文字样式"命令，设置文字样式，如图 7-35 所示。

图 7-35 "文字样式"对话框

❷ 选择菜单栏中的"格式"→"标注样式"命令，

设置标注样式为机械图样，如图 7-36 所示。

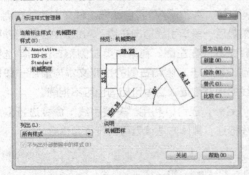

图 7-36 "标注样式管理器"对话框

❸ 单击"注释"选项卡"标注"面板中的"线性"
按钮，标注齿轮主视图中的线性尺寸"∅40"
"∅51""∅54"，如图 7-37 所示。

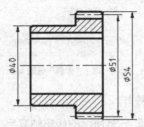

图 7-37 标注线性尺寸

❹ 方法同前，标注齿轮轴套主视图中的线性尺寸
"13"；然后单击"注释"选项卡"标注"面
板中的"基线"按钮，标注基线尺寸"35"。
结果如图 7-38 所示。

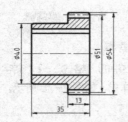

图 7-38 标注线性及基线尺寸

❺ 单击"注释"选项卡"标注"面板中的"半径"
按钮，标注齿轮轴套主视图中的半径尺寸。
命令行提示如下。

```
命令：_dimradius
选择圆弧或圆：(选取齿轮轴套主视图中的圆角)
标注文字 =1
指定尺寸线位置或 [多行文字(M)/文字(T)/角度
(A)]：(拖动鼠标，确定尺寸线位置)
```

结果如图 7-39 所示。

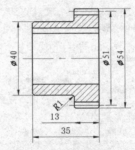

图 7-39 标注半径尺寸"R1"

❻ 在命令行中输入"Leader"，用引线标注齿轮
轴套主视图上部的圆角半径。命令行提示如下。

```
命令：Leader ↙ (引线标注)
指定引线起点：_nea 到（捕捉离齿轮轴套主视图上
部圆角最近一点）
指定下一点：(拖动鼠标，在适当位置单击)
指定下一点或 [注释(A)/格式(F)/放弃(U)] <
注释>:<正交 开>(打开正交功能，向右拖动鼠标，
在适当位置单击)
指定下一点或 [注释(A)/格式(F)/放弃(U)] <
注释>:↙
输入注释文字的第一行或 <选项>:R1 ↙
输入注释文字的下一行：↙ (结果如图7-40所示)
命令：↙ (继续引线标注)
指定引线起点：_nea 到（捕捉离齿轮轴套主视图上
部右端圆角最近一点）
指定下一点：(利用对象追踪功能，捕捉上一个引线
标注的端点，拖动鼠标，在适当位置单击)
指定下一点或 [注释(A)/格式(F)/放弃(U)] <
注释>:(捕捉上一个引线标注的端点)
指定下一点或 [注释(A)/格式(F)/放弃(U)] <
注释>:↙
输 QLEA 入注释文字的第一行或 <选项>:↙
输入注释选项 [公差(T)/副本(C)/块(B)/无
(N)/多行文字(M)] <多行文字>:N↙ (无注释的
引线标注)
```

结果如图7-41所示。

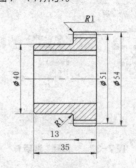

图 7-40 引线标注"R1"

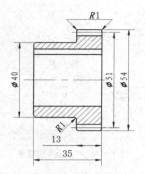

图7-41 引线标注

❼ 在命令行中输入"Qleader"，用引线标注齿轮
轴套主视图的倒角。命令行提示如下。

> 命令：Qleader ✓
> 指定第一个引线点或 [设置(S)] <设置>：✓（按
> <Enter>键，弹出"引线设置"对话框，分别设置其选项
> 卡，如图7-42和图7-43所示，设置完成后，单击"确
> 定"按钮）
> 指定第一个引线点或 [设置(S)] <设置>：（捕捉
> 齿轮轴套主视图中上端倒角的端点）
> 指定下一点：（拖动鼠标，在适当位置单击）
> 指定下一点：（拖动鼠标，在适当位置单击）
> 指定文字宽度 <0>：✓
> 输入注释文字的第一行 <多行文字(M)>：C1 ✓
> 输入注释文字的下一行：✓
> 结果如图7-44所示。

图7-42 "引线设置"对话框

图7-43 "附着"选项卡

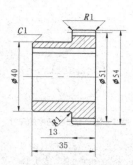

图7-44 引线标注倒角尺寸

❽ 单击"注释"选项卡"标注"面板中的"线性"
按钮，标注齿轮轴套局部视图中的尺寸。命
令行提示如下。

> 命令：_dimlinear（标注线性尺寸"6"）
> 指定第一个尺寸界线原点或 <选择对象>：✓
> 指定第二个尺寸界线原点：（选取标注对象 – 选取
> 齿轮轴套局部视图上端水平线）
> 指定尺寸线位置或[多行文字(M)/文字(T)/角度
> (A)/水平(H)/垂直(V)/旋转(R)]：T ✓
> 输入标注文字 <6>：6{\H0.7x;\S+0.025^ 0;} ✓
> （其中"H0.7x"表示公差字高比例系数为0.7，需要
> 注意的是："x"为小写）
> 指定尺寸线位置或[多行文字(M)/文字(T)/角度
> (A)/水平(H)/垂直(V)/旋转(R)]：（拖动鼠标，
> 在适当位置单击，结果如图7-45所示）
> 标注文字 =6
> 方法同前，标注线性尺寸30.6，上偏差为"+0.14"，
> 下偏差为"0"。

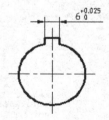

图7-45 标注尺寸偏差

方法同前，单击"注释"选项卡"标注"面板
中的"直径"按钮，标注直径尺寸"Ø28"，
输入标注文字为"%%C28{\H0.7x;\S+0.21^
0;}"，结果如图7-46所示。

❾ 单击"注释"选项卡"标注"面板中的"对话
框启动器"按钮，修改齿轮轴套主视图中
的线性尺寸，为其添加尺寸偏差。命令行提
示如下。

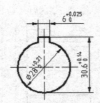

图 7-46　局部视图中的尺寸

命令:DDIM✓（修改标注样式命令。也可以使用设置
标注样式命令DIMSTYLE，或选择"标注"→"标注
样式"，用于修改线性尺寸"13"及"35"）
在弹出的"标注样式管理器"样式列表中选择"机
械图样"样式，单击"替代"按钮，如图7-47所示。

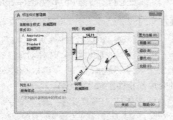

图 7-47　替代"机械图样"标注样式

系统弹出"替代当前样式"对话框，单击"主单位"
选项卡，如图 7-48 所示。将"线性标注"选项区
中的"精度"值设置为"0.00"，单击"公差"选
项卡，在"公差格式"选项区中，将"方式"设置为"极
限偏差"，设置"上偏差"为"0"，下偏差为"0.24"，
"高度比例"为"0.7"，如图 7-49 所示。设
置完成后单击"确定"按钮，命令行提示如下。

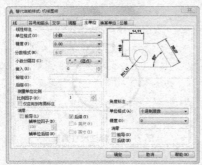

图 7-48　"主单位"选项卡

命令：-dimstyle（或单击"标注"工具栏中的"标
注更新"按钮）
当前标注样式：机械图样　　注释性：否
输入标注样式选项[注释性（AN）/保存(S)/
恢复(R)/状态(ST)/变量(V)/应用(A)/?] <
恢复>:_apply
选择对象：（选取线性尺寸"13"，即可为该尺寸添
加尺寸偏差）

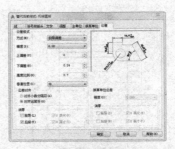

图 7-49　"公差"选项卡

方法同前，继续设置替代样式。设置"公差"选
项卡中的"上偏差"为"0.08"，下偏差为"0.25"。
单击"注释"选项卡"标注"面板中的"快速标注"
按钮，选取线性尺寸"35"，即可为该尺寸添
加尺寸偏差，结果如图 7-50 所示。

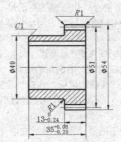

图 7-50　修改线性尺寸"13"及"35"

❿ 在命令行中输入"Explode"分解尺寸标注，双
击分解后的标注文字，修改齿轮轴套主视图中
的线性尺寸"∅54"，为其添加尺寸偏差。命
令行提示如下。

命令：Explode✓
选择对象：（选择尺寸"∅54"，按<Enter>键）
命令：Mtedit✓（编辑多行文字命令）
选择多行文字对象：（选择分解的"∅54"尺寸，在弹出
的"多行文字编辑器"中，将标注的文字修改为"%%C54
0^-0.20"，选取"0^-0.20"，单击"堆叠"按钮，此时，
标注变为尺寸偏差的形式，单击"确定"按钮）
结果如图 7-51 所示。

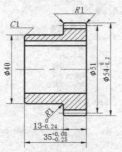

图 7-51　修改线性尺寸"∅54"

7.4 形位公差

为方便用户进行机械设计工作，AutoCAD提供了标注形位公差的功能。形位公差的标注形式如图7-52所示，包括指引线、特征符号、公差值和其附加符号以及基准代号。

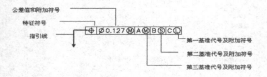

图 7-52 形位公差标注

执行方式

命令行：TOLERANCE（快捷命令：TOL）

菜单栏："标注"→"公差"

工具栏：单击"标注"工具栏中的"公差"按钮

功能区：单击"注释"选项卡"标注"面板中的"公差"按钮

执行上述操作后，系统打开图7-53所示的"形位公差"对话框，可在其中对形位公差标注进行设置。

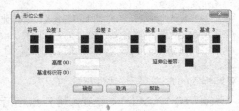

图 7-53 "形位公差"对话框

选项说明

（1）符号：用于设定或改变公差代号。单击下面的黑块，系统打开图7-54所示的"特征符号"列表框，可从中选择需要的公差代号。

图 7-54 "特征符号"列表框

（2）公差1/2：用于产生第一/二个公差的公差

值及"附加符号"符号。白色文本框左侧的黑块控制是否在公差值之前加一个直径符号，单击它，则出现一个直径符号，再单击则消失。白色文本框用于确定公差值，可在其中输入一个具体数值。右侧黑块用于插入"包容条件"符号，单击它，系统打开图7-55所示的"附加符号"列表框，用户可从中选择所需符号。

图 7-55 "附加符号"列表框

（3）基准1/2/3：用于确定第一/二/三个基准代号及材料状态符号。在白色文本框中输入一个基准代号，单击其右侧的黑块，系统打开"包容条件"列表框，可从中选择适当的"包容条件"符号。

（4）"高度"文本框：用于确定标注复合形位公差的高度。

（5）延伸公差带：单击此黑块，在复合公差带后面加一个复合公差符号，如图7-56（d）所示。其他形位公差标注如图7-56所示。

（6）"基准标识符"文本框：用于产生一个标识符号，用一个字母表示。

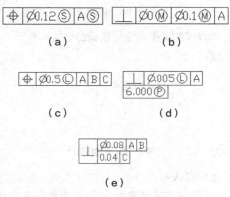

图 7-56 形位公差标注举例

> **注意** 在"形位公差"对话框中有两行参数，可用于同时对形位公差进行设置，实现复合形位公差的标注。如果两行中输入的公差代号相同，则得到图7-56（e）所示的形式。

实例教学

下面以图7-57所示的轴尺寸标注为例，介绍形位公差标注命令的使用方法。

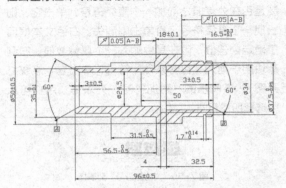

图7-57　轴尺寸

STEP **绘制步骤**

❶ 单击"默认"选项卡"图层"面板中的"图层特性"按钮 ，打开"图层特性管理器"对话框，单击"新建图层"按钮 ，设置如图7-58所示的图层。

图7-58　设置图层

❷ 利用学过的绘图命令与编辑命令绘制图形，结果如图7-59所示。

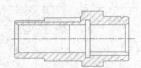

图7-59　绘制图形

❸ 在系统默认的ISO-25标注样式中，设置箭头大小为"3"，文字高度为"4"，文字对齐方式为"与尺寸线对齐"，如图7-60所示，在"主单位"选项卡中设置精度为"0.0"。

❹ 如图7-61所示，图中包括3个线性尺寸、两个角度尺寸和两个直径尺寸，而实际上这两个直径尺寸也是按线性尺寸的标注方法进行标注的，按下状态栏中的"对象捕捉"按钮 。

（1）单击"默认"选项卡"注释"面板中的"线性"按钮 ，标注线性尺寸"4"，命令行提示如下。

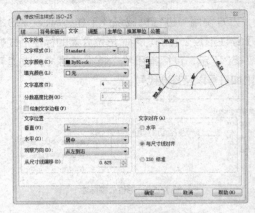

图7-60　设置尺寸标注样式

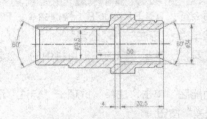

图7-61　标注基本尺寸

```
命令：_dimlinear
指定第一个尺寸界线原点或 <选择对象>：捕捉第
一条尺寸界线原点
指定第二条尺寸界线原点：捕捉第二条尺寸界线原点
指定尺寸线位置或 [多行文字(M)/文字(T)/角度(A)/
水平(H)/垂直(V)/旋转(R)]：指定尺寸线位置
标注文字 =4
```

采用相同的方法，标注线性尺寸"32.5""50""∅34"和"∅24.5"，结果如图7-62所示。

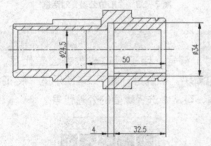

图7-62　标注线性尺寸

（2）单击"标注"工具栏中的"角度"按钮 ，标注角度尺寸"60"，命令行提示如下。

```
命令：_dimangular
选择圆弧、圆、直线或 <指定顶点>：选择要标注
```

的轮廓线

选择第二条直线：选择第二条轮廓线

指定标注弧线位置或 [多行文字 (M) / 文字 (T) / 角度 (A) / 象限点 (Q)]：指定尺寸线位置

标注文字 =60

采用相同的方法，标注另一个角度尺寸"60°"，结果如图 7-61 所示。

❺ 图中包括 5 个对称公差尺寸和 6 个极限偏差尺寸。选择菜单栏中的"标注"→"标注样式"命令，打开"标注样式管理器"对话框。单击对话框中的"替代"按钮，打开"替代当前样式"对话框，单击"公差"选项卡，按每一个尺寸公差的不同进行替代设置，如图 7-63 所示。替代设置后，单击"默认"选项卡"注释"面板中的"线性"按钮，进行尺寸标注，命令行提示如下。

```
命令：_dimlinear
指定第一个尺寸界线原点或 <选择对象>：捕捉第
一条尺寸界线原点
指定第二个尺寸界线原点：捕捉第二条尺寸界线原点
创建了无关联的标注
指定尺寸线位置或 [多行文字 (M) / 文字 (T) / 角度
(A) / 水平 (H) / 垂直 (V) / 旋转 (R)]:M ↙（并在
打开的多行文本编辑器的编辑栏尖括号前加"%%C"，
标注直径符号）
指定尺寸线位置或 [多行文字 (M) / 文字 (T) / 角度
(A) / 水平 (H) / 垂直 (V) / 旋转 (R)]：↙
标注文字 =50
```

对公差按尺寸要求进行替代设置。

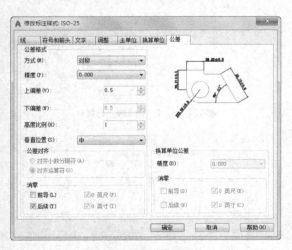

图 7-63 "公差"选项卡

采用相同的方法，对标注样式进行替代设置，然后标注线性公差尺寸"35""3""31.5""56.5""96""18""3""1.7""16.5"和"Ø37.5"，

结果如图 7-64 所示。

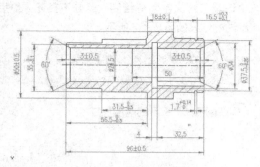

图 7-64 标注尺寸公差

❻ 选择菜单栏中的"标注"→"公差"命令，打开"形位公差"对话框，进行如图 7-65 所示的设置，确定后在图形上指定放置位置。标注引线，命令行提示如下。

```
命令：LEADER ↙
指定引线起点：指定起点
指定下一点：指定下一点
指定下一点或 [注释 (A) / 格式 (F) / 放弃 (U)] <
注释>：↙
输入注释文字的第一行或 <选项>：↙
输入注释选项 [公差 (T) / 副本 (C) / 块 (B) / 无
(N) / 多行文字 (M)] <多行文字>：N↙（引线指向
形位公差符号，故无注释文本）
```

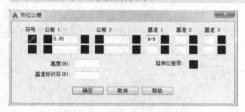

图 7-65 "形位公差"对话框

采用相同的方法，标注另一个形位公差，结果如图 7-66 所示。

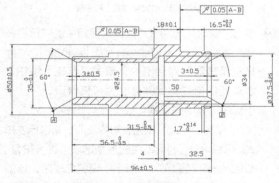

图 7-66 标注形位公差

❼ 形位公差的基准可以通过引线标注命令和绘图命令以及单行文字命令绘制，此处不赘述。最后标注的结果如图 7-57 所示。

❽ 在命令行中输入"QSAVE"，或选择菜单栏中的"文件"→"保存"命令，或单击"快速访问"工具栏中的"保存"按钮📄，保存标注的图形文件。

7.5 综合演练——标注阀盖尺寸

标注图 7-67 所示的阀盖尺寸。

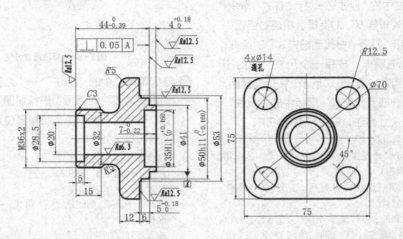

图 7-67 阀盖尺寸

STEP 绘制步骤

❶ 单击"默认"选项卡"注释"面板中的"文字样式"按钮 A，设置文字样式，如图 7-68 所示。

图 7-68 "文字样式"对话框

❷ 单击"默认"选项卡"注释"面板中的"标注样式"按钮，设置标注样式。在弹出的"标注样式管理器"对话框中，单击"新建"按钮，创建新的标注样式并命名为"机械设计"，用于标注图样中的尺寸。

（1）单击"继续"按钮，对弹出的"新建标注样式：机械设计"对话框中的各个选项卡进行设置，如图 7-69 和图 7-70 所示。设置完成后，单击"确定"按钮，返回"标注样式管理器"对话框。

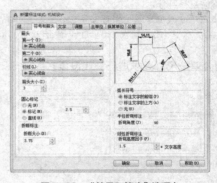

图 7-69 "符号和箭头"选项卡

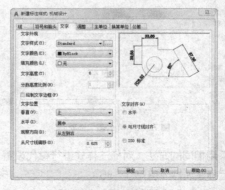

图 7-70 "文字"选项卡

（2）选取"机械设计"选项，单击"新建"按钮，分别设置直径、半径及角度标注样式。其中，在直径及半径标注样式的"调整"选项卡中勾选"手动放置文字"复选框，如图 7-71 所示；在角度标注样式的"文字"选项卡的"文字对齐"选项组中选中"水平"单选钮，如图 7-72 所示。其他选项卡的设置均保持默认。

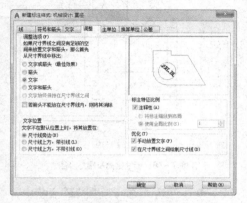

图 7-71　直径及半径标注样式的"调整"选项卡

（3）在"标注样式管理器"对话框中，选取"机械设计"标注样式，单击"置为当前"按钮，将其设置为当前标注样式。

❸ 标注阀盖主视图中的线性尺寸。

（1）单击"默认"选项卡"注释"面板中的"线性"按钮，从左至右，依次标注阀盖主视图中的竖直线性尺寸"M36×2""Ø28.5""Ø20""Ø32""Ø35""Ø41""Ø50"及"Ø53"。在标注尺寸"Ø35"时，需要输入标注文字"%%C35H11（{\H0.7x;\S+ 0.160^0;}）"；在标注尺寸"Ø50"时，需要输入标注文字"%%C50h11（{\H0.7x;\S0^-0.160;}）"。结果如图 7-73 所示。

图 7-72　角度标注样式的"文字"选项卡

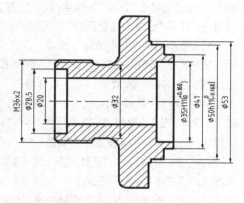

图 7-73　标注主视图竖直线性尺寸

（2）单击"默认"选项卡"注释"面板中的"线性"按钮，标注阀盖主视图上部的线性尺寸"44"；单击"注释"选项卡"标注"面板中的"连续"按钮，标注连续尺寸"4"。单击"默认"选项卡"注释"面板中的"线性"按钮，标注阀盖主视图中部的线性尺寸"7"和阀盖主视图下部左边的线性尺寸"5"；单击"注释"选项卡"标注"面板中的"基线"按钮，标注基线尺寸"15"。单击"默认"选项卡"注释"面板中的"线性"按钮，标注阀盖主视图下部右边的线性尺寸"5"；单击"注释"选项卡"标注面板中的"基线"按钮，标注基线尺寸"6"；单击"注释"选项卡"标注"面板中的"连续"按钮，标注连续尺寸"12"。结果如图 7-74 所示。

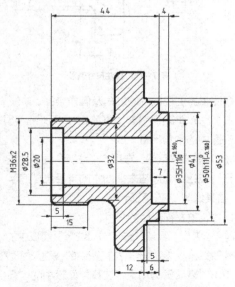

图 7-74　标注主视图水平线性尺寸

❹ 单击"默认"选项卡"注释"面板中的"标注样式"按钮 ，打开"标注样式管理器"对话框，在"样式"列表框中选择"机械设计"选项，单击"替代"按钮，系统弹出"替代当前样式"对话框。切换到"主单位"选项卡，将"线性标注"选项组中的"精度"值设置为"0.00"；切换到"公差"选项卡，在"公差格式"选项组中，将"方式"设置为"极限偏差"，设置"上偏差"为"0"，"下偏差"为"0.39"，"高度比例"为"0.7"，设置完成后单击"确定"按钮。

单击"注释"选项卡"标注"面板中的"更新"按钮 ，选取主视图上线性尺寸"44"，即可为该尺寸添加尺寸偏差。

按同样的方式分别为主视图中的线性尺寸"4""7"及"5"注写尺寸偏差。结果如图 7-75 所示。

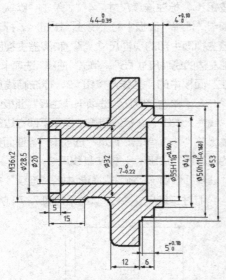

图 7-75　标注尺寸偏差

❺ 标注阀盖主视图中的倒角及圆角半径。

（1）在命令行中输入"QLEADER"，标注主视图中的倒角尺寸"C3"。

（2）单击"默认"选项卡"注释"面板中的"半径"按钮 ，标注主视图中的半径尺寸 R5。

结果如图 7-76 所示。

❻ 标注阀盖左视图中的尺寸。

（1）单击"默认"选项卡"注释"面板中的"线性"按钮 ，标注阀盖左视图中的线性尺寸"75"。单击"默认"选项卡"注释"面板中的"直径"按钮 ，标注阀盖左视图中的直径尺寸"∅70"

及"4×∅14"。在标注尺寸"4×∅14"时，需要输入标注文字"4×<>"。

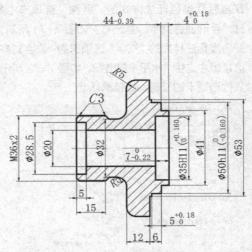

图 7-76　标注倒角及圆角半径

（2）单击"默认"选项卡"注释"面板中的"半径"按钮 ，标注左视图中的半径尺寸"R12.5"。

（3）单击"默认"选项卡"注释"面板中的"角度"按钮 ，标注左视图中的角度尺寸"45°"。

（4）单击"默认"选项卡"注释"面板中的"文字样式"按钮 ，创建新文字样式"HZ"，用于书写汉字。设置该标注样式的"字体名"为"仿宋_GB2312"，"宽度比例"为"0.7"。

（5）在命令行中输入"TEXT"，设置文字样式为"HZ"，在尺寸"4×∅14"的引线下部输入文字"通孔"。结果如图 7-77 所示。

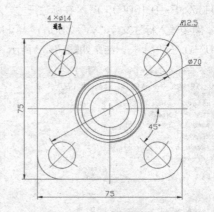

图 7-77　标注左视图中的尺寸

❼ 在命令行输入"QLEADER"，标注阀盖主视图中的形位公差。命令行提示如下。

命令：QLEADER↙（利用"快速引线"命令，标注形位公差）

指定第一个引线点或 [设置（S）] <设置>:↙（按 <Enter> 键，在弹出的"引线设置"对话框中，设置各个选项卡，如图 7-78 和图 7-79 所示。设置完成后，单击"确定"按钮）

指定第一个引线点或 [设置（S）] <设置>:（捕捉阀盖主视图尺寸 44 右端延伸线上的最近点）

指定下一点：（向左移动鼠标，在适当位置单击，弹出"形位公差"对话框，对其进行设置，如图 7-80 所示。单击"确定"按钮）

图 7-79 "引线和箭头"选项卡

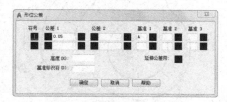

图 7-80 "形位公差"对话框

❽ 利用相关绘图命令绘制基准符号，结果如图 7-81 所示。

图 7-78 "注释"选项卡

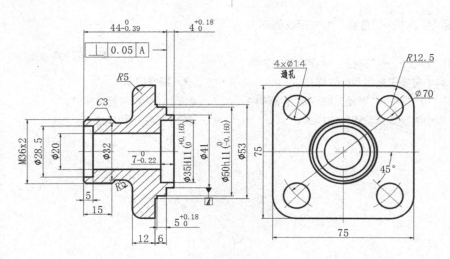

图 7-81 绘制基准符号

❾ 利用图块相关命令绘制粗糙度图块，然后插入图形相应位置。

7.6 上机实验

【实验 1】标注挂轮架尺寸

1. 目的要求

如图 7-82 所示，本例有线性、连续、直径、半径、角度 5 种尺寸需要标注，由于具体尺寸的要求不同，需要重新设置和转换尺寸标注样式。通过

本例，读者应掌握各种标注尺寸的基本方法。

2. 操作提示

（1）利用"格式"→"文字样式"命令设置文字样式和标注样式，为后面的尺寸标注输入文字做准备。

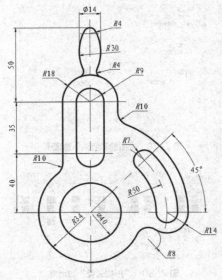

图7-82 挂轮架

（2）利用"标注"→"线性"命令标注图形中的线性尺寸。

（3）利用"标注"→"连续"命令标注图形中的连续尺寸。

（4）利用"标注"→"直径"命令标注图形中的直径尺寸，其中需要重新设置标注样式。

（5）利用"标注"→"半径"命令标注图形中的半径尺寸，其中需要重新设置标注样式。

（6）利用"标注"→"角度"命令标注图形中的角度尺寸，其中需要重新设置标注样式。

【实验2】标注轴尺寸

1. 目的要求

如图7-83所示，本例有线性、连续、直径、引线4种尺寸需要标注，由于具体尺寸的要求不同，需要重新设置和转换尺寸标注样式。通过本例，读者应掌握各种标注尺寸的基本方法。

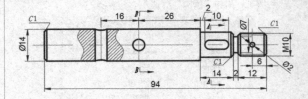

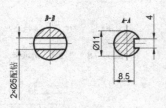

图7-83 轴

2. 操作提示

（1）设置各种标注样式。

（2）标注各种尺寸。

第8章

图块及其属性

在设计绘图的过程中，我们经常会用到一些重复出现的图形（例如机械设计中的螺钉、螺帽，建筑设计中的桌椅、门窗等），如果每次都重新绘制这些图形，不仅会产生大量的重复性工作，而且存储这些图形及其信息要占据相当大的磁盘空间。AutoCAD 提供了图块来解决这些问题。

本章主要介绍图块及其属性等知识。

重点与难点

- 图块操作
- 图块属性

8.1 图块操作

图块也称块，它是由一组图形对象组成的集合。一组对象一旦被定义为图块，就将成为一个整体，选中图块中任意一个图形对象即可选中构成图块的所有对象。AutoCAD把一个图块作为一个对象进行编辑修改等操作，用户可根据绘图需要把图块插入图中指定的位置，在插入时还可以指定缩放比例和旋转角度。如果需要对组成图块的单个图形对象进行修改，还可以利用"分解"命令把图块炸开，分解成若干个对象。图块还可以重新定义，一旦被重新定义，整个图中基于该块的对象都将随之改变。

8.1.1 定义图块

执行方式

命令行：BLOCK（快捷命令：B）

菜单栏："绘图"→"块"→"创建"

工具栏：单击"绘图"工具栏中的"创建块"按钮 ⿰

功能区：单击"默认"选项卡"块"面板中的"创建"按钮 ⿰，或单击"插入"选项卡"块定义"面板中的"创建块"按钮 ⿰

执行上述操作后，系统将打开图8-1所示的"块定义"对话框，利用该对话框可定义图块并为之命名。

图 8-1 "块定义"对话框

选项说明

（1）"基点"选项组：确定图块的基点，默认值是（0,0,0），也可以在下面的 X、Y、Z 文本框中输入块的基点坐标值。单击"拾取点"按钮 ⿰，系统临时切换到绘图区，在绘图区选择一点后，返回"块定义"对话框中，把选择的点作为图块的放置基点。

（2）"对象"选项组：用于选择制作图块的对象，以及设置图块对象的相关属性。如图8-2所示，把图8-2（a）中的正五边形定义为图块，图8-2（b）

为选中"删除"单选钮的结果，图8-2（c）为选中"保留"单选钮的结果。

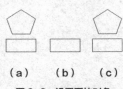

（a）　　（b）　　（c）

图 8-2 设置图块对象

（3）"设置"选项组：指定从AutoCAD设计中心拖动图块时用于测量图块的单位，以及缩放、分解和超链接等设置。

（4）"在块编辑器中打开"复选框：勾选此复选框，可以在块编辑器中定义动态块，后面将详细介绍。

（5）"方式"选项组：指定块的行为。"注释性"复选框，指定在图纸空间中块参照的方向与布局方向匹配；"按统一比例缩放"复选框，指定是否阻止块参照不按统一比例缩放；"允许分解"复选框，指定块参照是否可以被分解。

8.1.2 图块的存盘

利用"BLOCK"命令定义的图块保存在其所属的图形当中，该图块只能在该图形中插入，而不能插入其他的图形中。但是有些图块在许多图形中要经常用到，这时可以用"WBLOCK"命令把图块以图形文件的形式（后缀为.dwg）写入磁盘。图形文件可以在任意图形中用"INSERT"命令插入。

执行方式

命令行：WBLOCK（快捷命令：W）

功能区：单击"插入"选项卡"块定义"面板中的"写块"按钮 ⿰

执行上述命令后，系统打开"写块"对话框，如图8-3所示。利用此对话框可把图形对象保存为图形文件或把图块转换成图形文件。

图 8-3 "写块"对话框

（1）"源"选项组：确定要保存为图形文件的图块或图形对象。选中"块"单选钮，单击右侧的下拉列表框，在其展开的列表中选择一个图块，将其保存为图形文件；选中"整个图形"单选钮，则把当前的整个图形保存为图形文件；选中"对象"单选钮，则把不属于图块的图形对象保存为图形文件。对象的选择通过"对象"选项组来完成。

（2）"目标"选项组：用于指定图形文件的名称、保存路径和插入单位。

 实例教学

下面以将图8-4所示的图形定义为图块为例，介绍定义图块命令的使用方法。

图 8-4 定义图块

STEP 绘制步骤

❶ 选择菜单栏中的"绘图"→"块"→"创建"命令，或单击"插入"选项卡"块定义"面板中的"创建块"按钮，打开"块定义"对话框，如图8-5所示。

❷ 在"名称"下拉列表框中输入"HU3"。

❸ 单击"拾取点"按钮，切换到绘图区，选择圆心为插入基点，返回"块定义"对话框。

❹ 单击"选择对象"按钮，切换到绘图区，选择对象后，按 <Enter> 键返回"块定义"对话框。

图 8-5 "块定义"对话框

❺ 单击"确定"按钮，关闭对话框。

❻ 在命令行输入"WBLOCK"，按 <Enter> 键，系统打开"写块"对话框，如图8-6所示。在"源"选项组中选中"块"单选钮，在右侧的下拉列表框中选择"HU3"块，单击"确定"按钮，即把图形定义为"HU3"图块。

图 8-6 "写块"对话框

8.1.3 图块的插入

在AutoCAD绘图过程中，可根据需要随时把已经定义好的图块或图形文件插入当前图形的任意位置，在插入的同时还可以改变图块的大小、将图块旋转一定角度或把图块炸开等。插入图块的方法有多种，本节将逐一进行介绍。

执行方式

命令行：INSERT（快捷命令：I）

菜单栏："插入"→"块选项板"

工具栏：单击"插入"工具栏中的"插入块"按钮或"绘图"工具栏中的"插入块"按钮

功能区：单击"默认"选项卡"块"面板中的"插入"下拉菜单，或单击"插入"选项卡"块"面板中的"插入"下拉菜单，如图8-7所示执行上述操作后，系统打开"块"选项板，如图8-8所示。在其中可以指定要插入的图块及插入位置。

图8-7　"插入"下拉菜单　　　图8-8　"块"选项板

选项说明

1. 控制选项

"块"选项板的整个顶部区域提供以下显示和访问控件。

（1）过滤器：接受使用通配符的条件，以按名称过滤可用的块。有效通配符为用于单个字符的"?"和用于多个字符的"*"。例如，4??A* 可显示名为 40xA123 和 4x8AC 的块。下拉列表显示之前使用的通配符字符串。

（2）浏览：显示文件选择对话框，用于选择要作为块插入到当前图形中的图形文件或其块定义之一。

（3）图标或列表样式：显示列出或预览可用块的多个选项。

2. 选项卡

通过拖放、单击并放置选项卡，或单击鼠标右键并从列表中选择一个选项，即可从这些选项卡插入块。

（1）预览区域：显示基于当前选项卡可用块的预览或列表。

（2）"当前图形"选项卡：显示当前图形中可用块定义的预览或列表。

（3）"最近使用"选项卡：显示当前和上一个任务中最近插入或创建的块定义的预览或列表。这些块可能来自各种图形。

> **提示** 可以删除"最近使用"选项卡中显示的块（方法是在其上单击鼠标右键，并选择"从最近列表中删除"选项）。若要删除"最近使用"选项卡中显示的所有块，请将BLOCKMRULIST 系统变量设置为 0。

（4）"库"选项卡：显示单个指定图形或文件夹中的预览或块定义列表。将图形文件作为块插入

还会将其所有块定义输入到当前图形中。单击选项板顶部的"浏览"控件（），以浏览其他图形文件或文件夹。

> **提示** 可以创建存储所有相关块定义的"块库图形"。使用此方法时，在插入块库图形时选择选项板中的"分解"选项，可防止图形本身在预览区域中显示或列出。

3. 插入选项

（1）"插入点"复选框：指定块的插入点。如果勾选该复选框，则插入块时使用定点设备或手动输入坐标，即可指定插入点。如果取消勾选该复选框，将使用之前指定的坐标。

> **注意** 若要使用此选项在先前指定的坐标处定位块，必须在选项板中双击该块。

（2）"比例"复选框：指定插入块的缩放比例。如果取消勾选该复选框，则指定 X、Y 和 Z 方向的比例因子。如果为 X、Y 和 Z 比例因子输入负值，则块将作为围绕该轴的镜像图像插入。如果勾选该复选框，将使用之前指定的比例。如图8-9所示，图8-9（a）是被插入的图块；图8-9（b）为按比例系数1.5插入该图块的结果；图8-9（c）为按比例系数0.5插入的结果，X轴方向和Y轴方向的比例系数也可以取不同值；如图8-9（d）所示，插入的图块的X轴方向的比例系数为1，Y轴方向的比例系数为1.5。另外，比例系数还可以是负数，表示插入图块的镜像，其效果如图8-10所示。

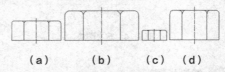

（a）　　　（b）　　　（c）　　（d）

图8-9　取不同比例系数插入图块的效果

X 比例 =1，Y 比例 =1　　X 比例 =-1，Y 比例 =1

X 比例 =1，Y 比例 =-1　　X 比例 =-1，Y 比例 =-1

图8-10　取比例系数为负值插入图块的效果

（3）"旋转"复选框：在当前 UCS 中指定插入块的旋转角度。如果勾选该复选框，使用定点设备或输入角度指定块的旋转角度。如果取消勾选该复选框，将使用之前指定的旋转角度。如图8-11所示，图8-11（a）为原图块，图8-11（b）为图块旋转30°后插入的效果，图8-11（c）为图块旋转-30°后插入的效果。

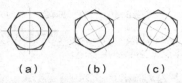

（a） （b） （c）

图8-11 以不同旋转角度插入图块的效果

如果勾选"旋转"复选框，系统切换到绘图区，在绘图区选择一点，AutoCAD 将自动测量插入点与该点连线和X轴正方向之间的夹角，并把它作为块的旋转角。也可以在"角度"文本框中直接输入插入图块时的旋转角度。

（4）"分解"复选框：控制块在插入时是否自动分解为其部件对象。作为块将在插入时遭分解的指示，将自动阻止光标处块的预览。

如果勾选该复选框，则块中的构件对象将解除关联并恢复为其原有特性。使用 BYBLOCK 颜色的对象为白色。具有 BYBLOCK 线型的对象使用 CONTINUOUS 线型。

如果取消勾选此复选框，将在块不分解的情况下插入指定块。

（5）"重复放置"复选框：控制是否自动重复块插入。如果选中该复选框，系统将自动提示其他插入点，直到按<Esc>键取消命令。如果取消选中该复选框，将插入指定的块一次。

实例教学

下面以图8-12所示的花园小屋为例，介绍插入图块命令的使用方法。

图8-12 花园小屋

图8-12所示的花园是由各式各样的花组成的。因此，可以将第6章绘制的花朵图案定义为一个块，然后对该块进行块的插入操作，就可以绘制出花园的图案，再将这个花园的图案定义为一个块，并将其插入源文件"花园小屋.dwg"的图案中，即可形成一幅温馨的画面。

STEP 绘制步骤

❶ 打开随书资源中的"源文件/第 8 章/花朵.dwg"图形文件。依次进行复制，结果如图 8-13 所示。

图 8-13 复制花朵

命令：DDMODIFY ✓（将 3 朵花分别修改为不同的颜色）系统打开"特性"选项板，选择第二朵花的花瓣，在"特性"选项板中将其颜色改为洋红，如图 8-14 所示。用同样的方法改变另两朵花的颜色，如图 8-15 所示。

图 8-14 修改颜色

命令：B ✓ （创建块命令BLOCK的缩写名。方法同前，将所得到的 3 朵不同颜色的花分别定义为块"flower1""flower2""flower3"）

图 8-15 修改结果

❷ 分别将块"flower1""flower2""flower3"插入当前的图形中，并将其定义为块"garden"。

命令：DDINSERT ✓

❸ 方法同前，依次将块"flower1""flower2""flower3"以不同比例、不同角度插入，形成花园的图案，如图 8-16 所示。

命令：WBLOCK✓（块存盘命令，将当前图形中的块
或图形存为图形文件，可以被其他图形文件引用。）

图 8-16　花园

按<Enter>键，弹出"写块"对话框，如图8-17所示。
在"源"选项组中选中"整个图形"单选钮，则将整
个图形转换为块，在"目标"选项组中的"文件名和
路径"文本框中输入图块名称和块存盘路径，单击
"确定"按钮，则形成一个文件"garden.dwg"。

图 8-17　"写块"对话框

❹ 将块"garden"插入"花园小屋"图形中，在
命令行输入"OPEN"，打开"花园小屋"图形
文件，如图8-18所示。单击"默认"选项卡"块"
面板中的"插入"下拉菜单中"最近使用的块"
选项，打开"块"选项板，单击"库"选项中
的"浏览块库"按钮 🖳，则打开"为块库选择
文件夹或文件"对话框，从中选择文件"garden.
dwg"，设置后的"块"选项板如图8-19所示。
对定义的块"garden"进行插入操作，形成
图8-12所示的图形。

图 8-18　打开"花园小屋"图形

❺ 单击"快速访问"工具栏中的"另存为"按钮，
保存文件。命令行提示如下。

图 8-19　"块"选项板

命令：SAVEAS✓（将所形成的图形以"home"为
文件名保存在指定的路径中）

8.1.4 动态块

动态块具有灵活性和智能性。用户在操作时可
以轻松地更改图形中的动态块参照，通过自定义夹
点或自定义特性来操作动态块参照中的几何图形，
可以根据需要在位调整块，而不用搜索另一个块以
插入或重定义现有的块。

如果在图形中插入一个门块参照，编辑图形时可
能需要更改门的大小。如果该块是动态的，并且定义为
可调整大小，那么只需拖动自定义夹点或在"特性"选
项板中指定不同的大小就可以修改门的大小。用户可能
还需要修改门的打开角度，如图8-20所示。该门块还
可能会包含对齐夹点，使用对齐夹点可以轻松地将门块
参照与图形中的其他几何图形对齐，如图8-21所示。

图 8-20　改变角度　　　　　图 8-21　对齐

可以使用块编辑器创建动态块。块编辑器是一个
专门的编写区域，用于添加能够使块成为动态块的元
素。用户可以创建新的块，也可以向现有的块定义中添
加动态行为，还可以像在绘图区中一样创建几何图形。

执行方式

命令行：BEDIT（快捷命令：BE）

菜单栏："工具"→"块编辑器"

工具栏：单击"标准"工具栏中的"块编辑器"
按钮 🖳

功能区：单击"插入"选项卡"块定义"面板
中的"块编辑器"按钮 🖳

快捷菜单：选择一个块参照，在绘图区单击鼠

标右键，选择快捷菜单中的"块编辑器"命令

执行上述操作后，系统打开"编辑块定义"对话框，如图8-22所示。在"要创建或编辑的块"文本框中输入图块名或在列表框中选择已定义的块或当前图形。确认后，系统打开块编写选项板和"块编辑器"工具栏，如图8-23所示。用户可以利用"块编辑器"工具栏对动态块进行编辑。

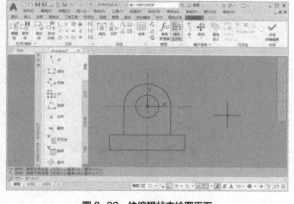
图 8-23 块编辑状态绘图平面

图 8-22 "编辑块定义"对话框

实例教学

下面以标注图8-24所示图形中的粗糙度符号为例，介绍动态块功能标注命令的使用方法。

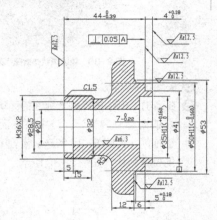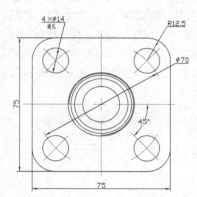
图 8-24 标注粗糙度符号

STEP 绘制步骤

❶ 单击"默认"选项卡"绘图"面板中的"直线"按钮，绘制图8-25所示的图形。

图 8-25 绘制粗糙度符号

❷ 在命令行中输入"WBLOCK"，打开"写块"对话框，拾取图8-25所示图形的下角点为基点，以该图形为对象，输入图块名称并指定路径，单击"确定"按钮退出对话框，如图8-26所示。

❸ 单击"默认"选项卡"块"面板中的"插入"下拉列表中"库"选项，打开"块"选项板，如

图8-27所示。单击"库"选项中的"浏览块库"按钮，找到刚才保存的图块，将该图块插入图8-24所示的图形中，结果如图8-28所示。

图 8-26 "写块"对话框

图 8-27 "块"选项板

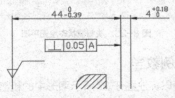

图 8-28 动态旋转

❹ 单击"插入"选项卡"块定义"面板中的"块编辑"按钮。打开"编辑块定义"对话框，如图 8-29 所示。选择刚才保存的块，打开块编辑界面和块编写选项板，如图 8-30 所示。在块编写选项板的"参数"选项卡中选择"旋转参数"项，命令行提示如下。

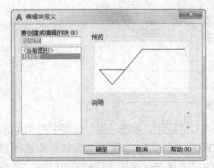

图 8-29 "编辑块定义"对话框

```
命令：_BParameter 旋转
指定基点或 [名称 (N) / 标签 (L) / 链 (C) / 说明 (D) / 选
```

项板 (P) / 值集 (V)]：(指定粗糙度图块下角点为基点)
指定参数半径：(指定适当半径)
指定默认旋转角度或 [基准角度 (B)] <0>：(指定适当角度)
指定标签位置：(指定适当位置)
在块编写选项板的"动作"选项卡选择"旋转"项，命令行提示如下

```
命令：_BActionTool 旋转
选择参数：(选择刚设置的旋转参数)
指定动作的选择集
选择对象：(选择粗糙度图块)
```

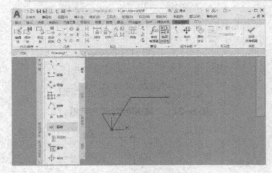

图 8-30 块编辑状态绘图平面

❺ 关闭块编辑器。

❻ 在当前图形中选择刚才标注的图块，系统显示图块的动态旋转标记，选中该标记，按住鼠标左键拖动，如图 8-31 所示。直到图块旋转到满意的位置为止，如图 8-32 所示。

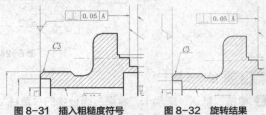

图 8-31 插入粗糙度符号　　　图 8-32 旋转结果

❼ 单击"默认"选项卡"注释"面板中的"多行文字"按钮A，标注文字，标注时注意对文字进行旋转。

❽ 利用插入图块的方法标注其他粗糙度。

8.2 图块属性

　　图块除了包含图形对象以外，还可以具有非图形信息。例如把一个椅子的图形定义为图块后，还可把椅子的号码、材料、重量、价格以及说明等文本信息一并加入图块。图块的这些非图形信息叫作图块的属性，它是图块的一个组成部分，与图形对象一起构成一个整体，在插入图块时 AutoCAD 会把图形对象连同属性一起插入图形中。

8.2.1 定义图块属性

执行方式

命令行：ATTDEF（快捷命令：ATT）

菜单栏："绘图"→"块"→"定义属性"

功能区：单击"默认"选项卡"块"面板中的"定义属性"按钮◎，或单击"插入"选项卡"块定义"面板中的"定义属性"按钮◎

执行上述操作后，AutoCAD将打开"属性定义"对话框，如图8-33所示。

图 8-33 "属性定义"对话框

选项说明

（1）"模式"选项组：用于确定属性的模式。

1）"不可见"复选框：勾选此复选框，属性为不可见显示方式，即插入图块并输入属性值后，属性值在图中并不显示出来。

2）"固定"复选框：勾选此复选框，属性值为常量，即属性值在属性定义时给定，在插入图块时系统不再提示输入属性值。

3）"验证"复选框：勾选此复选框，当插入图块时，系统重新显示属性值，提示用户验证该值是否正确。

4）"预设"复选框：勾选此复选框，当插入图块时，系统自动把事先设置好的默认值赋予属性，而不再提示输入属性值。

5）"锁定位置"复选框：锁定块参照中属性的位置。解锁后，属性可以相对于使用夹点编辑块的其他部分移动，并且可以调整多行文字属性的大小。

6）"多行"复选框：勾选此复选框，可以指定属性值包含多行文字，也可以指定属性的边界宽度。

（2）"属性"选项组：用于设置属性值。在每个文本框中，AutoCAD允许输入不超过256个字符。

1）"标记"文本框：输入属性标签。属性标签可由除空格和感叹号以外的所有字符组成，系统会自动把小写字母改为大写字母。

2）"提示"文本框：输入属性提示。属性提示是插入图块时系统要求输入属性值的提示，如果不在此文本框中输入文字，则以属性标签作为提示。如果在"模式"选项组中勾选"固定"复选框，即设置属性为常量，则不需设置属性提示。

3）"默认"文本框：设置默认的属性值。可把使用次数较多的属性值作为默认值，也可不设默认值。

（3）"插入点"选项组：用于确定属性文本的位置。可以在插入时由用户在图形中确定属性文本的位置，也可在X、Y、Z文本框中直接输入属性文本的位置坐标。

（4）"文字设置"选项组：用于设置属性文本的对齐方式、文本样式、字高和倾斜角度。

（5）"在上一个属性定义下对齐"复选框：勾选此复选框表示把属性标签直接放在前一个属性的下面，而且该属性继承前一个属性的文本样式、字高和倾斜角度等特性。

> 注意 在动态块中，由于属性的位置包括在动作的选择集中，因此必须将其锁定。

8.2.2 修改属性的定义

在定义图块之前，可以对属性的定义加以修改，用户不仅可以修改属性标签，还可以修改属性提示和属性默认值。

执行方式

命令行：DDEDIT或者TEXTEDIT（快捷命令：ED）

菜单栏："修改"→"对象"→"文字"→"编辑"

执行上述操作后，AutoCAD将打开"编辑属性定义"对话框，如图8-34所示。该对话框表示要修改属性的标记为"文字"，提示为"数值"，无默认值，可在各文本框中对相应项进行修改。

图 8-34 "编辑属性定义"对话框

8.2.3 图块属性编辑

当属性被定义到图块当中，甚至图块被插入图形当中之后，用户还可以对图块属性进行编辑。利用"ATTEDIT"命令不仅可以通过对话框对指定图块的属性值进行修改，而且可以对属性的位置、文本等其他设置进行编辑。

执行方式

命令行：ATTEDIT（快捷命令：ATE）

菜单栏："修改"→"对象"→"属性"→"单个"

工具栏：单击"修改 Ⅱ"工具栏中的"编辑属性"按钮 ✎

功能区：单击"插入"选项卡"块"面板中的"编辑属性"按钮 ✎

操作步骤

命令行提示如下。

命令：ATTEDIT✓✓
选择块参照：

执行上述命令后，光标变为拾取框，选择要修改属性的图块，系统打开图8-35所示的"编辑属性"对话框。对话框中显示所选图块中包含的前8个属性值，用户可对这些属性值进行修改。如果该图块中还有其他的属性，可单击"上一个"和"下一个"按钮查看和修改。

图 8-35 "编辑属性"对话框

当用户通过菜单栏或工具栏执行上述命令后，系统打开"增强属性编辑器"对话框，如图8-36所示。用户利用该对话框不仅可以编辑属性值，还可以编辑属性的文字选项和图层、线型、颜色等特性值。

图 8-36 "增强属性编辑器"对话框

另外，还可以通过"块属性管理器"对话框来编辑属性。选择菜单栏中的"修改"→"对象"→"属性"→"块属性管理器"命令，系统打开"块属性管理器"对话框，如图8-37所示。单击"编辑"按钮，系统打开"编辑属性"对话框，如图8-38所示。可以通过该对话框编辑属性。

图 8-37 "块属性管理器"对话框

图 8-38 "编辑属性"对话框

实例教学

下面以图8-39所示图形中的粗糙度数值为例，介绍图块属性编辑命令的使用方法。

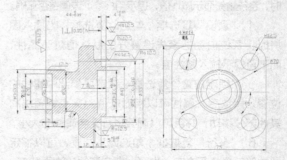

图 8-39 属性功能标注阀盖粗糙度

STEP 绘制步骤

❶ 单击"默认"选项卡"绘图"面板中的"直线"

按钮 ╱，绘制粗糙度符号，如图 8-40 所示。

图 8-40 绘制粗糙度符号

❷ 选择菜单栏中的"绘图"→"块"→"定义属性"命令，系统打开"属性定义"对话框，进行图 8-41 所示的设置，其中插入点为粗糙度符号水平线的中点，单击"确定"按钮退出。

图 8-41 "属性定义"对话框

❸ 在命令行输入"WBLOCK"，按 <Enter> 键，打开"写块"对话框，如图 8-42 所示。单击"拾取点"按钮 🔲，选择图形的下角点为基点，单击"选择对象"按钮 🔲，选择上面的图形为对象，输入图块名称并指定路径保存图块，单击"确定"按钮退出。

❹ 选择菜单栏中的"插入"→"块选项板"命令，打开"块"选项板，如图 8-43 所示。在"最近使用的块"选项显示保存的"粗糙度符号"图块，在"插入选项"勾选"插入点"复选框，在

绘图区指定插入点、比例和旋转角度，单击"粗糙度符号"图块将该图块插入绘图区的任意位置，这时打开"编辑属性"对话框，输入粗糙度数值"12.5"，单击"确定"按钮，最后结合"多行文字"命令输入"Ra"，就完成了一个粗糙度的标注。

图 8-42 "写块"对话框

图 8-43 "块"选项板

❺ 插入粗糙度图块，输入不同属性值作为粗糙度数值，直到完成所有粗糙度标注。最终结果如图 8-39 所示。

8.3 综合演练——微波炉电路图

本例绘制的微波炉电路图如图 8-44 所示。首先观察和分析图纸的结构，并绘制出结构框图，也就是绘制出主要的电路图导线，然后绘制出各个电子元件并制作成图块，接着将各个电子元件作为图块插入结构框图中相应的位置，最后在电路图中适当的位置添加相应的文字和注释说明，完成电路图的绘制。

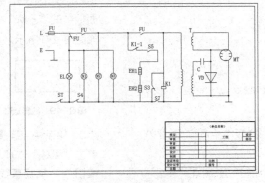

图 8-44 微波炉电路图

8.3.1 绘制元器件

电路图是由电路线和各个元器件组成的，所以在绘制电路图前，要绘制各个元器件。

❶ 设置绘图环境。

（1）启动 AutoCAD 2021 应用程序，单击"快速访问"工具栏中的"新建"按钮 ，系统弹出"选择样板"对话框，如图 8-45 所示。在该对话框中选择所需的图形样板，单击"打开"按钮，添加图形样板，图形样板左下端点的坐标为（0,0）。本例选用 A3 图形样板，如图 8-46 所示。

图 8-45 "选择样板"对话框

图 8-46 添加 A3 图形样板

（2）选择菜单栏中的"格式"→"图层"命令，弹出"图层特性管理器"对话框，新建两个图层，并分别命名为"连线图层"和"实体符号层"，图层的颜色、线型、线宽等属性设置如图 8-47 所示。

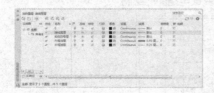

图 8-47 新建图层

❷ 绘制线路结构图。

图 8-48 所示为在 A3 图形样板中绘制完成的线路结构图。

（1）单击"默认"选项卡"绘图"面板中的"直线"按钮 ，绘制正交直线，在绘制过程中，开启"对

象捕捉"和"正交模式"。绘制相邻直线时，可以单击"默认"选项卡"修改"面板中的"偏移"按钮 ，对已经绘制好的直线进行偏移。观察图 8-48 可知，线路结构图中有多条折线，如连接线 NO、PQ，可以先绘制水平直线和竖直直线，然后单击"默认"选项卡"修改"面板中的"修剪"按钮 ，对绘制的直线进行修剪，得到这些折线。

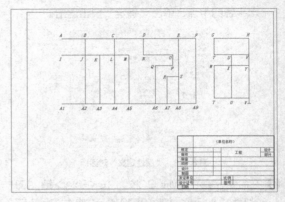

图 8-48 在 A3 图形样板中绘制完成的线路结构图

（2）图 8-48 所示的结构图中，各连接直线的长度分别为：$AB=40mm$，$BC=50mm$，$CD=50mm$，$DE=60mm$，$EF=30mm$，$GH=60mm$，$JK=25mm$，$LM=25mm$，$NO=50mm$，$TU=30mm$，$PQ=30mm$，$RS=20mm$，$VY=20mm$，$BJ=30mm$，$JA2=90mm$，$DN=30mm$，$OP=20mm$，$ES=70mm$，$GT=30mm$，$WT1=60mm$。

❸ 绘制熔断器。

（1）绘制矩形。单击"默认"选项卡"绘图"面板中的"矩形"按钮 ，绘制一个长为 10mm、宽为 5mm 的矩形，如图 8-49 所示。

（2）分解矩形。单击"默认"选项卡"修改"面板中的"分解"按钮 ，将矩形分解为直线，如图 8-50 所示。

图 8-49 绘制矩形　　　图 8-50 分解矩形

（3）绘制中点连接线。开启"对象捕捉"模式，单击"默认"选项卡"绘图"面板中的"直线"按钮 ，捕捉直线 2 和 4 的中点作为直线 5 的起点和终点，绘制的连接线如图 8-51 所示。

（4）拉长直线。选择菜单栏中的"修改"→"拉长"命令，将直线 5 分别向左和向右拉长 5mm，绘制的熔断器如图 8-52 所示。

图 8-51 绘制中点连接线   图 8-52 熔断器

（5）在命令行输入"WBLOCK"，系统打开图 8-53 所示的"写块"对话框。输入块名"熔断器"，指定保存路径、基点等，单击"确定"按钮保存，以方便后面设计电路图时调用。

图 8-53 "写块"对话框

❹ 绘制功能选择开关。

（1）绘制直线。单击"默认"选项卡"绘图"面板中的"直线"按钮，依次绘制 3 条首尾相连、长度均为 5mm 的水平直线，如图 8-54 所示。

（2）旋转直线。单击"默认"选项卡"修改"面板中的"旋转"按钮 ↻，开启"对象捕捉"模式，捕捉中间直线的右端点为旋转中心，将中间直线逆时针旋转 30°，绘制功能选择开关，如图 8-55 所示。

图 8-54 绘制直线   图 8-55 功能选择开关

（3）在命令行输入"WBLOCK"，系统打开"写块"对话框，输入块名，指定保存路径、基点等，单击"确定"按钮保存，以方便后面设计电路图时调用。

❺ 绘制门联锁开关。

（1）绘制直线。单击"默认"选项卡"绘图"面板中的"直线"按钮，依次绘制长度为 5mm、6mm、4mm 的直线 1、直线 2 和直线 3，

如图 8-56 所示。

（2）旋转直线。单击"默认"选项卡"修改"面板中的"旋转"按钮 ↻，开启"对象捕捉"模式，捕捉直线 2 的右端点为旋转中心，将直线 2 逆时针旋转 30°，结果如图 8-57 所示。

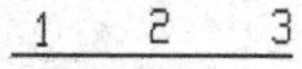

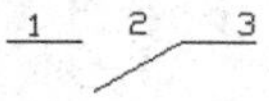

图 8-56 绘制直线   图 8-57 旋转直线

（3）拉长直线。单击"默认"选项卡"修改"面板中的"拉长"按钮，将旋转后的直线 2 沿左端点方向拉长 2mm，如图 8-58 所示。

（4）完成门联锁开关的绘制。单击"默认"选项卡"绘图"面板中的"直线"按钮，开启"正交模式"，捕捉直线 1 的右端点，向下绘制一条长为 5mm 的直线。绘制的门联锁开关如图 8-59 所示。

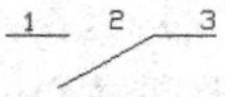

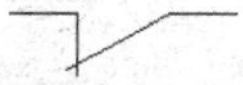

图 8-58 拉长直线   图 8-59 门联锁开关

（5）在命令行输入"WBLOCK"，系统打开"写块"对话框，输入块名，指定保存路径、基点等，单击"确定"按钮保存，以方便后面设计电路图时调用。

❻ 绘制炉灯。

（1）绘制圆。单击"默认"选项卡"绘图"面板中的"圆"按钮 ⊙，绘制一个半径为 5mm 的圆，如图 8-60 所示。

（2）绘制正交直线。单击"默认"选项卡"绘图"面板中的"直线"按钮，开启"对象捕捉"和"正交模式"，捕捉圆心作为直线的端点，指定直线的长度为 5mm，使该直线的另一个端点落在圆周上，如图 8-61 所示。

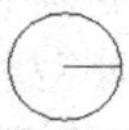

图 8-60 绘制圆   图 8-61 绘制正交直线

（3）采用同样的方法绘制其他 3 条正交直线，如图 8-62 所示。

图 8-62 绘制其他正交直线

（4）旋转直线。单击"默认"选项卡"修改"面板中的"旋转"按钮 ↻，选择需要旋转的对象，如图 8-63 所示。以圆心为基点旋转 45°，绘制的炉灯如图 8-64 所示。

图 8-63 选择旋转对象　　　　图 8-64 炉灯

（5）在命令行输入"WBLOCK"，系统打开"写块"对话框，输入块名，指定保存路径、基点等，单击"确定"按钮保存，以方便后面设计电路图时调用。

❼ 绘制电动机。

（1）单击"默认"选项卡"绘图"面板中的"圆"按钮 ⊘，绘制一个半径为 5mm 的圆，如图 8-65 所示。

（2）输入文字。选择菜单栏中的"绘图"→"文字"→"多行文字"命令，在圆的中心位置输入大写字母"M"。绘制的电动机如图 8-66 所示。

图 8-65 绘制圆　　　　图 8-66 电动机

（3）在命令行输入"WBLOCK"，系统打开"写块"对话框，输入块名，指定保存路径、基点等，单击"确定"按钮保存，以方便后面设计电路图时调用。

❽ 绘制石英发热管。

（1）单击"默认"选项卡"绘图"面板中的"直线"按钮 ╱，开启"正交模式"，绘制一条长为 12mm 的水平直线 1，如图 8-67 所示。

（2）偏移水平直线。单击"默认"选项卡"修改"面板中的"偏移"按钮 ⊆，选择直线 1 作为偏移对象，输入偏移距离为 4mm，偏移后的图形如图 8-68 所示。

图 8-67 绘制水平直线 1　　图 8-68 偏移水平直线

（3）单击"默认"选项卡"绘图"面板中的"直线"按钮 ╱，开启"对象捕捉"模式，分别捕

捉直线 1 和直线 2 的左端点作为竖直直线 3 的起点和终点，绘制直线 3，如图 8-69 所示。

（4）单击"默认"选项卡"修改"面板中的"偏移"按钮 ⊆，选择直线 3 作为偏移对象，依次向右偏移 3mm、6mm、9mm 和 12mm，如图 8-70 所示。

图 8-69 绘制竖直直线　　图 8-70 偏移竖直直线

（5）单击"默认"选项卡"绘图"面板中的"直线"按钮 ╱，捕捉直线 3 的中点，输入长度为 5mm，向左侧绘制一条水平直线；按照同样的方法，在直线 4 的右侧绘制一条长为 5mm 的水平直线，如图 8-71 所示。

（6）在命令行输入"WBLOCK"，系统打开"写块"对话框，输入块名，指定保存路径、基点等，单击"确定"按钮保存，以方便后面设计电路图时调用。

❾ 绘制烧烤控制继电器。

（1）单击"默认"选项卡"绘图"面板中的"矩形"按钮 ▭，绘制一个长为 4mm、宽为 8mm 的矩形，如图 8-72 所示。

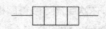

图 8-71 绘制水平直线　　图 8-72 绘制矩形

（2）单击"绘图"工具栏"默认"选项卡"绘图"面板中的"直线"按钮 ╱，开启"对象捕捉"模式，捕捉矩形两条竖直直线的中点作为水平直线的起点，分别向左和右绘制长度为 5mm 的水平直线。绘制的烧烤控制继电器如图 8-73 所示。

图 8-73 烧烤控制继电器

（3）在命令行输入"WBLOCK"，系统打开"写块"对话框，输入块名，指定保存路径、基点等，单击"确定"按钮保存，以方便后面设计电路图时调用。

知识延伸——变压器

　　绘制高压变压器之前，先了解一下变压器的结构。

　　高压变压器由套在一个闭合铁芯上的两个或多个线圈（绕组）构成，铁芯和线圈是变压器的基本组成部分，铁芯构成了电磁感应所需的磁路。为了减少磁通变化时所引起的涡流损失，变压器的铁芯要用厚度为 0.35～0.5mm 的硅钢片叠成，片间用绝缘漆隔开。变压器和电源相连的线圈称为原绕组（或原边，或初级绕组），其匝数为 $N1$；和负载相连的线圈称为副绕组（或副边，或次级绕组），其匝数为 $N2$。绕组与绕组及绕组与铁芯之间都是互相绝缘的。

　　由变压器的组成结构可以看出，我们只需要绘制出线圈绕组和铁芯，然后根据需要将它们插入前面绘制的结构线路图中即可。

⑩ 绘制高压变压器。

　　（1）单击"默认"选项卡"绘图"面板中的"圆"按钮 ⊙，绘制一个半径为 2.5mm 的圆。单击"默认"选项卡"修改"面板中的"矩形阵列"按钮 ▦，将"行数"设为"1"，"列数"设为"3"，"行偏移"设为"1"，"列偏移"设为"5"，"阵列角度"设为"0"，并选择之前绘制的圆作为阵列对象，阵列后的图形如图 8-74 所示。

　　（2）单击"默认"选项卡"绘图"面板中的"直线"按钮 ／，开启"正交模式"和"对象捕捉"，分别捕捉第一个圆和第三个圆的圆心作为水平直线的起点和终点，绘制水平直线，如图 8-75 所示。

图 8-74　阵列圆

图 8-75　绘制水平直线

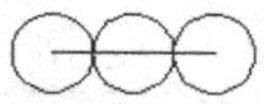

　　（3）单击"默认"选项卡"修改"面板中的"拉长"按钮 ／，选择水平直线作为拉长对象，将直线分别向左和向右拉长 2.5mm，如图 8-76 所示。

　　（4）单击"默认"选项卡"修改"面板中的"修剪"按钮 ✂，对图中曲线的多余部分进行修剪，修剪结果如图 8-77 所示。完成匝数为 3 的线圈的绘制。

图 8-76　拉长水平直线

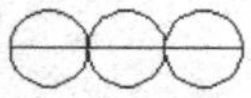

图 8-77　匝数为 3 的线圈

　　（5）绘制匝数为 6 的线圈。单击"默认"选项卡"修改"面板中的"矩形阵列"按钮 ▦，系统打开"阵列"选项卡，如图 8-78 所示。将"行数"设为"1"，"列数"设为"2"，"行偏移"设为"0"，"列偏移"设为"15"，并选择之前复制的匝数为 3 的线圈作为阵列对象，完成匝数为 6 的线圈的绘制，如图 8-79 所示。

图 8-78　"阵列"选项卡

图 8-79　匝数为 6 的线圈

　　（6）在命令行输入"WBLOCK"，系统打开"写块"对话框，输入块名，指定保存路径、基点等，单击"确定"按钮保存，以方便后面设计电路图时调用。

⑪ 绘制高压电容器。

　　（1）单击"默认"选项卡"绘图"面板中的"直线"按钮 ／，绘制高压电容器，如图 8-80 所示。

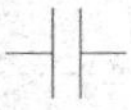

图 8-80　高压电容器

　　（2）在命令行输入"WBLOCK"，系统打开"写块"对话框，输入块名，指定保存路径、基点等，单击"确定"按钮保存，以方便后面设计电路图时调用。

⑫ 绘制高压二极管。

　　（1）单击"默认"选项卡"绘图"面板中的"直线"按钮 ／，绘制高压二极管，如图 8-81 所示。

　　（2）在命令行输入"WBLOCK"，系统打开"写块"对话框，输入块名，指定保存路径、基点等，单击"确定"按钮保存，以方便后面设计电路图时调用。

⓭ 绘制磁控管。

（1）单击"默认"选项卡"绘图"面板中的"圆"按钮⊙，绘制一个半径为 10mm 的圆，如图 8-82 所示。

图 8-81　高压二极管　　　图 8-82　绘制圆

（2）单击"默认"选项卡"绘图"面板中的"直线"按钮╱，开启"正交模式"和"对象捕捉"，捕捉圆心作为直线的起点，分别向上和向下绘制长为 10mm 的直线，直线的另一个端点落在圆周上，如图 8-83 所示。

（3）单击"默认"选项卡"绘图"面板中的"直线"按钮╱，关闭"正交模式"，绘制 4 条短小直线，如图 8-84 所示。

图 8-83　绘制竖直直线　　　图 8-84　绘制短小直线

（4）单击"默认"选项卡"修改"面板中的"镜像"按钮⚠，开启"捕捉对象"模式，选择刚刚绘制的 4 条直线作为镜像对象，选择竖直直线作为镜像线进行镜像操作，镜像结果如图 8-85 所示。

（5）单击"默认"选项卡"修改"面板中的"修剪"按钮✂，选择需要修剪的对象，单击需要修剪的部分，修剪结果如图 8-86 所示。

图 8-85　镜像直线　　　图 8-86　修剪图形

（6）在命令行输入"WBLOCK"，系统打开"写块"对话框，输入块名，指定保存路径、基点等，单击"确定"按钮保存。方便后面设计电路图时调用。

8.3.2 完成电路图绘制

在绘制好各个元器件后，可以用图块的方式将这些元器件插入到电路图中，并添加文字说明，最终完成电路图的绘制。

❶ 将实体符号插入结构线路图。根据微波炉的原理图，将前面绘制好的实体符号插入到结构线路图合适的位置，由于实体符号的大小以能看清楚为标准，所以插入结构线路中时，可能会出现不协调，可以根据实际需要调用"缩放"功能来及时调整。在插入实体符号的过程中，开启"对象捕捉""对象追踪"或"正交模式"等，选择合适的插入点。下面将选择几个典型的实体符号插入结构线路图，来介绍具体的操作步骤。

❷ 插入熔断器。我们需要做的工作是将图 8-87 所示的熔断器插入图 8-88 所示导线 *AB* 的合适位置，具体操作步骤如下。

图 8-87　熔断器　　　图 8-88　导线 *AB*

（1）单击"插入"选项卡"块"面板中的"插入"下拉菜单中"最近使用的块"选项，打开"块"选项板，如图 8-89 所示。单击熔断器图块，插入图形中。

图 8-89　"块"选项板

（2）开启"对象捕捉"模式，单击"默认"选项卡"修改"面板中的"移动"按钮✥，选择需要移动的熔断器，移动实体符号，如图 8-90 所示。系统提示选择移动基点，选择 *A2* 作为基点，如图 8-91 所示。捕捉导线 *AB* 的左端点 *A* 作为移动熔断器时 *A2* 点的插入点，插入结果如图 8-92 所示。

图 8-90　选择移动对象　　　图 8-91　选择移动基点

图 8-92　插入熔断器

（3）图 8-92 所示的熔断器插入位置不够协调，需要将熔断器继续向右移动少许距离。单击"默认"选项卡"修改"面板中的"移动"按钮 ✛，选择熔断器为移动对象，输入水平移动距离为 5mm，调整位移后的熔断器如图 8-93 所示。

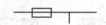

图 8-93　调整熔断器位移

❸ 插入定时开关。将图 8-94 所示的定时开关插入图 8-95 所示的导线 *BJ* 中。

图 8-94　定时开关　　　图 8-95　导线 *BJ*

（1）单击"默认"选项卡"修改"面板中的"旋转"按钮 ⟳，选择定时开关作为旋转对象，系统提示选择旋转基点，选择开关的 *B2* 点作为基点，输入旋转角度为 90°，旋转后的定时开关符号如图 8-96 所示。

（2）单击"默认"选项卡"修改"面板中的"移动"按钮 ✛，开启"对象捕捉"模式，首先选择开关符号为平移对象，然后选择移动基点 *B2*，最后捕捉导线 *BJ* 的端点 *B* 作为插入点，平移后的效果如图 8-97 所示。

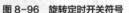

图 8-96　旋转定时开关符号　　图 8-97　平移图形

（3）单击"默认"选项卡"修改"面板中的"修剪"按钮 ⊁，修剪掉多余的部分，结果如图 8-98 所示。

图 8-98　修剪图形

按照同样的步骤，将门联锁开关、功能选择开关等插入结构线路图中。

❹ 插入炉灯。将图 8-99 所示的炉灯插入图 8-100 所示的导线 *JA2* 中。

图 8-99　炉灯　　　　图 8-100　导线 *JA2*

（1）单击"默认"选项卡"修改"面板中的"移动"按钮 ✛，开启"对象捕捉"模式，首先选择炉灯符号为平移对象，然后选择圆心为移动基点，最后捕捉导线 *JA2* 上的一点作为插入点，插入图形后的结果如图 8-101 所示。

图 8-101　插入炉灯

（2）单击"默认"选项卡"修改"面板中的"修剪"按钮 ⊁，选择需要修剪的对象，如图 8-102 所示。单击要修剪的多余直线修剪图形，结果如图 8-103 所示。

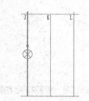

图 8-102　选择需要修剪的对象　　图 8-103　修剪图形

按照同样的方法插入电动机，步骤在此不再赘述。

❺ 插入高压变压器。前面介绍过变压器的组成，在实际绘图过程中，可以根据需要，将不同匝数的线圈插入到结构线路图合适的位置。下面以将图 8-104 所示的匝数为 3 的线圈插入图 8-105 所示的导线 *GT* 上为例，介绍其操作步骤。

（1）单击"默认"选项卡"修改"面板中的"旋转"按钮 ⟳，选择线圈作为旋转对象，系统提示选择旋转基点，选择线圈的点 *G2* 作为基点，输入旋转角度为90°，旋转结果如图8-106所示。

图 8-104　线圈　　　　　图 8-105　导线 GT

（2）单击"默认"选项卡"修改"面板中的"移动"按钮✛，开启"对象捕捉"模式，首先选择线圈符号为平移对象，然后选择点 G2 作为移动基点，最后捕捉竖直导线 GT 的端点 G 作为插入点插入线圈，如图8-107所示。

图 8-106　旋转线圈　　　　图 8-107　插入线圈

（3）单击"默认"选项卡"修改"面板中的"移动"按钮✛，选择线圈为平移对象，选择点 G2 为移动基点，将线圈向下移动 7mm，结果如图8-108所示。

（4）单击"默认"选项卡"修改"面板中的"修剪"按钮✁，修剪掉多余的直线，结果如图8-109所示。

图 8-108　平移线圈结果　　图 8-109　修剪线圈结果

按照同样的方法，插入匝数为 6 的线圈。

❻ 插入磁控管。将图 8-110 所示的磁控管插入图 8-111 所示的导线 VY 中。

图 8-110　磁控管　　　　图 8-111　导线 VY

（1）单击"默认"选项卡"修改"面板中的"移动"按钮✛，开启"对象捕捉"模式，关闭"正交模式"，选择磁控管为平移对象，捕捉点 H2 为平移基点，捕捉导线 VY 的端点 V 作为插入点，

平移结果如图 8-112 所示。

（2）单击"默认"选项卡"修改"面板中的"修剪"按钮✁，修剪掉多余的直线，结果如图8-113所示。

图 8-112　平移磁控管　　　图 8-113　修剪导线

应用类似的方法将其他电气符号平移到合适的位置，并结合"移动""修剪"等命令对图形进行调整，将所有实体符号插入结构线路图后的结果如图 8-114 所示。

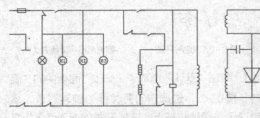

图 8-114　插入其他实体符号

在 A3 图形样板中的绘制结果如图8-115所示。

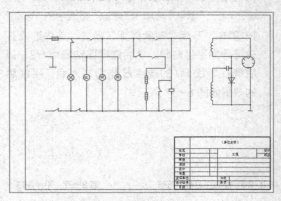

图 8-115　绘制结果

❼ 添加文字和注释。

（1）选择菜单栏中的"格式"→"文字样式"命令，弹出"文字样式"对话框，如图8-116所示。

（2）单击"新建"按钮，弹出"新建文字样式"对话框，设置样式名为"注释"，如图8-117所示。返回"文字样式"对话框，在"字体名"下拉列表中选择"仿宋_GB2312"，设置"宽度因子"为"1"，"倾斜角度"为"0"，勾选"注释性"复选框，单击"应用"按钮返回绘图区，如图8-118所示。

图 8-116 "文字样式"对话框

图 8-117 "新建文字样式"对话框

（3）选择菜单栏中的"绘图"→"文字"→"多行文字"命令，在需要注释的地方画定一个矩形框，弹出图8-119所示的"文本框"。

图 8-118 "文字样式"对话框

（4）根据需要调整文字的高度，结合"左对齐""居中""右对齐"等功能，给图8-115所示的图形添加文字和注释，完成微波炉电路图的绘制。最终绘制结果如图8-44所示。

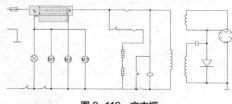

图 8-119 文本框

8.4 上机实验

【实验1】标注穹顶展览馆立面图形的标高符号

1. 目的要求

如图8-120所示，绘制重复性的图形单元最简单快捷的办法是将重复性的图形单元制作成图块，然后将图块插入图形。本例通过对标高符号的标注帮助读者掌握图块的相关操作。

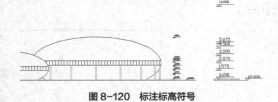

图 8-120 标注标高符号

2. 操作提示

（1）利用"直线"命令绘制标高符号。

（2）定义标高符号的属性，将标高值设置为其中需要验证的标记。

（3）将绘制的标高符号及其属性定义成图块。

（4）保存图块。

（5）在建筑图形中插入标高图块，每次插入时输入不同的标高值作为属性值。

【实验2】标注齿轮表面粗糙度

1. 目的要求

如图8-121所示，粗糙度符号也是常用的图形单元，这里将其制作成图块，然后将图块插入图形。本例通过粗糙度符号的标注帮助读者掌握图块的相关操作。

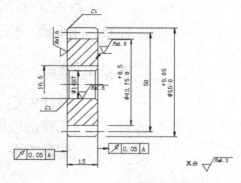

图 8-121 标注粗糙度符号

2. 操作提示

（1）利用"直线"命令绘制粗糙度符号。

（2）制作图块。

（3）利用各种方式插入图块。

第 9 章

辅助绘图工具

为了提升系统整体的图形设计效率，并有效地管理整个系统的所有图形设计文件，AutoCAD 提供了大量的集成化绘图工具，包括查询工具、设计中心、工具选项板、CAD 标准、图纸集管理器和标记集管理器等。利用设计中心和工具选项板，用户可以建立自己的个性化图库，也可以利用别人提供的强大资源快速准确地进行图形设计；利用 CAD 标准管理器、图纸集管理器和标记集管理器，用户可以有效地协同统一管理整个系统的图形文件。

本章主要介绍查询工具、设计中心、工具选项板、CAD 标准、图纸集、标记集等知识。

重点与难点

- ➡ 设计中心
- ➡ 工具选项板
- ➡ 对象查询

9.1 设计中心

使用AutoCAD设计中心可以很容易地组织设计内容，并把它们拖动到自己的图形中。可以使用AutoCAD设计中心窗口的内容显示框，来观察用AutoCAD设计中心资源管理器所浏览资源的细目，如图9-1所示。在该图中，左侧为AutoCAD设计中心的资源管理器，右侧为AutoCAD设计中心的内容显示框。其中上面窗口为文件显示框，中间窗口为图形预览显示框，下面窗口为说明文本显示框。

图 9-1 AutoCAD 设计中心的资源管理器和内容显示区

9.1.1 启动设计中心

执行方式

命令行：ADCENTER（快捷命令：ADC）

菜单栏："工具" → "选项板" → "设计中心"

工具栏：单击"标准"工具栏中的"设计中心"按钮▦

快捷键：Ctrl + 2

功能区：单击"视图"选项卡"选项板"面板中的"设计中心"按钮▦

执行上述操作后，系统打开"设计中心"选项板。第一次启动设计中心时，默认打开的选项卡为"文件夹"选项卡。内容显示区采用大图标显示，左边的资源管理器采用树状显示方式显示系统的树形结构，在用户浏览资源的同时，内容显示区将显示所浏览资源的细目或有关内容。

可以利用鼠标拖动边框的方法来改变AutoCAD设计中心资源管理器和内容显示区以及AutoCAD绘图区的大小，但内容显示区的最小尺寸应能显示两列大图标。

如果要改变AutoCAD设计中心的位置，可以按住鼠标左键拖动它，松开鼠标左键后，AutoCAD设计中心便处于当前位置，到新位置后仍可用鼠标改变各窗口的大小。也可以通过设计中心边框左上方的"自动隐藏"按钮▮▮来隐藏设计中心。

9.1.2 插入图块

在利用AutoCAD绘制图形时，可以将图块插入图形当中。将一个图块插入图形中时，块定义就被复制到图形数据库当中。在一个图块被插入图形之后，如果原来的图块被修改，则插入图形当中的图块也随之改变。

当其他命令正在执行时，不能插入图块到图形当中。例如，如果在插入块时，在提示行正在执行一个命令，此时光标变成一个带斜线的圆，提示操作无效。另外，一次只能插入一个图块。AutoCAD设计中心提供了插入图块的两种方法："利用鼠标指定比例和旋转方式"和"精确指定坐标、比例和旋转角度方式"。

1. 利用鼠标指定比例和旋转方式插入图块

系统根据光标拉出的线段长度、角度确定比例与旋转角度，插入图块的步骤如下。

（1）从文件夹列表或查找结果列表中选择要插入的图块，按住鼠标左键，将其拖动到打开的图形中。松开鼠标左键，此时选择的对象被插入当前打开的图形当中。利用当前设置的捕捉方式，可以将对象插入任何存在的图形当中。

（2）在绘图区单击指定一点作为插入点，移动鼠标，光标位置与插入点之间距离为缩放比例，单击确定比例。采用同样的方法确定旋转角度：移动鼠标，光标指定位置和插入点的连线与水平线的夹角为旋转角度。被选择的对象就根据光标指定的比例和角度插入到图形当中。

2. 精确指定坐标、比例和旋转角度方式插入图块

利用该方法可以设置插入图块的参数，插入图块的步骤如下。

（1）从文件夹列表或查找结果列表框中选择要插入的对象，拖动对象到打开的图形中。

（2）单击鼠标右键，可以选择快捷菜单中的"缩放""旋转"等命令，如图9-2所示。

图9-2 快捷菜单

（3）在相应的命令行提示下输入比例和旋转角度等数值，被选择的对象根据指定的参数插入图形当中。

9.1.3 图形复制

1. 在图形之间复制图块

利用AutoCAD设计中心可以浏览和装载需要复制的图块，然后将图块复制到剪贴板中，再利用剪贴板将图块粘贴到图形当中，具体方法如下。

（1）在"设计中心"选项板选择需要复制的图块，单击鼠标右键，选择快捷菜单中的"复制"命令。

（2）将图块复制到剪贴板上，然后通过"粘贴"命令粘贴到当前图形上。

2. 在图形之间复制图层

利用AutoCAD设计中心可以将任何一个图形的图层复制到其他图形。如果已经绘制了一个包括设计所需的所有图层的图形，在绘制新图形的时候，可以新建一个图形，并通过AutoCAD设计中心将已有的图层复制到新的图形当中，这样可以节省时间，并保证图形间的一致性。现介绍图形之间复制图层的两种方法。

（1）拖动图层到已打开的图形。确认要复制图层的目标图形文件被打开，并且是当前的图形文件。在"设计中心"选项板中选择要复制的一个或多个图层，按住鼠标左键拖动图层到打开的图形文件，松开鼠标后选择的图层即被复制到打开的图形当中。

（2）复制或粘贴图层到打开的图形。确认要复制图层的图形文件被打开，并且是当前的图形文件。在"设计中心"选项板中选择要复制的一个或多个图层，单击鼠标右键，选择快捷菜单中的"复制"命令。如果要粘贴图层，确认粘贴的目标图形文件被打开，并为当前文件。

9.2 工具选项板

"工具选项板"中的选项卡提供了组织、共享和放置块及填充图案的有效方法。"工具选项板"还可以包含由第三方开发人员提供的自定义工具。

9.2.1 打开工具选项板

执行方式

命令行：TOOLPALETTES（快捷命令：TP）
菜单栏："工具"→"选项板"→"工具选项板"
工具栏：单击"标准"工具栏中的"工具选项

板窗口"按钮

快捷键：Ctrl + 3

功能区：单击"视图"选项卡"选项板"面板中的"工具选项板"按钮

执行上述操作后，系统将自动打开工具选项板，如图9-3所示。

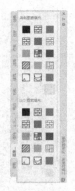

图 9-3 工具选项板

在工具选项板中，系统设置了一些常用图形选项卡，这些常用图形可以方便用户绘图。

> **注意** 用户还可以将常用命令添加到工具选项板中。"自定义"对话框打开后，就可以将工具按钮从工具栏拖到工具选项板中，或将工具从"自定义用户界面（CUI）"编辑器拖到工具选项板中。

9.2.2 新建工具选项板

用户可以创建新的工具选项板，这样有利于个性化作图，也能够满足特殊作图需要。

执行方式

命令行：CUSTOMIZE
菜单栏："工具"→"自定义"→"工具选项板"
功能区：单击"管理"选项卡"自定义设置"面板中的"工具选项板"按钮

执行上述操作后，系统将打开"自定义"对话框，如图9-4所示。

图 9-4 "自定义"对话框

在"选项板"列表框中单击鼠标右键，打开快捷菜单，选择"新建选项板"命令，如图9-5所示。在"选项板"列表框中出现一个"新建选项板"，可以为新建的工具选项板命名，确定后工具选项板中就增加了一个新的选项卡，如图9-6所示。

图 9-5 选择"新建选项板"命令

图 9-6 新建选项卡

9.2.3 向工具选项板中添加内容

将图形、块和图案填充从设计中心拖动到工具选项板中。例如，在Designcenter文件夹上单击鼠标右键，系统打开快捷菜单，选择"创建块的工具选项板"命令，如图9-7（a）所示。设计中心中储存的图元就出现在工具选项板中新建的Designcenter选项卡上，如图9-7（b）所示。这样就可以将设计中心与工具选项板结合起来，创建一个快捷方便的工具选项板。将工具选项板中的图形拖动到另一个图形中时，图形将作为块插入。

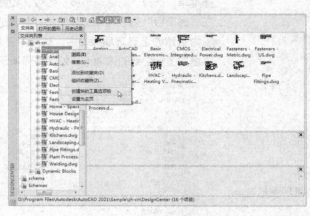

| （a） | （b） |

图 9-7　将储存图元创建成 "设计中心" 工具选项板

9.3　对象查询

对象查询的菜单命令集中在 "工具→查询" 菜单中，如图9-8所示。而其工具栏命令则主要集中在 "查询" 工具栏中，如图9-9所示。

图 9-8　"工具→查询" 菜单

图 9-9　"查询" 工具栏

9.3.1　查询距离

执行方式

命令行：DIST

菜单栏："工具" → "查询" → "距离"

工具栏：查询→距离

功能区：单击 "默认" 选项卡 "实用工具" 面板中的 "测量" 下拉列表下的 "距离" 按钮

操作步骤

命令行提示如下。

```
命令：_MEASUREGEOM ✓
输入一个选项 [距离(D)/半径(R)/角度(A)/面积
(AR)/体积(V)/快速(Q)/模式(M)/退出(X)] <
距离>：_distance
指定第一点：
指定第二个点或 [多个点(M)]：
距离 = 65.3123，XY 平面中的倾角 = 0，与 XY
平面的夹角 = 0
X 增量 = 65.3123，Y 增量 = 0.0000，Z 增量 =
0.0000
输入一个选项 [距离(D)/半径(R)/角度(A)/面积
(AR)/体积(V)/快速(Q)/模式(M)/退出(X)] <距离>：
```

面积、面域/质量特性的查询与距离查询类似，不再赘述。

9.3.2　查询对象状态

执行方式

命令行：STATUS

菜单栏："工具" → "查询" → "状态"

操作步骤

执行上述命令后，若命令行关闭，则系统自动打开AutoCAD文本窗口，显示当前所有文件的状态，包括文件中的各种参数状态以及文件所在磁盘的使用状态，如图9-10所示。若命令行打开，则在命令行显示当前所有文件的状态。

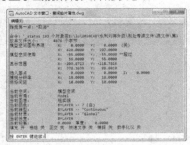

图 9-10　文本显示窗口

列表显示、点坐标、时间、系统变量等查询工具与查询对象状态方法和功能相似，不再赘述。

 实例教学

下面以图9-11所示的法兰盘零件图为例，介绍查询命令的使用方法。

图 9-11　法兰盘零件图

STEP 绘制步骤

❶ 打开随书资源中的"源文件\第9章\法兰盘零件图.dwg"图形文件，如图9-11所示，选择菜单栏中的"工具"→"查询"→"点坐标"命令。命令行提示如下。

```
命令：'_id
指定点：（选择法兰盘中心点）
指定点：X = 924.3817    Y = 583.4961   Z =
0.0000
```

要进行更多查询，重复以上步骤即可。

❷ 选择菜单栏中的"工具"→"查询"→"距离"命令，或单击"默认"选项卡"实用工具"面板中的"测量"下拉列表下的"距离"按钮。命令行提示如下。

```
命令：_MEASUREGEOM
输入一个选项［距离 (D) / 半径 (R) / 角度 (A) / 面积
(AR) / 体积 (V) / 快速 (Q) / 模式 (M) / 退出 (X)］
```

```
<距离 >：_distance
指定第一点：（选择法兰盘边缘左下角的小圆圆心，
图9-12中1点）
指定第二个点或［多点 M］：（选择法兰盘中心点，
图9-12中2点）
距离 = 55.0000，XY 平面中的倾角 = 30，  与
XY 平面的夹角 = 0
X 增量 = 47.6314，  Y 增量 = 27.5000，
Z 增量 = 0.0000
```

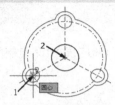

图 9-12　查询法兰盘两点间距离

查询结果的各个选项说明如下。

• 距离：两点之间的三维距离。

• *XY*平面中的倾角：两点之间连线在*XY*平面上的投影与*X*轴的夹角。

• 与*XY*平面的夹角：两点之间连线与*XY*平面的夹角。

• *X*增量：第2点*X*坐标相对于第1点*X*坐标的增量。

• *Y*增量：第2点*Y*坐标相对于第1点*Y*坐标的增量。

• *Z*增量：第2点*Z*坐标相对于第1点*Z*坐标的增量。

❸ 选择菜单栏中的"工具"→"查询"→"面积"命令，或单击"默认"选项卡"实用工具"面板中的"测量"下拉列表下的"面积"按钮。命令行提示如下。

```
命令：_MEASUREGEOM
输入一个选项［距离 (D) / 半径 (R) / 角度 (A) / 面积
(AR) / 体积 (V) / 快速 (Q) / 模式 (M) / 退出 (X)］<
距离 >：_area
指定第一个角点或［ 对象 (O) / 增加面积 (A) / 减少
面积 (S) / 退出 (X)］<对象 (O)>：（选择法兰盘上1
点，如图9-13所示）
指定下一个点或［圆弧 (A) / 长度 (L) / 放弃 (U)］：
（选择法兰盘上2点，如图9-13所示）
指定下一个点或［圆弧 (A) / 长度 (L) / 放弃 (U)］：
（选择法兰盘上3点，如图9-13所示）
指定下一个点或［圆弧 (A) / 长度 (L) / 放弃 (U) / 总计
(T)］<总计 >：（选择法兰盘上1点，如图9-13所示）
指定下一个点或［圆弧 (A) / 长度 (L) / 放弃 (U) /
总计 (T)］<总计 >：✓
区域 = 3929.5903，周长 = 285.7884
```

图 9-13　查询法兰盘三点形成的面的周长及面积

9.4 综合演练——绘制居室布置平面图

利用设计中心和工具选项板绘制图9-14所示的居室布置平面图。

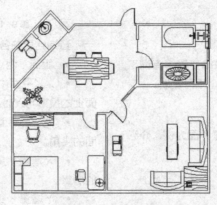

图 9-14　居室布置平面图

STEP 绘制步骤

❶ 利用前面介绍的绘图命令与编辑命令绘制住房结构截面图。其中，进门为餐厅，左手边为厨房，右手边为卫生间，正对面为客厅，客厅左边为寝室。

❷ 单击"视图"选项卡"选项板"面板中的"工具选项板"按钮，打开"工具选项板"，如图 9-15 所示。在工具选项板中单击鼠标右键，选择快捷菜单中的"新建选项板"命令，创建新的工具选项板选项卡并命名为"住房"，如图 9-16 所示。

❸ 单击"视图"选项卡"选项板"面板中的"设计中心"按钮，打开"设计中心"选项板，将设计中心中的"Kitchens""House Designer""Home-Space Planner"图块拖动到"工具"选项板的"住房"选项卡中，如图 9-17 所示。

图 9-15　工具选项板

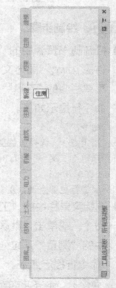

图 9-16　新建工具选项板

（a） （b）

图 9-17 向工具选项板中添加设计中心图块

❹ 布置餐厅。将工具选项板中的"Home-Space Planner"图块拖动到当前图形中，利用缩放命令调整所插入的图块与当前图形的相对大小，如图 9-18 所示。对该图块进行分解操作，将"Home-Space Planner"图块分解成单独的小图块集。将图块集中的"饭桌"和"植物"图块拖动到餐厅中的适当位置，如图 9-19 所示。

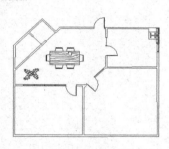

图 9-19 布置餐厅

❺ 重复第（4）步的方法布置其他房间。最终绘制结果如图 9-14 所示。

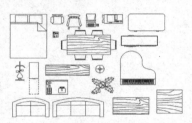

图 9-18 将图块拖动到当前图形

9.5 上机实验

【实验1】利用工具选项板绘制轴承

1. 目的要求

如图9-20所示，工具选项板最大的优点是简捷、方便、集中，读者可以在某个专门工具选项板上组织需要的素材，快速简便地绘制图形。通过本例图形的绘制，读者应掌握灵活利用工具选项板进行快速绘图的方法。

图 9-20 绘制轴承

2. 操作提示

（1）打开工具选项板，在工具选项板的"机械"选项卡中选择"滚珠轴承"图块，插入新建空白图形，通过快捷菜单进行缩放。

（2）利用"图案填充"命令对图形剖面进行填充。

【实验2】利用设计中心创建一个常用机械零件工具选项板，并利用该选项板绘制盘盖组装图

1. 目的要求

如图9-21所示，设计中心与工具选项板的优点是能够建立一个完整的图形库，并且能够快速简

洁地绘制图形。通过本例组装图形的绘制，读者应掌握利用设计中心创建工具选项板的方法。

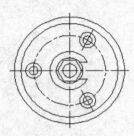

图 9-21　盘盖组装图

2. 操作提示

（1）打开设计中心与工具选项板。

（2）创建一个新的工具选项板选项卡。

（3）在设计中心查找已经绘制好的常用机械零件图。

（4）将查找到的常用机械零件图拖入新创建的工具选项板选项卡中。

（5）打开一个新图形文件。

（6）将需要的图形文件模块从工具选项板上拖入当前图形中，并进行适当的缩放、移动、旋转等操作。最终完成的结果如图9-21所示。

第三篇　三维绘图

第 10 章

绘制和编辑三维网格

在本章中，我们开始学习有关 AutoCAD 2021 三维的绘图知识。本章主要讲解三维坐标系统的应用，观察模式的设置，以及基本三维曲面和三维网格曲面的绘制。

重点与难点

- 三维坐标系统
- 观察模式
- 绘制基本三维网格
- 绘制三维网格曲面

10.1 三维坐标系统

AutoCAD 2021使用的是笛卡尔坐标系。其使用的直角坐标系有两种类型，一种是世界坐标系（WCS），另一种是用户坐标系（UCS）。绘制二维图形时，常用的坐标系，即世界坐标系（WCS），由系统默认提供。世界坐标系又称通用坐标系或绝对坐标系，对于二维绘图来说，世界坐标系足以满足要求。为了方便创建三维模型，AutoCAD 2021允许用户根据自己的需要设定坐标系，即用户坐标系（UCS）。

10.1.1 右手法则与坐标系

在AutoCAD中通过右手法则确定直角坐标系Z轴的正方向和绕轴线旋转的正方向，称为"右手定则"。这是因为用户只需要简单地使用右手就可确定所需要的坐标信息。

在AutoCAD中输入坐标时可采用绝对坐标和相对坐标两种格式。

绝对坐标格式：X,Y,Z；相对坐标格式：$@X,Y,Z$。

AutoCAD可以用柱坐标和球坐标定义点的位置。

柱面坐标系统类似于2D极坐标输入，由该点在XY平面的投影点到Z轴的距离、该点与坐标原点的连线在XY平面的投影与X轴的夹角及该点沿Z轴的距离来定义。格式如下。

绝对坐标形式：XY 距离 < 角度，z 距离；相对坐标形式：@ XY 距离 < 角度，z 距离

例如，绝对坐标10<60，10 表示在XY平面的投影点距离Z轴10个单位，该投影点与原点在XY平面的连线相对于X轴的夹角为60°，沿Z轴离原点20个单位的一个点，如图10-1所示。

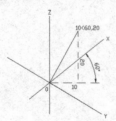

图10-1 柱面坐标

球面坐标系统中，3D球面坐标的输入也类似于2D极坐标的输入。球面坐标系统由坐标点到原点的距离、该点与坐标原点的连线在XY平面内的投影与 X 轴的夹角以及该点与坐标原点的连线与XY平面的夹角来定义。具体格式如下。

绝对坐标形式：XYZ 距离 < XY平面内投影角度 < 与 XY 平面夹角

或相对坐标形式：@ XYZ 距离 < XY 平面内投影角度 < 与 XY 平面夹角

例如，坐标10<60<15表示该点距离原点为10个单位，与原点连线的投影在XY平面内与X轴的夹角为60°，连线与XY平面的夹角为15°，如图10-2所示。

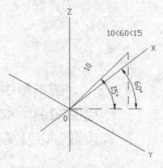

图10-2 球面坐标

10.1.2 创建坐标系

在三维绘图的过程中，有时根据操作的要求，需要转换坐标系，这个时候就需要新建一个坐标系来取代原来的坐标系。具体操作方法如下。

执行方式

命令行：UCS

菜单栏："工具"→"新建UCS"

工具栏：单击"UCS"工具栏中的"UCS"按钮 ⌐。

功能区：单击"视图"选项卡"坐标"面板中的"UCS"按钮 ⌐。

操作步骤

命令行提示如下。

```
命令：_ucs
当前 UCS 名称：* 世界 *
指定 UCS 的原点或 [面(F)/命名(NA)/对象(OB)/上一个(P)/视图(V)/世界(W)/X/Y/Z/Z轴(ZA)] <世界>：
```

选项说明

（1）指定UCS的原点：使用一点、两点或三点定义一个新的UCS。如果指定单个点1，当前UCS的原点将会移动而不会更改X、Y和Z轴的方向。选择该选项，命令行提示如下。

> 指定 X 轴上的点或 <接受>：继续指定X轴通过的点2或直接按<Enter>键，接受原坐标系X轴为新坐标系的X轴
> 指定 XY 平面上的点或 <接受>：继续指定XY平面通过的点3以确定Y轴或直接按<Enter>键，接受原坐标系XY平面为新坐标系的XY平面，根据右手法则，相应的Z轴也同时确定

示意图如图10-3所示。

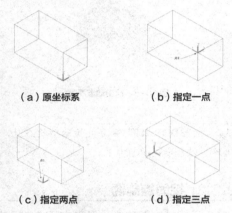

（a）原坐标系　　　　（b）指定一点

（c）指定两点　　　　（d）指定三点

图10-3　指定原点

（2）面（F）：将UCS与三维实体的选定面对齐。要选择一个面，请在此面的边界内或面的边上单击，被选中的面将亮显，UCS的X轴将与找到的第一个面上最近的边对齐。选择该选项，命令行提示如下。

> 选择实体面、曲面或网格：选择面
> 输入选项 [下一个 (N)/X 轴反向 (X)/Y 轴反向 (Y)] <接受>：✓（结果如图10-4所示）

图10-4　选择面确定坐标系

如果选择"下一个"选项，系统将 UCS 定位于邻接的面或选定边的后向面。

（3）对象（OB）：根据选定的三维对象定义新的坐标系，如图10-5所示。新建UCS的拉伸方向（Z轴正方向）与选定对象的拉伸方向相同。选择该

选项，命令行提示如下。

> 选择对齐 UCS 的对象：选择对象

图10-5　选择对象确定坐标系

对于大多数对象，新UCS的原点位于离选定对象最近的顶点处，并且X轴与一条边对齐或相切。对于平面对象，UCS的XY平面与该对象所在的平面对齐。对于复杂对象，将重新定位原点，但是轴的当前方向保持不变。

（4）视图（V）：以垂直于观察方向（平行于屏幕）的平面为XY平面，创建新的坐标系。UCS原点保持不变。

（5）世界（W）：将当前用户坐标系设置为世界坐标系。WCS是所有用户坐标系的基准，不能被重新定义。

> 注意　该选项不能用于下列对象：三维多段线、三维网格和构造线。

（6）X、Y、Z：绕指定轴旋转当前UCS。

（7）Z轴（ZA）：利用指定的Z轴正半轴定义UCS。

10.1.3 动态坐标系

打开动态坐标系的具体操作方法是按下状态栏中的"允许/禁止动态UCS"按钮。可以使用动态UCS在三维实体的平整面上创建对象，而无须手动更改UCS方向。在执行命令的过程中，当将光标移动到面上方时，动态UCS会临时将UCS的XY平面与三维实体的平整面对齐，如图10-6所示。

动态UCS激活后，指定的点和绘图工具（如极轴追踪和栅格）都将与动态UCS建立的临时UCS相关联。

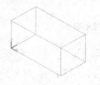

（a）原坐标系　　（b）绘制圆柱体时的动态坐标系

图10-6　动态 UCS

10.2 观察模式

AutoCAD 2021大大增强了图形的观察功能，在增强原有的动态观察功能和相机功能的前提下，又增加了控制盘和视图控制器等功能。

10.2.1 动态观察

AutoCAD 2021提供了具有交互控制功能的三维动态观测器，利用三维动态观测器，用户可以实时地控制和改变当前视口中创建的三维视图，以得到期望的效果。动态观察分为3类：受约束的动态观察、自由动态观察和连续动态观察。下面以自由动态观察为例进行具体介绍。

执行方式

命令行：3DFORBIT

菜单栏："视图"→"动态观察"→"自由动态观察"

快捷菜单：启用交互式三维视图后，在视口中单击鼠标右键，打开快捷菜单，选择"自由动态观察"命令（见图10-7）

工具栏：单击"动态观察"工具栏中的"自由动态观察"按钮 或"三维导航"工具栏中的"自由动态观察"按钮

功能区：单击"视图"选项卡"导航"面板中"动态观察"下拉按钮，在弹出的下拉列表中选择"自由动态观察"选项。

图10-7 快捷菜单

执行上述操作后，在当前视口出现一个绿色的大圆，在大圆上有4个绿色的小圆，如图10-8所示。此时拖动鼠标就可以对视图进行旋转观察。

在三维动态观测器中，查看目标的点被固定，

用户可以利用鼠标控制相机绕观察对象运动以得到动态的观测效果。当光标在绿色大圆的不同位置移动时，光标的表现形式不同，视图的旋转方向也不同。视图的旋转是由光标的表现形式和其位置决定的，光标在不同位置有 几种表现形式，可分别对对象进行不同形式的旋转。

图10-8 自由动态观察

> **注意** "3DORBIT"命令处于活动状态时，无法编辑对象。

10.2.2 视图控制器

使用视图控制器功能，可以方便地转换方向视图。

执行方式

命令行：NAVVCUBE

操作步骤

命令行提示如下。

命令：NAVVCUBE ↙
输入选项 [开（ON）/关（OFF）/设置（S）]＜ON＞：

上述命令控制视图控制器的打开与关闭，当该功能开启时，绘图区的右上角将自动显示视图控制器，如图10-9所示。

图10-9 显示视图控制器

单击控制器的显示面或指示箭头，界面图形将自动转换到相应的方向视图。图 10-10 所示为单击控制器"上"面后，系统转换到上视图的情形。单击控制器上的按钮 ⬆，系统回到西南等轴测视图。

还有其他一些三维模型观察模式，这里不再赘述，读者可自行练习体会。

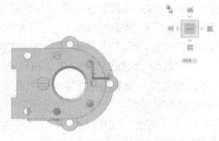

图 10-10　单击控制器"上"面后的视图

10.3　绘制基本三维网格

基本三维网格图元与三维基本形体表面类似，有长方体表面、圆柱体表面、棱锥面、楔体表面、球面、圆锥面、圆环面等。

10.3.1　绘制网格长方体

执行方式

命令行：_.MESH

菜单栏："绘图"→"建模"→"网格"→"图元"→"长方体"

工具栏：单击"平滑网格图元"工具栏中的"网格长方体"按钮 ▦

功能区：单击"三维工具"选项卡"建模"面板中的"网格长方体"按钮 ▦

操作步骤

命令：_.MESH
当前平滑度设置为：0
输入选项　[长方体（B）/圆锥体（C）/圆柱体（CY）/棱锥体（P）/球体（S）/楔体（W）/圆环体（T）/设置（SE）]　<长方体>：_BOX
指定第一个角点或［中心（C）］：（给出长方体角点）
指定其他角点或［立方体（C）/长度（L）］：（给出长方体其他角点）
指定高度或［两点（2P）］：（给出长方体的高度）

选项说明

（1）指定第一个角点/角点：设置网格长方体的第一个角点。

（2）中心（C）：设置网格长方体的中心。

（3）立方体（C）：将长方体的所有边设置为长度相等。

（4）宽度：设置网格长方体沿 Y 轴的宽度。

（5）高度：设置网格长方体沿 Z 轴的高度。

（6）两点（高度）：基于两点之间的距离设置高度。

10.3.2　绘制网格圆锥体

执行方式

命令行：_.MESH

菜单栏："绘图"→"建模"→"网格"→"图元"→"圆锥体"

工具栏：单击"平滑网格图元"工具栏中的"网格圆锥体"按钮 ◭

功能区：单击"三维工具"选项卡"建模"面板中的"网格圆锥体"按钮 ◭

操作步骤

命令：_.MESH
当前平滑度设置为：0
输入选项　[长方体（B）/圆锥体（C）/圆柱体（CY）/棱锥体（P）/球体（S）/楔体（W）/圆环体（T）/设置（SE）]　<长方体>：_CONE
指定底面的中心点或［三点（3P）/两点（2P）/切点、切点、半径（T）/椭圆（E）]：
指定底面半径或［直径（D）]：
指定高度或［两点（2P）/轴端点（A）/顶面半径（T）]　<100.0000>：

选项说明

（1）指定底面的中心点：设置网格圆锥体底面的中心点。

（2）三点（3P）：通过指定三点设置网格圆锥体的位置、大小和平面。

（3）两点（直径）：根据两点定义网格圆锥体的底面直径。

（4）切点、切点、半径（T）：定义具有指定半径，且半径与两个对象相切的网格圆锥体的底面。

（5）椭圆（E）：指定网格圆锥体的椭圆底面。

（6）指定底面半径：设置网格圆锥体底面的半径。

（7）指定直径：设置圆锥体的底面直径。

（8）指定高度：设置网格圆锥体沿与底面所在平面垂直的轴的高度。

（9）两点（高度）：通过指定两点之间的距离定义网格圆锥体的高度。

（10）指定轴端点：设置圆锥体顶点的位置，或圆锥体平截面顶面的中心位置。轴端点的方向可以为三维空间中的任意位置。

（11）指定顶面半径：指定创建圆锥体平截面时圆锥体的顶面半径。

其他基本三维网格图元，比如网格圆柱体、网格棱锥体、网格球体、网格楔体、网格圆环体等的绘制方法与网格圆锥体类似，这里不再赘述。

 实例教学

下面以图10-11所示的足球门为例，介绍网格圆锥体命令的使用方法。

图10-11 足球门

STEP 绘制步骤

❶ 选择菜单栏中的"视图"→"三维视图"→"视点"命令，对视点进行设置。命令行提示如下。

```
命令：_vpoint
当前视图方向：VIEWDIR=0.0000,0.0000,1.0000
指定视点或 [旋转(R)] <显示指南针和三轴架>：
1,0.5,-0.5↙
```

❷ 单击"默认"选项卡"绘图"面板中的"直线"按钮 ╱，在命令行提示下依次输入（150,0,0）（@-150,0,0）（@0,0,260）（@0,300,0）（@0,0,-260）（@150,0,0），绘制连续线段。再次执行"直线"命令，在命令行提示下依次输入（0,0,260）（@70,0,0），绘制线段。继续执行"直线"命令，在命令行提示下依次输入（0,300,260）（@70,0,0），绘制线段，绘制结果如图10-12所示。

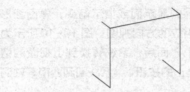

图10-12 绘制直线

❸ 单击"默认"选项卡"绘图"面板中的"圆弧"按钮 ╱，绘制两段圆弧，端点坐标分别为｛（150,0）（200,150）（150,300）｝和｛（70,0,260）（50,150）（70,300）｝，绘制结果如图10-13所示。

图10-13 绘制圆弧

❹ 调整当前坐标系，选择菜单栏中的"工具"→"新建UCS"→"X"命令。命令行提示如下。

```
命令：_ucs
当前UCS名称：*世界*
指定UCS的原点或 [面(F)/命名(NA)/对象(OB)/上一个(P)/视图(V)/世界(W)/X/Y/Z/Z轴(ZA)] <世界>：_x
指定绕X轴的旋转角度 <90>：↙
```

单击"默认"选项卡"绘图"面板中的"圆弧"按钮 ╱，绘制两段圆弧，端点坐标分别为｛（150,0）（50,130）（70,260）｝和｛（150,0,-300）（50,130）（70,260）｝，绘制结果如图10-14所示。

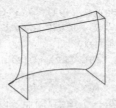

图10-14 绘制圆弧

❺ 在命令行输入"SURFTAB1""SURFTAB2"，绘制边界曲面，设置网格数。命令行提示如下。

```
命令：surftab1 ↙
输入 SURFTAB1 的新值 <6>：8 ↙
命令：surftab2 ↙
输入 SURFTAB2 的新值 <6>：5 ↙
```

❻ 选择菜单栏中的"绘图"→"建模"→"网格"→"边

界网格"命令，命令行提示如下。

```
命令：_edgesurf
当前线框密度：SURFTAB1=8 SURFTAB2=5
选择用作曲面边界的对象 1： 选择第一条边界线
选择用作曲面边界的对象 2： 选择第二条边界线
选择用作曲面边界的对象 3： 选择第三条边界线
选择用作曲面边界的对象 4： 选择第四条边界线
```

选择图形最左边的 4 条边，绘制结果如图 10-15 所示。

图 10-15　绘制边界曲面

❼ 重复上述命令，填充效果如图 10-16 所示。

图 10-16　填充效果

❽ 选择菜单栏中的"绘图"→"建模"→"网格"→"图元"→"圆柱体"命令，绘制门柱。命令行提示如下。

```
命令：_MESH
当前平滑度设置为：0
```

```
输入选项 [长方体 (B) / 圆锥体 (C) / 圆柱体 (CY) /
棱锥体 (P) / 球体 (S) / 楔体 (W) / 圆环体 (T) / 设置
(SE)] <长方体>：_CYLINDER
指定底面的中心点或 [三点 (3P) / 两点 (2P) / 切点、
切点、半径 (T) / 椭圆 (E)]：0,0,0 ✓
指定底面半径或 [直径 (D)]：5 ✓
指定高度或 [两点 (2P) / 轴端点 (A)]：A ✓
指定轴端点：0,260,0 ✓
命令：_MESH
当前平滑度设置为：0
输入选项 [长方体 (B) / 圆锥体 (C) / 圆柱体 (CY) /
棱锥体 (P) / 球体 (S) / 楔体 (W) / 圆环体 (T) / 设置
(SE)] <圆柱体>：_CYLINDER
指定底面的中心点或 [三点 (3P) / 两点 (2P) / 切点、
切点、半径 (T) / 椭圆 (E)]：0,0,-300 ✓
指定底面半径或 [直径 (D)]：5 ✓
指定高度或 [两点 (2P) / 轴端点 (A)]：A ✓
指定轴端点：@0,260,0 ✓
命令：_MESH
当前平滑度设置为：0
输入选项 [长方体 (B) / 圆锥体 (C) / 圆柱体 (CY) /
棱锥体 (P) / 球体 (S) / 楔体 (W) / 圆环体 (T) / 设置
(SE)] <圆柱体>：_CYLINDER
指定底面的中心点或 [三点 (3P) / 两点 (2P) / 切点、
切点、半径 (T) / 椭圆 (E)]：0,260,0 ✓
指定底面半径或 [直径 (D)]：5 ✓
指定高度或 [两点 (2P) / 轴端点 (A)]：A ✓
指定轴端点：@0,0,-300 ✓
```

最终绘制效果如图 10-11 所示。

10.4　绘制三维网格曲面

10.4.1　直纹网格

执行方式

命令行：RULESURF

菜单栏："绘图"→"建模"→"网格"→"直纹网格"

功能区：单击"三维工具"选项卡"建模"面板中的"直纹曲面"按钮 ◈

操作步骤

命令行提示如下。

```
命令：RULESURF ✓
当前线框密度：SURFTAB1= 当前值
选择第一条定义曲线：指定第一条曲线
选择第二条定义曲线：指定第二条曲线
```

下面生成一个简单的直纹曲面。首先选择菜单栏中的"视图"→"三维视图"→"西南等轴测"命令，将视图转换为"西南等轴测"，然后绘制图 10-17（a）所示的两个圆作为草图。执行直纹曲面命令"RULESURF"，分别选择绘制的两个圆作为第一条和第二条定义曲线，最后生成的直纹曲面如图 10-17（b）所示。

（a）作为草图的圆　　（b）生成的直纹曲面

图 10-17　绘制直纹曲面

10.4.2　平移网格

执行方式

命令行：TABSURF

菜单栏："绘图"→"建模"→"网格"→"平移网格"

功能区：单击"三维工具"选项卡"建模"面板中的"平移曲面"按钮 📎

操作步骤

命令行提示如下。

```
命令：TABSURF ✓
当前线框密度：SURFTAB1=6
选择用作轮廓曲线的对象：选择一个已经存在的轮廓曲线
选择用作方向矢量的对象：选择一个方向线
```

选项说明

（1）轮廓曲线：可以是直线、圆弧、圆、椭圆、二维或三维多段线。AutoCAD默认从轮廓曲线上离选定点最近的点开始绘制曲面。

（2）方向矢量：指出形状的拉伸方向和长度。在多段线或直线上选定的端点决定拉伸的方向。

选择图10-18（a）中的六边形为轮廓曲线对象，并以其中所绘制的直线为方向矢量绘制的图形，平移后的曲面如图10-18（b）所示。

（a）六边形和方向线　　　（b）平移后的曲面

图10-18　平移曲面

10.4.3　边界网格

执行方式

命令行：EDGESURF

菜单栏："绘图"→"建模"→"网格"→"边界网格"

功能区：单击"三维工具"选项卡"建模"面板中的"边界曲面"按钮 📌

操作步骤

命令行提示如下。

```
命令：EDGESURF ✓
当前线框密度：SURFTAB1=6 SURFTAB2=6
选择用作曲面边界的对象1：选择第一条边界线
选择用作曲面边界的对象2：选择第二条边界线
选择用作曲面边界的对象3：选择第三条边界线
选择用作曲面边界的对象4：选择第四条边界线
```

选项说明

系统变量SURFTAB1和SURFTAB2分别控制 M、N 方向的网格分段数。可通过在命令行输入"SURFTAB1"改变 M 方向的默认值，在命令行输入"SURFTAB2"改变 N 方向的默认值。

下面生成一个简单的边界曲面。首先选择菜单栏中的"视图"→"三维视图"→"西南等轴测"命令，将视图转换为"西南等轴测"，绘制4条首尾相连的边界，如图10-19（a）所示。在绘制边界的过程中，为了方便可以首先绘制一个基本三维表面中的立方体作为辅助立体，在它上面绘制边界，然后将其删除。执行边界曲面命令"EDGESURF"，分别选择绘制的4条边界，则得到图10-19（b）所示的边界曲面。

（a）边界曲线　　　（b）生成的边界曲面

图10-19　边界曲面

10.4.4　旋转网格

执行方式

命令行：REVSURF

菜单栏："绘图"→"建模"→"网格"→"旋转网格"

操作步骤

命令行提示如下。

```
命令：REVSURF ✓
当前线框密度：SURFTAB1=6 SURFTAB2=6
选择要旋转的对象：选择已绘制好的直线、圆弧、圆或二维、三维多段线
选择定义旋转轴的对象：选择已绘制好用作旋转轴的直线或是开放的二维、三维多段线
指定起点角度<0>：输入值或直接按<Enter>键接受默认值
指定夹角（+=逆时针，-=顺时针）<360>：输入值或直接按<Enter>键接受默认值
```

选项说明

（1）起点角度：如果设置为非零值，平面将从生成路径曲线位置的某个偏移处开始旋转。

（2）夹角：用来指定绕旋转轴旋转的角度。

（3）系统变量SURFTAB1和SURFTAB2：

用来控制生成网格的密度。SURFTAB1指定在旋转方向上绘制的网格线数目；SURFTAB2指定将绘制的网格线数目等分。

图10-20所示为利用REVSURF命令绘制的花瓶。

（a）轴线和回转轮廓线　　　（b）回转面

（c）调整视角

图10-20　绘制花瓶

 实例教学

下面以图10-21所示的弹簧为例，介绍旋转网格命令的使用方法。

图10-21　弹簧

STEP　**绘制步骤**

❶ 在命令行输入"UCS"，设置用户坐标系。命令行提示如下。

```
命令：UCS ↙
当前 UCS 名称：＊世界＊
指定 UCS 的原点或 [面(F)/命名(NA)/对象
(OB)/上一个(P)/视图(V)/世界(W)/X/Y/Z/Z
轴(ZA)]<世界>：200,200,0↙
指定 X 轴上的点或 <接受>：↙
```

❷ 单击"默认"选项卡"绘图"面板中的"多段线"按钮，以（0,0,0）为起点（@200<15）（@200<165）绘制多段线。重复上述步骤，结果如图10-22所示。

图10-22　绘制步骤 1

❸ 单击"默认"选项卡"绘图"面板中的"圆"按钮，指定多段线的起点为圆心，半径为"20"，结果如图 10-23 所示。

图10-23　绘制步骤 2

❹ 单击"默认"选项卡"修改"面板中的"复制"按钮。结果如图 10-24 所示。重复上述步骤，结果如图 10-25 所示。

图10-24　绘制步骤 3

图10-25　绘制步骤 4

❺ 单击"默认"选项卡"绘图"面板中的"直线"按钮，直线的起点为第一条多段线的中点，终点的坐标为（@50<105）。重复上述步骤，结果如图 10-26 所示。

图10-26　绘制步骤 5

❻ 单击"默认"选项卡"绘图"面板中的"直线"按钮，直线的起点为第二条多段线的中点，终点的坐标为（@50<75）。重复上述步骤，结果如图 10-27 所示。

图10-27　绘制步骤 6

❼ 在命令行输入"SURFTAB1"和"SUPFTAB2"，修改线条密度。

```
命令：SURFTAB1 ✓
输入 SURFTAB1 的新值<6>：12 ✓
命令：SURFTAB2 ✓
输入 SURFTAB2 的新值<6>：12 ✓
```

❽ 选择菜单栏中的"绘图"→"建模"→"网格"→"旋转网格"命令，旋转上述圆，结果如图 10-28 所示。命令行提示如下。

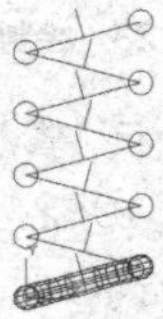

图 10-28　绘制步骤 7

```
命令：_revsurf
当前线框密度：SURFTAB1=12　SURFTAB2=12
选择要旋转的对象：
选择定义旋转轴的对象：
```

```
指定起点角度<0>：
　指定夹角（+= 逆时针，-= 顺时针）<360>：-180
```
重复上述步骤，依次将其他几个圆旋转 -180°，结果如图 10-29 所示。

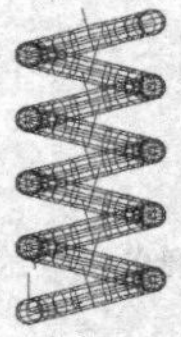

图 10-29　绘制步骤 8

❾ 单击"视图"选项卡"命名视图"面板中的"西南等轴测"按钮❖，切换视图。

❿ 单击"默认"选项卡"绘图"面板中的"删除"按钮 ，删除多余的线条。

⓫ 单击"视图"选项卡"视觉样式"面板中的"隐藏"按钮，对实体进行消隐。最终结果如图 10-21 所示。

10.5 综合演练——茶壶

　　分析图 10-30 所示的茶壶，壶嘴的建立是一个需要特别注意的环节，因为如果使用三维实体建模工具，很难建立起图示的实体模型，因而此例需要采用建立曲面的方法建立壶嘴的表面模型。壶把采用沿轨迹拉伸截面的方法生成，壶身则采用旋转曲面的方法生成。

图 10-30　茶壶

10.5.1 | 绘制茶壶拉伸截面

STEP 绘制步骤

❶ 选择菜单栏中的"格式"→"图层"命令，打开"图层特性管理器"对话框，如图 10-31 所示。利用"图层特性管理器"创建辅助线层和茶壶层。

图 10-31　"图层特性管理器"对话框

❷ 单击"默认"选项卡"绘图"面板中的"直线"按钮 ，在"辅助线"层上绘制一条竖直线段作为旋转轴，如图 10-32 所示。然后单击"视图"选项卡"导航"面板中的"范围"下拉列表下的"实时"图标 ，将所绘直线区域放大。

图 10-32　绘制旋转轴

❸ 将"茶壶"图层设置为当前图层。单击"默认"选项卡"绘图"面板中的"多段线"按钮 ，

绘制茶壶半轮廓线，如图 10-33 所示。

图 10-33　绘制茶壶半轮廓线

❹ 单击"默认"选项卡"修改"面板中的"镜像"按钮 ▲，将茶壶半轮廓线以辅助线为对称轴镜像复制到直线的另一侧。

❺ 单击"默认"选项卡"绘图"面板中的"多段线"按钮 ⚟，按照图 10-34 所示的样式绘制壶嘴和壶把轮廓线。

图 10-34　绘制壶嘴和壶把轮廓线

❻ 选择菜单栏中的"视图"→"三维视图"→"西南等轴测"命令，将当前视图切换为西南等轴测视图，如图 10-35 所示。

图 10-35　西南等轴测视图

❼ 在命令行输入"UCS"，设置用户坐标系，新建图 10-36 所示的坐标系。

图 10-36　新建坐标系

❽ 在命令行输入"UCSICON"，使用户坐标系不在茶壶嘴上显示，然后依次选择"n""非原点"。

❾ 在命令行输入"UCS"，设置用户坐标系，将坐标系绕 X 轴旋转 90°。单击"默认"选项卡"绘图"面板中的"圆弧"按钮 ⚟，在壶嘴处画一圆弧，如图 10-37 所示。

图 10-37　绘制壶嘴处圆弧

❿ 在命令行输入"UCS"，设置用户坐标系并新建坐标系。新坐标以壶嘴与壶体连接处的下端点为新的原点，以连接处的上端点为 X 轴，Y 轴方向取默认值。

⓫ 单击"默认"选项卡"绘图"面板中的"椭圆弧"按钮 ⚟，以壶嘴和壶体的两个交点作为圆弧的两个端点，选择合适的切线方向绘制图形，如图 10-38 所示。

图 10-38　绘制壶嘴与壶身交接处圆弧

10.5.2 | 拉伸茶壶截面

STEP 绘制步骤

❶ 在命令行输入"SURFTAB1""SURFTAB2"并将系统变量的值设为"20"，修改三维表面的显示精度。命令行提示如下。

```
命令：surftab1↙
输入 SURFTAB1 的新值 <6>：20↙
命令：surftab2↙
输入 SURFTAB2 的新值 <6>：20↙
```

❷ 选择菜单栏中的"绘图"→"建模"→"网格"→"边界网格"命令，绘制壶嘴曲面。命令行提示如下。

```
命令：_edgesurf
当前线框密度：SURFTAB1=6 SURFTAB2=6
选择用作曲面边界的对象 1：（依次选择壶嘴的 4 条边界线）
选择用作曲面边界的对象 2：（依次选择壶嘴的 4 条边界线）
选择用作曲面边界的对象 3：（依次选择壶嘴的 4 条边界线）
选择用作曲面边界的对象 4：（依次选择壶嘴的 4 条边界线）
```

结果如图 10-39 所示。

图 10-39　绘制壶嘴半曲面

❸ 选择菜单栏中的"修改"→"三维操作"→"三维镜像"

命令,创建壶嘴下半部分曲面,如图 10-40 所示。

❹ 在命令行输入"UCS",设置用户坐标系,新建坐标系。利用"捕捉到端点"的捕捉方式,选择壶把与壶体的上部交点作为新的原点,以壶把多段线的第一段直线的方向作为 X 轴正方向,按 <Enter> 键,接受 Y 轴的默认方向。

图 10-40 壶嘴下半部分曲面

❺ 在命令行输入"UCS",设置用户坐标系,将坐标系绕 Y 轴旋转 −90°,即沿顺时针方向旋转 90°,结果如图 10-41 所示。

图 10-41 新建坐标系

❻ 单击"默认"选项卡"绘图"面板中的"椭圆"按钮 ⬭,绘制壶把的椭圆截面,如图 10-42 所示。

图 10-42 绘制壶把的椭圆截面

❼ 单击"三维工具"选项卡"建模"面板中的"拉伸"按钮 🗐,将椭圆截面沿壶把轮廓线拉伸成壶把,如图 10-43 所示。

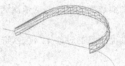

图 10-43 拉伸壶把

❽ 选择菜单栏中的"修改"→"对象"→"多段线"命令,将壶体轮廓线合并成一条多段线。

❾ 选择菜单栏中的"绘图"→"建模"→"网格"→"旋转网格"命令,旋转壶体曲线得到壶体表面。命令行提示如下。

```
命令: _revsurf
```

当前线框密度:SURFTAB1=20 SURFTAB2=20
选择要旋转的对象 1:(指定壶体轮廓线)
选择定义旋转轴的对象:(指定已绘制好的用作旋转轴的辅助线)
指定起点角度 <0>:✓
指定包含角度(+= 逆时针,−= 顺时针)<360>:✓
旋转结果如图 10-44 所示。

图 10-44 建立壶体表面

❿ 在命令行输入"UCS",设置用户坐标系,返回世界坐标系。然后再次执行"UCS"命令,将坐标系绕 X 轴旋转 −90°,如图 10-45 所示。

图 10-45 世界坐标系下的视图

⓫ 选择菜单栏中的"修改"→"三维操作"→"三维旋转"命令,将茶壶图形旋转 90°。

⓬ 关闭"辅助线"图层。单击"视图"选项卡"视觉样式"面板中的"隐藏"按钮 🖮,对模型进行消隐处理,结果如图 10-46 所示。

图 10-46 消隐处理后的茶壶模型

10.5.3 | 绘制茶壶盖

STEP 绘制步骤

❶ 在命令行输入"UCS",设置用户坐标系,新建坐标系,将坐标系切换到世界坐标系,并将坐标系放置在中心线端点。

❷ 单击"视图"选项卡"命名视图"面板中的"前视"按钮 🗐,单击"默认"选项卡"绘图"面板中的"多段线"按钮 ⌐,绘制壶盖轮廓线,如图 10-47 所示。

图 10-47　绘制壶盖轮廓线

❸ 选择菜单栏中的"绘图"→"建模"→"网格"→"旋转网格"命令，将上步绘制的多段线绕中心线旋转 360°。命令行提示如下。

```
命令：_revsurf
当前线框密度：SURFTAB1=20　SURFTAB2=20
选择要旋转的对象：选择上步绘制的多段线
选择定义旋转轴的对象：选择中心线
指定起点角度 <0>：↙
指定夹角 (+= 逆时针，-= 顺时针 ) <360>：↙
```

❹ 单击"视图"选项卡"命名视图"面板中的"西南等轴测"按钮❖，单击"视图"→"消隐"菜单项，将已绘制的图形消隐，结果如图 10-48 所示。

图 10-48　消隐处理后的壶盖模型

❺ 单击"视图"选项卡"命名视图"面板中的"前视"按钮📷，将视图方向设定为前视图，单击"默认"选项卡"绘图"面板中的"多段线"按钮⟋，绘制图 10-49 所示的多段线。

图 10-49　绘制壶盖上端

❻ 选择菜单栏中的"绘图"→"建模"→"网格"→"旋转网格"命令，将绘制好的多段线绕多段线旋转 360°，如图 10-50 所示。

图 10-50　所旋转网格

❼ 单击"视图"选项卡"命名视图"面板中的"西南等轴测"按钮❖，单击"视图"选项卡"视觉样式"面板中的"隐藏"按钮🖥，将已绘制的图形消隐，结果如图 10-51 所示。

图 10-51　茶壶消隐后的结果

❽ 单击"默认"选项卡"修改"面板中的"删除"按钮✐，选中视图中多余的线段并删除。

❾ 单击"默认"选项卡"修改"面板中的"移动"按钮✛，将壶盖向上移动，单击"视图"选项卡"视觉样式"面板中的"隐藏"按钮🖥，对实体进行消隐，如图 10-52 所示。

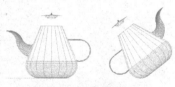

图 10-52　移动壶盖后

10.6　上机实验

【实验 1】利用三维动态观察器观察泵盖图形

1. 目的要求

如图 10-53 所示，为了更清楚地观察三维图形，了解三维图形各部分、各方位的结构特征，需要从不同视角观察三维图形，而利用三维动态观察器能够方便地对三维图形进行多方位观察。通过本例，读者应掌握从不同视角观察物体的方法。

图 10-53　泵盖

2. 操作提示

（1）打开三维动态观察器。

（2）灵活利用三维动态观察器的各种工具进行动态观察。

【实验2】绘制小凉亭

1. 目的要求

如图10-54所示，三维表面是构成三维图形的基本单元，灵活利用各种基本三维表面构建三维图形是三维绘图的关键技术与能力要求。通过本例，读者应熟练掌握各种三维表面绘制方法，体会构建三维图形的技巧。

2. 操作提示

（1）利用"三维视点"命令设置绘图环境。

图10-54　小凉亭

（2）利用"平移曲面"命令绘制凉亭的底座。

（3）利用"平移曲面"命令绘制凉亭的支柱。

（4）利用"阵列"命令得到其他的支柱。

（5）利用"多段线"命令绘制凉亭顶盖的轮廓线。

（6）利用"旋转"命令生成凉亭的顶盖。

第11章

三维实体绘制

三维实体绘制是绘图设计过程当中相当重要的一个环节。因为图形的主要作用是表达物体的外形，而物体的真实度则需三维建模来表现。因此，如果不进行三维建模，绘制出的图纸几乎都是"平面"的。

重点与难点

- 创建基本三维建模
- 布尔运算
- 特征操作
- 建模三维操作

11.1 创建基本三维建模

11.1.1 螺旋体

螺旋体是一种特殊的基本三维实体，如图11-1所示。

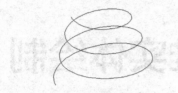

图 11-1 螺旋体

如果没有专门的命令，要绘制一个螺旋体是很困难的。AutoCAD提供了螺旋绘制功能来完成螺旋体的绘制。具体操作方法如下。

执行方式

命令行：HELIX

菜单栏："绘图"→"螺旋"

工具栏：单击"建模"工具栏中的"螺旋"按钮 ⬚

功能区：单击"默认"选项卡"绘图"面板中的"螺旋"按钮 ⬚

操作步骤

命令行提示如下。

命令：HELIX ✓
圈数 = 3.0000   扭曲=CCW
指定底面的中心点：（指定点）
指定底面半径或 [直径(D)] <1.0000>：（输入底面半径或直径）
指定顶面半径或 [直径(D)] <26.5531>：（输入顶面半径或直径）
指定螺旋高度或 [轴端点(A)/圈数(T)/圈高(H)/扭曲(W)] <1.0000>：

选项说明

（1）轴端点（A）：指定螺旋轴的端点位置。它定义了螺旋的长度和方向。

（2）圈数（T）：指定螺旋的圈（旋转）数。螺旋的圈数不能超过500。

（3）圈高（H）：指定螺旋内一个完整圈的高度。当指定圈高值时，螺旋中的圈数将相应地自动更新。

如果已指定螺旋的圈数，则不能输入圈高的值。

（4）扭曲（W）：指定是以顺时针（CW）方向还是以逆时针方向（CCW）绘制螺旋。螺旋扭曲的默认值是逆时针。

11.1.2 长方体

长方体是最简单的实体单元。下面讲述其绘制方法。

执行方式

命令行：BOX

菜单栏："绘图"→"建模"→"长方体"

工具栏：单击"建模"工具栏中的"长方体"按钮 ⬚

功能区：单击"默认"选项卡"建模"面板中的"长方体"按钮 ⬚

操作步骤

命令行提示如下。

命令：BOX ✓
指定第一个角点或 [中心(C)]：指定第一点或按<Enter>键表示原点是长方体的角点，或输入"c"表示中心点

选项说明

1. 指定第一个角点

用于确定长方体的一个顶点位置。选择该选项后，命令行提示如下。

指定其他角点或 [立方体(C)/长度(L)]： 指定第二点或输入选项

（1）角点：用于指定长方体的其他角点。输入另一角点的数值，即可确定该长方体。如果输入的是正值，则沿着当前UCS的X、Y和Z轴的正向绘制长度。如果输入的是负值，则沿着X、Y和Z轴的负向绘制长度。图11-2（a）所示为利用角点命令创建的长方体。

（2）立方体（C）：用于创建一个长、宽、高相等的长方体。图11-2（b）所示为利用立方体命令创建的长方体。

（3）长度（L）：按要求输入长、宽、高的值。图11-3所示为利用长度命令创建的长方体。

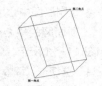

（a）利用角点命令创建的长方体

（b）利用立方体命令创建的长方体

图 11-2　创建长方体

图 11-3　利用长度命令创建的长方体

2. 中心点

利用指定的中心点创建长方体。图 11-4 所示为利用中心点命令创建的长方体。

图 11-4　利用中心点命令创建的长方体

 注意　如果在创建长方体时选择"立方体"或"长度"选项，则还可以在单击以指定长度时指定长方体在XY平面中的旋转角度；如果选择"中心点"选项，则可以通过指定中心点来创建长方体。

11.1.3 | 圆柱体

圆柱体也是一种简单的实体单元。下面讲述其绘制方法。

命令行：CYLINDER（快捷命令：CYL）

菜单栏："绘图"→"建模"→"圆柱体"

工具栏：单击"建模"工具栏中的"圆柱体"按钮

功能区：单击"三维工具"选项卡"建模"面板中的"圆柱体"

命令行提示如下。

```
命令：CYLINDER ↙
指定底面的中心点或 [ 三点 (3P)/ 两点 (2P)/
切点、切点、半径 (T)/ 椭圆（E）：
```

（1）中心点：先输入底面圆心的坐标，然后指定底面的半径和高度，此选项为系统的默认选项。AutoCAD 按指定的高度创建圆柱体，且圆柱体的中心线与当前坐标系的Z轴平行，如图 11-5 所示。也可以指定另一个端面的圆心来指定高度，AutoCAD 根据圆柱体两个端面的中心位置来创建圆柱体，该圆柱体的中心线就是两个端面的连线，如图 11-6 所示。

图 11-5　按指定高度创建圆柱体

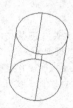

图 11-6　指定圆柱体另一个端面的中心位置

（2）椭圆（E）：创建椭圆柱体。椭圆端面的绘制方法与平面椭圆一样，创建的椭圆柱体如图 11-7 所示。

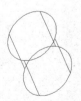

图 11-7　椭圆柱体

其他形体如楔体、圆锥体、球体、圆环体等

的基本建模方法,与长方体和圆柱体类似,不再赘述。

> **注意** 建模模型具有边和面,还有在其表面内由计算机确定的质量。与线框模型和曲面模型相比,建模模型的信息最完整,创建方式最直接。所以,在AutoCAD三维绘图中,建模模型的应用最为广泛。

实例教学

下面以图11-8所示的弯管接头为例,介绍圆柱体命令的使用方法。

图11-8 弯管接头

STEP 绘制步骤

❶ 单击"视图"选项卡"命名视图"面板中的"西南等轴测"按钮 ◈,设置视图方向。

❷ 单击"三维工具"选项卡"建模"面板中的"圆柱体"按钮 ▣,绘制底面中心点为(0,0,0)、半径为"20"、高度为"40"的圆柱体。命令行提示如下。

```
命令:_cylinder
指定底面的中心点或 [三点(3P)/两点(2P)/切点、切点、半径(T)/椭圆(E)]: 0,0,0 ✓
指定底面半径或 [直径(D)] <20.0000>: 20 ✓
指定高度或 [两点(2P)/轴端点(A)] <10.0000>: 40 ✓
```

结果如图11-9所示。

❸ 单击"三维工具"选项卡"建模"面板中的"圆柱体"按钮 ▣,绘制底面中心点为(0,0,40)、半径为"25"、高度为"-10"的圆柱体,如图11-10所示。

图11-9 绘制圆柱体   图11-10 绘制圆柱体

❹ 单击"三维工具"选项卡"建模"面板中的"圆

柱体"按钮 ▣,绘制底面中心点为(0,0,0)、半径为"20"、顶面圆的中心点为(40,0,0)的圆柱体,如图11-11所示。

❺ 单击"三维工具"选项卡"建模"面板中的"圆柱体"按钮 ▣,绘制底面中心点为(40,0,0)、半径为"25"、顶面圆的中心点为(@-10,0,0)的圆柱体,如图11-12所示。

图11-11 绘制圆柱体   图11-12 绘制圆柱体

❻ 单击"三维工具"选项卡"建模"面板中的"球体"按钮 ◯,绘制一个中心点在原点、半径为"20"的球体,如图11-13所示。

❼ 单击"视图"选项卡"视觉样式"面板中的"隐藏"按钮 ◉,对绘制好的建模进行消隐。此时窗口图形如图11-14所示。

图11-13 绘制球体   图11-14 弯管主体

❽ 单击"三维工具"选项卡"实体编辑"面板中的"并集"按钮 ◢,将上步绘制的所有建模模型组合为一个整体。此时窗口图形如图11-15所示。

❾ 单击"三维工具"选项卡"建模"面板中的"圆柱体"按钮 ▣,绘制底面中心点在原点、直径为"35"、高度为"40"的圆柱体,如图11-16所示。

图11-15 弯管主体   图11-16 绘制圆柱体

❿ 单击"三维工具"选项卡"建模"面板中的"圆柱体"按钮 ▣,绘制底面中心点在原点、直径为"35"、顶面圆的中心点为(40,0,0)的圆柱体,如图11-17所示。

⓫ 单击"三维工具"选项卡"建模"面板中的"球

体"按钮 ⬤，绘制一个中心点在原点、直径为"35"的球体，如图 11-18 所示。

图 11-17　绘制圆柱体　　　**图 11-18　绘制球体**

⓬ 单击"三维工具"选项卡"实体编辑"面板中的"差集"按钮 ⬤，对弯管和底面直径为"35"

的圆柱体、直径为"35"的球体进行布尔运算，如图 11-19 所示。

⓭ 单击"视图"选项卡"视觉样式"面板中的"隐藏"按钮 ⬤，对绘制好的建模进行消隐。此时图形如图 11-20 所示。最终绘制效果如图 11-8 所示。

图 11-19　差集运算　　　**图 11-20　弯管消隐图**

11.2　布尔运算

　　布尔运算在数学的集合运算中有广泛应用，AutoCAD 将该运算应用到了模型的创建过程中。用户可以对三维建模对象进行并集、交集、差集运算。三维建模的布尔运算与平面图形类似。图 11-21 所示为 3 个圆柱体进行交集运算后的图形。

（a）求交集前　　**（b）求交集后**　　**（c）交集后的立体图**
图 11-21　3 个圆柱体交集后的图形

> **注意**　如果某些命令第一个字母都相同的话，那么对于比较常用的命令，其快捷命令取第一个字母，其他命令的快捷命令可用 2 个或 3 个字母表示。例如"R"表示 Redraw，"RA"表示 Redrawall；"L"表示 Line，"LT"表示 LineType，"LTS"表示 LTScale。

🛰 实例教学

　　下面以图 11-22 所示的凸透镜为例，介绍布尔运算命令的使用方法。

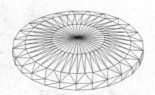

图 11-22　凸透镜

STEP　绘制步骤

❶ 单击"视图"选项卡"命名视图"面板中的"西南等轴测"按钮 ⬤，设置视图方向。

❷ 单击"三维工具"选项卡"建模"面板中的"圆柱体"按钮 ⬤，绘制一个圆柱体。命令行提示如下。

```
命令：_cylinder
指定底面的中心点或 [三点(3P)/两点(2P)/切点、
切点、半径(T)/椭圆(E)]:0,0,0 ✓
指定底面半径或 [直径(D)]：D ✓
指定底面直径：40 ✓
指定高度或 [两点(2P)/轴端点(A)]：100 ✓
```
结果如图 11-23 所示。

❸ 单击"三维工具"选项卡"建模"面板中的"球体"按钮 ⬤，绘制一个中心点在原点、半径为"55"的球体，如图 11-24 所示。

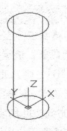　　

图 11-23　绘制圆柱体　　　**图 11-24　绘制球体**

❹ 单击"三维工具"选项卡"建模"面板中的"球体"按钮 ⬤，绘制一个中心点在（0,0,100）、半径为"55"的球体。

结果如图 11-25 所示。

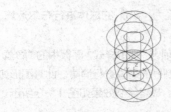

图 11-25 圆柱体和球体

❺ 单击"三维工具"选项卡"实体编辑"面板中的"交集"按钮 ⟲，对上面绘制的实体求交集。

❻ 单击"视图"选项卡"视觉样式"面板中的"隐藏"按钮 ⬢，对实体进行消隐。最终结果如图 11-22 所示。

11.3 特征操作

11.3.1 | 拉伸

执行方式

命令行：EXTRUDE（快捷命令：EXT）

菜单栏："绘图"→"建模"→"拉伸"

工具栏：单击"建模"工具栏中的"拉伸"按钮 🖥

功能区：单击"三维工具"选项卡"建模"面板中的"拉伸"按钮 🖥

操作步骤

命令行提示如下。

```
命令：EXTRUDE ✓
当前线框密度：ISOLINES=4
选择要拉伸的对象或 [ 模式 (MO)]：选择绘制好的二维对象
选择要拉伸的对象或 [ 模式 (MO)]：可继续选择对象或按 <Enter> 键结束选择
指定拉伸的高度或 [ 方向 (D) / 路径 (P) / 倾斜角 (T) / 表达式 (E)]：
```

选项说明

（1）拉伸的高度：按指定的高度拉伸出三维建模对象。输入高度值后，根据实际需要，指定拉伸的倾斜角度。如果指定的角度为"0"，则 AutoCAD 把二维对象按指定的高度拉伸成柱体；如果输入角度值，则拉伸后建模截面沿拉伸方向按此角度变化，成为一个棱台或圆台体。图 11-26 所示为以不同角度拉伸圆的结果。

（2）路径（P）：以现有的图形对象作为拉伸创建三维建模对象。图 11-27 所示为沿圆弧曲线路径拉伸圆的结果。

（a）拉伸前　　　　（b）拉伸锥角为 0°

（c）拉伸锥角为 10°　　（d）拉伸锥角为 -10°

图 11-26　拉伸圆

（a）拉伸前　　　　（b）拉伸后

图 11-27　沿圆弧曲线路径拉伸圆

> **注意** 可以使用创建圆柱体的"轴端点"命令确定圆柱体的高度和方向。轴端点是圆柱体顶面的中心点，可以位于三维空间的任意位置。

实例教学

下面以图 11-28 所示的石栏杆为例，介绍拉伸命令的使用方法。

图 11-28　石栏杆

STEP 绘制步骤

❶ 单击"视图"选项卡"命名视图"面板中的"西南等轴测"按钮 ⬧，设置视图方向。

❷ 单击"三维工具"选项卡"建模"面板中的"长方体"按钮 ▯，以（0,0,0）和（@20,20,110）为角点绘制长方体，以（-2,-2,0）和（@24,24,78）为角点绘制长方体，以（-2,-2,82）和（@24,24,24）为角点绘制长方体。结果如图 11-29 所示。

❸ 单击"视图"选项卡"命名视图"面板中的"前视"按钮 ▱，切换视图。单击"默认"选项卡"绘图"面板中的"多段线"按钮 ⤵，绘制图 11-30 所示的图形。单击"默认"选项卡"绘图"面板中的"面域"按钮 ▣，将绘制的图形组成面域。

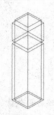
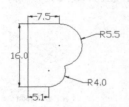

图 11-29　绘制长方体　　**图 11-30　绘制面域**

❹ 单击"三维工具"选项卡"建模"面板中的"旋转"按钮 ▱，将面域绕长为"16"的边旋转。切换到"西南等轴测"视图方向，单击"默认"选项卡"修改"面板中的"移动"按钮 ✛，将旋转后的实体移动到长方体的顶端。结果如图 11-31 所示。

❺ 在命令行输入"UCS"，将坐标系绕 X 轴旋转 -90°，单击"默认"选项卡"修改"面板中的"圆角"按钮 ▱，将长方体的棱边倒圆角，圆角半径为 1。结果如图 11-32 所示。

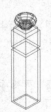
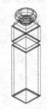

图 11-31　移动实体　　**图 11-32　圆角处理**

❻ 单击"三维工具"选项卡"建模"面板中的"长方体"按钮 ▯，以（22,4,0）和（@130,12,70）

为角点绘制长方体，以（32,4,30）和（@110,12,30）为角点绘制长方体。

❼ 单击"三维工具"选项卡"实体编辑"面板中的"差集"按钮 ▱，对两个长方体进行差集运算。结果如图 11-33 所示。

❽ 单击"视图"选项卡"命名视图"面板中的"前视"按钮 ▱，切换到前视图。

❾ 单击"默认"选项卡"绘图"面板中的"矩形"按钮 ▭，以（34.5,32.5,-5）和（@25,25）为角点绘制矩形；用圆命令（CIRCLE），分别以矩形的 4 个角点为圆心，绘制半径为"10"的圆。结果如图 11-34 所示。

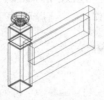
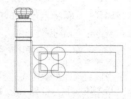

图 11-33　差集运算　　**图 11-34　绘制矩形和圆**

❿ 单击"默认"选项卡"修改"面板中的"修剪"按钮 ✂，修剪图形。结果如图 11-35 所示。

⓫ 单击"默认"选项卡"修改"面板中的"矩形阵列"按钮 ▦，对修剪后的图形进行矩形阵列，行数为"1"，列数为"4"，列间距为"26.5"。结果如图 11-36 所示。

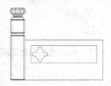
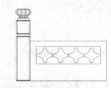

图 11-35　修剪处理　　**图 11-36　阵列处理**

⓬ 单击"默认"选项卡"绘图"面板中的"面域"按钮 ▣，对阵列后的图形创建面域；单击"三维工具"选项卡"建模"面板中的"拉伸"按钮 ▱，拉伸面域，拉伸高度为"-10"。命令行提示如下。

```
命令：_extrude
当前线框密度：ISOLINES=4
选择要拉伸的对象或 [模式(MO)]：(选择阵列后的
图形创建面域)
选择要拉伸的对象：✓
指定拉伸的高度或 [方向(D)/路径(P)/倾斜角
(T)/表达式(E)]：-10 ✓
```

切换到"西南等轴测"视图方向，结果如图 11-37 所示。

⑬ 单击"三维工具"选项卡"建模"面板中的"长方体"按钮▢，以（32,5,30）和（@110,10,30）为角点绘制长方体。结果如图 11-38 所示。

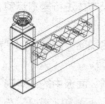

图 11-37　创建并拉伸面域

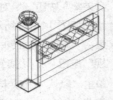

图 11-38　绘制长方体

⑭ 单击"三维工具"选项卡"实体编辑"面板中的"差集"按钮▢，从长方体中减去拉伸的实体。

⑮ 单击"默认"选项卡"修改"面板中的"复制"按钮▢，复制上步完成的实体。命令行提示如下。

```
命令：_copy
选择对象：（选择图形的左侧部分）
选择对象：✓
当前设置：复制模式 = 多个
指定基点或 [位移(D)/模式(O)] <位移>:0,0,0 ✓
指定第二个点或 [阵列(A)] <使用第一个点作为位移>:@154,0,0 ✓
指定第二个点或 [阵列(A)/退出(E)/放弃(U)] <退出>：✓
```

结果如图 11-39 所示。重复复制图形，删除多余图形，结果如图 11-40 所示。

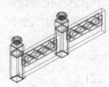

图 11-39　复制图形

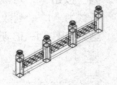

图 11-40　重复复制图形

11.3.2　旋转

旋转是指将一个平面图形围绕某个轴转一定角度以形成实体。

执行方式

命令行：REVOLVE（快捷命令：REV）

菜单栏："绘图"→"建模"→"旋转"

工具栏：单击"建模"工具栏中的"旋转"按钮▢

功能区：单击"三维工具"选项卡"建模"面板中的"旋转"按钮▢

操作步骤

命令行提示如下。

```
命令：REVOLVE ✓
当前线框密度：ISOLINES=4，闭合轮廓创建模式 = 实体
选择要旋转的对象或 [模式(MO)]：选择绘制好的二维对象
选择要旋转的对象或 [模式(MO)]：继续选择对象或按 <Enter> 键结束选择
指定轴起点或根据以下选项之一定义轴 [对象(O)/X/Y/Z] <对象>：
```

选项说明

（1）指定轴起点：通过两个点来定义旋转轴。AutoCAD 将按指定的角度和旋转轴旋转二维对象。

（2）对象（O）：选择已经绘制好的直线或用多段线命令绘制的直线段作为旋转轴线。

（3）X（Y/Z）轴：将二维对象绕当前坐标系（UCS）的 X（Y/Z）轴旋转。图 11-41 所示为矩形平面绕 X 轴旋转的结果。

（a）旋转界面　　　（b）旋转后的模型

图 11-41　旋转体

实例教学

下面以图 11-42 所示的吸顶灯为例，介绍旋转命令的使用方法。

图 11-42　吸顶灯

STEP　绘制步骤

❶ 单击"视图"选项卡"命名视图"面板中的"西南等轴测"按钮▢，将当前视图设为"西南等轴测"视图。

❷ 单击"三维工具"选项卡"建模"面板中的"圆环体"按钮▢，命令行提示如下。

```
命令：_torus
指定中心点或 [三点(3P)/两点(2P)/切点、切点、半径(T)]：0,0,0 ✓
指定半径或 [直径(D)] <50.0000>：50 ✓
```

指定圆管半径或 ［两点（2P）／直径（D）］ <5.0000>：
5 ✓

结果如图 11-43 所示。

用同样的方法绘制另一个圆环体，在命令行提示下依次输入"（0,0,-8）""45""4.5"，结果如图 11-44 所示。

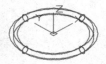

图 11-43 绘制圆环体　　图 11-44 绘制圆环体

❸ 绘制直线和圆弧。

（1）单击"视图"选项卡"命名视图"面板中的"前视"按钮 🗗，将当前视图设为"前视"，如图 11-45 所示。

（2）单击"默认"选项卡"绘图"面板中的"直线"按钮 ／，以（0,-9.5）和（@0,-45）为端点绘制直线，如图 11-46 所示。

 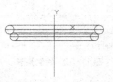

图 11-45 切换到前视图　　图 11-46 绘制直线

（3）单击"默认"选项卡"绘图"面板中的"圆弧"按钮 ／，绘制圆弧。在命令行提示下选择直线的下端点为起点，依次输入"E""（45,-8）""R""45"，结果如图 11-47 所示。

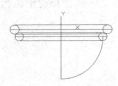

图 11-47 绘制圆弧

❹ 单击"三维工具"选项卡"建模"面板中的"旋转"按钮 🗂，旋转对象。命令行提示如下。

命令：_revolve
当前线框密度：ISOLINES=4，闭合轮廓创建模式 = 实体
选择要旋转的对象或 ［模式（MO）］：（选择圆弧）
选择要旋转的对象或 ［模式（MO）］：✓
指定轴起点或根据以下选项之一定义轴 ［对象（O）/X/Y/Z］ <对象>：（选择直线的一端点）
指定轴端点：（选择直线的另一端点）

指定旋转角度或 ［起点角度（ST）／反转（R）／表达式（EX）］ <360>：

切换到"西南等轴测"视图方向，结果如图 11-48 所示。

图 11-48 绘制下半球面

❺ 选择菜单栏中的"视图"→"渲染"→"材质浏览器"命令，在材质选项板中选择适当的材质。选择"可视化"选项卡"渲染"面板中的"渲染到尺寸"按钮，对实体进行渲染，渲染后的效果如图 11-42 所示。

11.3.3 | 扫掠

命令行：SWEEP

菜单栏："绘图"→"建模"→"扫掠"

工具栏：单击"建模"工具栏中的"扫掠"按钮 🗂

功能区：单击"三维工具"选项卡"建模"面板中的"扫掠"按钮 🗂

命令行提示如下。

命令：SWEEP ✓
当前线框密度：ISOLINES=2000，闭合轮廓创建模式 = 实体
选择要扫掠的对象或 ［模式（MO）］：选择对象，如图 11-49（a）中的圆
选择要扫掠的对象或 ［模式（MO）］：✓
选择扫掠路径或 ［对齐（A）/基点（B）/比例（S）/扭曲（T）］：选择对象，如图 11-49（a）中螺旋线
扫掠结果如图 11-49（b）所示。

（a）对象和路径　　　　（b）结果

图 11-49 扫掠

（1）对齐（A）：指定是否对齐轮廓以使其作为

扫掠路径切向的法向，默认情况下，轮廓是对齐的。选择该选项，命令行提示如下。

> 扫掠前对齐垂直于路径的扫掠对象 ［是（Y）/ 否（N）］<是>：输入"n"，指定轮廓无须对齐；按<Enter>键，指定轮廓将对齐

注意 使用扫掠命令，可以通过沿开放或闭合的二维或三维路径扫掠开放或闭合的平面曲线（轮廓）来创建新模型或曲面。扫掠命令用于沿指定路径以指定轮廓的形状（扫掠对象）创建模型或曲面。可以扫掠多个对象，但是这些对象必须在同一平面内。如果沿一条路径扫掠闭合的曲线，则生成模型。

（2）基点（B）：指定要扫掠对象的基点。如果指定的点不在选定对象所在的平面上，则该点将被投影到该平面上。选择该选项，命令行提示如下。

> 指定基点： 指定选择集的基点

（3）比例（S）：指定比例因子以进行扫掠操作。从扫掠路径的开始到结束，比例因子将统一应用到扫掠的对象上。选择该选项，命令行提示如下。

> 输入比例因子或［参照（R）/ 表达式（E）］<1.0000>：指定比例因子，输入"r"，调用参照选项；按<Enter>键，选择默认值

其中"参照（R）"选项表示通过拾取点或输入值来根据参照的长度缩放选定的对象。

（4）扭曲（T）：设置正被扫掠的对象的扭曲角度。扭曲角度是指沿扫掠路径全部长度的旋转量。选择该选项，命令行提示如下。

> 输入扭曲角度或允许非平面扫掠路径倾斜［倾斜（B）/ 表达式（EX）］<n>：指定小于360°的角度值，输入"b"，打开倾斜；按<Enter>键，选择默认角度值

其中"倾斜（B）"选项指定被扫掠的曲线是否沿三维扫掠路径（三维多线段、三维样条曲线或螺旋线）自然倾斜（旋转）。

图11-50所示为扭曲扫掠示意图。

（a）对象和路径　　（b）不扭曲　　（c）扭曲45°

图11-50　扭曲扫掠示意图

 实例教学

下面以图11-51所示的锁为例，介绍扫掠命令的使用方法。

图11-51　锁

STEP 绘制步骤

❶ 单击"默认"选项卡"绘图"面板中的"矩形"按钮 ▭，绘制角点坐标为（-100,30）和（100,-30）的矩形，如图11-52所示。

❷ 单击"默认"选项卡"绘图"面板中的"圆弧"按钮 ╭，绘制起点坐标为（100,30）、端点坐标为（-100,30）、半径为"340"的圆弧，如图11-53所示。

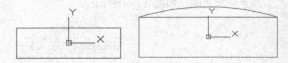

图11-52　绘制矩形　　　**图11-53　绘制圆弧**

❸ 单击"默认"选项卡"绘图"面板中的"圆弧"按钮 ╭，绘制起点坐标为（-100,-30）、端点坐标为（100,-30）、半径为"340"的圆弧，如图11-54所示。

❹ 单击"默认"选项卡"修改"面板中的"修剪"按钮 ✂，对上述圆弧和矩形进行修剪，结果如图11-55所示。

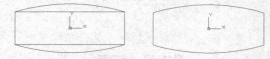

图11-54　绘制圆弧　　　**图11-55　修剪后的图形**

❺ 单击"默认"选项卡"修改"面板中的"编辑多段线"按钮 ⟆，将上述多段线合并为一个整体。

❻ 单击"默认"选项卡"绘图"面板中的"面域"按钮 ▣，将绘制的图形组成面域。单击"视图"选项卡"命名视图"面板中的"西南等轴测"按钮 ◈，切换到西南等轴测视图。

❼ 单击"三维工具"选项卡"建模"面板中的"拉伸"按钮 ▤，选择上步创建的面域，设置拉抻

高度为"150"，结果如图 11-56 所示。

⑧ 在命令行输入"UCS"，将坐标原点移动到（0,0, 150）。选择菜单栏中的"视图"→"三维视图"→"平面视图"→"当前 UCS"命令，切换视图。

⑨ 单击"默认"选项卡"绘图"面板中的"圆"按钮 ⊙，指定圆心坐标为（-70,0），半径为"15"，绘制一个圆。重复上述指令，在右边的对称位置再绘制一个同样大小的圆，结果如图 11-57 所示。单击"视图"选项卡"命名视图"面板中的"前视"按钮 ⬚，切换到前视图。

 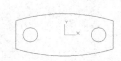

图 11-56 拉伸后的图形 **图 11-57 绘制圆**

⑩ 在命令行输入"UCS"，将坐标原点移动到（0,150,0）。

⑪ 单击"默认"选项卡"绘图"面板中的"多段线"按钮 ⟋，绘制多段线。在命令行提示下依次输入"（-70,-30）""（@80<90）""A""A""-180""R""70""0""L""（70,0）"，结果如图 11-58 所示。

⑫ 单击"视图"选项卡"命名视图"面板中的"西南等轴测"按钮 ◈，返回西南等轴测视图。

⑬ 单击"三维工具"选项卡"建模"面板中的"扫掠"按钮 ⬚，对绘制的圆与多段线进行扫掠处理。命令行提示如下。

```
命令：_sweep
当前线框密度：ISOLINES=4,闭合轮廓创建模式 = 实体
选择要扫掠的对象或 [模式(MO)]:找到 1 个(选择圆)
选择要扫掠的对象或 [模式(MO)]:(选择圆)
选择扫掠路径或 [对齐(A)/基点(B)/比例(S)/
扭曲(T)]：(选择多段线)
```
结果如图 11-59 所示。

图 11-58 绘制多段线 **图 11-59 扫掠后的结果**

⑭ 单击"三维工具"选项卡"建模"面板中的"圆柱体"按钮 ⬚，绘制底面中心点为（-70,0,0），

底面半径为"20"，轴端点为（-70,-30,0）的圆柱体。结果如图 11-60 所示。

⑮ 在命令行输入"UCS"，将坐标原点绕 X 轴旋转 90°。

⑯ 单击"三维工具"选项卡"建模"面板中的"楔体"按钮 ⬚，绘制楔体。命令行提示如下。

```
命令：_wedge
指定第一个角点或 [中心(C)]：-50,-70,10
指定其他角点或 [立方体(C)/长度(L)]：-80,70,10
指定高度或 [两点(2P)] <30.0000>：20
```

⑰ 单击"三维工具"选项卡"实体编辑"面板中的"差集"按钮 ⬚，对扫掠体与楔体进行差集运算，如图 11-61 所示。

图 11-60 绘制圆柱体 **图 11-61 差集运算**

⑱ 利用"三维旋转"命令，将锁柄绕着右边的圆的中心垂线旋转 180°。命令行提示如下。

```
命令：_3drotate
UCS 当前的正角方向：ANGDIR= 逆时针  ANGBASE=0
选择对象：(选择锁柄)
选择对象：↙
指定基点：(指定右边的圆的圆心)
拾取旋转轴：(选择 Z 轴)
指定角的起点或键入角度：180 ↙
```
旋转的结果如图 11-62 所示。

⑲ 单击"三维工具"选项卡"实体编辑"面板中的"差集"按钮 ⬚，对左边的小圆柱体与锁体进行差集操作，在锁体上打孔。

⑳ 单击"默认"选项卡"修改"面板中的"圆角"按钮 ⌒，设置圆角半径为"10"，对锁体四周的边进行圆角处理。

㉑ 单击"视图"选项卡"视觉样式"面板中的"隐藏"按钮 ⬚，对实体进行消隐，结果如图 11-63 所示。

图 11-62 旋转处理 **图 11-63 消隐处理**

11.3.4 放样

放样是指按指定的导向线生成实体，使实体的某几个截面形状刚好是指定的平面图形的形状。

执行方式

命令行：LOFT

菜单栏："绘图"→"建模"→"放样"

工具栏：单击"建模"工具栏中的"放样"按钮

功能区：单击"三维工具"选项卡"建模"面板中的"放样"按钮

操作步骤

命令行提示如下。

```
命令：LOFT↙
当前线框密度：ISOLINES=4，闭合轮廓创建模式
= 实体
按放样次序选择横截面或 [点(PO)/合并多条边(J)/
模式(MO)]：依次选择图11-64 所示的 3 个截面
按放样次序选择横截面或 [点(PO)/合并多条边
(J)/模式(MO)]：↙
输入选项 [导向(G)/路径(P)/仅横截面(C)/
设置(S)] <仅横截面>：
```

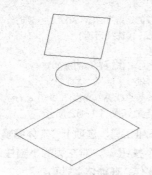

图11-64 选择截面

（1）设置（S）：选择该选项，系统弹出"放样设置"对话框，如图11-65所示。其中有4个单选钮选项，图11-66（a）所示为选中"直纹"单选钮的放样结果示意图；图11-66（b）所示为选中"平滑拟合"单选钮的放样结果示意图；图11-66（c）所示为选中"法线指向"单选钮并选择"所有横截面"选项的放样结果示意图；图11-66（d）所示为选中"拔模斜度"单选钮并设置"起点角度"为45°、"起点幅值"为"10"、"端点角度"为60°、"端点幅值"为"10"的放样

结果示意图。

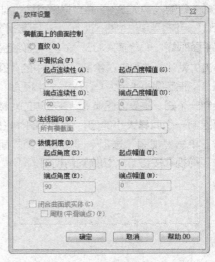

图11-65 "放样设置"对话框

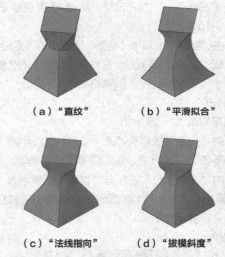

（a）"直纹"　（b）"平滑拟合"

（c）"法线指向"　（d）"拔模斜度"

图11-66 放样结果示意图

（2）导向（G）：指定控制放样建模或曲面形状的导向曲线。导向曲线是直线或曲线，可通过将其他线框信息添加至对象来进一步定义建模或曲面的形状，如图11-67所示。选择该选项，命令行提示如下。

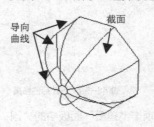

图11-67 导向放样

选择导向轮廓或〔合并多条边（J）〕：选择放样建模或曲面的导向曲线，然后按 <Enter> 键。

 注意 每条导向曲线必须满足以下条件才能正常工作。

与每个横截面相交。

从第一个横截面开始。

到最后一个横截面结束。

可以为放样曲面或建模选择任意数量的导向曲线。

（3）路径（P）：指定放样建模或曲面的单一路径，如图 11-68 所示。选择该选项，命令行提示如下。

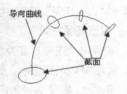

图 11-68　路径放样

选择路径轮廓：指定放样建模或曲面的单一路径。

 注意 路径曲线必须与横截面的所有平面相交。

11.4　特殊视图

11.4.1　剖切

剖切是指将实体沿某个截面剖切，以得到剩下的实体。

执行方式

命令行：SLICE（快捷命令：SL）

菜单栏："修改"→"三维操作"→"剖切"

功能区：单击"三维工具"选项卡"实体编辑"面板中的"剖切"按钮

操作步骤

命令行提示如下。

```
命令：_slice
选择要剖切的对象：（选择要剖切的实体）找到 1 个
```

11.3.5　拖曳

拖曳实际上是一种对三维实体对象的夹点编辑，通过拖动三维实体上的夹持点来改变三维实体的形状。

执行方式

命令行：PRESSPULL

工具栏：单击"建模"工具栏中的"按住并拖动"按钮

功能区：单击"三维工具"选项卡"实体编辑"面板中的"按住并拖动"按钮

操作步骤

命令行提示如下。

```
命令：PRESSPULL ↙
选择对象或边界区域：
指定拉伸高度或〔多个（M）〕：
已创建 1 个拉伸
```

选择有限区域后，按住鼠标左键并拖动，相应的区域就会拉伸变形。图 11-69 所示为选择圆台上表面，按住并拖动的结果。

（a）圆台　　　　（b）向下拖动　　　　（c）向上拖动

图 11-69　按住并拖动

选择要剖切的对象：（继续选择或按 <Enter> 键结束选择）

指定切面的起点或〔平面对象（O）/曲面（S）/Z轴（Z）/视图（V）/XY(XY)/YZ(YZ)/ZX(ZX)/三点(3)〕<三点>：

指定平面上的第二个点：

在所需的侧面上指定点或〔保留两个侧面（B）〕<保留两个侧面>：

选项说明

（1）平面对象（O）：将所选对象的所在平面作为剖切面。

（2）Z轴（Z）：通过平面指定的一点与在平面的 Z 轴（法线）上指定的另一点来定义剖切平面。

（3）视图（V）：以平行于当前视图的平面作为

剖切面。

（4）XY平面（XY）/YZ平面（YZ）/ZX平面（ZX）：将剖切平面与当前用户坐标系（UCS）的XY平面/YZ平面/ZX平面对齐。

（5）三点（3）：根据空间的3个点确定的平面作为剖切面。确定剖切面后，系统会提示保留一侧或两侧。

图11-70所示为剖切三维实体图。

（a）剖切前的三维实体　　（b）剖切后的实体
图11-70　剖切三维实体

11.4.2 ｜ 剖切截面

剖切截面功能与剖切相对应，是指平面剖切实体，以得到截面的形状。

执行方式

命令行：SECTION（快捷命令：SEC）

操作步骤

命令行提示如下。

```
命令：SECTION↙
选择对象：选择要剖切的实体
指定截面平面上的第一个点，依照 [对象 (O) / Z 轴
(Z) / 视图 (V) /XY/YZ/ZX/三点 (3)] <三点>：指
定一点或输入一个选项
```

图11-71所示为断面图形。

（a）剖切平面与断面

（b）移出的断面图形　　（c）填充剖面线的断面图形
图11-71　断面图形

实例教学

下面以图11-72所示的小闹钟为例，介绍剖切命令的使用方法。

图11-72　小闹钟

STEP 绘制步骤

❶ 绘制闹钟主体。

（1）单击"视图"选项卡"命名视图"面板中的"西南等轴测"按钮 ◈，设置视图方向。

（2）单击"三维工具"选项卡"建模"面板中的"长方体"按钮 ▭，绘制中心点在原点、长度为"80"、宽度为"80"、高度为"20"的长方体，如图11-73所示。

（3）选择菜单栏中的"修改"→"三维操作"→"剖切"命令，对长方体进行剖切。命令行提示如下。

```
命令：_slice
选择要剖切的对象：（选择长方体）
选择要剖切的对象：↙
指定 切面 的起点或 [平面对象 (O) / 曲面 (S) /Z 轴
(Z) / 视图 (V) /XY/YZ/ZX/三点 (3)] <三点>：ZX↙
指定 ZX 平面上的点 <0,0,0>：↙
在要保留的一侧指定点或 [保留两个侧面 (B)]：
（选择长方体的右半部分）↙
```

结果如图11-74所示。

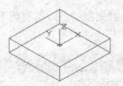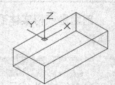

图11-73　绘制长方体　　　**图11-74　剖切处理长方体**

（4）单击"三维工具"选项卡"建模"面板中的"圆柱体"按钮 ▭，绘制底面中心点为（0,0,-10）、直径为"80"、高为"20"的圆柱体，如图11-75所示。

（5）单击"三维工具"选项卡"实体编辑"面板中的"并集"按钮 ▰，对上面两个实体求并集。

（6）单击"视图"选项卡"视觉样式"面板中的"隐藏"按钮，对实体进行消隐。结果如图 11-76 所示。

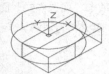 

图 11-75　绘制圆柱体　　　**图 11-76　消隐处理**

（7）单击"三维工具"选项卡"建模"面板中的"圆柱体"按钮，绘制底面中心点为（0,0,10）、直径为"60"、高为"-10"的圆柱体，如图 11-77 所示。

（8）单击"三维工具"选项卡"实体编辑"面板中的"差集"按钮，求底面直径为"60"的圆柱体和求并集后所得实体的差集。

❷ 绘制时间刻度和指针。

（1）单击"三维工具"选项卡"建模"面板中的"圆柱体"按钮，绘制底面中心点为（0,0,0）、直径为"4"、高为"8"的圆柱体，如图 11-78 所示。

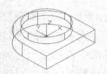 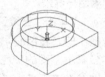

图 11-77　绘制圆柱体　　　**图 11-78　绘制圆柱体**

（2）单击"三维工具"选项卡"建模"面板中的"圆柱体"按钮，绘制底面中心点为（0,25,0）、直径为"3"、高为"3"的圆柱体。结果如图 11-79 所示。

（3）单击"默认"选项卡"修改"面板中的"环形阵列"按钮，对底面直径为"3"的圆柱体进行阵列，设置项目数为"12"，填充角度为360°，结果如图 11-80 所示。

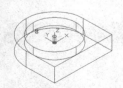 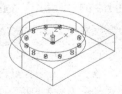

图 11-79　绘制圆柱体　　　**图 11-80　阵列后结果**

（4）单击"三维工具"选项卡"建模"面板中

的"长方体"按钮，绘制小闹钟的时针。命令行提示如下。

```
命令：_box
指定第一个角点或 [中心(C)]：0,-1,0 ↙
指定其他角点或 [立方体(C)/长度(L)]：L ↙
指定长度：20 ↙
指定宽度：2 ↙

指定高度或 [两点(2P)] <2>：1.5 ↙
```
结果如图 11-81 所示。

（5）单击"三维工具"选项卡"建模"面板中的"长方体"按钮，在点（-1,0,2）处绘制长度为"2"、宽度为"23"、高度为"1.5"的长方体作为小闹钟的分针。

（6）单击"视图"选项卡"视觉样式"面板中的"隐藏"按钮，对实体进行消隐。结果如图 11-82 所示。

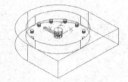 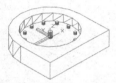

图 11-81　绘制时针　　　**图 11-82　消隐处理**

❸ 绘制闹钟底座。

（1）单击"三维工具"选项卡"建模"面板中的"长方体"按钮，再以（-40,-40,20）为第一角点、以（40,-56,-20）为第二角点绘制长方体作为闹钟的底座，如图 11-83 所示。

（2）单击"三维工具"选项卡"建模"面板中的"圆柱体"按钮，绘制底面中心点为（-40,-40,20）、直径为"20"、顶圆轴端点为（@80,0,0）的圆柱体，如图 11-84 所示。

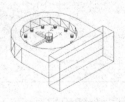 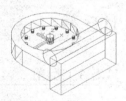

图 11-83　绘制闹钟底座　　　**图 11-84　绘制圆柱体**

（3）单击"默认"选项卡"修改"面板中的"复制"按钮，对刚绘制的底面直径为"20"的圆柱体进行复制。命令行提示如下。

```
命令：_copy
选择对象：（选择直径为 20 的圆柱体）
```

选择对象：✓
当前设置：复制模式 = 多个
指定基点或 [位移 (D)/模式 (O)] <位移>:-40,-40,20 ✓
指定第二个点或 [阵列 (A)] < 使用第一个点作为
位移 >:@0,0,-40 ✓
指定第二个点或 [阵列（A）/退出（E）/放弃（U）]
< 退出 >:✓ .

结果如图 11-85 所示。

（4）单击"三维工具"选项卡"实体编辑"面板中的"差集"按钮，求长方体和两个直径为"20"的圆柱体的差集。

（5）单击"三维工具"选项卡"实体编辑"面板中的"并集"按钮，将求差集后得到的实体与闹钟主体合并。

（6）单击"视图"选项卡"视觉样式"面板中的"隐藏"按钮，对实体进行消隐。结果图 11-86 所示。

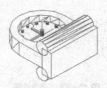

图 11-85 绘制闹钟底座

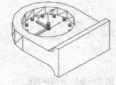

图 11-86 消隐处理

（7）单击"视图"选项卡"命名视图"面板中的"左视"按钮，切换视图方向，如图 11-87 所示。

（8）选择菜单栏中的"修改"→"三维操作"→"三维旋转"命令，将小闹钟绕原点旋转-90°，如图 11-88 所示。

（9）单击"视图"选项卡"命名视图"面板中的"前视"按钮，切换视图方向。

（10）单击"视图"选项卡"命名视图"面板中的"西南等轴测"按钮，切换视图方向，如图 11-89 所示。

（11）单击"视图"选项卡"视觉样式"面板中的"隐藏"按钮，对实体进行消隐。结果如图 11-90 所示。

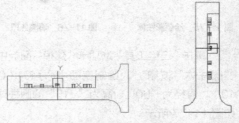

图 11-87 切换到左视图　　　图 11-88 顺时针旋转

 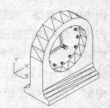

图 11-89 切换视图方向　　　图 11-90 消隐处理

❹ 着色与渲染。

（1）单击"三维工具"选项卡"实体编辑"面板中的"着色面"按钮，为小闹钟的不同部分着上不同的颜色。根据命令行的提示，为闹钟的外表面着上棕色，钟面着上红色，时针和分针着上白色。

（2）单击"可视化"选项卡"渲染"面板中的"渲染到尺寸"按钮，对小闹钟进行渲染。渲染结果如图 11-72 所示。

11.5 建模三维操作

11.5.1 倒角

执行方式

命令行：CHAMFEREDGE

菜单栏："修改"→"实体编辑"→"倒角边"

工具栏：单击"实体编辑"工具栏中的"倒角边"按钮

功能区：单击"三维工具"选项卡"实体编辑"面板中的"倒角边"按钮

操作步骤

命令行提示如下。

命令：CHAMFEREDGE ✓
距离 1 = 0.0000，距离 2 = 0.0000
选择一条边或 [环 (L)/距离 (D)]:

选项说明

（1）选择一条边：选择建模的一条边，此选项为系统的默认选项。选择某一条边以后，该边呈高亮显示。

（2）环（L）：对一个面上的所有边建立倒角，命令行提示如下。

```
选择环边或 [ 边 (E) / 距离 (D) ]：（选择环边）
输入选项 [ 接受 (A) / 下一个 (N) ] < 接受 >：✓
选择环边或 [ 边 (E) / 距离 (D) ]：✓
按 Enter 键接受倒角或 [ 距离 (D) ]：✓
```

（3）距离（D）：输入倒角距离。

图 11-91 所示为对长方体倒角的结果。

（a）选择倒角边"1"（b）选择边倒角结果　（c）选择环倒角结果

图 11-91　对建模棱边倒角

 实例教学

下面以图 11-92 所示的平键为例，介绍倒角命令的使用方法。

图 11-92　平键

STEP 绘制步骤

❶ 选择菜单栏中的"文件"→"新建"命令，弹出"选择样板"对话框，如图 11-93 所示。单击"打开"按钮右侧的下拉按钮 ，以"无样板打开 - 公制"方式建立新文件，并命名为"键 .dwg"保存。

图 11-93　"选择样板"对话框

❷ 在命令行输入"ISOLINES"，设置线框密度。默认设置是"4"，有效值的范围为 0 ～ 2047。设置对象上每个曲面的轮廓线数目，命令行提示如下。

```
命令：ISOLINES ✓
输入 ISOLINES 的新值 <4>：10 ✓
```

❸ 单击"视图"选项卡"命名视图"面板中的"前视"按钮 ，将当前视图方向设置为主视图方向。

❹ 单击"默认"选项卡"绘图"面板中的"多段线"按钮 ，绘制多段线。在命令行提示下依次输入"（0,0）""（@5,0）""A""A""-180""（@0,-5）""L""（@-5,0）""A""A""-180""（0,0）"，结果如图 11-94 所示。

❺ 单击"视图"选项卡"命名视图"面板中的"西南等轴测"按钮 ，将当前视图设置为西南等轴测方向，结果如图 11-95 所示。

图 11-94　绘制多段线　　**图 11-95　设置视图方向**

❻ 单击"三维工具"选项卡"建模"面板中的"拉伸"按钮 ，对多段线进行拉伸。命令行提示如下。

```
命令：_extrude
当前线框密度： ISOLINES=10，闭合轮廓创建模式
= 实体
选择要拉伸的对象或 [ 模式 (MO) ]：（用鼠标选择
绘制的多段线）
选择要拉伸的对象或 [ 模式 (MO) ]：✓
指定拉伸的高度或 [ 方向 (D) / 路径 (P) / 倾斜角
(T) / 表达式 (E) ]：5 ✓
```

结果如图 11-96 所示。

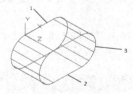

图 11-96　拉伸

❼ 利用"倒角"命令，对拉伸体进行倒角操作。命令行提示如下。

```
命令：_CHAMFEREDGE
距离 1 = 0.1000，距离 2 = 0.1000
```

选择一条边或 [环 (L) / 距离 (D)]: D✓
指定距离 1 或 [表达式 (E)] <0.1000>: 0.1✓
指定距离 2 或 [表达式 (E)] <0.1000>: 0.1✓
选择一条边或 [环 (L) / 距离 (D)]: 选择图 11-97
所示的边 2
选择同一个面上的其他边或 [环 (L) / 距离 (D)]: L✓
选择环边或 [边 (E) / 距离 (D)]: 选择图 11-98 所
示的环边 3
选择环边或 [边 (E) / 距离 (D)]: ✓
按 <Enter> 键接受倒角或 [距离 (D)]: ✓

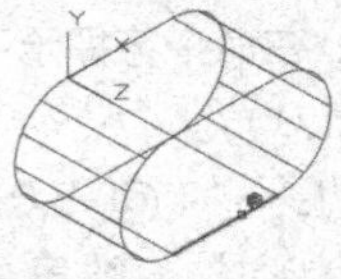

图 11-97 选择边 2　　　**图 11-98 选择环边 3**

倒角结果如图 11-99 所示。

重复"倒角"命令,将图 11-96 所示的 1 处倒角,
倒角参数设置与上面相同,结果如图 11-99 所示。
请读者练习,熟悉立体图倒角中基面的选择方法。

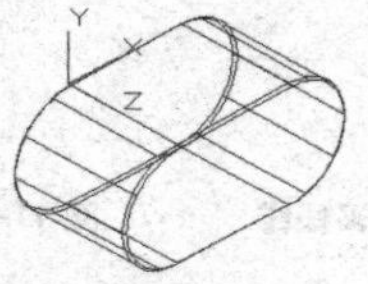

图 11-99 倒角

❽ 单击"视图"选项卡"视觉样式"面板中的"真
实面样式"按钮 ●,结果如图 11-92 所示。

11.5.2 | 圆角

命令行:FILLETEDGE

菜单栏:"修改"→"三维编辑"→"圆角边"

工具栏:单击"实体编辑"工具栏中的"圆角
边"按钮 🔲

功能区:单击"三维工具"选项卡"实体编辑"
面板中的"圆角边"按钮 🔲

命令行提示如下。

命令: FILLETEDGE ✓
半径 = 1.0000
选择边或 [链 (C) / 环 (L) / 半径 (R)]: (选择建
模上的一条边) ✓
选择边或 [链 (C) / 环 (L) / 半径 (R)]:

已选定 1 个边用于圆角。
按 Enter 键接受圆角或 [半径 (R)]: ✓

链(C):表示与此边相邻的边都被选中,并进
行倒圆角操作。图 11-100 所示为对长方体倒圆角
的结果。

（a）选择倒圆角边"1" （b）边倒圆角结果 （c）链倒圆角结果
图 11-100 对建模棱边倒圆角

实例教学

下面以图 11-101 所示的电脑显示器为例,介
绍圆角命令的使用方法。

图 11-101 电脑显示器

STEP 绘制步骤

❶ 单击"三维工具"选项卡"建模"面板中的"圆柱
体"按钮🔲,绘制一个圆柱体。命令行提示如下。

命令: _cylinder
指定底面的中心点或 [三点 (3P) / 两点 (2P) / 切点、
切点、半径 (T) / 椭圆 (E)]:0, 0, 0 ✓ 指定底面半
径或 [直径 (D)]: 150 ✓
指定高度或 [两点 (2P) / 轴端点 (A)]: 30 ✓
结果如图 11-102 所示。

❷ 单击"三维工具"选项卡"建模"面板中的"圆
柱体"按钮 🔲,绘制底面中心点为（0,0,30）、
半径为"100"、高度为"50"的圆柱体,如
图 11-103 所示。

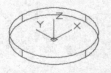 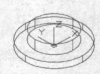

图 11-102 绘制圆柱体　　　**图 11-103 绘制圆柱体**

❸ 单击"三维工具"选项卡"实体编辑"面板中的"并集"按钮 🖢，合并圆柱体。命令行提示如下。

```
命令：_union
选择对象：（选择第一步绘制的圆柱体）
选择对象：（选择第二步绘制的圆柱体）
选择对象：✓
```

❹ 单击"三维工具"选项卡"实体编辑"面板中的"圆角边"按钮 🖢，倒圆角。命令行提示如下。

```
命令：_FILLETEDGE
半径 = 1.0000
选择边或 [链(C)/环(L)/半径(R)]：R✓
输入圆角半径或 [表达式(E)] <1.0000>：40 ✓
选择边或 [链(C)/环(L)/半径(R)]：（选择第
一步所绘圆柱体的上边）
选择边或 [链(C)/环(L)/半径(R)]：✓
已选定 1 个边用于圆角。
按 <Enter>键接受圆角或 [半径(R)]：✓
```

结果如图 11-104 所示。

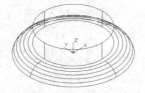

图 11-104　显示器底座图形

❺ 单击"三维工具"选项卡"建模"面板中的"长方体"按钮 🖢，绘制一个长方体。命令行提示如下。

```
命令：_box
指定第一个角点或 [中心(C)]：-130,210,80 ✓
指定其他角点或 [立方体(C)/长度(L)]：@260,
-300,300 ✓
```

结果如图 11-105 所示。

❻ 单击"三维工具"选项卡"建模"面板中的"长方体"按钮 🖢，绘制一个长方体，角点分别为（-200,-90,55）和（@400,-160,350），如图 11-106 所示。

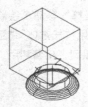

图 11-105　绘制长方体

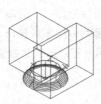

图 11-106　绘制长方体

❼ 单击"三维工具"选项卡的"实体编辑"面板中的"圆角边"按钮 🖢，进行倒圆角处理。命令行提示如下。

```
命令：_FILLETEDGE
半径 = 40.0000
选择边或 [链(C)/环(L)/半径(R)]：R✓
输入圆角半径或 [表达式(E)] <40.0000>：40 ✓
选择边或 [链(C)/环(L)/半径(R)]：L✓
选择环边或 [边(E)/链(C)/半径(R)]：（选
择上一步所绘长方体后面的边）
选择环边或 [边(E)/链(C)/半径(R)]：✓
已选定 4 个边用于圆角。
按 <Enter>键接受圆角或 [半径(R)]：✓
```

结果如图 11-107 所示。

❽ 单击"三维工具"选项卡"建模"面板中的"长方体"按钮 🖢，绘制一个长方体，角点分别为（-160,-250,75）和（@320,10,310），如图 11-108 所示。

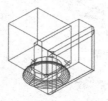

图 11-107　圆角处理长方体　　**图 11-108　绘制长方体**

❾ 单击"三维工具"选项卡"实体编辑"面板中的"差集"按钮 🖢，减去上一步所绘的长方体。命令行提示如下。

```
命令：_subtract
选择要从中减去的实体、曲面和面域 ...
选择对象：（选择第六步绘制的长方体）
选择对象：✓
选择要减去的实体、曲面和面域 ..
选择对象：（选择第八步绘制的长方体）
选择对象：✓
```

最终结果如图 11-101所示。

11.5.3 | 干涉检查

　　干涉检查主要通过对比两组对象或一对一地检查所有建模来检查建模模型中的干涉（三维建模相交或重叠的区域）。系统将在建模相交处创建和亮显临时建模。

　　干涉检查常用于检查装配体立体图是否干涉，从而判断设计是否正确。

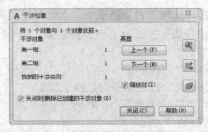

执行方式

命令行：INTERFERE（快捷命令：INF）

菜单栏："修改"→"三维操作"→"干涉检查"

功能区：单击"三维工具"选项卡"实体编辑"面板中的"干涉检查"按钮 ⑮

操作步骤

下面以图 11-109 所示的零件图为例进行干涉检查。命令行提示如下。

```
命令：INTERFERE ✓
选择第一组对象或 [嵌套选择 (N) / 设置 (S)]：选择图 11-109 (b) 中的手柄
选择第一组对象或 [嵌套选择 (N) / 设置 (S)]：✓
选择第二组对象或 [嵌套选择 (N) / 检查第一组 (K)] <检查>：选择图 11-109 (b) 中的套环
选择第二组对象或 [嵌套选择 (N) / 检查第一组 (K)] <检查>：✓
```

（a）零件图

（b）装配图

图 11-109 干涉检查

系统打开"干涉检查"对话框，如图 11-110 所示。在该对话框中列出了找到的干涉点对数量，并可以通过"上一个"和"下一个"按钮来亮显干涉点对，如图 11-111 所示。

图 11-111 亮显干涉点对

选项说明

（1）嵌套选择（N）：选择该选项，用户可以选择嵌套在块和外部参照中的单个建模对象。

（2）设置（S）：选择该选项，系统打开"干涉设置"对话框，如图 11-112 所示。在其中可以设置干涉的相关参数。

图 11-112 "干涉设置"对话框

11.6 综合演练——饮水机

分析图 11-113 所示的饮水机，其绘制思路是：先利用"长方体""圆角""布尔运算"等命令绘制饮水机主体及水龙头放置口，利用"平移网格""楔形表面"等命令绘制放置台，然后利用"长方体""圆柱体""剖切""拉伸""三维镜像"等命令绘制水龙头，再利用"圆锥体"命令绘制水桶接口，接着利用"旋转网格"命令绘制水桶，最后进行渲染。

图 11-113 饮水机

11.6.1 饮水机机座

STEP 绘制步骤

❶ 启动 AutoCAD，新建一个空图形文件，在命令行输入 "Limits"，输入图纸的左下角和右上角的坐标（0,0）和（1200,1200）。

❷ 单击 "三维工具" 选项卡 "建模" 面板中的 "长方体" 按钮 📦，输入起始点（100,100,0）。在命令行输入 "L"，然后指定长方体的长、宽和高分别为 "450" "350" 和 "1000"，绘制长方体，如图 11-114 所示。

❸ 单击 "视图" 选项卡 "命名视图" 面板中的 "西南等轴测" 按钮 🔷，将视图方向设定为西南等轴测视图。然后选择菜单栏中的 "视图" → "显示" → "UCS 图标" → "开" 命令，隐藏坐标轴。饮水机主体的外形如图 11-115 所示。

图 11-114 绘制长方体　　图 11-115 饮水机主体

❹ 单击 "默认" 选项卡 "修改" 面板中的 "圆角" 按钮 ⌐，执行倒圆角命令。设置圆角半径为 "40"，然后选择除地面 4 条棱之外要倒圆角的各条棱。倒角完成后的效果如图 11-116 所示。

❺ 单击 "视图" 选项卡 "视觉样式" 面板中的 "隐藏" 按钮 💿，将已绘制的图形消隐，消隐后的效果如图 11-117 所示。

图 11-116 倒圆角　　　图 11-117 消隐后的效果

❻ 单击 "三维工具" 选项卡 "建模" 面板中的 "长方体" 按钮 📦，绘制一个长、宽、高分别为 "220" "20" 和 "300" 的长方体，如图 11-118 所示。

❼ 单击 "默认" 选项卡 "修改" 面板中的 "圆角" 按钮 ⌐，设置圆角半径为 "10"，然后选择倒圆角的各条棱。倒角完成后的效果如图 11-119 所示。

图 11-118 绘制长方体　　图 11-119 倒圆角

❽ 打开状态栏上的 "对象捕捉" 按钮，单击 "默认" 选项卡 "修改" 面板中的 "移动" 按钮 ✛，执行移动命令，用对象捕捉命令选择刚生成的长方体的一个顶点为移动的基点，将长方体移动至图 11-120 所示的位置。

❾ 单击 "三维工具" 选项卡 "实体编辑" 面板中的 "差集" 按钮 ◍，执行差运算命令，选择大长方体为 "从中减去的对象"，小长方体为 "减去对象"，生成饮水机放置水龙头的空间。

❿ 单击 "视图" 选项卡 "视觉样式" 面板中的 "隐藏" 按钮 💿，将已绘制的图形消隐，消隐后的效果如图 11-121 所示。

图 11-120 移动长方体　　图 11-121 生成放置
到合适位置　　　　　水龙头的空间

⓫ 单击 "视图" 选项卡 "命名视图" 面板中的 "俯视" 按钮 📄，切换到俯视图，如图 11-122 所示。

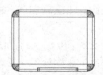

图 11-122 切换到 "俯视" 方向

⓬ 单击 "默认" 选项卡 "绘图" 面板中的 "多段线" 按钮 ⌐⊃，绘制长度分别为 "64" "260" 和 "64"

的 3 段直线，如图 11-123 所示。

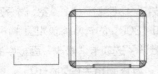

图 11-123　绘制多段线

⑬ 单击"视图"选项卡"命名视图"面板中的"西南等轴测"按钮 ◈，显示西南等轴测视图。单击"默认"选项卡"绘图"面板中的"直线"按钮 ╱，绘制长度为"75"的直线。如图 11-124 所示。

图 11-124　绘制直线并显示西南等轴测视图

⑭ 选择菜单栏中的"绘图"→"建模"→"网格"→"平移网格"命令。命令行提示如下。

```
命令：_tabsurf
当前线框密度：SURFTAB1=6
选择用作轮廓曲线的对象：（选择用"多段线"生成
的图形）
选择用作方向矢量的对象：（选择用"直线"生成的
直线）
```

平移后的效果如图 11-125 所示。

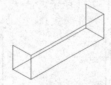

图 11-125　平移曲面

⑮ 单击"默认"选项卡"修改"面板中的"删除"按钮 ✍，删除作为平移方向矢量的直线。

⑯ 在命令行输入"ucs"，将坐标系绕 Z 轴旋转 90°。单击"三维工具"选项卡"建模"面板中的"楔体"按钮 ◣，绘制楔体。命令行提示如下。

```
命令：_wedge
指定第一个角点或 [ 中心 (C)]：（适当指定一点）
指定其他角点或 [ 立方体 (C) / 长度 (L)]：L ✓
指定长度 <10.0000>：-64 ✓
指定宽度 <10.0000>：-260 ✓
指定高度或 [ 两点 (2P)]：-150 ✓
```

然后对图形进行抽壳处理，抽壳距离为 1。
结果如图 11-126 所示。

⑰ 单击"默认"选项卡"修改"面板中的"移动"按钮 ✛，将楔形表面移动至图 11-127 所示的位置。

图 11-126　绘制楔体　　　**图 11-127　生成楔形表面**

⑱ 单击"默认"选项卡"修改"面板中的"移动"按钮 ✛，将图 11-127 所示的图形移至图 11-128 所示的位置。

⑲ 单击"视图"选项卡"视觉样式"面板中的"隐藏"按钮 ▨，将已绘制的图形消隐，消隐后的效果如图 11-129 所示。

图 11-128　安装生成的表面　　**图 11-129　消隐后的效果**

⑳ 单击"三维工具"选项卡"建模"面板中的"圆柱体"按钮 ▣，绘制直径为"25"、高度为"12"的圆柱体作为饮水机水龙头开关，如图 11-130 所示。

㉑ 单击"三维工具"选项卡"建模"面板中的"长方体"按钮 ▣，绘制一个长、宽、高分别为"80""30"和"30"的长方体，如图 11-131 所示。

图 11-130　绘制圆柱体　　　**图 11-131　生成水管**

㉒ 单击"默认"选项卡"修改"面板中的"移动"按钮 ✛，将圆柱体移动至图 11-132 所示位置。在移动圆柱体时，可以选择移动的基点为上表面或下表面的圆心。

㉓ 选择菜单栏中的"修改"→"三维操作"→"剖切"命令，选择长方体为被剖切对象，指定三点确定剖切面，使剖切面与长方体表面成 45° 角，

并且剖切面经过长方体的一条棱。用鼠标选择保留一侧的任一点。剖切后的效果如图 11-133 所示。

图 11-132　生成水管开关　　图 11-133　剖切水管

㉔ 将水管左侧面所在的平面设置为当前 UCS 所在平面，单击"默认"选项卡"绘图"面板中的"多段线"按钮 ⌐，绘制多边形，其中多边形的一条边与水管斜棱重合，如图 11-134 所示。

㉕ 单击"三维工具"选项卡"建模"面板中的"拉伸"按钮 ▤，指定拉伸高度"30"；也可以使用拉伸路径，用鼠标在垂直于多边形所在平面的方向上指定距离为"30"的两点。指定拉伸的倾斜角度0°，生成水龙头的嘴，如图 11-135 所示。

图 11-134　绘制多边形　　图 11-135　生成水龙头的嘴

㉖ 单击"默认"选项卡"修改"面板中的"移动"按钮 ✛，选择水龙头的嘴作为移动对象，选择水龙头实体的一个顶点为基点，将其移动至图 11-136 所示的位置。

㉗ 单击"视图"选项卡"视觉样式"面板中的"隐藏"按钮 ▥，将已绘制的图形消隐，消隐后的效果如图 11-137 所示。

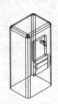

图 11-136　安装水龙头后的效果　　图 11-137　消隐后的效果

㉘ 选择菜单栏中的"工具"→"新建 UCS"→"上一个"命令，将当前 UCS 转换到原来的 UCS。

㉙ 选择菜单栏中的"修改"→"三维操作"→"三维镜像"命令。选择水龙头作为镜像的对象，指定镜像平面为 YZ 平面，打开对象捕捉功能，

捕捉中点，作为 YZ 平面上的一点。保留镜像的源对象，如图 11-138 所示。

㉚ 单击"默认"选项卡"绘图"面板中的"圆"按钮 ⊙，生成一个半径为"12"的圆，作为饮水机加热完成的指示灯。

㉛ 单击"默认"选项卡"修改"面板中的"移动"按钮 ✛，选择圆作为移动对象，将其移动至水龙头上方，如图 11-139 所示。

图 11-138　镜像处理　　图 11-139　移动指示灯

㉜ 单击"默认"选项卡"修改"面板中的"镜像"按钮 ⚠，选择指示灯作为镜像对象，选择饮水机前面两条棱的中点所在直线为镜像线，生成另一个表示饮水机正在加热的指示灯，如图 11-140 所示。

图 11-140　镜像指示灯

11.6.2 水桶

STEP 绘制步骤

❶ 在命令行输入"ISOLINES"，设置线密度为"12"。选择菜单栏中的"绘图"→"建模"→"圆锥体"命令，绘制水桶接口圆锥体。命令行提示如下。

```
命令：_cone
指定底面的中心点或 [三点 (3P) / 两点 (2P) / 切点、
切点、半径 (T) / 椭圆 (E)]：（适当指定一点）
指定底面半径或 [直径 (D)] <50.0000>:50 ✓
指定高度或 [两点 (2P) / 轴端点 (A) / 顶面半径 (T)]
<64.0000>: T ✓
指定顶面半径 <100.0000>:100 ✓
指定高度或 [两点 (2P) / 轴端点 (A)] <64.0000>:64 ✓
```

结果如图 11-141 所示。

然后对图锥体进行抽壳处理，抽壳距离为"1"，结果如图 11-142 所示。

图 11-141　绘制圆锥体　　　图 11-142　抽壳处理圆锥体

❷ 单击"默认"选项卡"修改"面板中的"移动"按钮 ✛，选择圆锥作为移动对象，将圆锥移到饮水机上，如图 11-143 所示。

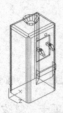

图 11-143　生成饮水机与水桶的接口

❸ 单击"默认"选项卡"绘图"面板中的"直线"按钮 ╱，绘制一条垂直于 XY 平面的直线。单击"默认"选项卡"绘图"面板中的"多段线"按钮 ┗╮，绘制一条多段线。使多段线上面的水平线段长度为"140"，垂直线段长度为"340"，下面的水平线段为"25"，如图 11-144 所示。

图 11-144　用于生成水桶的多段线

❹ 选择菜单栏中的"绘图"→"建模"→"网格"→"旋转网格"命令，指定多段线为旋转对象，指定直线为旋转轴，指定起点角度为 0°，包含角为 360°，旋转生成水桶，如图 11-145 所示。

❺ 单击"默认"选项卡"修改"面板中的"移动"按钮 ✛，选择水桶作为移动对象，选择水桶的下底中点为基点，将其移动至水桶接口锥面下底中点位置。

❻ 单击"视图"选项卡"视觉样式"面板中的"隐藏"按钮 ⬡，将已绘制的图形消隐，消隐后的效果如图 11-146 所示。

图 11-145　旋转曲面生成水桶　　图 11-146　饮水机的消隐效果

❼ 单击"可视化"选项卡"材质"面板中的"材质浏览器"按钮 ⊗，系统弹出"材质浏览器"选项板，选择适当的材质赋给饮水机，如图 11-147 所示。

图 11-147　"材质浏览器"选项板

❽ 单击"可视化"选项卡"渲染"面板中的"渲染到尺寸"按钮 ▭，进行渲染。渲染效果如图 11-113 所示。

11.7　上机实验

【实验 1】绘制透镜

1. 目的要求

如图 11-148 所示，本实验所绘制的实例相对简单，主要用到一些基本三维建模命令和布尔运算命令。通过本例，读者应掌握基本三维建模命令的使用方法。

图 11-148　透镜

2. 操作提示

（1）分别绘制圆柱体和球体。

（2）利用"并集"和"差集"命令进行处理。

【实验2】绘制绘图模板

1. 目的要求

如图11-149所示，本实验所绘制的实例相对简单，主要用到拉伸命令和布尔运算命令。通过本例，读者应掌握拉伸命令的使用方法。

图 11-149　绘图模板

2. 操作提示

（1）绘制长方体。

（2）在长方体底面绘制一些平面图形并进行拉伸。

（3）利用"差集"命令进行处理。

【实验3】绘制接头

1. 目的要求

如图11-150所示，本实验所绘制的实例相对简单，主要用到基本三维建模命令和拉伸命令以及布尔运算命令。通过本例，读者应掌握各种基本三维建模命令的使用方法。

图 11-150　接头

2. 操作提示

（1）绘制圆柱体。

（2）绘制矩形并进行拉伸。

（3）绘制长方体并进行复制。

（4）利用"差集"命令进行处理。

第 12 章

三维实体编辑

三维实体编辑主要是对三维物体进行编辑。本章主要内容包括编辑三维曲面、编辑实体、显示形式、渲染实体。

重点与难点

- ➲ 编辑三维曲面
- ➲ 编辑实体
- ➲ 显示形式
- ➲ 渲染实体

12.1 编辑三维曲面

12.1.1 三维阵列

执行方式

命令行：3DARRAY

菜单栏："修改"→"三维操作"→"三维阵列"

工具栏：单击"建模"工具栏中的"三维阵列"按钮

操作步骤

命令行提示如下。

命令：3DARRAY ✓

正在初始化 ... 已加载 3DARRAY。

选择对象：选择下一个对象或按 <Enter> 键

输入阵列类型 [矩形（R）/ 环形（P）]< 矩形 >：

选项说明

（1）矩形（R）：对图形进行矩形阵列复制，是系统的默认选项。选择该选项后，命令行提示如下。

输入行数（－－－）<1>：输入行数

输入列数（｜｜｜）<1>：输入列数

输入层数（…）<1>：输入层数

指定行间距（－－－）：输入行间距

指定列间距（｜｜｜）：输入列间距

指定层间距（…）：输入层间距

（2）环形（P）：对图形进行环形阵列复制。选择该选项后，命令行提示如下。

输入阵列中的项目数目：输入阵列的数目

指定要填充的角度（+= 逆时针，－ = 顺时针）<360>：输入环形阵列的圆心角

旋转阵列对象？[是（Y）/ 否 (N)]< Y >：确定阵列上的每一个图形是否根据旋转轴线的位置进行旋转

指定阵列的中心点：输入旋转轴线上一点的坐标

指定旋转轴上的第二点：输入旋转轴上另一点的坐标

图 12-1 所示为 3 层 3 行 3 列，间距分别是"300"的圆柱的矩形阵列，图 12-2 所示为圆柱的环形阵列。

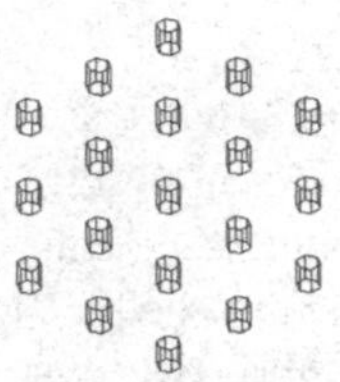

图 12-1 三维图形的矩形阵列

图 12-2 三维图形的环形阵列

实例教学

下面以图 12-3 所示的立体法兰盘为例，介绍三维阵列命令的使用方法。

图 12-3 法兰盘

STEP 绘制步骤

❶ 单击"默认"选项卡"绘图"面板中的"多段线"按钮 ，绘制立体法兰盘主体结构的轮廓线。在命令行提示下依次输入"（40,0）""（@60,0）""（@0,20）""（@-40,0）""（@0,40）""（@-20,0）""C"，如图 12-4 所示。

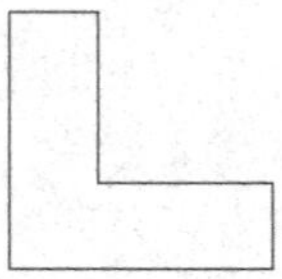

图 12-4 绘制轮廓线

❷ 单击"三维工具"选项卡"建模"面板中的"旋转"按钮 ，把上一步的轮廓线旋转成立体法兰盘主体结构的主体轮廓。命令行提示如下。

命令：_revolve

当前线框密度：ISOLINES=4，闭合轮廓创建模式 = 实体

选择要旋转的对象或 [模式（MO）]：（选择上一步所绘制的轮廓线）✓

选择要旋转的对象或 [模式（MO）]：✓

指定轴起点或根据以下选项之一定义轴 [对象 (O)/X/Y/Z] < 对象 >:Y ✓

指定旋转角度或［起点角度（ST）/ 反转（R）/ 表达式（EX）］<360>：↙
结果如图 12-5 所示。

图 12-5　旋转轮廓线

❸ 单击"视图"选项卡"命名视图"面板中的"西北等轴测"按钮◈，改变视图。结果如图 12-6 所示。

图 12-6　旋转后的图形

❹ 在命令行输入"UCS"，变换坐标系。命令行提示如下。

```
命令：UCS↙
指定 UCS 的原点或 [面 (F) / 命名 (NA) / 对象 (OB) /
上一个 (P) / 视图 (V) / 世界 (W) / X/Y/Z/Z 轴 (ZA)]
<世界>：X↙
指定绕 X 轴的旋转角度 <90>：↙
```

❺ 单击"三维工具"选项卡"建模"面板中的"圆柱体"按钮▣，绘制一个以（-80,0,0）为底面的中心点、底面半径为"6.5"、高度为"-20"的圆柱体，如图 12-7 所示。

图 12-7　绘制圆柱体

❻ 选择菜单栏中的"修改"→"三维操作"→"三维阵列"命令，复制上一步绘制的圆柱体。命令行提示如下。

```
命令：_3darray
选择对象：(选择上一步绘制的圆柱体) ↙
选择对象：↙
输入阵列类型 [矩形 (R) / 环形 (P)] <矩形>：P↙
输入阵列中的项目数目：3↙
指定要填充的角度 (+= 逆时针，-= 顺时针) <360>：↙
旋转阵列对象? [是 (Y) / 否 (N)] <Y>：↙
指定阵列的中心点：0,0,0↙
```

指定旋转轴上的第二点：0,0,-100↙
结果如图 12-8 所示。

图 12-8　阵列圆柱体

❼ 单击"三维工具"选项卡"实体编辑"面板中的"差集"按钮▣，减去上一步所复制的圆柱体。命令行提示如下。

```
命令：_subtract
选择要从中减去的实体、曲面或面域 ...
选择对象：(选择法兰盘的主体结构的体轮廓)
选择要减去的实体、曲面或面域 ..
选择对象：(依次选择所复制的 3 个圆柱体) ↙
选择对象：↙
```

结果如图 12-9 所示。

图 12-9　差集处理后的图形

❽ 单击"可视化"选项卡"渲染"面板中的"渲染到尺寸"按钮▦，渲染图形。最终结果如图 12-3 所示。

12.1.2 | 三维镜像

执行方式

命令行：MIRROR3D
菜单栏："修改"→"三维操作"→"三维镜像"

操作步骤

命令行提示如下。

```
命令：MIRROR3D↙
选择对象：选择要镜像的对象
选择对象：选择下一个对象或按 <Enter> 键
指定镜像平面 (三点) 的第一个点或[对象 (O) /
最近的 (L) /Z 轴 (Z) / 视图 (V) /XY 平面 (XY) /YZ
平面 (YZ) /ZX 平面 (ZX) / 三点 (3)] <三点>：
在镜像平面上指定第一点：
```

选项说明

（1）三点：输入镜像平面上点的坐标。该选项通过3个点确定镜像平面，是系统的默认选项。

（2）Z轴（Z）：利用指定的平面作为镜像平面。选择该选项后，命令行提示如下。

> 在镜像平面上指定点：输入镜像平面上一点的坐标
> 在镜像平面的 z 轴（法向）上指定点：输入与镜像平面垂直的任意一条直线上任意一点的坐标
> 是否删除源对象？ [是（Y）/ 否（N）] ＜否＞：根据需要确定是否删除源对象

（3）视图（V）：指定一个平行于当前视图的平面作为镜像平面。

（4）XY（YZ、ZX）平面：指定一个平行于当前坐标系的XY（YZ、ZX）平面作为镜像平面。

 实例教学

下面以图12-10所示的泵轴为例，介绍三维镜像命令的使用方法。

图 12-10　泵轴

STEP　绘制步骤

❶ 在命令行输入"UCS"，设置用户坐标系，将坐标系绕 X 轴旋转90°。

❷ 单击"三维工具"选项卡"建模"面板中的"圆柱体"按钮，以坐标原点为底面中心点，创建直径为"14"、高为"66"的圆柱体；依次创建直径为"11"和高为"14"、直径为"7.5"和高为"2"、直径为"8"和高为"12"的圆柱体，如图12-11所示。

图 12-11　绘制圆柱体

❸ 单击"三维工具"选项卡"实体编辑"面板中的"并集"按钮，对创建的圆柱体进行并集运算。

❹ 单击"视图"选项卡"视觉样式"面板中的"隐藏"按钮，进行消隐处理后的图形如图12-12所示。

在命令行输入"UCS"，设置用户坐标系，将坐标系绕 Y 轴旋转 -90°。

图 12-12　创建外形圆柱

❺ 单击"三维工具"选项卡"建模"面板中的"圆柱体"按钮，以（40,0）为底面中心点，绘制直径为"5"、高为"7"的圆柱体；以（88,0）为底面中心点，绘制直径为"2"、高为"4"的圆柱体，如图12-13所示。

图 12-13　创建圆柱体

❻ 绘制二维图形，并创建为面域。

（1）单击"默认"选项卡"绘图"面板中的"直线"按钮，从（70,0）到（@6,0）绘制直线，如图12-14所示。

图 12-14　绘制直线

（2）单击"默认"选项卡"修改"面板中的"偏移"按钮，将上一步绘制的直线分别向上、下偏移2，如图12-15所示。

图 12-15　偏移直线

（3）单击"默认"选项卡"修改"面板中的"圆角"按钮，对两条直线进行倒圆角操作，圆角半径为"2"，如图12-16所示。

（4）单击"默认"选项卡"绘图"面板中的"面域"

按钮 📄，将二维图形创建为面域，如图 12-17
所示。

图 12-16　圆角处理

图 12-17　创建内形圆柱与二维图形

❼ 单击"视图"选项卡"命名视图"面板中的"西南等轴测"按钮 ◈，切换视图到西南等轴测图。利用"三维镜像"命令，将 ∅5 及 ∅2 圆柱以当前 *XY* 面为镜像面，进行镜像操作。命令行提示如下。

```
命令：_mirror3d
选择对象：(选择 ∅5 及 ∅2 圆柱)
选择对象：↙
指定镜像平面（三点）的第一个点或 [对象 (O)/最近的 (L)/Z 轴 (Z)/视图 (V)/XY 平面 (XY)/YZ 平面 (YZ)/ZX 平面 (ZX)/三点 (3)]〈三点〉：xy↙
指定 XY 平面上的点 <0,0,0>：↙
是否删除源对象？[是 (Y)/否 (N)]〈否〉：↙
```

结果如图 12-18 所示。

图 12-18　镜像操作

❽ 单击"三维工具"选项卡"建模"面板中的"拉伸"按钮 📄，将创建的面域拉伸"2.5"，如图 12-19 所示。

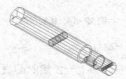

图 12-19　拉伸面域

❾ 单击"默认"选项卡"修改"面板中的"移动"按钮 ✛，将拉伸实体移动（@0,0,3），如图 12-20 所示。

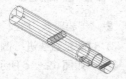

图 12-20　移动实体

❿ 单击"三维工具"选项卡"实体编辑"面板中的"差集"按钮 📄，对外形圆柱与内形圆柱及拉伸实体进行差集运算，结果如图 12-21 所示。

图 12-21　差集后的实体

⓫ 创建螺纹。

（1）在命令行输入"UCS"，将坐标系切换到世界坐标系，然后绕 *X* 轴旋转 90°。单击"默认"选项卡"绘图"面板中的"螺旋"按钮 ⧢，绘制螺纹轮廓。命令行提示如下。

```
命令：_Helix
圈数 = 8.0000     扭曲 =CCW
指定底面的中心点：0,0,95 ↙
指定底面半径或 [直径 (D)] <1.000>:4 ↙
指定顶面半径或 [直径 (D)] <4>:↙
指定螺旋高度或 [轴端点 (A)/圈数 (T)/圈高 (H)/扭曲 (W)] <12.2000>: T ↙
输入圈数 <3.0000>:8 ↙
指定螺旋高度或 [轴端点 (A)/圈数 (T)/圈高 (H)/扭曲 (W)] <12.2000>: -14 ↙
```

结果如图 12-22 所示。

图 12-22　绘制螺旋线

（2）在命令行输入"UCS"，命令行提示如下。

```
命令：UCS ↙
当前 UCS 名称：* 世界 *
指定 UCS 的原点或 [面 (F)/命名 (NA)/对象 (OB)/上一个 (P)/视图 (V)/世界 (W)/X/Y/Z/Z 轴 (ZA)] <世界>：(捕捉螺旋线的上端点)
指定 X 轴上的点或 <接受>：(捕捉螺旋线上一点)
指定 XY 平面上的点或 <接受>：
```

（3）在命令行输入"UCS"，将坐标系绕 *Y* 轴旋转 -90°，结果如图 12-23 所示。

（4）选择菜单栏中的"视图"→"三维视图"→"平面视图"→"当前 UCS（c）"命令。

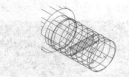

图 12-23　切换坐标系

（5）单击"默认"选项卡"绘图"面板中的"直线"按钮 ╱ ，捕捉螺旋线的上端点绘制牙型截面轮廓，绘制一个正三角形，其边长为"1.5"，如图 12-24 所示。

图 12-24　绘制截面轮廓

（6）单击"默认"选项卡"绘图"面板中的"面域"按钮 ◙ ，将其创建成面域，结果如图 12-25 所示。

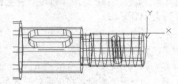

图 12-25　创建面域

（7）单击"视图"选项卡"命名视图"面板中的"西南等轴测"按钮 ◈ ，将视图切换到西南等轴测视图。

（8）单击"三维工具"选项卡"建模"面板中的"扫掠"按钮 ⬟ ，命令行提示如下。

```
命令：_sweep
当前线框密度：ISOLINES=4，闭合轮廓创建模式 =
实体
选择要扫掠的对象或 [ 模式 (MO)]：（选择三角牙
型轮廓）
选择要扫掠的对象或 [ 模式 (MO)]：↙
选择扫掠路径或 [ 对齐 (A)/基点 (B)/比例 (S)/
扭曲 (T)]：（选择螺纹线）
```

结果如图 12-26 所示。

图 12-26　扫掠实体

（9）创建圆柱体。将坐标系切换到世界坐标系，然后将坐标系绕 X 轴旋转 90°。

（10）单击"三维工具"选项卡"建模"面板中的"圆柱体"按钮 ⬛ ，以坐标点（0,0,94）为底面中心点，绘制半径为"6"、高为"2"的圆柱体；以坐标点（0,0,82）为底面中心点，绘制半径为"6"、高为"-2"的圆柱体；以坐标点（0,0,82）为底面中心点，绘制直径为"7.5"、高为"-2"的圆柱体，结果如图 12-27 所示。

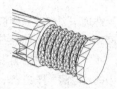

图 12-27　绘制圆柱体

（11）单击"三维工具"选项卡"实体编辑"面板中的"并集"按钮 ⬛ ，对螺纹与主体进行并集处理。

（12）单击"三维工具"选项卡"实体编辑"面板中的"差集"按钮 ⬛ ，从左端半径为"6"的圆柱体中减去直径为"7.5"的圆柱体，然后从螺纹主体中减去半径为"6"的圆柱体和差集后的实体，结果如图 12-28 所示。

图 12-28　进行布尔运算

⓬ 在命令行输入"UCS"命令，将坐标系切换到世界坐标系，然后将坐标系绕 Z 轴旋转 -90°。

⓭ 单击"三维工具"选项卡"建模"面板中的"圆柱体"按钮 ⬛ ，以（24,0,0）为底面中心点、绘制直径为"5"、高为"7"的圆柱体，如图 12-29 所示。

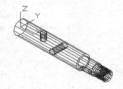

图 12-29　绘制圆柱体

⓮ 利用"三维镜像"命令，将上一步绘制的圆柱体以当前 XY 面为镜像面，进行镜像操作，结果如图 12-30 所示。

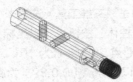

图 12-30　镜像圆柱体

⑮ 单击"三维工具"选项卡"实体编辑"面板中的"差集"按钮，对轴与镜像的圆柱体进行差集运算，对轴倒角。

⑯ 单击"默认"选项卡"修改"面板中的"倒角"按钮，对左轴端及 ∅11 轴径进行倒角操作，倒角距离为"1"。单击"视图"选项卡"视觉样式"面板中的"隐藏"按钮，对实体进行消隐，如图 12-31 所示。

图 12-31　消隐后的实体

⑰ 单击"可视化"选项卡"材质"面板中的"材质浏览器"按钮，系统打开"材质浏览器"选项板，如图 12-32 所示。选择适当的材质，单击"可视化"选项卡"渲染"面板中的"渲染到尺寸"按钮，对图形进行渲染，如图 12-33 所示。

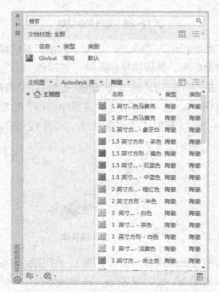

图 12-32　"材质浏览器"选项板

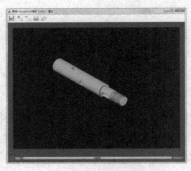

图 12-33　渲染图形

12.1.3 | 对齐对象

执行方式

命令行：ALIGN（快捷命令：AL）

菜单栏："修改"→"三维操作"→"对齐"

操作步骤

命令行提示如下。

命令：ALIGN ↙

选择对象：选择要对齐的对象

选择对象：选择下一个对象或按 <Enter> 键

指定一对、两对或三对点，将选定对象对齐。

指定第一个源点：选择点 1

指定第一个目标点：选择点 2

指定第二个源点：↙

一对点对齐结果如图 12-34 所示。对齐两对点和三对点与对齐一对点的情形类似。

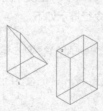

（a）对齐前　　　　（b）对齐后

图 12-34　一对点对齐

12.1.4 | 三维移动

执行方式

命令行：3DMOVE

菜单栏："修改"→"三维操作"→"三维移动"

工具栏：单击"建模"工具栏中的"三维移动"按钮。

操作步骤

命令行提示如下。

```
命令：3DMOVE ↙
选择对象：找到 1 个
选择对象：↙
指定基点或 [位移(D)] <位移>：指定基点
指定第二个点或 <使用第一个点作为位移>：指定
第二点
```

其操作方法与二维移动命令类似，图 12-35 所示为将滚珠从轴承中移出的情形。

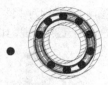

图 12-35 三维移动

 实例教学

下面以图 12-36 所示的阀盖为例，介绍三维移动命令的使用方法。

图 12-36 阀盖

STEP 绘制步骤

❶ 单击"视图"选项卡"命名视图"面板中的"西南等轴测"按钮 ◈，将当前视图方向设置为西南等轴测视图。

❷ 在命令行输入"UCS"，将坐标系原点绕 X 轴旋转 90°。命令行提示如下。

```
命令：UCS '
当前 UCS 名称：*世界*
UCS 的原点或 [面(F)/命名(NA)/对象(OB)/上
一个(P)/视图(V)/世界(W)/X/Y/Z/Z 轴(ZA)]
<世界>：X↙
指定绕 X 轴的旋转角度 <90>：↙
```

❸ 单击"三维工具"选项卡"建模"面板中的"圆柱体"按钮 ◎，以（0,0,0）为底面中心点，绘制半径为"18"、高为"15"以及半径为"16"、高为"26"的圆柱体，如图 12-37 所示。

图 12-37 绘制圆柱体

❹ 设置用户坐标系。命令行提示如下。

```
命令：UCS ↙
当前 UCS 名称：*世界*
指定 UCS 的原点或 [面(F)/命名(NA)/对象
(OB)/上一个(P)/视图(V)/世界(W)/X/Y/Z/Z
轴(ZA)] <世界>：0, 0, 32↙
指定 X 轴上的点或 <接受>：↙
```

❺ 单击"三维工具"选项卡"建模"面板中的"长方体"按钮 ◎，绘制以原点为中心点、长度为"75"、宽度为"75"、高度为"12"的长方体，如图 12-38 所示。

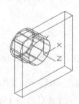

图 12-38 绘制长方体

❻ 单击"默认"选项卡"修改"面板中的"圆角"按钮 ⌐，指定圆角半径为"12.5"，对长方体的 4 个 Z 轴方向边倒圆角，如图 12-39 所示。

图 12-39 圆角处理长方体

❼ 单击"三维工具"选项卡"建模"面板中的"圆柱体"按钮 ◎，捕捉圆角圆心为中心点，绘制直径为 Ø10、高为"12"的圆柱体，如图 12-40 所示。

图 12-40 绘制圆柱体

❽ 单击"默认"选项卡"修改"面板中的"复制"按钮 🔲，将上步绘制的圆柱体以圆柱体的圆心为基点，复制到其余 3 个圆角圆心处，如图 12-41 所示。

图 12-41　复制圆柱体

❾ 单击"三维工具"选项卡"实体编辑"面板中的"差集"按钮 🔲，将第❽步绘制的圆柱体从主体中减去，如图 12-42 所示。

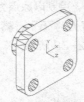

图 12-42　差集后的图形

❿ 单击"三维工具"选项卡"建模"面板中的"圆柱体"按钮 🔲，以（0,0,0）为底面中心点，分别绘制直径为"53"、高为"7"，直径为"50"、高为"12"，及直径为"41"、高为"16"的圆柱体。

⓫ 单击"三维工具"选项卡"实体编辑"面板中的"并集"按钮 🔲，对所有图形进行并集运算，如图 12-43 所示。

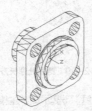

图 12-43　并集后的图形

⓬ 单击"三维工具"选项卡"建模"面板中的"圆柱体"按钮 🔲，捕捉实体前端面圆心为中心点，分别绘制直径为"35"、高为"-7"及直径为"20"、高为"-48"的圆柱体；捕捉实体后端面圆心为中心点，绘制直径为"28.5"、高为"5"的圆柱体。

⓭ 单击"三维工具"选项卡"实体编辑"面板中的

"差集"按钮 🔲，对实体与第⓬步绘制的圆柱体进行差集运算，如图 12-44 所示。

图 12-44　差集后的图形

⓮ 单击"默认"选项卡"修改"面板中的"圆角"按钮 🔲，设置圆角半径分别为"1""3""5"，对需要倒圆角的边进行圆角处理，如图 12-45 所示。

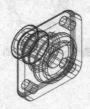

图 12-45　圆角处理

⓯ 单击"默认"选项卡"修改"面板中的"倒角"按钮 🔲，指定倒角距离为"1.5"，对实体后端面进行倒角。

⓰ 单击"视图"选项卡"命名视图"面板中的"左视"按钮 🔲，将当前视图方向设置为左视图。

⓱ 单击"视图"选项卡"视觉样式"面板中的"隐藏"按钮 🔲，对实体进行消隐。消隐处理后的图形如图 12-46 所示。

图 12-46　消隐后的效果

⓲ 绘制螺纹。

（1）单击"默认"选项卡"绘图"面板中的"多边形"按钮 🔲，在实体旁边绘制一个正三角形，其边长为"2"，如图 12-47 所示。

图 12-47　绘制正三角形

（2）单击"默认"选项卡"绘图"面板中的"构造线"按钮 ，过正三角形底边绘制水平辅助线，如图 12-48 所示。

图 12-48　绘制构造线

（3）单击"默认"选项卡"修改"面板中的"偏移"按钮 ，将水平辅助线向上偏移"18"，如图 12-49 所示。

图 12-49　偏移构造线

（4）单击"三维工具"选项卡"建模"面板中的"旋转"按钮 ，以偏移后的水平辅助线为旋转轴，选取正三角形，将其旋转 360°，如图 12-50 所示。

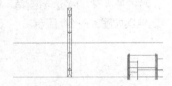

图 12-50　旋转处理

（5）单击"默认"选项卡"修改"面板中的"删除"按钮 ，删除绘制的辅助线。

（6）选择菜单栏中的"修改"→"三维操作"→"三维阵列"命令，对旋转形成的实体进行 1 行、8 列的矩形阵列，列间距为"2"，如图 12-51 所示。

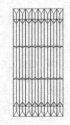

图 12-51　三维阵列实体

（7）单击"三维工具"选项卡"实体编辑"面板中的"并集"按钮 ，对阵列后的实体进行并集运算，如图 12-52 所示。

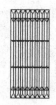

图 12-52　绘制的螺纹

⑲ 选择菜单栏中的"修改"→"三维操作"→"三维移动"命令，命令行提示如下。

```
命令：_3dmove
选择对象：（用鼠标选取绘制的螺纹）
选择对象：↙
指定基点或 [位移(D)] <位移>：（用鼠标选取螺纹左端面圆心）
指定第二个点或 <使用第一个点作为位移>：（用鼠标选取实体左端圆心）
```

结果如图 12-53 所示。

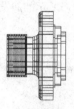

图 12-53　移动螺纹后的图形

⑳ 单击"三维工具"选项卡"实体编辑"面板中的"差集"按钮 ，对实体与螺纹进行差集运算。

㉑ 用同样的方法，为阀盖创建螺纹孔。最终结果如图 12-36 所示。

12.1.5 ｜ 三维旋转

执行方式

命令行：3DROTATE

菜单栏："修改"→"三维操作"→"三维旋转"

工具栏：单击"建模"工具栏中的"三维旋转"按钮

操作步骤

命令行提示如下。

```
命令：3DROTATE ↙
UCS 当前的正角方向：ANGDIR= 逆时针 ANGBASE=0
选择对象：选择一个滚珠
选择对象：↙
指定基点：指定圆心位置
拾取旋转轴：选择图 12-54 所示的轴
```

指定角的起点或输入角度：选择图 12-54 所示的中心点

图 12-54　指定参数

旋转结果如图 12-55 所示。

图 12-55　旋转结果

 实例教学

下面以图 12-56 所示的沙发为例，介绍三维旋转命令的使用方法。

图 12-56　沙发

`STEP` **绘制步骤**

❶ 单击"视图"选项卡"命名视图"面板中的"西南等轴测"按钮 ◈，改变视图。

❷ 单击"三维工具"选项卡"建模"面板中的"长方体"按钮 ▤，以（0,0,5）为角点，绘制长为"150"、宽为"60"、高为"10"的长方体；以（0,0,15）和（@75,60,20）为角点绘制长方体；以（75,0,15）和（@75,60,20）为角点绘制长方体。结果如图 12-57 所示。

图 12-57　绘制长方体

❸ 单击"默认"选项卡"绘图"面板中的"直线"按钮 ／，过（0,0,5）（@0,0,55）（@-20,0,0）（@0,0,-10）（@10,0,0）（@0,0,-45）（c）

绘制直线。结果如图 12-58 所示。

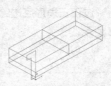

图 12-58　绘制多段线

❹ 单击"默认"选项卡"绘图"面板中的"面域"按钮 ▣，并对所绘直线创建面域。

❺ 单击"三维工具"选项卡"建模"面板中的"拉伸"按钮 ▤，将直线拉伸，拉伸高度为"60"。结果如图 12-59 所示。

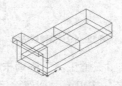

图 12-59　拉伸处理

❻ 单击"默认"选项卡"修改"面板中的"圆角"按钮 ⌐，对拉伸实体的棱边倒圆角，圆角半径为"5"。结果如图 12-60 所示。

图 12-60　圆角处理

❼ 单击"三维工具"选项卡"建模"面板中的"长方体"按钮 ▤，以（0,60,5）和（@75,-10,75）为角点绘制长方体。结果如图 12-61 所示。

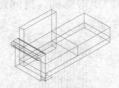

图 12-61　绘制长方体

❽ 利用"三维旋转"命令，将上步绘制的长方体旋转 -10°。命令行提示如下。

```
命令：ROTATE3D ↙
当前正向角度： ANGDIR= 逆时针 ANGBASE=0
选择对象：（选择长方体）
选择对象： ↙
指定基点：0,60,5 ↙
拾取旋转轴：
```

指定角的起点或键入角度：-10 ✓
结果如图 12-62 所示。

图 12-62 三维旋转处理

⑨ 选择菜单栏中的"修改"→"三维操作"→"三维镜像"命令，将拉伸的实体和最后绘制的矩形以过 (75,0,15)(75,0,35)(75,60,35) 3 点的平面为镜像面，进行镜像处理。结果如图 12-63 所示。

图 12-63 三维镜像处理

⑩ 单击"默认"选项卡"修改"面板中的"圆角"按钮 ⌐，进行圆角处理。座垫的圆角半径为"10"，靠背的圆角半径为"3"，其他边的圆角半径为"1"。结果如图 12-64 所示。

图 12-64 圆角处理

⑪ 单击"默认"选项卡"绘图"面板中的"圆"按钮 ⊙，以 (11,9,-9) 为圆心，绘制半径为"5"的圆。单击"三维工具"选项卡"建模"面板中的"拉伸"按钮 ◨，拉伸圆，拉伸高度为"15"，拉伸角度为 5°。结果如图 12-65 所示。

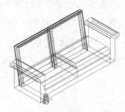

图 12-65 绘制圆并拉伸

⑫ 选择菜单栏中的"修改"→"三维操作"→"三维阵列"命令，对拉伸后的实体进行矩形阵列，行数为"2"，列数为"2"，行偏移为"42"，列偏移为"128"。结果如图 12-66 所示。

图 12-66 三维阵列处理

⑬ 单击"可视化"选项卡"材质"面板中的"材质浏览器"按钮 ⊗，在"材质浏览器"选项板中选择适当的材质。单击"可视化"选项卡"渲染"面板中的"渲染到尺寸"按钮 ⊌，对实体进行渲染。渲染后的效果如图 12-56 所示。

12.2 编辑实体

12.2.1 拉伸面

执行方式

命令行：SOLIDEDIT

菜单栏："修改"→"实体编辑"→"拉伸面"

工具栏：单击"实体编辑"工具栏中的"拉伸面"按钮 ◨▸

功能区：单击"三维工具"选项卡"实体编辑"面板中的"拉伸面"按钮 ◨▸

操作步骤

命令行提示如下。

```
命令：_solidedit
实体编辑自动检查：SOLIDCHECK=1
输入实体编辑选项 [面 (F)/边 (E)/体 (B)/放弃
(U)/退出 (X)] <退出>：_face
输入面编辑选项 [拉伸 (E)/移动 (M)/旋转 (R)/偏
移 (O)/倾斜 (T)/删除 (D)/复制 (C)/颜色 (L)/材
质 (A)/放弃 (U)/
退出 (X)]< 退出 >：_extrude
选择面或 [放弃 (U)/删除 (R)]：选择要进行拉
```

伸的面

选择面或 [放弃 (U) / 删除 (R) / 全部（ALL）]：
指定拉伸高度或 [路径（P）]：输入拉伸高度
指定拉伸的倾斜角度 <0>：输入倾斜角度

选项说明

（1）指定拉伸高度：按指定的高度值拉伸面。指定拉伸的倾斜角度后，完成拉伸操作。

（2）路径（P）：沿指定的路径曲线拉伸面。图 12-67 所示为拉伸长方体顶面和侧面的结果。

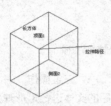
（a）拉伸前的长方体

（b）拉伸后的三维实体

图 12-67 拉伸长方体

 实例教学

下面以图 12-68 所示的顶针为例，介绍拉伸命令的使用方法。

图 12-68 顶针

STEP **绘制步骤**

❶ 单击"视图"选项卡"命名视图"面板中的"西南等轴测"按钮 ◈，将当前视图设置为西南等轴测方向。

❷ 在命令行输入"UCS"，将坐标系绕 X 轴旋转 90°，以坐标原点为圆锥底面中心。

❸ 单击"三维工具"选项卡"实体编辑"面板中的"圆锥体"按钮 △，绘制半径为"30"、高为"-50"的圆锥。单击"三维工具"选项卡"实体编辑"面板中的"圆柱体"按钮 ▥，以坐标原点为底面中心点，绘制半径为"30"、高为"70"的圆柱。结果如图 12-69 所示。

图 12-69 绘制圆锥及圆柱

❹ 选择菜单栏中的"修改"→"三维操作"→"剖切"命令，选取圆锥，以 ZX 平面为剖切面，指定剖切面上的点为（0,10），对圆锥进行剖切，保留圆锥下部。结果如图 12-70 所示。

图 12-70 剖切圆锥

❺ 单击"三维工具"选项卡"实体编辑"面板中的"并集"按钮 ◉，选择圆锥与圆柱体做并集运算。

❻ 利用"拉伸面"命令，选取图 12-71 所示的实体表面拉伸"-10"。命令行提示如下。

```
命令：_solidedit
实体编辑自动检查： SOLIDCHECK=1
输入实体编辑选项 [ 面 (F) / 边 (E) / 体 (B) / 放弃
(U) / 退出 (X)] < 退出 >：_face
输入面编辑选项 [ 拉伸 (E) / 移动 (M) / 旋转 (R) / 偏
移 (O) / 倾斜 (T) / 删除 (D) / 复制 (C) / 颜色 (L) / 材
质 (A) / 放弃 (U) / 退出 (X)] < 退出 >：_extrude
选择面或 [ 放弃 (U) / 删除 (R)]： （选取如图 12-71
所示的实体表面）
指定拉伸高度或 [ 路径 (P)]：-10 ↙
指定拉伸的倾斜角度 <0>：↙
已开始实体校验。
已完成实体校验。
输入面编辑选项 [ 拉伸 (E) / 移动 (M) / 旋转 (R) / 偏
移 (O) / 倾斜 (T) / 删除 (D) / 复制 (C) / 颜色 (L) / 材
质 (A) / 放弃 (U) / 退出 (X)] < 退出 >：↙
实体编辑自动检查： SOLIDCHECK=1
输入实体编辑选项 [ 面 (F) / 边 (E) / 体 (B) / 放弃
(U) / 退出 (X)] < 退出 >：↙
```

图 12-71 选取拉伸面

结果如图 12-72 所示。

图 12-72 拉伸后的实体

❼ 单击"视图"选项卡"命名视图"面板中的"左

视"按钮 ，将当前视图设置为左视图。以（10,
30,-30）为底面中心点，绘制半径为"20"、高
为"60"的圆柱体；以（50,0,-30）为底面中心点，
绘制半径为"10"、高为"60"的圆柱体。结果如
图 12-73 所示。

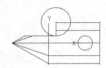

图 12-73 绘制圆柱体

❽ 单击"三维工具"选项卡"实体编辑"面板中的
"差集"按钮 ，对实体图形与两个圆柱体进
行差集运算。结果如图 12-74 所示。

图 12-74 进行差集运算后的实体

❾ 单击"三维工具"选项卡"建模"面板中的"长方
体"按钮 ，以（35,0,-10）为角点，绘制长
"30"、宽"30"、高"20"的长方体。然后
对实体与长方体进行差集运算。消隐后的实体
如图 12-75 所示。

图 12-75 消隐后的实体

❿ 单击"可视化"选项卡"材质"面板中的"材质
浏览器"按钮 ，在材质选项板中选择适当的
材质。单击"可视化"选项卡"渲染"面板中
的"渲染到尺寸"按钮 ，对实体进行渲染，
渲染后的结果如图 12-68 所示。

⓫ 选择菜单栏中的"文件"→"保存"命令，将绘
制完成的图形以"顶针立体图 .dwg"为文件名
保存在指定的路径中。

12.2.2 删除面

执行方式

命令行：SOLIDEDIT

菜单栏："修改"→"实体编辑"→"删除面"

工具栏：单击"实体编辑"工具栏中的"删除
面"按钮

功能区：单击"三维工具"选项卡"实体编辑"
面板中的"删除面"按钮

选项说明

命令行提示如下。

```
命令：_solidedit
实体编辑自动检查：SOLIDCHECK=1
输入实体编辑选项 [面 (F)/边 (E)/体 (B)/放弃
(U)/退出 (X)] <退出>：_face
输入面编辑选项 [拉伸 (E)/移动 (M)/旋转 (R)/偏
移 (O)/倾斜 (T)/删除 (D)/复制 (C)/颜色 (L)/材
质 (A)/放弃 (U)/退出 (X)] <退出>：_ delete
选择面或 [放弃 (U)/删除 (R)]：(选择要删除的面)
选择面或 [放弃 (U)/删除 (R)/全部 (ALL)]：
```

图 12-76 所示为删除长方体的一个倒角面后的
结果。

（a）倒角后的长方体 （b）删除倒角面后的图形

图 12-76 删除倒角面

实例教学

下面以图 12-77 所示的镶块为例，介绍删除面
命令的使用方法。

图 12-77 镶块

STEP 绘制步骤

❶ 单击"视图"选项卡"命名视图"面板中的"西
南等轴测"按钮 ，切换到西南等轴测图。

❷ 单击"三维工具"选项卡"建模"面板中的"长
方体"按钮 ，以坐标原点为角点，绘制长为
"50"、宽"100"、高"20"的长方体，
如图 12-78 所示。

图 12-78 绘制长方体

❸ 单击"三维工具"选项卡"建模"面板中的"圆柱体"按钮 ⬜，以长方体右侧面底边中点为底面中心点，绘制半径为"50"、高为"20"的圆柱体，如图 12-79 所示。

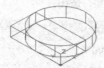

图 12-79 绘制圆柱体

❹ 单击"三维工具"选项卡"实体编辑"面板中的"并集"按钮 ⬛，对长方体与圆柱体进行并集运算。结果如图 12-80 所示。

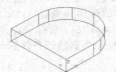

图 12-80 并集后的实体

❺ 选择菜单栏中的"修改"→"三维操作"→"剖切"命令，以 ZX 平面为剖切面，分别指定剖切面上的点为（0,10,0）及（0,90,0），对实体进行对称剖切，保留实体中部。结果如图 12-81 所示。

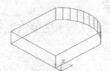

图 12-81 剖切后的实体

❻ 单击"默认"选项卡"修改"面板中的"复制"按钮 ⬚，将剖切后的实体向上复制一个，如图 12-82 所示。

图 12-82 复制实体

❼ 单击"三维工具"选项卡"实体编辑"面板中的"拉伸面"按钮 ⬛。选取实体前端面，指定拉伸高度为"-10"，如图 12-83 所示。继续将实体后侧面拉伸"-10"。结果如图 12-84 所示。

图 12-83 选取拉伸面

图 12-84 拉伸后的实体

❽ 利用"删除面"命令，选择删除面，删除实体上的面，结果如图 12-85 所示。继续将实体后部对称侧面删除，结果如图 12-86 所示。

图 12-85 选取删除面进行删除

图 12-86 删除面后的实体

❾ 单击"三维工具"选项卡"实体编辑"面板中的"拉伸面"按钮 ⬛，将实体顶面向上拉伸"40"。结果如图 12-87 所示。

图 12-87 拉伸顶面后的实体

❿ 单击"三维工具"选项卡"建模"面板中的"圆柱体"按钮 ⬜，以实体底面左边中点为底面中心点，创建半径为"10"，高"20"的圆柱。同理，以 R10 圆柱顶面圆心为中心点继续创建半径为"40"、高"40"及半径为"25"、高"60"的圆柱。

⓫ 单击"三维工具"选项卡"实体编辑"面板中

的"差集"按钮 🔲，对实体与 3 个圆柱进行差集运算。结果如图 12-88 所示。

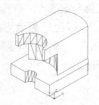

图 12-88　差集后的实体

⑫ 在命令行输入"UCS"，将坐标原点移动到（0,50,40），并将其绕 Y 轴旋转 90°。

⑬ 单击"三维工具"选项卡"建模"面板中的"圆柱体"按钮 🔲，以坐标原点为底面中心点，绘制半径为"5"、高为"100"的圆柱体。结果如图 12-89 所示。

图 12-89　绘制圆柱体

⑭ 单击"三维工具"选项卡"实体编辑"面板中的"差集"按钮 🔲，对实体与圆柱进行差集运算。

⑮ 单击"可视化"选项卡"渲染"面板中的"渲染到尺寸"按钮 🔲，渲染图形。渲染后的结果如图 12-77 所示。

12.2.3 | 旋转面

执行方式

命令行：SOLIDEDIT

菜单栏："修改"→"实体编辑"→"旋转面"

工具栏：单击"实体编辑"工具栏中的"旋转面"按钮 🔲

功能区：单击"三维工具"选项卡"实体编辑"面板中的"旋转面"按钮 🔲

选项说明

命令行提示如下。

命令：_solidedit
实体编辑自动检查：SOLIDCHECK=1
输入实体编辑选项 [面 (F) / 边 (E) / 体 (B) / 放弃

(U) / 退出 (X)] <退出 >：_face
输入面编辑选项 [拉伸 (E) / 移动 (M) / 旋转 (R) / 偏移 (O) / 倾斜 (T) / 删除 (D) / 复制 (C) / 颜色 (L) / 材质 (A) / 放弃 (U) / 退出 (X)] <退出 >：_rotate
选择面或 [放弃 (U) / 删除 (R)]：(选择要旋转的面)
选择面或 [放弃 (U) / 删除 (R) / 全部 (ALL)]：(继续选择或按 <Enter> 键结束选择)
指定轴点或 [经过对象的轴 (A) / 视图 (V) / X 轴 (X) / Y 轴 (Y) / Z 轴 (Z)] <两点 >：(选择一种确定轴线的方式)
指定旋转角度或 [参照 (R)]：(输入旋转角度)
图 12-90（b）为将图 12-90（a）中开口槽的方向旋转 90° 后的结果。

 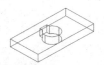

（a）旋转前　　　　（b）旋转后
图 12-90　开口槽旋转 90° 前后的图形

 实例教学

下面以图 12-91 所示的轴支架为例，介绍旋转面命令的使用方法。

图 12-91　轴支架

STEP　绘制步骤

❶ 单击"视图"选项卡"命名视图"面板中的"西南等轴测"按钮 🔲，将当前视图方向设置为西南等轴测视图。

❷ 单击"三维工具"选项卡"建模"面板中的"长方体"按钮 🔲，以角点坐标为（0,0,0），长、宽、高分别为"80""60""10"绘制连接立板长方体，如图 12-92 所示。

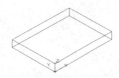

图 12-92　绘制长方体

❸ 单击"默认"选项卡"修改"面板中的"圆角"

按钮 ⌐，选择要进行圆角处理的长方体进行圆角处理，如图 12-93 所示。

图 12-93 圆角处理

❹ 单击"三维工具"选项卡"建模"面板中的"圆柱体"按钮 ▣，绘制底面中心点为（10,10,0）、半径为"6"、高度为"10"的圆柱体，如图 12-94 所示。

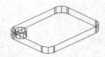

图 12-94 绘制圆柱体

❺ 单击"默认"选项卡"修改"面板中的"复制"按钮 ❀，选择上一步绘制的圆柱体进行复制，如图 12-95 所示。

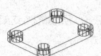

图 12-95 复制圆柱体

❻ 单击"三维工具"选项卡"实体编辑"面板中的"差集"按钮 ▣，对长方体和圆柱体进行差集运算。

❼ 设置用户坐标系，命令行提示如下。

```
命令：UCS ✓
当前 UCS 名称：＊世界＊
指定 UCS 的原点或 [面 (F) / 命名 (NA) / 对象 (OB) /
上一个 (P) / 视图 (V) / 世界 (W) /X/Y/Z/Z 轴 (ZA)]
<世界>：40,30,60 ✓
指定 X 轴上的点或 <接受>：✓
```

❽ 单击"三维工具"选项卡"建模"面板中的"长方体"按钮 ▣，以坐标原点为长方体的中心点，分别绘制长"40"、宽"10"、高"100"及长"10"、宽"40"、高"100"的长方体，如图 12-96 所示。

图 12-96 绘制长方体

❾ 在命令行输入"UCS"，移动坐标原点到（0,0,50），并将其绕 Y 轴旋转 90°。

❿ 单击"三维工具"选项卡"建模"面板中的"圆柱体"按钮 ▣，以坐标原点为底面中心点，创建半径为"20"、高为"25"的圆柱体，如图 12-97 所示。

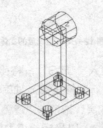

图 12-97 绘制圆柱体

⓫ 选择菜单栏中的"修改"→"三维操作"→"三维镜像"命令，选取圆柱绕 XY 轴进行镜像操作，如图 12-98 所示。

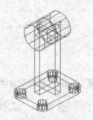

图 12-98 镜像圆柱体

⓬ 单击"三维工具"选项卡"实体编辑"面板中的"并集"按钮 ▣，选择两个圆柱体与两个长方体进行并集运算。

⓭ 单击"三维工具"选项卡"建模"面板中的"圆柱体"按钮 ▣，捕捉 R20 圆柱的底面中心点为底面中心点，绘制半径为"10"、高为"50"的圆柱体，如图 12-99 所示。

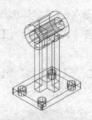

图 12-99 绘制圆柱体

⓮ 单击"三维工具"选项卡"实体编辑"面板中的"差集"按钮 ▣，对并集后的实体与圆柱进行差集运算。消隐处理后的图形，如图 12-100 所示。

图 12-100　消隐后的实体

⑮ 单击"三维工具"选项卡"实体编辑"面板中的
"旋转面"按钮，旋转支架上部十字形底面。
命令行提示如下。

```
命令：_solidedit
实体编辑自动检查：SOLIDCHECK=1
输入实体编辑选项 [面(F)/边(E)/体(B)/放弃
(U)/退出(X)] <退出>：_face
输入面编辑选项
[拉伸(E)/移动(M)/旋转(R)/偏移(O)/倾斜
(T)/删除(D)/复制(C)/颜色(L)/材质(A)/放弃
(U)/退出(X)] <退出>：_rotate
选择面或 [放弃(U)/删除(R)]:(如图12-101所示,
选择支架上部十字形底面)
选择面或 [放弃(U)/删除(R)/全部(ALL)]: ✓
指定轴点或 [经过对象的轴(A)/视图(V)/X轴
(X)/Y轴(Y)/Z轴(Z)] <两点>: Y ✓
指定旋转原点 <0,0,0>:_endp 于 (捕捉十字形底
面的右端点)
指定旋转角度或 [参照(R)]: 30 ✓
```

结果如图 12-101 所示。

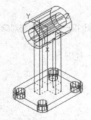

图 12-101　旋转十字形底面

⑯ 在命令行输入"Rotate3D"，旋转底板。命令
行提示如下。

```
命令：Rotate3D ✓
选择对象：(选取底板)
选择对象：✓
指定轴上的第一个点或定义轴依据 [对象(O)/最近
的(L)/视图(V)/X轴(X)/Y轴(Y)/Z轴(Z)/
两点(2)]: Y ✓
指定Y轴上的点 <0,0,0>:_endp 于 (捕捉十字形
底面的右端点)
指定旋转角度或 [参照(R)]: 30 ✓
```

⑰ 单击"视图"选项卡"命名视图"面板中的

"前视"按钮，将当前视图方向设置为主
视图。

⑱ 单击"视图"选项卡"视觉样式"面板中的"隐藏"
按钮，对实体进行消隐。消隐处理后的图形，
如图 12-102 所示。

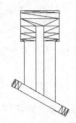

图 12-102　消隐处理后的图形

⑲ 单击"可视化"选项卡"材质"面板中的"材
质浏览器"按钮，选择适当材料。单击"可
视化"选项卡"渲染"面板中的"渲染到尺寸"
按钮，对图形进行渲染。渲染后的结果如
图 12-91 所示。

12.2.4 倾斜面

命令行：SOLIDEDIT

菜单栏："修改"→"实体编辑"→"倾斜面"

工具栏：单击"实体编辑"工具栏中的"倾斜
面"按钮

功能区：单击"三维工具"选项卡"实体编辑"
面板中的"倾斜面"按钮

命令行提示如下。

```
命令：_solidedit
实体编辑自动检查：SOLIDCHECK=1
输入实体编辑选项 [面(F)/边(E)/体(B)/放弃
(U)/退出(X)] <退出>：_face
输入面编辑选项[拉伸(E)/移动(M)/旋转(R)/偏
移(O)/倾斜(T)/删除(D)/复制(C)/颜色(L)/材
质(A)/放弃(U)/退出(X)] <退出>：_taper
选择面或 [放弃(U)/删除(R)]:(选择要倾斜的面)
选择面或 [放弃(U)/删除(R)/全部(ALL)]:(继
续选择或按 <Enter> 键结束选择)
指定基点：(选择倾斜的基点(倾斜后不动的点))
指定沿倾斜轴的另一个点：(选择另一点(倾斜后改
变方向的点))
指定倾斜角度：(输入倾斜角度)
```

 实例教学

下面以图 12-103 所示的回形窗为例，介绍倾斜面命令的使用方法。

图 12-103　回形窗

STEP　绘制步骤

❶ 单击"视图"选项卡"命名视图"面板中的"西南等轴测"按钮 ◈，将当前视图方向设置为西南等轴测视图。

❷ 单击"默认"选项卡"绘图"面板中的"矩形"按钮 ▭，以（0,0）和（@40,80）为角点绘制矩形，再以（2,2）和（@36,76）为角点绘制矩形。结果如图 12-104 所示。

图 12-104　绘制矩形

❸ 单击"三维工具"选项卡"建模"面板中的"拉伸"按钮 ▦，拉伸矩形，拉伸高度为"10"。结果如图 12-105 所示。

图 12-105　拉伸处理

❹ 单击"三维工具"选项卡"实体编辑"面板中的"差集"按钮 ▱，对两个拉伸实体进行差集运算。

❺ 单击"默认"选项卡"绘图"面板中的"直线"按钮 ⟋，过 (20,2) 和 (20,78) 绘制直线。结果如图 12-106 所示。

图 12-106　绘制直线

❻ 单击"三维工具"选项卡"实体编辑"面板中的"倾斜面"按钮 ◪，对第三步拉伸的实体进行倾斜面处理。命令行提示如下。

```
命令：_solidedit
实体编辑自动检查：SOLIDCHECK=1
输入实体编辑选项 [面 (F)/边 (E)/体 (B)/放弃
(U)/退出 (X)] <退出>：_face
输入面编辑选项 [拉伸 (E)/移动 (M)/旋转 (R)/偏
移 (O)/倾斜 (T)/删除 (D)/复制 (C)/颜色 (L)/材
质 (A)/放弃 (U)/退出 (X)] <退出>：_taper
选择面或 [放弃 (U)/删除 (R)]：（选择图 12-107 所
示的阴影面）
选择面或 [放弃 (U)/删除 (R)/全部 (ALL)]：✓
指定基点：（选择上述绘制直线的左上方的角点）
指定沿倾斜轴的另一个点：（选择直线右下方角点）
指定倾斜角度：5 ✓
已开始实体校验。
已完成实体校验。
输入面编辑选项
[拉伸 (E)/移动 (M)/旋转 (R)/偏移 (O)/倾斜
(T)/删除 (D)/复制 (C)/颜色 (L)/材质 (A)/放弃
(U)/退出 (X)] <退出>：✓
实体编辑自动检查：SOLIDCHECK=1
输入实体编辑选项 [面 (F)/边 (E)/体 (B)/放弃
(U)/退出 (X)] <退出>：✓
```

图 12-107　倾斜对象

结果如图 12-108 所示。

图 12-108　倾斜面处理

❼ 单击"默认"选项卡"绘图"面板中的"矩形"按钮 ▭，以（4,7）和（@32,66）为角点绘制矩形；以（6,9）和（@28,62）为角点绘制矩形。结果如图 12-109 所示。

图 12-109　绘制矩形

⑧ 单击"三维工具"选项卡"建模"面板中的"拉伸"按钮 ▣，拉伸矩形，拉伸高度为"8"。结果如图 12-110 所示。

图 12-110 拉伸处理

⑨ 单击"三维工具"选项卡"实体编辑"面板中的"差集"按钮 ▣，对拉伸后的长方体进行差集运算。

⑩ 单击"三维工具"选项卡"实体编辑"面板中的"倾斜面"按钮 ▣，将差集后的实体倾斜 5°，然后删除辅助直线。结果如图 12-111 所示。

图 12-111 倾斜面处理

⑪ 单击"三维工具"选项卡"建模"面板中的"长方体"按钮 ▣，以（0,0,15）和（@1,72,1）为角点绘制长方体。结果如图 12-112 所示。

图 12-112 绘制长方体

⑫ 单击"默认"选项卡"修改"面板中的"复制"按钮 ▣，复制长方体。

⑬ 选择菜单栏中的"修改"→"三维操作"→"三维旋转"命令，分别将两个长方体旋转 25°和 −25°，结果如图 12-113 所示。

图 12-113 旋转处理

⑭ 单击"默认"选项卡"修改"面板中的"移

动"按钮 ✛，移动旋转后的长方体。结果如图 12-114 所示。

图 12-114 复制并旋转长方体

⑮ 单击"可视化"选项卡"材质"面板中的"材质浏览器"按钮 ⊗，在"材质浏览器"选项板中选择适当的材质。单击"可视化"选项卡"渲染"面板中的"渲染到尺寸"按钮 ▣，对实体进行渲染。渲染后的效果如图 12-103 所示。

12.2.5 | 着色面

执行方式

命令行：SOLIDEDIT

菜单栏："修改"→"实体编辑"→"着色面"

工具栏：单击"实体编辑"工具栏中的"着色面"按钮 ▣

功能区：单击"三维工具"选项卡"实体编辑"面板中的"着色面"按钮 ▣

操作步骤

命令行提示如下。

```
命令：_solidedit
实体编辑自动检查：SOLIDCHECK=1
输入实体编辑选项 [面 (F)/边 (E)/体 (B)/放弃
(U)/退出 (X)] <退出>：_face
输入面编辑选项 [拉伸 (E)/移动 (M)/旋转 (R)/偏
移 (O)/倾斜 (T)/删除 (D)/复制 (C)/颜色 (L)/材
质 (A)/放弃 (U)/退出 (X)] <退出>：_color
选择面或 [放弃 (U)/删除 (R)]：(选择要着色的面)
选择面或 [放弃 (U)/删除 (R)/全部 (ALL)]：(继
续选择或按 <Enter> 键结束选择)
```

选择好要着色的面后，AutoCAD 打开"选择颜色"对话框，用户可根据需要选择合适的颜色作为要着色面的颜色。操作完成后，该表面将被相应的颜色覆盖。

12.2.6 | 抽壳

执行方式

命令行：SOLIDEDIT

菜单栏："修改"→"实体编辑"→"抽壳"

工具栏：单击"实体编辑"工具栏中的"抽壳"按钮🗖

功能区：单击"三维工具"选项卡"实体编辑"面板中的"抽壳"按钮🗖

操作步骤

命令行提示如下。

```
命令：_solidedit
实体编辑自动检查：SOLIDCHECK=1
输入实体编辑选项 [面(F)/边(E)/体(B)/放弃
(U)/退出(X)]<退出>: _body
输入体编辑选项[压印(I)/分割实体(P)/抽壳
(S)/清除(L)/检查(C)/放弃(U)/退出(X)]<退
出>: _shell
选择三维实体：选择三维实体
删除面或 [放弃(U)/添加(A)/全部(ALL)]：选
择开口面
输入抽壳偏移距离：指定壳体的厚度值
```

图 12-115 所示为利用抽壳命令绘制的花盆。

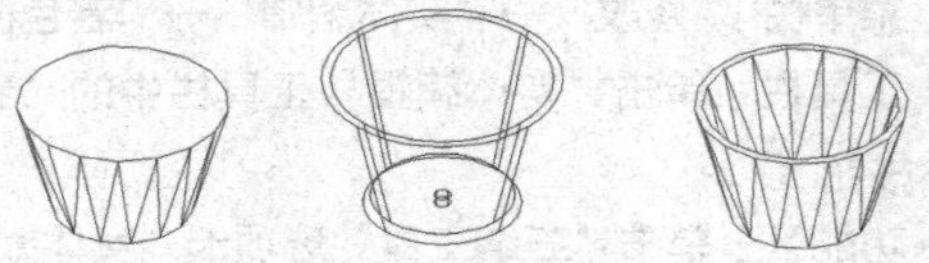

（a）绘制初步轮廓　（b）完成绘制　（c）消隐结果

图 12-115　花盆

实体编辑功能还有其他命令选项，如检查、分割、清除、压印边、着色边、复制面、偏移面、移动面等。这里不赘述，读者可以自行练习体会。

 注意　抽壳是用指定的厚度创建一个空的薄层。可以为所有面指定一个固定的薄层厚度，通过选择面可以将这些面排除在壳外。一个三维实体只能有一个壳，可通过将现有面偏移出其原位置来创建新的面。

 实例教学

下面以图 12-116 所示的闪盘为例，介绍抽壳命令的使用方法。

图 12-116　闪盘

STEP 绘制步骤

❶ 单击"视图"选项卡"命名视图"面板中的"西南等轴测"按钮◈，转换视图。

❷ 单击"三维工具"选项卡"建模"面板中的"长方体"按钮▱，以原点为角点绘制长度为"50"、宽度为"20"、高度为"9"的长方体，如图 12-117 所示。

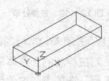

图 12-117　绘制长方体

❸ 单击"默认"选项卡"修改"面板中的"圆角"按钮⌒，对长方体进行倒圆角，圆角半径为"3"。此时窗口图形如图 12-118 所示。

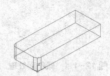

图 12-118　倒圆角后的长方体

❹ 单击"三维工具"选项卡"建模"面板中的"长方体"按钮▱，以（50,1.5,1）为角点绘制长度为"3"、宽度为"17"、高度为"7"的长方体，如图 12-119 所示。

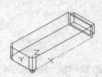

图 12-119　绘制长方体

❺ 单击"三维工具"选项卡"实体编辑"面板中的"并集"按钮▱，将上面绘制的两个长方体合并在一起。

❻ 选择菜单栏中的"修改"→"三维操作"→"剖切"命令，对合并后的实体进行剖切。命令行提示如下。

```
命令：_slice
选择要剖切的对象：（选择合并的实体）
选择要剖切的对象：✓
指定 切面 的起点或 [平面对象(O)/曲面(S)/Z 轴
(Z)/视图(V)/XY/YZ/ZX/三点(3)]<三点>: XY✓
指定 XY 平面上的点 <0,0,0>: 0,0,4.5 ✓
在所需的侧面上指定点或 [保留两个侧面(B)]
<保留两个侧面>: B✓
```

此时窗口图形如图 12-120 所示。

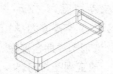

图 12-120　剖切后的实体

❼ 单击"三维工具"选项卡"建模"面板中的"长方体"按钮 ▣，以（53,4,2.5）为角点绘制长度为"13"、宽度为"12"、高度为"4"的长方体，如图 12-121 所示。

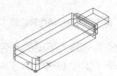

图 12-121　绘制长方体

❽ 单击"视图"选项卡"命名视图"面板中的"西南等轴测"按钮 ◈，改变视图方向。

❾ 对第 7 步绘制的长方体进行抽壳处理。单击"三维工具"选项卡"实体编辑"面板中的"抽壳"按钮 ▣，命令行提示如下。

```
命令：_solidedit
实体编辑自动检查： SOLIDCHECK=1
输入实体编辑选项 [面 (F) / 边 (E) / 体 (B) / 放弃
(U) / 退出 (X)] <退出 >: _body
输入体编辑选项 [压印 (I) / 分割实体 (P) / 抽壳
(S) / 清除 (L) / 检查 (C) / 放弃 (U) / 退出 (X)] <退
出 >: —_shell
选择三维实体： （选择第 7 步绘制的长方体）
删除面或 [放弃 (U) / 添加 (A) / 全部 (ALL)]：（选
择长方体的右顶面作为删除面）
删除面或 [放弃 (U) / 添加 (A) / 全部 (ALL)]：✓
输入抽壳偏移距离：0.5 ✓
已开始实体校验。
已完成实体校验。
输入体编辑选项 [压印 (I) / 分割实体 (P) / 抽壳 (S) /
清除 (L) / 检查 (C) / 放弃 (U) / 退出 (X)] <退出 >: X ✓
实体编辑自动检查： SOLIDCHECK=1
输入实体编辑选项 [面 (F) / 边 (E) / 体 (B) / 放弃
(U) / 退出 (X)] <退出 >: X ✓
```

此时窗口图形如图 12-122 所示。

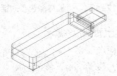

图 12-122　抽壳后的实体

❿ 单击"三维工具"选项卡"建模"面板中的"长方体"按钮 ▣，以（60,7,4.5）为角点绘制长度为"2"、宽度为"2.5"、高度为"10"的长方体，如图 12-123 所示。

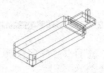

图 12-123　绘制长方体

⓫ 单击"默认"选项卡"修改"面板中的"复制"按钮 ❀，将第 ❿ 步绘制的长方体从（60,7,4.5）处复制到（@0,6,0）处，如图 12-124 所示。

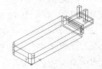

图 12-124　复制长方体

⓬ 单击"三维工具"选项卡"实体编辑"面板中的"差集"按钮 ◢，将第 10 步和第 11 步绘制的两个长方体从抽壳后的实体中减去。此时窗口图形如图 12-125 所示。

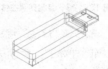

图 12-125　差集后的实体

⓭ 单击"三维工具"选项卡"建模"面板中的"长方体"按钮 ▣，以（53.5,4.5,3）为角点绘制长度为"12.5"、宽度为"11"、高度为"1.5"的长方体，如图 12-126 所示。

图 12-126　绘制长方体

⓮ 选择菜单栏中的"视图"→"动态观察"→"自由动态观察"命令，改变视图方向，将实体调整到易于观察的角度。

⓯ 单击"视图"选项卡"可视化"面板中的"隐藏"按钮 ▣，对实体进行消隐。此时窗口图形如

图 12-127 所示。

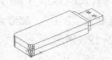

图 12-127 旋转消隐后的图形

⓯ 单击"视图"选项卡"命名视图"面板中的"西南等轴测"按钮 ◈。

⓱ 单击"三维工具"选项卡"建模"面板中的"圆柱体"按钮 ▤，绘制一个椭圆柱体。命令行提示如下。

```
命令：_cylinder
指定底面的中心点或 [三点 (3P)/两点 (2P)/切点、切点、半径 (T)/椭圆 (E)]：E✓
指定第一个轴的端点或 [中心 (C)]：C✓
指定中心点：25,10,8✓
指定到第一个轴的距离：@15,0,0✓
指定第二个轴的端点：@0,8,0✓
指定高度或 [两点 (2P)/轴端点 (A)]：2✓
```
结果如图 12-128 所示。

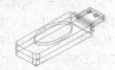

图 12-128 绘制椭圆柱体

⓲ 单击"默认"选项卡"修改"面板中的"圆角"按钮 ▱，对椭圆柱体的上表面进行倒圆角，圆角半径为"1"。

⓳ 单击"视图"选项卡"视觉样式"面板中的"隐藏"按钮 ▨，对实体进行消隐。此时窗口图形如图 12-129 所示。

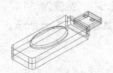

图 12-129 倒圆角后的椭圆柱体

⓴ 单击"默认"选项卡"注释"面板中的"多行文字"按钮 A，在椭圆柱体的上表面编辑文字。命令行提示如下。

```
命令：_mtext
当前文字样式:"Standard" 当前文字高度:2.5
指定第一角点：15,20,10✓
指定对角点或 [高度 (H)/对正 (J)/行距 (L)/旋转 (R)/样式 (S)/宽度 (W)]：40,-16✓
```

AutoCAD 弹出文字编辑框，设置"闪盘"的字体为宋体，文字高度为"2.5"，"V.128M"的字体为 TXT，文字高度为"1.5"。

㉑ 单击"视图"选项卡"命名视图"面板中的"俯视"按钮 ▤，改变视图方向。

㉒ 单击"视图"选项卡"视觉样式"面板中的"隐藏"按钮 ▨，对实体进行消隐。此时窗口图形如图 12-130 所示。

图 12-130 闪盘俯视图

㉓ 为闪盘的不同部分着上不同的颜色。单击"三维工具"选项卡"实体编辑"面板中的"着色面"按钮 ▤，根据 AutoCAD 的提示完成面的着色操作。命令行提示如下。

```
命令：_solidedit
实体编辑自动检查： SOLIDCHECK=1
输入实体编辑选项 [面 (F)/边 (E)/体 (B)/放弃 (U)/退出 (X)] <退出>：_face
输入面编辑选项
[拉伸 (E)/移动 (M)/旋转 (R)/偏移 (O)/倾斜 (T)/删除 (D)/复制 (C)/颜色 (L)/材质 (A)/放弃 (U)/退出 (X)] <退出>：_color
选择面或 [放弃 (U)/删除 (R)]：(选择U盘上适当一个面)
选择面或 [放弃 (U)/删除 (R)/全部 (ALL)]：ALL✓
选择面或 [放弃 (U)/删除 (R)/全部 (ALL)]：✓
```
此时弹出"选择颜色"对话框，如图 12-131 所示。在其中选择所需要的颜色，然后单击"确定"按钮。

图 12-131 "选择颜色"对话框

命令行继续出现如下提示。

```
输入面编辑选项
[拉伸 (E)/移动 (M)/旋转 (R)/偏移 (O)/倾斜 (T)/删除 (D)/复制 (C)/颜色 (L)/材质 (A)/放
```

弃 (U) / 退出 (X)] ＜退出＞：✓
实体编辑自动检查： SOLIDCHECK=1
输入实体编辑选项 [面 (F) / 边 (E) / 体 (B) / 放弃
(U) / 退出 (X)] ＜退出＞：✓

㉔ 利用渲染选项中的渲染命令，选择适当的材质对
图形进行渲染。渲染后的结果如图 12-116 所示。

12.2.7 复制边

执行方式

命令行：SOLIDEDIT

菜单栏："修改"→"实体编辑"→"复制边"

工具栏：单击"实体编辑"工具栏中的"复制
边"按钮 🔲

功能区：单击"三维工具"选项卡"实体编辑"
面板中的"复制边"按钮 🔲

操作步骤

命令行提示如下。

```
命令：_solidedit
实体编辑自动检查： SOLIDCHECK=1
输入实体编辑选项 [面 (F) / 边 (E) / 体 (B) /
放弃 (U) / 退出 (X)] ＜退出＞：_face
输入边编辑选项 [复制 (C) / 着色 (L) / 放弃 (U) /
退出 (X)] ＜退出＞：_copy
选择边或 [放弃 (U) / 删除 (R)]：(选择曲线边)
选择边或 [放弃 (U) / 删除 (R)]：(按 ＜Enter＞ 键)
指定基点或位移：(单击确定复制基准点)
指定位移的第二点：(单击确定复制目标点)
```

图 12-132 所示为复制边的图形结果。

选择边　　　　　　　　复制边

图 12-132　复制边

🎬 实例教学

下面以图 12-133 所示的泵盖为例，介绍复制
边命令的使用方法。

图 12-133　泵盖

绘制步骤

❶ 单击"视图"选项卡"命名视图"面板中的"西
南等轴测"按钮 ◈，将当前视图方向设置为西
南等轴测视图。

❷ 单击"三维工具"选项卡"建模"面板中的"长
方体"按钮 🔲，以（0,0,0）为角点绘制长"36"、
宽"80"、高"12"的长方体，如图 12-134
所示。

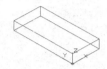

图 12-134　绘制长方体

❸ 单击"三维工具"选项卡"建模"面板中的"圆
柱体"按钮 🔲，分别以（0,40,0）和（36,40,0）
为底面中心点，绘制半径为"40"、高为"12"
的圆柱体。结果如图 12-135 所示。

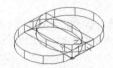

图 12-135　绘制圆柱体

❹ 单击"三维工具"选项卡"实体编辑"面板中的
"并集"按钮 🔲，对第 2 步绘制的长方体以及
第 3 步绘制的两个圆柱体进行并集运算。结果
如图 12-136 所示。

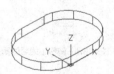

图 12-136　并集后的图形

❺ 单击"三维工具"选项卡"实体编辑"面板中
的"复制边"按钮 🔲，复制实体底边。命令
行提示如下。

```
命令：_solidedit
实体编辑自动检查：SOLIDCHECK=1
输入实体编辑选项 [面 (F) / 边 (E) / 体 (B) / 放弃
(U) / 退出 (X)] ＜退出＞：_edge
输入边编辑选项 [复制 (C) / 着色 (L) / 放弃 (U) /
退出 (X)] ＜退出＞：_copy
选择边或 [放弃 (U) / 删除 (R)]：(用鼠标依次选
```

择并集后实体底面边线）
```
选择边或 [放弃 (U) / 删除 (R)]: ↙
指定基点或位移: 0,0,0 ↙
指定位移的第二点: 0,0,0 ↙
输入边编辑选项 [复制 (C) / 着色 (L) / 放弃 (U) /
退出 (X)] <退出>: ↙
实体编辑自动检查: SOLIDCHECK=1
输入实体编辑选项 [面 (F) / 边 (E) / 体 (B) / 放弃
(U) / 退出 (X)] <退出>: ↙
```
结果如图 12-137 所示。

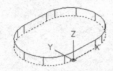

图 12-137　复制实体底边

❻ 单击"默认"选项卡"修改"面板中的"偏移"按钮 ⊆，偏移复制后的边。命令行提示如下。
```
命令: _offset
当前设置: 删除源=否　图层=源　OFFSETGAPTYPE=0
指定偏移距离或 [通过 (T) / 删除 (E) / 图层 (L)]
<通过>: 22 ↙
选择要偏移的对象，或 [退出 (E) / 放弃 (U)]
<退出>: (用鼠标选择复制后的边)
指定要偏移的那一侧上的点，或 [退出 (E) / 多个 (M) /
放弃 (U)] <退出>: (点击多段线内部任意一点)
选择要偏移的对象，或 [退出 (E) / 放弃 (U)]
<退出>: ↙
```
结果如图 12-138 所示。利用偏移后的多段线创建面域。

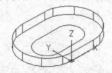

图 12-138　偏移边线后的图形

❼ 单击"三维工具"选项卡"建模"面板中的"拉伸"按钮 ▣，拉伸上步偏移的直线。命令行提示如下。
```
命令: _extrude
当前线框密度: ISOLINES=10,闭合轮廓创建模式
= 实体
选择要拉伸的对象或 [模式 (MO)]: (用鼠标选择
上一步创建的面域)
选择要拉伸的对象或 [模式 (MO)]: ↙
指定拉伸的高度或 [方向 (D) / 路径 (P) / 倾斜角
(T) / 表达式 (E)]: 24 ↙
```
结果如图 12-139 所示。

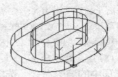

图 12-139　拉伸图形

❽ 单击"三维工具"选项卡"建模"面板中的"圆柱体"按钮 ▭，捕捉拉伸形成的实体左边圆的圆心为中心点，绘制半径为"18"、高为"36"的圆柱。

❾ 单击"三维工具"选项卡"实体编辑"面板中的"并集"按钮 ◢，对绘制的所有实体进行并集运算。结果如图 12-140 所示。

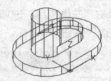

图 12-140　并集后的图形

❿ 选择菜单栏中的"视图"→"三维视图"→"俯视"命令，将当前视图方向设置为俯视图。

⓫ 单击"默认"选项卡"修改"面板中的"偏移"按钮 ⊆，将复制的边线向内偏移"11"。结果如图 12-141 所示。

图 12-141　偏移边线

⓬ 单击"三维工具"选项卡"建模"面板中的"圆柱体"按钮 ▭，捕捉偏移形成的辅助线左边圆弧的象限点为中心点，绘制半径为"4"、高为"6"的圆柱体。结果如图 12-142 所示。

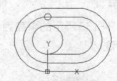

图 12-142　绘制圆柱体

⓭ 单击"视图"选项卡"命名视图"面板中的"西南等轴测"按钮 ◈，将当前视图方向设置为西南等轴测视图。

⑭ 单击"三维工具"选项卡"建模"面板中的"圆
柱体"按钮，捕捉 R4 圆柱顶面圆心为中心点，
绘制半径为"7"、高为"6"的圆柱体。

⑮ 单击"三维工具"选项卡"实体编辑"面板中的
"并集"按钮，对绘制的 R4 与 R7 圆柱体
进行并集运算。结果如图 12-143 所示。

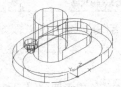

图 12-143　并集处理

⑯ 单击"默认"选项卡"修改"面板中的"复制"
按钮，复制上步并集后的圆柱体。命令行提
示如下。

```
命令：_copy
选择对象：（用鼠标选择并集后的圆柱体）
选择对象：✓
当前设置：复制模式 = 多个
指定基点或 [位移(D)/模式(O)] <位移>:（在
对象捕捉模式下用鼠标选择圆柱体的圆心）
指定第二个点或 [阵列(A)] <使用第一个点作为
位移>:（在对象捕捉模式下用鼠标选择圆弧的象限点）
指定第二个点或 [阵列(A)/退出(E)/放弃(U)]
<退出>:✓
```
结果如图 12-144 所示。

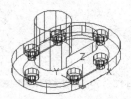

图 12-144　复制圆柱体

⑰ 单击"三维工具"选项卡"实体编辑"面板中的
"差集"按钮，将并集的圆柱体从并集的实
体中减去。结果如图 12-145 所示。

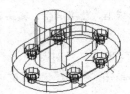

图 12-145　差集处理

⑱ 单击"默认"选项卡"修改"面板中的"删除"

按钮，删除多余的线。命令行提示如下。

```
命令：_erase
选择对象：（用鼠标选择复制及偏移的边线）
选择对象：✓
```
结果如图 12-146 所示。

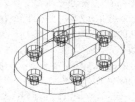

图 12-146　删除多余的线

⑲ 在命令行输入"UCS"，将坐标原点移动到
R18 圆柱体顶面中心点，设置用户坐标系。

⑳ 单击"三维工具"选项卡"建模"面板中的"圆
柱体"按钮，以坐标原点为底面中心点，绘
制直径为"17"、高为"-60"的圆柱体；以
（0,0,-20）为底面中心点，绘制直径为"25"、
高为"-7"的圆柱；以实体右边 R18 柱面顶部
圆心为中心点，绘制直径为"17"、高为"-24"
的圆柱体。结果如图 12-147 所示。

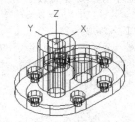

图 12-147　绘制圆柱体

㉑ 单击"三维工具"选项卡"实体编辑"面板中的
"差集"按钮，对实体与绘制的圆柱体进行
差集运算。

㉒ 单击"视图"选项卡"视觉样式"面板中的"隐
藏"按钮，对实体进行消隐。消隐处理后的
图形如图 12-148 所示。

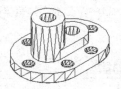

图 12-148　消隐后的图形

㉓ 单击"默认"选项卡"修改"面板中的"圆角"

按钮 ⌐，命令行提示如下。

```
命令：_fillet
当前设置：模式 = 修剪，半径 = 0.0000
选择第一个对象或 [ 放弃 (U) / 多段线 (P) / 半径 (R) /
修剪 (T) / 多个 (M) ]：( 用鼠标选择要倒圆角的对象 )
输入圆角半径或 [ 表达式 (E) ]：4 ✓
选择边或 [ 链 (C) / 环 (L) / 半径 (R) ]：( 用鼠标
选择要圆角的边 )
已拾取到边。
选择边或 [ 链 (C) / 环 (L) / 半径 (R) ]：( 依次用
鼠标选择要圆角的边 )
选择边或 [ 链 (C) / 环 (L) / 半径 (R) ]：✓
```

㉔ 单击 "默认" 选项卡 "修改" 面板中的 "倒角"
按钮 ⌐，命令行提示如下。

```
命令：_chamfer
("修剪" 模式 ) 当前倒角距离 1 = 0.0000，距
离 2 = 0.0000
选择第一条直线或 [ 放弃 (U) / 多段线 (P) / 距离
(D) / 角度 (A) / 修剪 (T) / 方式 (E) / 多个 (M) ]：( 用
鼠标选择要倒角的直线 )
基面选择 ...
输入曲面选择选项 [ 下一个 (N) / 当前 (OK) ] < 当
前 >：✓
指定 基面 倒角距离或 [ 表达式 (E) ]：2 ✓
指定 其他曲面 倒角距离或 [ 表达式 (E) ] <2.0000>：✓
选择边或 [ 环 (L) ]：( 用鼠标选择要倒角的边 )
选择边或 [ 环 (L) ]：✓
```

㉕ 单击 "视图" 选项卡 "视觉样式" 面板中的 "隐
藏" 按钮 ◷，对实体进行消隐。消隐处理后的
图形如图 12-149 所示。

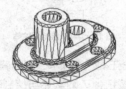

图 12-149 消隐后的图形

㉖ 渲染处理。单击 "可视化" 选项卡 "材质" 面板
中的 "材质浏览器" 按钮 ⊗，选择适当的材质，
单击 "可视化" 选项卡 "渲染" 面板中的 "渲
染到尺寸" 按钮 ⎙，对图形进行渲染。渲染后
的效果如图 12-133 所示。

12.2.8 | 夹点编辑

利用夹点编辑功能，可以很方便地对三维
实体进行编辑，该功能与二维对象夹点编辑功能
相似。

其方法很简单，单击要编辑的对象，系统显示
编辑夹点，选择某个夹点，按住鼠标拖动，则三维
对象随之改变。选择不同的夹点，可以编辑对象的不
同参数，红色夹点为当前编辑夹点，如图 12-150
所示。

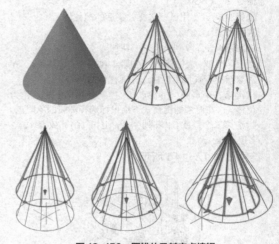

图 12-150 圆锥体及其夹点编辑

12.3 显示形式

在 AutoCAD 中，三维实体有多种显示形式，包括二维线框、三维线框、三维消隐、真实、概念、消隐
显示等。

12.3.1 | 消隐

执行方式

命令行：HIDE（快捷命令：HI）

菜单栏："视图"→"消隐"

工具栏：单击 "渲染" 工具栏中的 "隐藏"
按钮 ◷

功能区：单击 "视图" 选项卡 "视觉样式" 面
板中的 "隐藏" 按钮 ◷

执行上述操作后，系统会将被其他对象挡住的图线隐藏起来，以增强三维视觉效果。结果如图12-151所示。

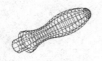 

（a）消隐前　　　（b）消隐后

图 12-151　消隐结果

12.3.2　视觉样式

命令行：VSCURRENT

菜单栏："视图"→"视觉样式"→"二维线框"

工具栏：单击"视觉样式"工具栏中的"二维线框"按钮

功能区：单击"可视化"选项卡"视觉样式"面板中"视觉样式"下拉列表中的"二维线框"

命令行提示如下。

命令：VSCURRENT ✓
输入选项　[二维线框(2)/线框(W)/隐藏(H)/真实(R)/概念(C)/着色(S)/带边缘着色(E)/灰度(G)/勾画(SK)/X射线(X)/其他(O)] <二维线框>:

（1）二维线框（2）：用直线和曲线表示对象的边界。光栅和OLE对象、线型和线宽都是可见的。即使将COMPASS系统变量的值设置为1，它也不会出现在二维线框视图中。图12-152所示为UCS坐标和手柄的二维线框图。

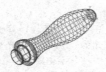

图 12-152　UCS 坐标和手柄的二维线框图

（2）线框（W）：显示对象时利用直线和曲线表示边界。显示一个已着色的三维UCS图标。光栅和OLE对象、线型及线宽不可见。可将COMPASS系统变量设置为1来查看坐标球，将显示应用到对象的材质的颜色。图12-153所示为UCS坐标和手柄的三维线框图。

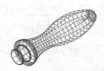

图 12-153　UCS 坐标和手柄的三维线框图

（3）隐藏（H）：显示用三维线框表示的对象并隐藏表示后向面的直线。图12-154所示为UCS坐标和手柄的消隐图。

图 12-154　UCS 坐标和手柄的消隐图

（4）真实（R）：着色多边形平面间的对象，并使对象的边平滑化。如果已为对象附着材质，将显示已附着到对象的材质。图12-155所示为UCS坐标和手柄的真实图。

图 12-155　UCS 坐标和手柄的真实图

（5）概念（C）：着色多边形平面间的对象，并使对象的边平滑化。着色使用冷色和暖色之间的过渡，结果缺乏真实感，但是可以更方便地查看模型的细节。图12-156所示为UCS坐标和手柄的概念图。

图 12-156　UCS 坐标和手柄的概念图

（6）其他（O）：选择该选项，命令行提示如下。

输入视觉样式名称　[?]:

可以输入当前图形中的视觉样式名称或输入"?"，以显示名称列表并重复该提示。

12.3.3　视觉样式管理器

命令行：VISUALSTYLES

菜单栏："视图"→"视觉样式"→"视觉样式管理器"或"工具"→"选项板"→"视觉样式"

工具栏：单击"视觉样式"工具栏中的"管理视觉样式"按钮

功能区：单击"可视化"选项卡"视觉样式"面板中的"对话框启动器"按钮 ，或单击"视图"选项卡"选项板"面板中的"视觉样式"按钮

执行上述操作后，系统打开"视觉样式管理器"选项板，用户可以对视觉样式的各参数进行设置，如图12-157所示。图12-158所示为按图12-157所示设置得到的概念图显示结果，读者可以将其与图12-156进行比较，观察它们之间的差别。

图 12-157 "视觉样式管理器"选项板　图 12-158 显示结果

12.4 渲染实体

渲染是对三维图形对象加上颜色和材质元素，或灯光、背景、场景等元素的操作，能够更真实地表达图形的外观和纹理。渲染是输出图形前的关键步骤，尤其是在结果图的设计中。

12.4.1 设置光源

执行方式

命令行：LIGHT

菜单栏："视图"→"渲染"→"光源"（见图12-159）

图 12-159 光源子菜单

工具栏：单击"渲染"工具栏中的"新建点光源"按钮 （见图12-160）

图 12-160 "渲染"工具栏

操作步骤

命令行提示如下。

命令：LIGHT ✓
输入光源类型 [点光源 (P) /聚光灯 (S) /光域网 (W) /目标点光源 (T) /自由聚光灯 (F) /自由光域 (B) /平行光 (D)] <自由聚光灯>：
利用该命令，可以设置各种需要的光源。

12.4.2 渲染环境

执行方式

命令行：RENDERENVIRONMENT

功能区：单击"可视化"选项卡"渲染"面板中的"渲染环境和曝光"按钮

操作步骤

命令行提示如下。

命令：RENDERENVIRONMENT ✓

执行该命令后，AutoCAD 弹出图 12-161 所示的"渲染环境和曝光"对话框。用户可以从中设置与渲染环境有关的参数。

图 12-161　"渲染环境和曝光"对话框

12.4.3 | 贴图

贴图功能用于在实体附着带纹理的材质后，调整实体或面上纹理贴图的方向。当材质被映射后，调整材质以适应对象的形状，将合适的材质贴图类型应用到对象中，可以使之更加适合对象。

执行方式

命令行：MATERIALMAP

菜单栏："视图"→"渲染"→"贴图"（见图 12-162）

图 12-162　贴图子菜单

工具栏：单击"渲染"工具栏中的"贴图"按钮（见图 12-163），或单击"贴图"工具栏中的按钮

（见图 12-164）

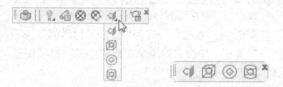

图 12-163　"渲染"工具栏　　图 12-164　"贴图"工具栏

操作步骤

命令行提示如下。

命令：MATERIALMAP ✓
选择选项 [长方体 (B) / 平面 (P) / 球面 (S) / 柱面 (C) / 复制贴图至 (Y) / 重置贴图 (R)] < 长方体 >：

选项说明

（1）长方体（B）：将图像映射到类似长方体的实体上。该图像将在对象的每个面上重复使用。

（2）平面（P）：将图像映射到对象上，就像将其从幻灯片投影器投影到二维曲面上一样，图像不会失真，但是会被缩放以适应对象。该贴图最常用于面。

（3）球面（S）：在水平和垂直两个方向上同时使图像弯曲。纹理贴图的顶边在球体的"北极"压缩为一个点；同样，底边在"南极"压缩为一个点。

（4）柱面（C）：将图像映射到圆柱形对象上，水平边将一起弯曲，但顶边和底边不会弯曲。图像的高度将沿圆柱体的轴进行缩放。

（5）复制贴图至（Y）：将贴图从原始对象或面应用到选定对象。

（6）重置贴图（R）：将 UV 坐标重置为贴图的默认坐标。

图 12-165 所示是球面贴图实例。

贴图前　　　　　　　　贴图后

图 12-165　球面贴图

12.4.4 | 材质

1. 附着材质

AutoCAD 2021 将常用的材质都集成到了工具选项板中。

命令行：MATBROWSEROPEN

菜单栏："视图"→"渲染"→"材质浏览器"

工具栏：单击"渲染"工具栏中的"材质浏览器"按钮⊗

功能区：单击"视图"选项卡"选项板"面板中的"材质浏览器"按钮⊗（见图12-166），或单击"可视化"选项卡"材质"面板中的"材质浏览器"按钮⊗（见图12-167）

图12-166 "选项板"面板

图12-167 "材质"面板

命令行提示如下。

命令：MATBROWSEROPEN ✓

执行该命令后，AutoCAD弹出图12-168所示的"材质浏览器"选项板。通过该选项板，用户可以对材质的有关参数进行设置。

图12-168 "材质浏览器"选项板

附着材质的具体步骤如下。

（1）选择菜单栏中的"视图"→"渲染"→"材质浏览器"命令，打开"材质浏览器"选项板。

（2）选择需要的材质类型，直接拖动到对象上，如图12-169所示。这样材质就附着到对象上了。当将视觉样式转换成"真实"时，将显示出附着材质后的图形，如图12-170所示。

图12-169 指定对象　　**图12-170 附着材质后**

2. 设置材质

命令行：mateditoropen

菜单栏："视图"→"渲染"→"材质编辑器"

工具栏：单击"渲染"工具栏中的"材质编辑器"按钮⊗

功能区：单击"视图"选项卡"选项板"面板中的"材质编辑器"按钮⊗

命令行提示如下。

命令：mateditoropen ✓

执行该命令后，AutoCAD弹出图12-171所示的"材质编辑器"选项板。

图12-171 "材质编辑器"选项板

（1）"外观"选项卡：包含用于编辑材质特性的控件。可以更改材质的名称、颜色、光泽度、反射度、透明等。

（2）"信息"选项卡：包含用于编辑和查看材质的关键字信息的所有控件。

12.4.5 渲染

1. 高级渲染设置

执行方式

命令行：RPREF（快捷命令：RPR）

菜单栏："视图"→"渲染"→"高级渲染设置"

工具栏：单击"渲染"工具栏中的"高级渲染设置"按钮

功能区：单击"视图"选项卡"选项板"面板中的"高级渲染设置"按钮

执行上述操作后，系统打开图12-172所示的"渲染预设管理器"选项板。通过该选项板，用户可以对渲染的有关参数进行设置。

图12-172 "渲染预设管理器"选项板

2. 渲染到尺寸

执行方式

命令行：RENDER（快捷命令：RR）

功能区：单击"可视化"选项卡"渲染"面板中的"渲染到尺寸"按钮

执行上述操作后，系统打开图12-173所示的"渲染"对话框，显示渲染结果和相关参数。

图12-173 "渲染"对话框

注意 在AutoCAD 2021中，渲染功能代替了传统的建筑、机械和工程图形使用水彩、有色蜡笔和油墨等工具才能表现出的渲染效果。渲染图形的过程一般分为以下4步。

（1）准备渲染模型：包括遵从正确的绘图技术，删除消隐面，创建光滑的着色网格和设置视图的分辨率。

（2）创建和放置光源以及创建阴影。

（3）定义材质并建立材质与可见表面间的联系。

（4）进行渲染，包括检验渲染对象的准备、照明和颜色的中间步骤。

实例教学

下面以图12-174所示的小纽扣为例，介绍渲染命令的使用方法。

图12-174 小纽扣

STEP 绘制步骤

❶ 单击"视图"选项卡"命名视图"面板中的"西南等轴测"按钮 ，设置视图方向。

❷ 单击"三维工具"选项卡"建模"面板中的"球体"按钮 ，绘制一个中心点在原点、直径为"40"的球体，如图12-175所示。

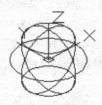

图12-175 绘制球体

❸ 单击"三维工具"选项卡"实体编辑"面板中的"抽壳"按钮 ，对球体进行抽壳，抽壳距离是"2"。命令行提示如下。

```
命令：_solidedit
实体编辑自动检查：SOLIDCHECK=1
输入实体编辑选项 [面(F)/边(E)/体(B)/放弃
(U)/退出(X)] <退出>：_body
```

输入体编辑选项[压印(I)/分割实体(P)/抽壳(S)/清除(L)/检查(C)/放弃(U)/退出(X)] <退出>:_shell
选择三维实体:(选择球体)✓
删除面或 [放弃(U)/添加(A)/全部(ALL)]:✓
输入抽壳偏移距离:2 ✓
已完成实体校验。
已完成实体校验。
输入体编辑选项
[压印(I)/分割实体(P)/抽壳(S)/清除(L)/检查(C)/放弃(U)/退出(X)] <退出>:X ✓
实体编辑自动检查: SOLIDCHECK=1
输入实体编辑选项 [面(F)/边(E)/体(B)/放弃(U)/退出(X)] <退出>:✓

结果如图 12-176 所示。

图12-176 抽壳后的球体

❹ 单击"三维工具"选项卡"建模"面板中的"圆柱体"按钮 ◯,绘制以底面中心点为原点、直径为"15"、高度为"-30"的圆柱体,如图 12-177 所示。

图12-177 绘制圆柱体

❺ 单击"三维工具"选项卡"实体编辑"面板中的"交集"按钮 ◌,得到抽壳后的球体和圆柱体的交集。

❻ 单击"视图"选项卡"视觉样式"面板中的"隐藏"按钮 ◉,对实体进行消隐。结果如图 12-178 所示。

图12-178 消隐的实体

❼ 单击"三维工具"选项卡"建模"面板中的"圆环体"按钮 ◎,绘制一个圆环体作为纽扣的边缘。命令行提示如下。

命令:_torus
指定中心点或 [三点(3P)/两点(2P)/切点、切点、

半径(T)]:0,0,-16 ✓
指定半径或 [直径(D)]:D ✓
指定直径:13 ✓
指定圆管半径或 [两点(2P)/直径(D)]:D ✓
指定直径:2 ✓

结果如图 12-179 所示。

图12-179 绘制圆环体

❽ 单击"三维工具"选项卡"实体编辑"面板中的"并集"按钮 ◢,将上面绘制的所有实体合并在一起。

❾ 单击"视图"选项卡"视觉样式"面板中的"隐藏"按钮 ◉,对实体进行消隐。结果如图 12-180 所示。

图12-180 小纽扣的主体

❿ 单击"三维工具"选项卡"建模"面板中的"圆柱体"按钮 ◯,绘制中心在(3,0,0)、直径为"1.5"、高度为"-30"的圆柱体,如图 12-181 所示。

图12-181 绘制圆柱体

⓫ 单击"默认"选项卡"修改"面板中的"环形阵列"按钮 ◌,对直径为"1.5"的圆柱体进行阵列,设置项目数为"4",填充角度为360°,如图 12-182 所示。

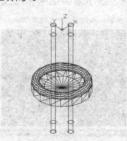

图12-182 阵列圆柱体

⑫ 选择菜单栏中的"视图"→"动态观察"→"自由动态观察"命令，将视图旋转到易于观察的角度。在"材质浏览器"选项卡中，选择绘制的对象为"纽扣"，选择"默认为常规"按钮，单击右键，在弹出的菜单中选择"指定给当前选择"命令，关闭"材质浏览器"选项板。

⑬ 单击"视图"选项卡"视觉样式"面板中的"隐藏"按钮 ⬛，对实体进行消隐。结果如图 12-183 所示。

⑭ 单击"三维工具"选项卡"实体编辑"面板中的"差集"按钮 ⬜，将 4 个圆柱体从纽扣主体中减去。

⑮ 单击"视图"选项卡"视觉样式"面板中的"隐藏"按钮 ⬛，对实体进行消隐。结果如图 12-184 所示。

图 12-183　圆柱体阵列图　　图 12-184　绘制穿针孔消隐图

⑯ 单击"可视化"选项卡"材质"面板中的"材质浏览器"按钮 ⬛，打开"材质浏览器"选项板，如图 12-185 所示。在"材质浏览器"窗口中，单击样品下按钮条中的"在文档中创建新材质"按钮 ⬛，在下拉列表中选择"新建常规材质"，同时弹出图 12-186 所示的"材质编辑器"选项板。

图 12-185　"材质浏览器"选项板

在"材质编辑器"窗口中的"常规"菜单下的"高光"下拉列表框中选择"金属"材质。在"颜色"下拉列表框中单击，弹出"选择颜色"对话框，

如图 12-187 所示，关闭"材质编辑器"选项卡。

图 12-186　"材质编辑器"选项板

图 12-187　"选择颜色"对话框

在"材质浏览器"选项卡中，选择"默认通用"图标，单击鼠标右键在弹出的菜单中选择"选择要应用到的对象"命令，在系统提示下选择绘制的对象"纽扣"，按 <Enter> 键，关闭"材质浏览器"选项板。

⑰ 选择菜单栏中的"视图"→"渲染"→"高级渲染设置"命令，打开"渲染预设管理器"选项板，如图 12-188 所示。可在其中设置相关的渲染参数。

图 12-188　"渲染预设管理器"选项板

⑱ 单击"可视化"选项卡"渲染"面板中的"渲染到尺寸"按钮 ⬛，对实体进行渲染。渲染后的结果如图 12-174 所示。

12.5 综合演练——壳体

本例制作的壳体如图 12-189 所示，主要采用的绘制方法是拉伸绘制实体与直接利用三维实体绘制实体。本例设计思路：先通过上述两种方法建立壳体的主体部分，然后逐一建立壳体上的其他部分，最后对壳体进行圆角处理。要求读者对前几节介绍的绘制实体的方法有明确的认识。

图 12-189　壳体

12.5.1 绘制壳体主体

STEP 绘制步骤

❶ 启动 AutoCAD，使用默认设置画图。

❷ 单击"视图"选项卡"命名视图"面板中的"西南等轴测"按钮 ◈，切换视图到西南等轴测图。

❸ 绘制底座圆柱。

（1）单击"三维工具"选项卡"建模"面板中的"圆柱体"按钮 ▥，以（0,0,0）为底面中心点绘制直径为"84"、高为"8"的圆柱体，如图 12-190 所示。

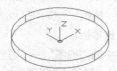

图 12-190　绘制圆柱体

（2）单击"默认"选项卡"绘图"面板中的"圆"按钮 ⊘，绘制以（0,0）为圆心，直径为"76"的辅助圆，如图 12-191 所示。

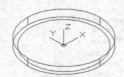

图 12-191　绘制圆

（3）单击"三维工具"选项卡"建模"面板中的"圆柱体"按钮 ▥，捕捉 ⌀76 圆的象限点为中心点，绘制直径为"16"、高为"8"及直径为"7"、高为"6"的圆柱体；捕捉 ⌀16 圆柱的顶面圆心

为中心点，绘制直径为"16"、高为"-2"的圆柱体，如图 12-192 所示。

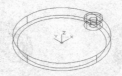

图 12-192　绘制圆柱体

（4）单击"默认"选项卡"修改"面板中的"环形阵列"按钮 ⌗，对创建的 3 个圆柱进行环形阵列，阵列角度为 360°，阵列数目为"4"，阵列中心为坐标原点，如图 12-193 所示。

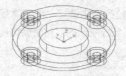

图 12-193　阵列圆柱体

（5）单击"三维工具"选项卡"实体编辑"面板中的"并集"按钮 ▰，对 ⌀84 与高"8"的 ⌀16 圆柱体进行并集运算；单击"三维工具"选项卡"实体编辑"面板中的"差集"按钮 ▱，对实体与其余圆柱体进行差集运算。单击"视图"选项卡"视觉样式"面板中的"隐藏"按钮 ▱，对实体进行消隐。消隐后的结果如图 12-194 所示。

图 12-194　壳体底板

（6）单击"三维工具"选项卡"建模"面板中的"圆柱体"按钮，以（0,0,0）为底面中心点，分别绘制直径为"60"、高为"20"及直径为"40"、高为"30"的圆柱体，如图 12-195 所示。

（7）单击"三维工具"选项卡"实体编辑"面板中的"并集"按钮，对所有实体进行并集运算。

图 12-195　绘制圆柱体

（8）单击"默认"选项卡"修改"面板中的"删除"按钮，删除辅助圆。单击"视图"选项卡"视觉样式"面板中的"隐藏"按钮，对实体进行消隐。消隐后的结果如图 12-196 所示。

图 12-196　壳体底座

❹ 绘制壳体中间部分。

（1）单击"三维工具"选项卡"建模"面板中的"长方体"按钮，在实体旁边绘制长"35"、宽"40"、高"6"的长方体，如图 12-197 所示。

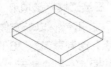

图 12-197　绘制长方体

（2）单击"三维工具"选项卡"建模"面板中的"圆柱体"按钮，以长方体底面右边中点为底面中心点，绘制直径为"40"、高为"6"的圆柱体，如图 12-198 所示。

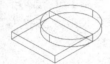

图 12-198　绘制圆柱体

（3）单击"三维工具"选项卡"实体编辑"面板中的"并集"按钮，对实体进行并集运算。

如图 12-199 所示。

图 12-199　壳体中部

（4）单击"默认"选项卡"修改"面板中的"复制"按钮，以创建的壳体中部实体底面圆心为基点，将其复制到壳体底座顶面的圆心处，如图 12-200 所示。

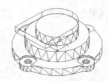

图 12-200　复制图形

（5）单击"三维工具"选项卡"实体编辑"面板中的"并集"按钮，对壳体底座与复制的壳体中部进行并集运算，如图 12-201 所示。

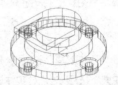

图 12-201　并集壳体中部后的实体

❺ 绘制壳体上部。

（1）选择菜单栏中的"修改"→"实体编辑"→"拉伸面"命令，将绘制的壳体中部的顶面拉伸"30"，左侧面拉伸"20"，如图 12-202 所示。

图 12-202　拉伸面后的实体

（2）单击"三维工具"选项卡"建模"面板中的"长方体"按钮，以实体左下角点为角点，创建长"5"、宽"28"、高"36"的长方体。

（3）单击"默认"选项卡"修改"面板中的"移动"按钮，以长方体左边中点为基点，将其移动到实体左边中点处，如图 12-203 所示。

图 12-203　移动长方体

（4）单击"三维工具"选项卡"实体编辑"面板中的"差集"按钮，对实体与长方体进行差集运算。

（5）单击"默认"选项卡"绘图"面板中的"圆"按钮，捕捉实体顶面圆心为圆心，绘制半径为"22"的辅助圆，如图 12-204 所示。

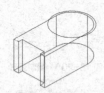

图 12-204　绘制辅助圆

（6）单击"三维工具"选项卡"建模"面板中的"圆柱体"按钮，捕捉 R22 圆的右象限点为底面中心点，绘制半径为"6"、高为"-16"的圆柱体。

（7）单击"三维工具"选项卡"实体编辑"面板中的"并集"按钮，对实体进行并集运算，如图 12-205 所示。

图 12-205　并集圆柱后的实体

（8）单击"默认"选项卡"修改"面板中的"删除"按钮，删除辅助圆，如图 12-206 所示。

图 12-206　删除辅助圆

（9）单击"默认"选项卡"修改"面板中的"移动"按钮，以实体底面圆心为基点，将其移

动到壳体顶面圆心处，如图 12-207 所示。

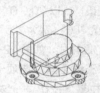

图 12-207　移动图形

（10）单击"三维工具"选项卡"实体编辑"面板中的"并集"按钮，对实体进行并集运算，如图 12-208 所示。

图 12-208　并集壳体上部后的实体

❻ 绘制壳体顶板。

（1）单击"三维工具"选项卡"建模"面板中的"长方体"按钮，在实体旁边，绘制长"55"、宽"68"、高"8"的长方体，如图 12-209 所示。

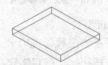

图 12-209　绘制长方体

（2）单击"三维工具"选项卡"建模"面板中的"圆柱体"按钮，以长方体底面右边中点为底面中心点，绘制直径为"68"、高为"8"的圆柱体，如图 12-210 所示。

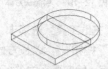

图 12-210　绘制圆柱体

（3）单击"三维工具"选项卡"实体编辑"面板中的"并集"按钮，对实体进行并集运算，如图 12-211 所示。

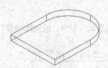

图 12-211　并集运算

（4）单击"三维工具"选项卡"实体编辑"面板中的"复制边"按钮 🗊。选取实体底边，在原位置进行复制，如图 12-212 所示。

图 12-212 复制边线

（5）单击"默认"选项卡"修改"面板中的"偏移"按钮 ⊂，将多段线向内偏移"7"，如图 12-213 所示。

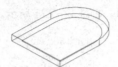

图 12-213 偏移多段线

（6）单击"默认"选项卡"绘图"面板中的"构造线"按钮 ✔，过多段线圆心绘制竖直辅助线及 45° 辅助线，如图 12-214 所示。

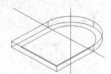

图 12-214 绘制构造线

（7）单击"默认"选项卡"修改"面板中的"偏移"按钮 ⊂，将竖直辅助线分别向左偏移"12"及"40"，如图 12-215 所示。

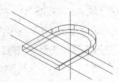

图 12-215 偏移辅助线

（8）单击"三维工具"选项卡"建模"面板中的"圆柱体"按钮 🗊，捕捉辅助线与多段线的交点为底面中心点，分别绘制直径为"7"、高为"8"及直径为"14"、高为"2"的圆柱体；选择菜单栏中的"修改"→"三维操作"→"三维镜像"命令，将圆柱体以 ZX 面为镜像面，以底面圆心为 ZX 面上的点，进行镜像操作；

单击"三维工具"选项卡"实体编辑"面板中的"差集"按钮 🗊，对实体与镜像后的圆柱体进行差集运算，如图 12-216 所示。

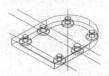

图 12-216 绘制圆柱体并差集运算

（9）单击"默认"选项卡"修改"面板中的"删除"按钮 ✎，删除辅助线，如图 12-217 所示；单击"默认"选项卡"修改"面板中的"移动"按钮 ✛，以壳体顶板底面圆心为基点，将其移动到壳体顶面圆心处，如图 12-218 所示。

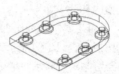

图 12-217 删除辅助线

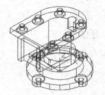

图 12-218 移动图形

（10）单击"三维工具"选项卡"实体编辑"面板中的"并集"按钮 🗊，对实体进行并集运算，如图 12-219 所示。

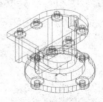

图 12-219 并集壳体顶板后的实体

❼ 单击"三维工具"选项卡"实体编辑"面板中的"拉伸面"按钮 🗊，选取壳体表面，拉伸"-8"，如图 12-220 所示。单击"视图"选项卡"视觉样式"面板中的"隐藏"按钮 🗊，对实体进行消隐，消隐后的结果如图 12-221 所示。

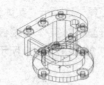

图 12-220　拉伸壳体

图 12-221　消隐后的壳体

12.5.2 | 绘制壳体的其他部分

STEP 绘制步骤

❶ 绘制壳体竖直内孔。

（1）单击"三维工具"选项卡"建模"面板中的
"圆柱体"按钮 ，以（0,0,0）为底面中心点，
分别绘制直径为"18"、高为"14"及直径为"30"、
高为"80"的圆柱体；以（-25,0,80）为底面中
心点，绘制直径为"12"、高为"-40"的圆柱体；
以（22,0,80）为底面中心点，绘制直径为"6"、
高为"-18"的圆柱体，如图 12-222 所示。

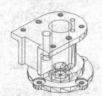

图 12-222　绘制圆柱体

（2）单击"三维工具"选项卡"实体编辑"面
板中的"差集"按钮 ，对壳体与内形圆柱进
行差集运算，如图 12-223 所示。

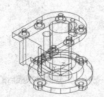

图 12-223　差集运算

❷ 绘制壳体前部凸台及孔。

（1）在命令行输入"UCS"，将坐标原点移动
到（-25,-36,48），并将其绕 X 轴旋转 90°。

（2）单击"三维工具"选项卡"建模"面板中的"圆

柱体"按钮 ，以（0,0,0）为底面中心点，分别
绘制直径为"30"、高为"-16"，直径为"20"、
高为"-12"及直径为"12"、高为"-36"的
圆柱体，如图 12-224 所示。

图 12-224　绘制圆柱体

（3）单击"三维工具"选项卡"实体编辑"面
板中的"并集"按钮 ，对壳体与 ⌀30 圆柱进
行并集运算，如图 12-225 所示。

图 12-225　并集运算

（4）单击"三维工具"选项卡"实体编辑"面
板中的"差集"按钮 ，对壳体与其余圆柱进
行差集运算，如图 12-226 所示。

图 12-226　壳体凸台及内孔

❸ 绘制壳体水平内孔。

（1）在命令行输入"UCS"，将坐标原点移动
到（-25,10,-36），并绕 Y 轴旋转 90°。

（2）单击"三维工具"选项卡"建模"面板中的"圆
柱体"按钮 ，以（0,0,0）为底面中心点，分别绘
制直径为"12"、高为"8"及直径为"8"、高为"25"
的圆柱体；以（0,10,0）为底面中心点，绘制直径
为"6"、高为"15"的圆柱体，如图 12-227 所示。

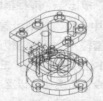

图 12-227　绘制圆柱体

（3）选择菜单栏中的"修改"→"三维操作"→
"三维镜像"命令，将 ∅6 圆柱以当前 *ZX* 面
为镜像面进行镜像操作，如图 12-228 所示。

（4）单击"三维工具"选项卡"实体编辑"面
板中的"差集"按钮，对壳体与内形圆柱体
进行差集运算，如图 12-229 所示。

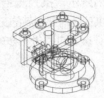

图 12-228　镜像圆柱体

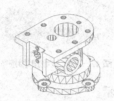

图 12-229　差集水平内孔后的壳体

❹ 绘制壳体肋板。

（1）切换到前视图。

（2）单击"默认"选项卡"绘图"面板中的"多
段线"按钮，从点 1（中点）→点 2（垂足）→
点 3（垂足）→点 4（垂足）→点 5（@0,-4）→
点 1，绘制闭合多段线，如图 12-230 所示。

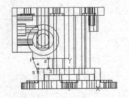

图 12-230　绘制多段线

（3）单击"三维工具"选项卡"建模"面板中
的"拉伸"按钮，将闭合的多段线拉伸"3"。

（4）选择菜单栏中的"修改"→"三维操作"→
"三维镜像"命令，拉伸实体，以当前 *XY* 面为
镜像面，进行镜像操作。

（5）单击"三维工具"选项卡"实体编辑"面
板中的"并集"按钮，对壳体与肋板进行并
集运算，如图 12-231 所示。

图 12-231　并集运算

12.5.3 | 倒角与渲染视图

STEP 绘制步骤

❶ 单击"默认"选项卡"修改"面板中的"圆角"
按钮，单击"修改"工具栏中的"倒角"
按钮，对壳体进行倒角及倒圆角处理，如图
12-232 所示。

图 12-232　圆角与倒角处理

❷ 单击"可视化"选项卡"渲染"面板中的"渲染
到尺寸"按钮，选择适当的材质对图形进行
渲染。渲染后的效果如图 12-189 所示。

12.6 上机实验

【实验 1】绘制三通管

1. 目的要求

如图 12-233 所示，三维图形具有形象逼真的
优点，但是绘制起来比较复杂，需要读者掌握的知
识比较多。本例要求读者熟悉三维模型绘制的步骤，
掌握三维模型的绘制技巧。

图 12-233　三通管

2. 操作提示

（1）绘制3个圆柱体。

（2）镜像和旋转圆柱体。

（3）圆角处理。

【实验2】绘制轴

1. 目的要求

如图12-234所示，轴是最常见的机械零件，本例需要绘制的轴具有很多典型的机械结构形式，如轴体、孔、轴肩、键槽、螺纹、退刀槽、倒角等，因此需要用到的三维命令比较多。通过本例的练习，读者可以进一步熟悉三维绘图的步骤。

图12-234　轴

2. 操作提示

（1）顺次绘制直径不等的4个圆柱体。

（2）对4个圆柱体进行并集处理。

（3）转换视角，绘制圆柱孔。

（4）镜像并拉伸圆柱孔。

（5）对轴体和圆柱孔进行差集处理。

（6）采用同样的方法绘制键槽结构。

（7）绘制螺纹结构。

（8）对轴体进行倒角处理。

（9）渲染处理。

【实验3】绘制建筑拱顶

1. 目的要求

如图12-235所示，拱顶是最常见的建筑结构，绘制本例的拱顶时需要用到的三维命令比较多。通过本例的练习，读者可以进一步熟悉三维绘图的步骤。

图12-235　六角形拱顶

2. 操作提示

（1）绘制正六边形并拉伸。

（2）绘制直线和圆弧。

（3）旋转曲面。

（4）绘制圆并拉伸。

（5）阵列处理。

（6）绘制圆锥体和球体。

（7）渲染处理。

第四篇　综合实例

第 13 章

机械设计工程实例

在本章中，通过绘制球阀的零件图和装配图，读者将掌握应用 AutoCAD 绘制完整零件图和装配图的方法和技巧。

重点与难点

- 完整零件图绘制方法
- 零件图绘制实例
- 完整装配图绘制方法
- 减速器装配图
- 上机实验

13.1 完整零件图绘制方法

零件图是设计者表达零件设计意图的一种技术文件。

13.1.1 零件图内容

零件图是表示零件的结构形状、大小和技术要求的工程图样，可作为加工制造零件的依据。一幅完整的零件图应包括以下内容。

一组视图：表达零件的形状与结构。

一组尺寸：标出零件上结构的大小、结构间的位置关系。

技术要求：标出零件加工、检验时的技术指标。

标题栏：注明零件的名称、材料、设计者、审核者、制造厂家等信息的表格。

13.1.2 零件图绘制过程

零件图的绘制过程包括草绘和绘制工作图，一般用AutoCAD绘制工作图。下面是绘制零件图的基本步骤。

（1）设置作图环境。作图环境的设置一般包括以下两方面。

1）选择比例：根据零件的大小和复杂程度选择比例，尽量采用1:1。

2）选择图纸幅面：根据图形、标注尺寸、技术要求所需图纸幅面，从标准幅面中选择。

（2）确定作图顺序，选择尺寸转换为坐标值的方式。

（3）标注尺寸，标注技术要求，填写标题栏。标注尺寸前要关闭剖面层，以免剖面线在标注尺寸时影响端点捕捉。

（4）校核与审核。

13.2 零件图绘制实例

本节将选取一些典型的机械零件，讲解其设计思路和具体绘制方法。

13.2.1 圆柱齿轮

圆柱齿轮零件是机械产品中经常使用的一种典型零件，它的主视剖面图呈对称形状，左视图则由一组同心圆构成，如图13-1所示。

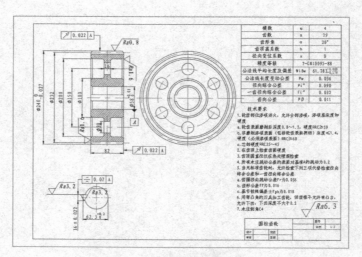

图13-1　圆柱齿轮

由于圆柱齿轮的1：1全尺寸平面图大于A3图幅，因此为了绘制方便，需要先隐藏"标题栏层"和"图框层"。按照1：1全尺寸绘制圆柱齿轮的主视图和左视图，与前面章节类似，绘制过程中充分利用多视图互相投影对应的关系。

STEP 绘制步骤

❶ 配置绘图环境。单击"快速访问"工具栏中的"新建"按钮 ⬚，弹出"选择样板"对话框，在该对话框中选择需要的样板图。本例选用 A3 横向样板图，其中样板图左下端点坐为（0,0）。

❷ 绘制圆柱齿轮。

（1）绘制中心线与隐藏图层。

1）切换图层：将"中心线层"设定为当前图层。

2）绘制中心线：单击"默认"选项卡"绘图"面板中的"直线"按钮 ╱，绘制直线 {(25,170), (410,170)}，直线 {(75,47), (75,292)} 和直线 {(270,47), (270,292)}，如图 13-2 所示。

图 13-2 绘制中心线

 注意 由于圆柱齿轮尺寸较大，因此先按照1：1的比例绘制圆柱齿轮，绘制完成后，再利用"图形缩放"命令将其缩小放入A3图纸里。

3）隐藏图层：单击"默认"选项卡"图层"面板中的"图层特性"按钮 ⬚，关闭"标题栏层"和"图框层"，如图 13-3 所示。

图 13-3 关闭图层后的绘图窗口

（2）绘制圆柱齿轮主视图。

1）将当前图层从"中心线层"切换到"实体层"。单击"默认"选项卡"绘图"面板中的"直线"按钮 ╱，利用 FROM 选项绘制两条直线，结果如图 13-4 所示，命令行提示如下。

```
命令：_line
指定第一个点：from '
基点：（利用对象捕捉选择左侧中心线的交点）
<偏移>：@ -41,0 '
指定下一点或 [放弃(U)]：@ 0,120 '
指定下一点或 [放弃(U)]：@ 41, 0 '
指定下一点或 [闭合(C)/放弃(U)]：'
```

2）单击"默认"选项卡"修改"面板中的"偏移"按钮 ⬚，将最左侧的直线向右偏移，偏移量为"33"，再将最上部的直线向下偏移，偏移量依次为"8""20""30""60""70"和"91"。偏移中心线，向上偏移量依次为"75"和"116"。结果如图 13-5 所示。

图 13-4 绘制边界线 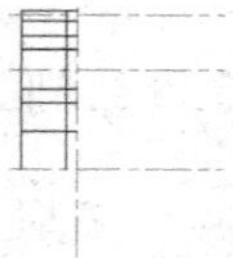   图 13-5 绘制偏移线

3）单击"默认"选项卡"修改"面板中的"倒角"按钮 ╱，角度、距离模式，对齿轮的左上角处倒直角 C4；凹槽端口和孔口处倒直角 C4；利用"圆角"╱ 命令，对中间凹槽倒圆角，半径为"5"；然后进行修剪，绘制倒圆角轮廓线。结果如图 13-6 所示。

 注意 在执行"倒圆角"命令时，需要对不同情况交互使用"修剪"模式和"不修剪"模式。若使用"不修剪"模式，还需利用"修剪"命令进行修剪编辑。

4）单击"默认"选项卡"修改"面板中的"偏移"按钮 ⬚，将中心线向上偏移"8"，并将偏移后的直线放置在"实体层"。然后单击"默认"选项卡"修改"面板中的"修剪"按钮 ⬚，进行修剪，结果如图 13-7 所示。

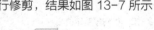

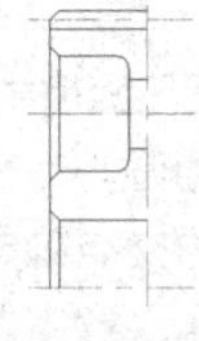

图 13-6 图形倒角 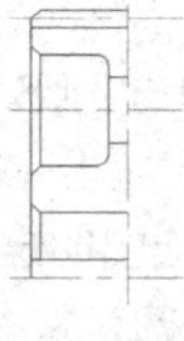   图 13-7 绘制键槽

5）单击"默认"选项卡"修改"面板中的"镜像"按钮 ⬚，分别以两条中心线为镜像轴进行镜像

操作，结果如图 13-8 所示。

6）切换到"剖面层"，单击"默认"选项卡
"绘图"面板中的"图案填充"按钮▨，打开"图
案填充创建"选项卡，设置"ANSI31"图案作
为填充图案，选择填充区域，完成圆柱齿轮主
视图绘制，如图 13-9 所示。

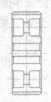 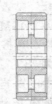

图 13-8　镜像成型　　　图 13-9　圆柱齿轮主视图

（3）绘制圆柱齿轮左视图。

> **注意**　圆柱齿轮左视图由一组同心圆和环形分布
> 的圆孔组成。左视图是在主视图的基础上
> 生成的，因此需要借助主视图的位置信息确定
> 同心圆的半径或直径数值，这时就需要从主视
> 图引出相应的辅助定位线，利用"对象捕捉"确
> 定同心圆。6个减重圆孔可利用"环形阵列"进
> 行绘制。

1）单击"默认"选项卡"绘图"面板中的"构
造线"按钮✓，利用"对象捕捉"在主视图中
确定直线起点，再利用"正交"功能保证引出
线水平，终点位置任意，绘制结果如图 13-10
所示。

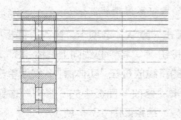

图 13-10　绘制辅助定位线

2）单击"默认"选项卡"绘图"面板中的"圆"
按钮⊙，以右侧中心线交点为圆心，半径则依
次捕捉辅助定位线与中心线的交点确定，绘制
10 个圆；单击"默认"选项卡"绘图"面板中
的"圆"按钮⊙，绘制减重圆孔，删除辅助线，
修剪后的结果如图 13-11 所示。注意，分度圆
和减重圆孔的中心线圆属于"中心线层"。

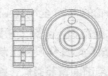

图 13-11　绘制同心圆和减重圆孔

3）单击"默认"选项卡"修改"面板中的"环
形阵列"按钮♣，以同心圆的圆心为阵列中心
点，选取图 13-11 中绘制的减重圆孔及其中
心线为阵列对象，输入阵列个数为"6"，阵
列度数 360°，得到环形分布的减重圆孔，如
图 13-12 所示。单击"默认"选项卡"修改"
面板中的"打断"按钮⌐⌐，修剪阵列减重孔上
过长的中心线。

图 13-12　环形分布的减重圆孔

4）单击"默认"选项卡"修改"面板中的"偏移"
按钮⊆，向左偏移同心圆的竖直中心线，偏移
量为"33.3"；水平中心线上下偏移量分别为
"8"；并更改其图层属性为"实体层"，绘制
键槽边界线，如图 13-13 所示。

图 13-13　绘制键槽边界线

5）单击"默认"选项卡"修改"面板中的"修剪"
按钮✂，对键槽进行修剪，得到圆柱齿轮左视
图，如图 13-14 所示。

图 13-14　圆柱齿轮左视图

> **注意**　为了方便对键槽的标注，需要把圆柱齿
> 轮左视图中的键槽图形复制出来单独放
> 置，单独标注尺寸和形位公差。

6）单击"默认"选项卡"修改"面板中的"复制"按钮，选择键槽轮廓线和中心线，复制键槽，如图 13-15 所示。

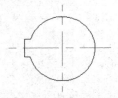

图 13-15　键槽轮廓线

7）单击"默认"选项卡"修改"面板中的"缩放"按钮，将所有图形缩小为原来的一半。

注意　如果视图缩放比例不好，在提取复制对象时可能比较困难，由于"缩放"和"平移"命令都属于透明命令，即可以在运行其他命令的过程中利用这两个命令，所以在提取复制对象前，可先调整视图。

❸ 标注圆柱齿轮。

（1）无公差尺寸标注。

1）切换图层并修改标注样式：将当前图层切换到"尺寸标注层"。单击"默认"选项卡"注释"面板中的"标注样式"按钮，打开"标注样式管理器"对话框，将"机械制图"标注样式置为当前。单击"修改"按钮，系统打开"修改标注样式"对话框，切换到"主单位"选项卡，将"比例因子"设为"2"，如图 13-16 所示。单击"确定"按钮后退出，并将"机械制图"样式设置为当前使用的标注样式。

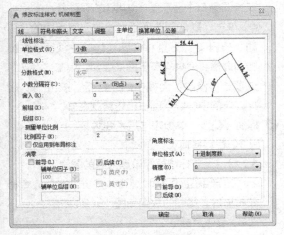

图 13-16　修改标注样式

注意　机械制图的国家标准中规定，标注的尺寸值必须是零件的实际值，而不是在图形上的值。这里之所以修改标注样式，是因为第2-（3）-7步操作时将图形整个缩小了一半。在此将比例因子设置为2，标注出的尺寸数值刚好恢复为原来绘制时的数值。

2）单击"默认"选项卡"注释"面板中的"线性"按钮，标注同心圆时使用特殊符号表示法"%%C"表示"∅"，如"%%C50"表示"∅50"；标注其他无公差尺寸，如图 13-17 所示。

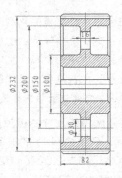

图 13-17　无公差尺寸标注

（2）带公差尺寸标注。

1）设置带公差标注样式：单击"默认"选项卡"注释"面板中的"标注样式"按钮，打开"创建新标注样式"对话框，建立一个名为"副本机械制图标注（带公差）"的样式，"基础样式"为"机械制图标注"，如图 13-18 所示。在"新建标注样式"对话框中，设置"公差"选项卡，如图 13-19 所示。并把"副本机械制图标注（带公差）"的样式设置为当前使用的标注样式。

图 13-18　新建标注样式

2）单击"默认"选项卡"注释"面板中的"线性"按钮，标注带公差的尺寸。

3）单击"默认"选项卡"修改"面板中的"分解"按钮，分解所有的带公差尺寸标注系。

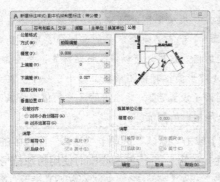

图 13-19 "公差"选项卡设置

> **注意** 公差尺寸的分解需要使用两次"分解"命令：第一次分解尺寸线与公差文字；第二次分解公差文字中的主尺寸文字与极限偏差文字。只有这样，才能单独利用"编辑文字"命令对上下极限偏差文字进行编辑修改。

4）选择需要编辑的尺寸的极限偏差。∅58 为"+0.030"和"0"；∅240 为"0"和"−0.027"；16 为"+0.022"和"−0.022"；62.3 为"+0.20"和"0"，如图 13-20 所示。

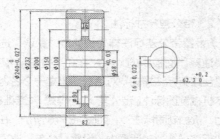

图 13-20 标注公差尺寸

（3）形位公差标注。

1）利用"默认"选项卡"注释"面板中的"多行文字"按钮 A、"矩形"按钮 □、"图案填充"按钮 ▨和"直线"按钮 ╱，绘制基准符号，如图 13-21 所示。

图 13-21 基准符号

2）在命令行输入"QLEADER"，标注形位公差，如图 13-22 和图 13-23 所示。

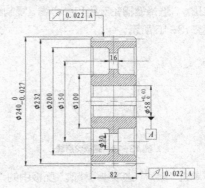

图 13-22 形位公差

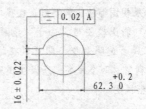

图 13-23 标注圆柱齿轮的形位公差

> **注意** 若发现形位公差符号选择有误，可以再次单击"符号"选项重新进行选择，也可以单击"符号"选项，选择对话框右下角的"空白"选项，取消当前选择。

3）单击"默认"选项卡"图层"面板中的"图层特性"按钮 ▦，打开"图层特性管理器"对话框，单击"标题栏层"和"图框层"属性中灰化的"打开/关闭图层"图标 ●，使其亮显 ♀，在绘图窗口中显示图幅边框和标题栏。

4）单击"默认"选项卡"修改"面板中的"移动"按钮 ✛，分别移动圆柱齿轮主视图、左视图和键槽，使其均布于图纸版面。单击"默认"选项卡"修改"面板中的"打断"按钮 ▱，删掉过长的中心线，圆柱齿轮绘制完毕。

❹ 标注粗糙度、参数表与技术要求。

（1）粗糙度标注。

1）将"尺寸标注层"设置为当前图层。

2）制作粗糙度图块，结合"多行文字"命令标注粗糙度，得到的效果如图 13-24 所示。

（2）参数表标注。

1）将"注释层"设置为当前图层。

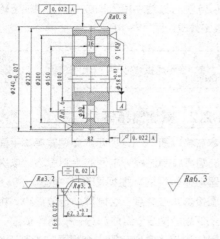

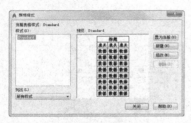

图 13-24　粗糙度标注

2）单击"默认"选项卡"注释"面板中的"表格样式"按钮▦，打开"表格样式"对话框，如图 13-25 所示。

图 13-25　"表格样式"对话框

3）单击"修改"按钮，打开"修改表格样式"对话框，如图 13-26 所示。在该对话框中进行如下设置：数据文字样式为"Standard"，文字高度为"4.5"，文字颜色为"ByBlock"，填充颜色为"无"，对齐方式为"正中"；在"边框特性"选项组中单击第一个按钮，设置栅格颜色为"洋红"；表格方向向下，水平单元边距和垂直单元边距都为"1.5"。

图 13-26　"修改表格样式"对话框

4）设置好文字样式后，单击"确定"按钮退出。

5）单击"默认"选项卡"注释"面板中的"表格"按钮▦，打开"插入表格"对话框，如图 13-27 所示。设置插入方式为"指定插入点"，设置第一行和第二行单元样式为"数据"，行和列设置为 8 行 3 列，列宽为"8"，行高为"1"。

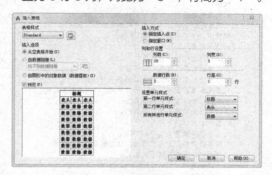

图 13-27　"插入表格"对话框

确定后，在绘图平面指定插入点，则插入图 13-28 所示的空表格，并显示"文字编辑器"选项卡，不输入文字，直接在多行文字编辑器中单击"确定"按钮退出。

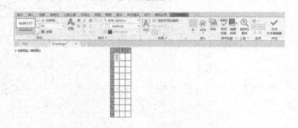

图 13-28　"文字编辑器"选项卡

6）单击第 1 列某一个单元格，然后单击鼠标右键，利用特性命令调整列宽，使列宽变成"65"，用同样的方法，将第 2 列和第 3 列的列宽拉成约"20"和"40"，结果如图 13-29 所示。

7）双击单元格，重新打开多行文字编辑器，在各单元格中输入相应的文字或数据，结果如图 13-30 所示。

模数	m	4
齿数	z	29
齿形角	α	20°
齿顶高系数	h	1
径向变位系数	x	0
精度等级		7-GB10095-88
公法线平均长度及偏差	WIEw	$61.283^{-0.088}_{-0.176}$
公法线长度变动公差	Pw	0.036
径向综合公差	Fi″	0.090
一齿径向综合公差	fi″	0.032
齿向公差	Fβ	0.011

图 13-29　改变列宽　　**图 13-30　参数表**

（3）技术要求标注。

1）将"注释层"设置为当前图层。

2）单击"默认"选项卡"注释"面板中的"多行文字"按钮**A**，标注技术要求，如图 13-31 所示。

技术要求
1.轮齿部位渗碳淬火，允许全部渗碳，渗碳层深度和硬度
a.轮齿表面磨削后深度0.8～1.2，硬度HRC≥59
b.非磨削渗碳表面（包括轮齿表面黑斑）深度≤1.4，硬度（必须渗碳表面）HRC≥60
c.芯部硬度HRC35～45
2.在齿顶上检查齿面硬度
3.齿顶圆直径仅在热处理前检查
4.所有未注跳动公差的表面对基准A的跳动为0.2
5.当无标准齿轮时，允许检查下列三项代替检查径向综合公差和一齿径向综合公差
a.齿圈径向跳动公差Fr为0.056
b.齿形公差ff为0.016
c.基节极限偏差±fpb为0.018
6.用带凸角的刀具加工齿轮，但齿根不允许有凸台，允许下凹，下凹深度不大于0.2
7.未注倒角C4

图 13-31 技术要求

❺ 填写标题栏。

（1）将"标题栏层"设置为当前图层。

（2）在标题栏中输入相应文本。圆柱齿轮设计最终效果如图 13-1 所示。

注意　在标题栏"比例"一栏中应输入"1：2"。

13.2.2 │ 减速器箱体

本节将以图 13-32 所示的减速器箱体平面图为例，说明其绘制过程。本例的绘制思路：依次绘制减速器箱体俯视图、主视图和左视图，充分利用多视图投影对应关系，绘制辅助定位直线。将箱体从上至下划分为3个组成部分——箱体顶面、箱体中间膛体和箱体底座，每一个视图的绘制围绕这3个部分分别进行。另外，在箱体绘制过程中充分利用局部剖视图。

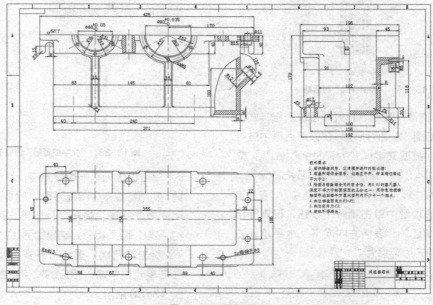
图 13-32 减速器箱体

STEP 绘制步骤

❶ 配置绘图环境。

（1）建立新文件。启动 AutoCAD 2021 应用程序，单击"快速访问"工具栏中的"新建"按钮，打开"选择样板"对话框，在该对话框中选择需要的样板图。本例选用 A1 样板图，其中样板图左下端点坐标为（0,0）。将新文件命名为"减速器箱体.dwg"并保存。

（2）设置图形界限。选择菜单栏中的"格式"→"图形界限"命令，使用 A1 图纸，设置

两角点坐标分别为（0,0）和（841,594）。

（3）创建新图层。单击"默认"选项卡"图层"面板中的"图层特性"按钮，打开"图层特性管理器"对话框，新建并设置每一个图层，如图 13-33 所示。

图13-33 "图层特性管理器"对话框

（4）设置文字标注样式。单击"默认"选项卡"注释"面板中的"文字样式"按钮，打开"文字样式"对话框。创建"技术要求"文字样式，在"字体名"下拉列表框中选择"仿宋_GB2312"，"字体样式"设置为"常规"，在"高度"文本框中输入"5.0000"，设置完成后，单击"应用"按钮，完成对"技术要求"文字标注格式的设置。

（5）创建新标注样式。单击"默认"选项卡"注释"面板中的"标注样式"按钮，打开"标注样式管理器"对话框，创建"机械制图标注"样式，各属性与前面章节设置相同，并将其设置为当前使用的标注样式。

>
> **注意** 机械制图国家标准中规定中心线不能超出轮廓线2～5mm。

❷ 绘制中心线。

（1）切换图层。将"中心线层"设置为当前图层。

（2）绘制中心线。单击"默认"选项卡"绘图"面板中的"直线"按钮，绘制3条水平直线{（50,150），（500,150）}、{（50,360），（800,360）}和{（50,530），（800,530）}；绘制5条竖直直线{（65,50），（65,550）}、{（490,50），（490,550）}、{（582,350），（582,550）}、{（680,350），（680,550）}和{（778,350），（778,550）}，如图 13-34 所示。

图13-34 绘制中心线

❸ 绘制减速器箱体俯视图。

（1）切换图层。将当前图层从"中心线层"切换到"实体层"。

（2）绘制矩形。单击"默认"选项卡"绘图"面板中的"矩形"按钮，利用给定矩形两个角点的方法分别绘制矩形1{（65,52），（490,248）}、矩形2{（100,97），（455,203）}、矩形3{（92,54），（463,246）}、矩形4{（92,89），（463,211）}。矩形1和矩形2构成箱体顶面轮廓线，矩形3表示箱体底座轮廓线，矩形4表示箱体中间膛轮廓线，如图 13-35 所示。

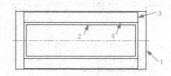

图13-35 绘制矩形

（3）更改图形对象的颜色。选择矩形3，选择"默认"选项卡"特性"面板中的"对象颜色"下拉列表，如图 13-36 所示。在其中选择一种颜色赋予矩形3。使用同样的方法更改矩形4的线条颜色。

图13-36 "对象颜色"下拉列表

（4）绘制轴孔。绘制轴孔中心线，单击"默认"选项卡"修改"面板中的"偏移"按钮，选择左端直线，从左向右偏移量为"110"和

"255"；绘制轴孔，重复"偏移"命令，绘制左轴孔直径为"68"，右轴孔直径为"90"，绘制结果如图 13-37 所示。

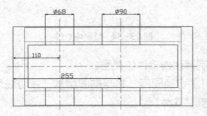

图 13-37　绘制轴孔

（5）细化顶面轮廓线。单击"默认"选项卡"修改"面板中的"偏移"按钮，分别选择上下轮廓线，向内偏移"5"，分别选择两轴孔轮廓线，向外偏移"12"。单击"默认"选项卡"修改"面板中的"修剪"按钮，进行相关图线的修剪，绘制结果如图 13-38 所示。

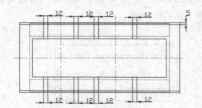

图 13-38　绘制偏移直线

（6）顶面轮廓线倒圆角。单击"默认"选项卡"修改"面板中的"圆角"按钮，对偏移量为"5"的直线与矩形 1 的两条竖直线形成的 4 个直角进行倒圆角处理，半径为"10"，其他处倒圆角半径为"5"，矩形 2 的 4 个直角的圆角半径为"5"。单击"默认"选项卡"修改"面板中的"修剪"按钮，进行相关图线的修剪，单击"默认"选项卡"修改"面板中的"倒角"按钮，对轴孔进行倒角，倒角距离为 C2，结果如图 13-39 所示。

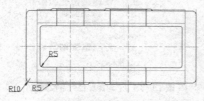

图 13-39　顶面轮廓线倒圆角

（7）绘制螺栓孔和销孔中心线。单击"默认"选项卡"修改"面板中的"偏移"按钮，进

行图 13-39 所示的偏移操作，竖直偏移量和水平偏移量如图上标注，单击"默认"选项卡"修改"面板中的"修剪"按钮，进行相关图线的修剪，绘制结果如图 13-40 所示。

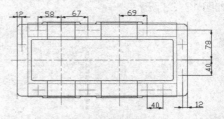

图 13-40　绘制螺栓孔和销孔中心线

（8）绘制螺栓孔和销孔。单击"默认"选项卡"绘图"面板中的"圆"按钮，在上下两侧绘制 6 个 ∅13 的螺栓孔；重复"圆"命令，在右侧绘制 2 个 ∅11 通孔；重复"圆"命令，在左右两侧绘制 2 个 ∅10 和 ∅8 的销孔。单击"默认"选项卡"修改"面板中的"修剪"按钮，进行相关图线的修剪。绘制结果如图 13-41 所示。

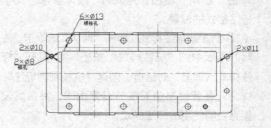

图 13-41　绘制螺栓孔和销孔

（9）箱体底座轮廓线（矩形 3）倒圆角。单击"默认"选项卡"修改"面板中的"圆角"按钮，对底座轮廓线（矩形 3）倒圆角，半径为"10"。进行修剪，完成减速器箱体俯视图的绘制，结果如图 13-42 所示。

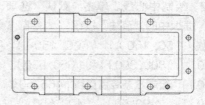

图 13-42　减速器箱体俯视图

❹ 绘制减速器箱体主视图。

（1）绘制箱体主视图定位线。单击"默认"选

项卡"绘图"面板中的"直线"按钮 ╱，按下状态栏中的"对象捕捉"按钮 □ 和"正交模式"按钮 ⌐，在俯视图绘制投影定位线。单击"默认"选项卡"修改"面板中的"偏移"按钮 ⊜，将上面的中心线向下偏移 12，下面的中心线向上偏移"20"。结果如图 13-43 所示。

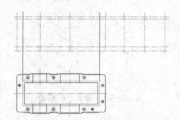

图 13-43　绘制箱体主视图定位线

（2）绘制主视图轮廓线。单击"默认"选项卡"修改"面板中的"修剪"按钮 ✂，对主视图进行修剪，形成箱体顶面、箱体中间膛和箱体底座的轮廓线，结果如图 13-44 所示。

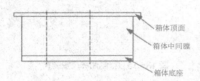

箱体顶面
箱体中间膛
箱体底座

图 13-44　绘制主视图轮廓线

（3）绘制轴孔和端盖安装面。单击"默认"选项卡"绘图"面板中的"圆"按钮 ⊙，以两条竖直中心线与顶面线交点为圆心，分别绘制左侧一组同心圆 Ø68、Ø72、Ø92 和 Ø98，右侧一组同心圆 Ø90、Ø94、Ø114 和 Ø120，并进行修剪，结果如图 13-45 所示。

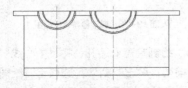

图 13-45　绘制轴孔和端盖安装面

（4）绘制偏移直线。单击"默认"选项卡"修改"面板中的"偏移"按钮 ⊜，将顶面向下偏移"40"，进行修剪，补全左右轮廓线，结果如图 13-46 所示。利用"延伸"命令补全左右轮廓线。

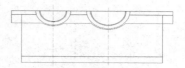

图 13-46　绘制偏移直线

（5）绘制左右耳片。单击"默认"选项卡"绘图"面板中的"圆"按钮 ⊙，绘制耳片，半径为"8"，深度为"15"；单击"默认"选项卡"修改"面板中的"修剪"按钮 ✂，进行修剪，结果如图 13-47 所示。

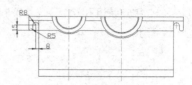

图 13-47　绘制左右耳片

（6）绘制左右肋板。单击"默认"选项卡"修改"面板中的"偏移"按钮 ⊜，绘制偏移直线，肋板宽度为"12"，与箱体中间膛的相交宽度为"16"，对图形进行修剪，结果如图 13-48 所示。

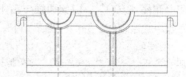

图 13-48　绘制左右肋板

（7）倒圆角。单击"默认"选项卡"修改"面板中的"圆角"按钮 ⌒，采用不修剪、半径模式，对主视图进行圆角操作，箱体的铸造圆角半径为"5"。倒圆角后再对图形进行修剪，结果如图 13-49 所示。

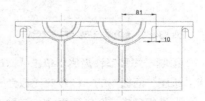

图 13-49　图形倒圆角

（8）绘制样条曲线。单击"默认"选项卡"绘图"面板中的"样条曲线拟合"按钮 ∿，在两个端盖安装面之间绘制曲线，构成剖切平面，如图 13-50 所示。

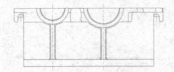

图 13-50　绘制样条曲线

（9）绘制螺栓通孔。在剖切平面中，绘制螺栓通孔 ∅13×38 和安装沉孔 ∅24×2。单击"默认"选项卡"绘图"面板中的"图案填充"按钮，将绘制图层切换到"剖面层"，绘制剖面线。用同样的方法，绘制销通孔 ∅10×12、螺栓通孔 ∅11×10 和安装沉孔 ∅15×2。绘制结果如图 13-51 所示。

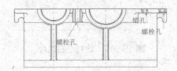

图 13-51　绘制螺栓通孔

（10）绘制油标尺安装孔轮廓线。单击"默认"选项卡"修改"面板中的"偏移"按钮，将箱底向上偏移"100"。以偏移线与箱体右侧线交点为起点绘制直线，命令行提示如下。

```
命令: _line
指定第一个点: 按下状态栏中的"对象捕捉"按钮
，捕捉偏移线与箱体右侧线交点
指定下一点或 [放弃(U)]: @30<-45 ↙
指定下一点或 [放弃(U)]: @30<-135 ↙
指定下一点或 [闭合(C)/放弃(U)]: ↙
```
绘制结果如图 13-52 所示。

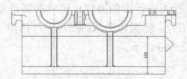

图 13-52　绘制油标尺安装孔轮廓线

（11）绘制云线和偏移直线。单击"默认"选项卡"绘图"面板中的"样条曲线拟合"按钮，绘制油标尺安装孔剖面界线，如图 13-53 所示。单击"默认"选项卡"修改"面板中的"偏移"按钮，选择箱体外轮廓线，指定水平偏移量为"8"，向上偏移量依次为"5"和"8"。单击"默认"选项卡"修改"面板中的"修剪"按钮，修剪掉多余的图线，完成箱体内壁轮

廓线的绘制，如图 13-54 所示。

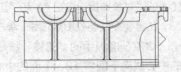

图 13-53　绘制云线和偏移直线

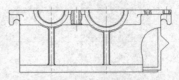

图 13-54　修剪后的结果

（12）绘制油标尺安装孔。单击"默认"选项卡"绘图"面板中的"直线"按钮和"修改"面板中的"偏移"按钮，绘制孔径为 ∅12、安装沉孔为 ∅20×1.5 的油标尺安装孔，结果如图 13-55 所示。

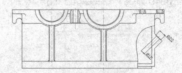

图 13-55　绘制油标尺安装孔

（13）绘制剖面线。单击"默认"选项卡"绘图"面板中的"图案填充"按钮，将绘制图层切换到"剖面层"，绘制剖面线。完成减速器箱体主视图的绘制，绘制结果如图 13-56 所示。

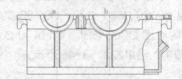

图 13-56　减速器箱体主视图

（14）绘制端盖安装孔。将"中心线"层设置为当前层，单击"默认"选项卡"绘图"面板中的"直线"按钮，分别以 a 和 b 为起点，绘制端点为（@60<-30）的直线。单击"默认"选项卡"绘图"面板中的"圆"按钮，以 a 点为圆心绘制半径为"41"的圆，再以 b 点为圆心绘制半径为"52"的圆；重复"圆"命令，以中心线和中心圆的交点为圆心，绘制半径为"2.5"和"3"的圆，并对绘制的圆进行修剪

和图层设置。单击"默认"选项卡"修改"面板中的"环形阵列"按钮🖧，将绘制的同心圆进行环形阵列，阵列个数为"3"，项目间角度为60°，填充角度为−120°，单击"默认"选项卡"绘图"面板中的"直线"按钮╱，结果如图13-57所示。

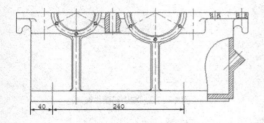

图13-57　绘制端盖安装

❺ 绘制减速器箱体左视图。

（1）绘制箱体左视图定位线。单击"默认"选项卡"修改"面板中的"偏移"按钮⊂，对称中心线左右各偏移"61"和"96"，结果如图13-58所示。

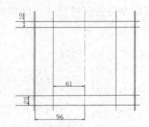

图13-58　绘制箱体左视图定位线

（2）绘制左视图轮廓线。单击"默认"选项卡"修改"面板中的"修剪"按钮ⵂ，对图形进行修剪，形成箱体顶面、箱体中间膛和箱体底座的轮廓线，如图13-59所示。

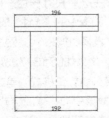

图13-59　绘制左视图轮廓线

（3）绘制顶面水平定位线。单击"默认"选项卡"绘图"面板中的"直线"按钮╱，以主视图中的特征点为起点，利用"正交"功能绘制水平定位线，结果如图13-60所示。

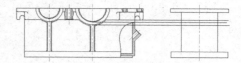

图13-60　绘制顶面水平定位线

（4）绘制顶面竖直定位线。单击"默认"选项卡"修改"面板中的"延伸"按钮→|，将左右两侧轮廓线延伸。单击"默认"选项卡"修改"面板中的"偏移"按钮⊂，指定左右偏移量为"5"，结果如图13-61所示。

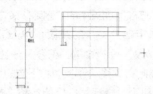

图13-61　绘制顶面竖直定位线

（5）图形修剪。单击"默认"选项卡"修改"面板中的"修剪"按钮ⵂ，修剪结果如图13-62所示。

（6）绘制肋板。单击"默认"选项卡"修改"面板中的"偏移"按钮⊂，指定左右偏移量为"5"；单击"默认"选项卡"修改"面板中的"修剪"按钮ⵂ，修剪多余的图线，结果如图13-63所示。

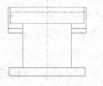 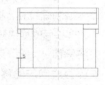

图13-62　图形修剪　　　**图13-63　绘制肋板**

（7）倒圆角。单击"默认"选项卡"修改"面板中的"圆角"按钮⌒，指定圆角半径为"5"，结果如图13-64所示。

（8）绘制底座凹槽。单击"默认"选项卡"修改"面板中的"偏移"按钮⊂，指定中心线左右偏移量均为50，底面线向上偏移"5"，绘制底座凹槽。单击"默认"选项卡"修改"面板中的"圆角"按钮⌒，指定圆角半径为"5"。单击"默认"选项卡"修改"面板中的"修剪"按钮ⵂ，修剪多余的图线，结果如图13-65所示。

图 13-64　图形倒圆角

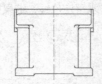

图 13-65　绘制底座凹槽

（9）绘制底座螺栓通孔。绘制方法与主视图中螺栓通孔的绘制方法相同，绘制定位中心线，绘制螺栓通孔，绘制剖切线，并利用"直线" ✏、"圆角" ⌐、"修剪" ✂ 等工具绘制中间耳钩图形，结果如图 13-66 所示。

（10）修剪俯视图，绘制剖视图。单击"默认"选项卡"修改"面板中的"删除"按钮 ✎，删除左视图右半部分多余的线段；单击"默认"选项卡"修改"面板中的"偏移"按钮 ⊂，将竖直中心线向右偏移 "53"，将下边的线向上偏移 "8"，利用"修剪""延伸"和"圆角"命令整理图形，如图 13-67 所示。

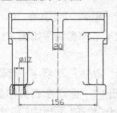

图 13-66　绘制底座螺栓通孔及耳钩

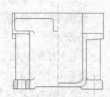

图 13-67　绘制剖视图

（11）绘制螺纹孔。利用"直线""偏移"和"修剪"命令绘制螺纹孔，将底面直线向上偏移 "118"，再将偏移后的直线分别向两侧偏移 "2.5" 和 "3"，并将偏移 "118" 后的直线放置在中心线层，最右侧直线向左偏移 "16" 和 "20"；再利用直线命令绘制 120° 顶角，结果如图 13-68 所示。

（12）填充图案。单击"默认"选项卡"绘图"面板中的"图案填充"按钮 ▨，对剖视图填充图案，结果如图 13-69 所示。

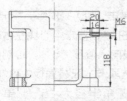

图 13-68　绘制螺纹孔

图 13-69　填充图案

（13）修剪俯视图。单击"默认"选项卡"修改"

面板中的"删除"按钮 ✎，删除俯视图中的箱体中间膛轮廓线（矩形 4）。完成减速器箱体的设计，如图 13-70 所示。

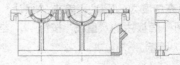

图 13-70　减速器箱体设计

❻ 俯视图尺寸标注。

（1）切换图层。将当前图层从"剖面层"切换到"尺寸标注层"。单击"默认"选项卡"注释"面板中的"标注样式"按钮 ◢，将"机械制图标注"样式设置为当前使用的标注样式。

（2）俯视图尺寸标注。利用"默认"选项卡"注释"面板中的"线性"按钮 ⊢ 和"直径"按钮 ◌，对俯视图进行尺寸标注，结果如图 13-71 所示。

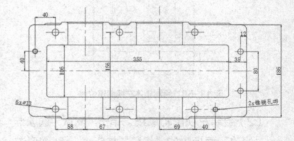

图 13-71　俯视图尺寸标注

❼ 主视图尺寸标注。

（1）主视图无公差尺寸标注。利用"默认"选项卡"注释"面板中的"线性"按钮 ⊢、"半径"按钮 ⌒ 和"直径"按钮 ◌，对主视图进行无公差尺寸标注，结果如图 13-72 所示。

（2）新建带公差标注样式。单击"默认"选项卡"注释"面板中的"标注样式"按钮 ◢，打开"标注样式管理器"对话框，创建一个名为"副本机械制图标注（带公差）"的标注样式，设置"基础样式"为"机械制图标注"。单击"继续"按钮，打开"新建标注样式"对话框，设置"公差"选项卡，并把"副本机械制图样式（带公差）"

设置为当前使用的标注样式。

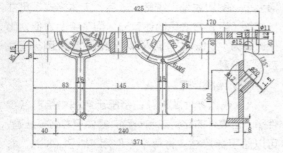

图 13-72　主视图无公差尺寸标注

（3）主视图带公差尺寸标注。单击"默认"选项卡"注释"面板中的"线性"按钮 ⊢⊣，对主视图进行带公差的尺寸标注。使用前面章节介绍的带公差尺寸标注方法，进行公差编辑修改，标注结果如图 13-73 所示。

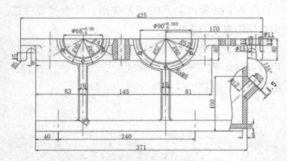

图 13-73　主视图带公差尺寸标注

❽ 左视图尺寸标注。

（1）切换当前标注样式。将"机械制图标注"设置为当前使用的标注样式。

（2）左视图无公差尺寸标注。利用"默认"选项卡"注释"面板中的"线性"按钮 ⊢⊣ 和"半径"按钮 ⌒，对左视图进行无公差尺寸标注，结果如图 13-74 所示。

❾ 标注技术要求。

（1）设置文字标注格式。单击"默认"选项卡"注释"面板中的"文字样式"按钮 A，打开"文字样式"对话框，在"字体名"下拉列表框中

选择"仿宋 _GB2312"，单击"应用"按钮，将其设置为当前使用的文字样式。

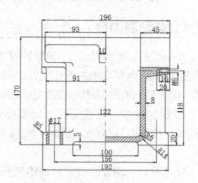

图 13-74　左视图尺寸标注

（2）文字标注。单击"默认"选项卡"注释"面板中的"多行文字"按钮 A，打开"文字编辑器"选项卡，在其中填写技术要求，如图 13-75 所示。

图 13-75　填写技术要求

❿ 标注粗糙度。

制作粗糙度图块，结合"多行文字"命令标注粗糙度。

将"标题栏层"设置为当前图层，在标题栏中填写"减速器箱体"。减速器箱体的最终设计效果如图 13-32 所示。

注意　填写标题栏时，比较方便的方法是复制已经填写好的文字，再进行修改，这样不仅简便，而且可以解决文字对齐的问题。

13.3　完整装配图绘制方法

装配图表达了部件的设计构思、工作原理和装配关系，也表达出各零件间的相互位置、尺寸及结构形状。它是绘制零件工作图、部件组装、调试及维护等的技术依据。设计装配工作图时要综合考虑工作要求、

材料、强度、刚度、磨损、加工、装拆、调整、润滑和维护以及经济等因素，并要用足够的视图表达清楚。

13.3.1 装配图内容

（1）一组图形：用一般表达方法和特殊表达方法，正确、完整、清晰和简便地表达装配体的工作原理，零件之间的装配关系、连接关系和零件的主要结构形状。

（2）必要的尺寸：在装配图上必须标注出装配体的性能、规格以及装配、检验、安装时所需的尺寸。

（3）技术要求：用文字或符号说明装配体在性能、装配、检验、调试、使用等方面的要求。

（4）标题栏、零件的序号和明细表：按一定的格式，将零件、部件进行编号，并填写标题栏和明细表，以便读图。

13.3.2 装配图绘制过程

画装配图时应注意检验、校正零件的形状、尺寸，纠正零件草图中的不妥或错误之处。

（1）设置绘图环境。

绘图前应当进行必要的设置，如绘图单位、图幅大小、图层线型、线宽、颜色、字体格式、尺寸格式等，设置方法见前述章节。为了绘图方便，比例选择为1∶1。或者调入事先绘制的装配图标题栏及有关设置。

（2）绘图步骤。

1）根据零件草图，在装配示意图中绘制各零件图，各零件的比例应当一致，零件尺寸必须准确，可以暂不标尺寸，将每个零件用"WBLOCK"命令定义为DWG文件。定义时，必须选好插入点，插入点应当是零件间相互有装配关系的特殊点。

2）调入装配干线上的主要零件（如轴）。然后沿装配干线展开，逐个插入相关零件。插入后，若需要剪断不可见的线段，应当炸开插入块。插入块时应当注意确定它的轴向和径向定位。

3）根据零件之间的装配关系，检查各零件的尺寸是否有干涉现象。

4）根据需要对图形进行缩放、布局排版，然后根据具体情况设置尺寸样式，标注好尺寸及公差，最后填写标题栏，完成装配图。

13.4 减速器装配图

本实例的制作思路：先将减速器箱体图块插入预先设置好的装配图纸中，起到为后续零件装配定位的作用；然后分别插入上一节保存的各个零件图块，利用"移动"命令将其安装到减速器箱体中合适的位置；再修剪装配图，删除图中多余的作图线，补绘漏缺的轮廓线；最后，标注装配图配合尺寸，给各个零件编号，填写标题栏和明细表。减速器装配图如图13-76所示。

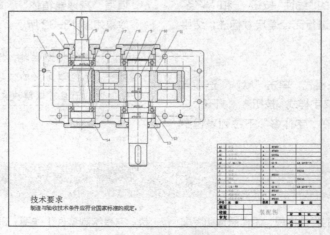

图13-76 减速器装配图

13.4.1 │ 配置绘图环境

STEP 绘制步骤

❶ 新建文件。单击"快速访问"工具栏中的"新建"按钮 ⬜，弹出"选择样板"对话框，在该对话框中选择需要的样板图。本例选用 A1 样板图，其中样板图左下端点坐标为（0,0）。

❷ 创建新图层。单击"默认"选项卡"图层"面板中的"图层特性"按钮 ⬛，打开"图层特性管理器"对话框，新建并设置每一个图层，如图 13-77 所示。

图 13-77 "图层特性管理器"对话框

13.4.2 │ 拼装装配图

STEP 绘制步骤

❶ 配置绘图环境。

（1）插入"减速器箱体图块"：单击"默认"选项卡"块"面板中的"插入"下拉菜单中"库中的块"选项，打开"块"选项板，如图 13-78 所示。单击"库"选项中的"浏览块库"按钮 ⬛，弹出"为块库选择文件夹或文件"对话框，选择"箱体 .dwg"。单击"打开"按钮，返回"块"选项板。在"插入选项"中设定"插入点"坐标为（360,300,0），"比例"和"旋转"使用默认设置。单击鼠标右键，加载"箱体"图块，在打开的快捷菜单中选择"插入"命令，结果如图 13-79 所示。

图 13-78 "块"选项板

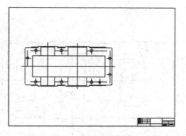

图 13-79 插入减速器箱体图块

（2）执行插入块操作，打开"块"选项板。单击"库"选项中的"浏览块库"按钮 ⬛，弹出"为块库选择文件夹或文件"对话框，选择"小齿轮轴图块 .dwg"。在"插入选项"中设定插入属性，勾选"插入点"复选框，"旋转"角度设置为 90°，"比例"使用默认设置。单击鼠标右键，加载"小齿轮轴图块"，在打开的快捷菜单中选择"插入"命令。

（3）单击"默认"选项卡"修改"面板中的"移动"按钮 ✛，选择"小齿轮轴图块"，将小齿轮轴安装到减速器箱体中，使小齿轮轴最下面的台阶面与箱体的内壁重合，如图 13-80 所示。

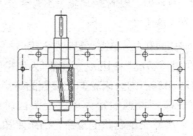

图 13-80 安装小齿轮轴

（4）执行插入操作，打开"块"选项板。单击"库"选项中的"浏览块库"按钮 ⬛，弹出"为块库选择文件夹或文件"对话框，选择"大齿轮轴图块 .dwg"。在"插入选项"中设定插入属性，勾选"插入点"复选框，"旋转"角度设置为 -90°，"比例"使用默认设置，单击鼠标右键，加载"大齿轮轴图块"，在打开的快捷菜单中选择"插入"命令。

（5）单击"默认"选项卡"修改"面板中的"移动"按钮 ✛，选择"大齿轮轴图块"，选择移动基点为大齿轮轴的最上面的台阶面的中点，将大齿轮轴安装到减速器箱体中，使大齿轮轴最上面的台阶面与减速器箱体的内壁重合，结果如图 13-81 所示。

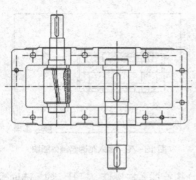

图 13-81　安装大齿轮轴

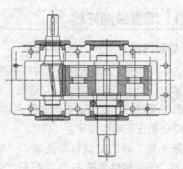

图 13-83　安装现有零件

（6）单击"默认"选项卡"块"面板中的"插入"下拉菜单中"库中的块"选项，打开"块"选项板。单击"库"选项中的"浏览块库"按钮，弹出"为块库选择文件夹或文件"对话框，选择"大齿轮图块 .dwg"。在"插入选项"中设定插入属性，勾选"插入点"复选框，"旋转"角度设置为 90°，单击鼠标右键，加载"大齿轮图块"，在打开的快捷菜单中选择"插入"命令。

 图块的旋转角度设置规则：以水平向右为转动0°，逆时针旋转为正角度值，顺时针旋转为负角度值。

（7）移动图块：单击"默认"选项卡"修改"面板中的"移动"按钮，选择"大齿轮图块"，选择移动基点为大齿轮的上端面的中点，将大齿轮安装到减速器箱体中，使大齿轮的上端面与大齿轮轴的台阶面重合，结果如图 13-82 所示。

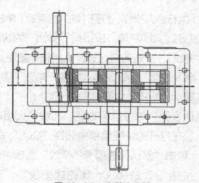

图 13-82　安装大齿轮

（8）安装其他减速器零件：仿照上面的方法，安装大轴承以及 4 个箱体端盖，结果如图 13-83 所示。

❷ 补全装配图。

（1）单击"默认"选项卡"修改"面板中的"复制"按钮，复制"大轴承"图块，并将其移动到大齿轮轴上合适的位置。绘制小齿轮轴上的两个轴承，尺寸为内径 ∅40、外径 ∅68、宽度"15"。绘制结果如图 13-84 所示。

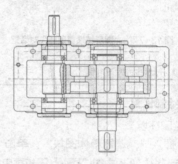

图 13-84　绘制大、小轴承

（2）在轴承与端盖、轴承与齿轮之间绘制定距环，结果如图 13-85 所示。

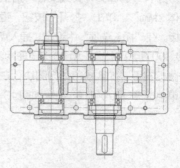

图 13-85　绘制定距环

13.4.3　修剪装配图

STEP　绘制步骤

❶ 单击"默认"选项卡"修改"面板中的"分解"

按钮 🔲，选择所有图块进行分解。

❷ 利用"默认"选项卡"修改"面板中的"修剪"
按钮 🔪 、"删除"按钮 ✎ 与"打断于点"按钮
🔲 ，对装配图进行细节修剪，结果如图 13-86
所示。

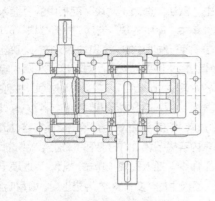

图 13-86   修剪装配图

注意   修剪规则：装配图中两个零件接触表
面只绘制一条实线，非接触表面以及非
配合表面绘制两条实线；两个或两个以上零件的
剖面图相互连接时，需要使其剖面线各不相同，
以便区分，但同一个零件在不同位置的剖面线必
须保持一致。

13.4.4 | 标注装配图

STEP 绘制步骤

❶ 单击"默认"选项卡"注释"面板中的"标注样式"
按钮 🔳，打开"标注样式管理器"对话框，创建
"机械制图标注（带公差）"样式，各属性与前
面章节设置相同，将其设置为当前使用的标注
样式，并将"尺寸标注"图层设置为当前图层。

❷ 单击"默认"选项卡"注释"面板中的"线性"
按钮 🔳，标注小齿轮轴与小轴承的配合尺寸、
小轴承与箱体轴孔的配合尺寸、大齿轮轴与大齿
轮的配合尺寸、大齿轮轴与大轴承的配合尺寸，
以及大轴承与箱体轴孔的配合尺寸。

❸ 标注零件号。在命令行中输入"QLEADER"，
从装配图左上角开始，沿装配图外表面按顺时
针顺序依次给各个减速器零件进行编号，结果
如图 13-87 所示。

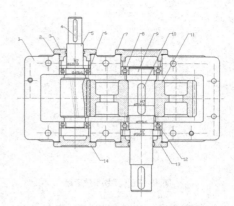

图 13-87   标注装配图

注意   根据装配图的作用，不需要标出每个零
件的全部尺寸。在装配图中需要标注的
尺寸通常只有以下几种：规格（性能）尺寸、装
配尺寸、外形尺寸、安装尺寸、其他重要尺寸，
如齿轮分度圆直径等。以上5种尺寸，并不是每张
装配图上都有的。有时同一尺寸有几种含义，因
此在标注装配图尺寸时，首先要对所表示的机器
或部件进行具体分析，再标注尺寸。
装配图中的零部件序号也有其编排方法和规则，
一般装配图中所有的零部件都必须编写序号，每
一个零部件只写一个序号，同一装配图中相同的
零部件应编写同样的序号，装配图中的零部件序
号应与明细表中的序号一致。

13.4.5 | 填写标题栏和明细表

STEP 绘制步骤

❶ 填写标题栏。将"标题栏"图层设置为当前图层，
在标题栏中填写"装配图"。

❷ 单击"默认"选项卡"块"面板中的"插入"下
拉菜单中"库中的块"选项，打开"块"选项板，
如图 13-88 所示。单击"库"选项中的"浏览块
库"按钮，弹出"为块库选择文件夹或文件"对
话框，如图 13-89 所示，选择"明细表标题栏图
块 .dwg"，单击"打开"按钮，返回"块"选项板。
设定"插入点"坐标为（841,40,0），"比例"
和"旋转"使用默认设置，单击鼠标右键，加载
"明细表标题栏图块"，在打开的快捷菜单中
选择"插入"命令，结果如图 13-90 所示。

图 13-88 "块"选项板

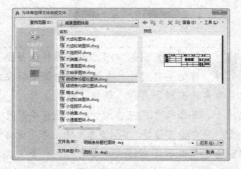

图 13-89 "为块库选择文件夹或文件"对话框

图 13-90 插入"明细表标题栏图块"

❸ 单击"默认"选项卡"块"面板中的"插入"下拉菜单中"库中的块"选项,打开"块"选项板,单击"库"选项中的"浏览块库"按钮,弹出"为块库选择文件夹或文件"对话框,选择"明细表内容栏图块 .dwg"。在"插入选项"中设定插入属性,"插入点"坐标设置为(841,47,0),"比例"和"旋转"都使用默认设置,单击鼠标右键,加载"明细表内容栏图块",在打开的快捷菜单中选择"插入"命令,插入图块,单击"默认"选项卡"注释"面板中的"多行文字"按钮 A ,填写明细表。

❹ 重复上面的步骤,填写明细表。需要指出的是,每插入一次"明细表内容栏图块",插入点的 X 坐标不变,Y 坐标递增 7。最后,完成明细表的绘制,并标注技术要求。至此,装配图绘制完毕。

13.5 上机实验

【实验1】绘制阀体零件图

1. 目的要求

如图 13-91 所示,本例主要讲述阀体零件图的绘制方法。本例将帮助读者在前面学习的知识的基础上,进一步掌握零件图的绘制方法。

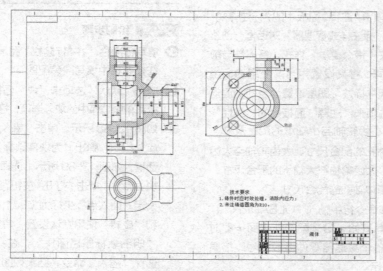

图 13-91 阀体零件图

2．操作提示

（1）配置绘图环境。

（2）组装已有零件。

（3）填写标题栏和明细表。

【实验 2】绘制球阀装配图

1．目的要求

如图 13-92 所示，本例主要练习球阀装配图的绘制方法。本例将帮助读者在前面学习的知识的基础上，进一步掌握装配图的绘制方法。

2．操作提示

（1）配置绘图环境。

（2）绘制零件。

（3）装配零件。

（4）填写标题栏和明细表。

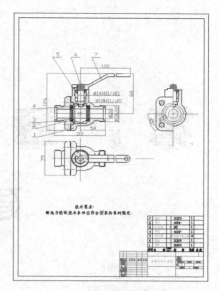

图 13-92　球阀装配平面图

第 14 章

建筑设计工程实例

建筑设计是 AutoCAD 应用的一个重要的专业领域。本章以别墅建筑设计为例，详细介绍建筑施工图的设计方法与绘制技巧，涉及平面图、立面图、剖面图和详图等图样。

重点与难点

- ⊃ 建筑绘图概述
- ⊃ 绘制别墅建筑图
- ⊃ 上机实验

14.1 建筑绘图概述

正式施工之前，需将建筑物的内外形状和大小，以及各个部分的结构、构造、装修、设备等内容，按照现行国家标准，用正投影法详细准确地绘制出来，这个图样称为"房屋建筑图"。由于该图样主要用于指导建筑施工，所以一般叫作"建筑施工图"。

建筑施工图是按照正投影法绘制出来的。正投影法就是在两个或两个以上相互垂直的、分别平行于建筑物主要侧面的投影面上，绘出建筑物的正投影，并把所得正投影按照一定规则绘制在同一个平面上。这种由两个或两个以上的正投影组合而成，用来确定空间建筑物形体的一组投影图，叫作正投影图。

建筑物根据使用功能和使用对象的不同分为很多种类。一般说来，建筑物的第一层称为底层，也称为一层或首层。从底层往上数，称为二层、三层……顶层。一层下面有基础，基础和底层之间有防潮层。对于大的建筑物而言，可能在基础和底层之间还有地下一层、地下二层等。建筑物一层一般有台阶、大门、一层地面等。各层均有楼面、走道、门窗、楼梯、楼梯平台、梁柱等。顶层还有屋面板、女儿墙、天沟等。其他的构件有雨水管、雨篷、阳台、散水等。其中，屋面、楼板、梁柱、墙体、基础主要起直接或间接支撑来自建筑物本身和外部载荷的作用；门、走廊、楼梯、台阶起着沟通建筑物内外和上下交通的作用；窗户和阳台起着通风和采光的作用；天沟、雨水管、散水、明沟起着排水的作用。其中一些构件的示意图如图 14-1 所示。

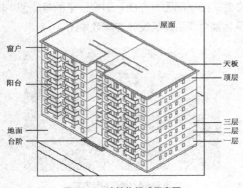

图 14-1 建筑物组成示意图

14.1.1 | 建筑设计概述

建筑设计是指在建造建筑物之前，设计者按照建设任务，把施工过程和使用过程中所存在的或可能发生的问题，事先做好通盘的设想，拟定好解决这些问题的办法、方案，用图纸和文件表达出来。建筑设计是为人类建立生活环境的综合艺术和科学，是一门涵盖极广的专业。从总体上说，建筑设计由三大阶段构成，即方案设计、初步设计和施工图设计。方案设计主要是构思建筑的总体布局，包括各个功能空间的设计、高度、层高、外观造型等内容；初步设计是对方案设计的进一步细化，确定建筑的具体尺度和大小，包括建筑平面图、建筑剖面图和建筑立面图等；施工图设计则是将建筑构思变成图纸的重要阶段，是建造建筑的主要依据，不仅包括建筑平面图、建筑剖面图和建筑立面图，还包括各个建筑大样图、建筑构造节点图，以及其他专业设计图纸，如结构施工图、电气设备施工图、暖通空调设备施工图等。总体来说，建筑施工图越详细越好，要准确无误。

在建筑设计中，需按照国家规范及标准进行设计，确保建筑的安全、经济、适用等，需遵守的国家建筑设计规范主要有如下几项。

（1）房屋建筑制图统一标准 GB/T50001—2017。

（2）建筑制图标准 GB/T50104—2010。

（3）建筑内部装修设计防火规范 GB50222—2017。

（4）建筑工程建筑面积计算规范 GB/T50353—2013。

（5）民用建筑设计通则 GB50352—2005。

（6）建筑设计防火规范 GB50016—2014。

（7）建筑采光设计标准 GB50033—2013。

（8）建筑照明设计标准 GB50034—2013。

（9）汽车库、修车库、停车场设计防火规范 GB50067—2014。

（10）自动喷水灭火系统设计规范 GB50084—2017。

（11）公共建筑节能设计标准 GB50189—2015等。

 注意 建筑设计规范中，**GB**是指国家标准，此外还有行业规范、地方标准等。

建筑设计是为人们工作、生活与休闲提供环境空间的综合艺术和科学，它与人们的日常生活息息相关，无论是住宅、商场、写字楼、酒店，还是教学楼、体育馆，无处不与建筑设计紧密联系。图14-2所示为建筑方案效果图，图14-3所示为实体建筑。

图14-2 中央电视台新总部大楼方案

图14-3 国外某建筑

14.1.2 建筑设计特点

建筑设计是根据建筑物的使用性质、所处环境和相应标准，运用物质技术手段和建筑美学原理，创造功能合理、舒适优美、满足人们物质和精神生活需要的室内外空间环境。设计构思时，需要运用物质技术手段，即各类装饰材料和设施设备等；还需要遵循建筑美学原理，综合考虑使用功能、结构施工、材料设备、造价标准等多种因素。

从设计者的角度来分析建筑设计的方法，主要有以下几点。

1. 总体与细部深入推敲

总体推敲，即明确建筑设计的几个基本观点，形成全局观念。细部深入推敲是指具体进行设计时，必须根据建筑的使用性质，深入调查，收集信息，掌握必要的资料和数据，从最基本的人体尺度、人流动线、活动范围和特点、家具与设备等的尺寸和使用它们时必需的空间等着手。

2. 里外、局部与整体协调统一

建筑室内外空间环境需要与建筑整体的性质、标准、风格、室外环境协调统一，它们之间有着相互依存的密切关系，设计时需要从里到外，从外到里多次反复协调，使其完善合理。

3. 立意与表达

设计的构思、立意至关重要。可以说，一项设计，没有立意就等于没有"灵魂"，设计的难度也往往在于构思。一个较为成熟的构思，往往需要足够的信息量，需要经过商讨和思考，在设计前期和做方案的过程中使立意、构思逐步明确。

根据设计的进程，建筑设计通常可以分为4个阶段，即准备阶段、方案阶段、施工图阶段和实施阶段。

（1）准备阶段

准备阶段的主要工作是接受委托任务书，签订合同，或者根据标书要求参加投标；明确设计任务和要求，如建筑的使用性质、功能特点、设计规模、等级标准、总造价，根据建筑的使用性质规划建筑室内外空间环境氛围、文化内涵或艺术风格等。

（2）方案阶段

方案阶段是在准备阶段的基础上，进一步收集、分析、运用与设计任务有关的资料与信息，构思立意，经过分析与比较，确定初步设计方案，提供设计文件，如平面图、立面、透视效果图等。图14-4所示为某个项目建筑设计方案效果图。

图14-4 建筑设计方案

（3）施工图阶段

施工图阶段的主要工作是提供有关平面、立面、构造节点大样，以及设备管线图等施工图纸，满足施工的需要。图14-5所示为某个建筑的平面施工图。

图14-5 建筑平面施工图（局部）

（4）实施阶段

实施阶段即工程的施工阶段。建筑工程在施工前，设计人员应向施工单位进行设计意图说明及图纸的技术交底；工程施工期间需按图纸要求核对施工实况，有时还需根据现场实况提出对图纸的局部修改或补充；施工结束时，会同质检部门和建设单位进行工程验收。图14-6所示为正在施工的建筑（局部）。

图14-6 施工中的建筑（局部）

一套工业与民用建筑的建筑施工图包括的图纸主要有如下几大类。

（1）建筑平面图（简称平面图）：按一定比例绘制的建筑的水平剖切图。通俗地讲，就是将一幢建筑的窗台以上的部分切掉，再将切面以下部分用直线和各种图例、符号直接绘制在纸上，以直观地

表示建筑在设计和使用上的基本要求和特点。建筑平面图一般比较详细，通常采用较大的比例，如1∶200、1∶100和1∶50，并标出实际的详细尺寸，图14-7所示为某建筑标准层平面图。

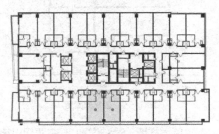

图14-7 建筑平面图

（2）建筑立面图（简称立面图）：主要用来表达建筑物各个立面的形状和外墙面的装修等，即按照一定比例绘制建筑物的正面、背面和侧面的形状图，它表示的是建筑物的外部形式，说明建筑物长、宽、高的尺寸，表现楼地面标高、屋顶的形式、阳台位置和形式、门窗洞口的位置和形式、外墙装饰的设计形式、材料及施工方法等，图14-8所示为某建筑的立面图。

图14-8 建筑立面图

（3）建筑剖面图（简称剖面图）：按一定比例绘制的建筑竖直方向剖切前视图，它表示建筑内部的空间高度、室内立面布置、结构和构造等情况。在绘制剖面图时，应包括各层楼面的标高、窗台、窗上口、室内净尺寸等，剖切楼梯应表明楼梯分段与分级数量；表明建筑主要承重构件的相互关系，画出房屋从屋面到地面的内部构造特征，如楼板构造、隔墙构造、内门高度、各层梁和板的位置、屋顶的结构形式与用料等；注明装修方法和楼、地面做法，说明所用材料，标明屋面做法及构造；标明各层的层高与标高，以及各部位高度尺寸等，图14-9所示为某建筑的剖面图。

图 14-9　建筑剖面图

（4）建筑大样图（简称详图）：主要用以表达建筑物的细部构造、节点连接形式以及构件、配件的形状、大小、材料、做法等。详图要用较大比例绘制（如1：20、1：5等），尺寸标注要准确齐全，文字说明要详细。图 14-10所示为墙身（局部）详图。

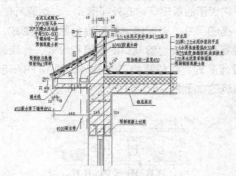

图 14-10　建筑大样图

（5）建筑效果图：除上述类型图纸外，在实际工程实践中还经常绘制建筑透视图，尽管其不是施工图所要求的，但由于通过建筑透视图表示的建筑物内部空间或外部形体具有强烈的三维空间透视感，可以非常直观地表现建筑的造型、空间布置、色彩和外部环境等多方面内容，因此，常在建筑设计和销售时作为辅助图纸使用。建筑透视图可以采用多种视角，如从高处俯视，这种透视图叫作"鸟瞰图"或"俯视图"。建筑透视图一般要严格地按比例绘制，并进行适当的艺术加工，这种图通常被称为建筑表现图或建筑效果图。一幅绘制精美的建筑表现图就是一件艺术作品，具有很强的艺术感染力。图 14-11所示为某建筑三维外观透视图。

 目前普遍采用计算机绘制效果图，其特点是透视效果逼真，可以复制多份。

图 14-11　建筑透视图

14.1.3 | 建筑总平面图概述

1. 总平面图概述

作为新建建筑施工定位、土方施工以及施工总平面设计的重要依据，一般情况下，总平面图应该包括以下内容。

（1）测量坐标网或施工坐标网：测量坐标网采用"x, y"表示，施工坐标网采用"A, B"来表示。

（2）新建建筑物的定位坐标、名称、建筑层数以及室内外的标高。

（3）附近的有关建筑物、拆除建筑物的位置和范围。

（4）附近的地形地貌：包括等高线、道路、桥梁、河流、池塘以及土坡等。

（5）指北针和风玫瑰图。

（6）绿化规定和管道的走向。

（7）补充图例和说明等。

以上各项内容，不是任何工程设计都缺一不可的。在实际的工程中，要根据具体情况和工程的特点来确定取舍。对于较为简单的工程，可以不画等高线、坐标网、管道、绿化等。图 14-12所示为某工程总平面图。

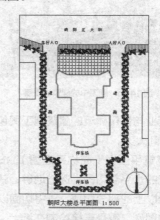

图 14-12　总平面图示例

2．总平面图中的图例说明

（1）新建建筑物：采用粗实线来表示，如图14-13所示。当有需要时可以在右上角用点数或数字来表示建筑物的层数，如图14-14和图14-15所示。

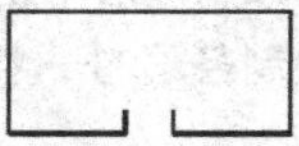

图14-13　新建建筑物图例 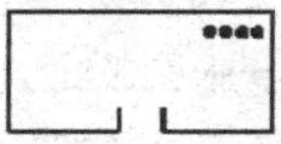　图14-14　以点表示层数（4层）

（2）旧有建筑物：采用细实线来表示，如图14-16所示。同新建建筑物图例一样，也可以在右上角用点数或数字来表示建筑物的层数。

图14-15　以数字表示层数（16层）　图14-16　旧有建筑物图例

（3）计划扩建的预留地或建筑物：采用虚线来表示，如图14-17所示。

（4）拆除的建筑物：采用打上叉号的细实线来表示，如图14-18所示。

图14-17　计划中的建筑物图例 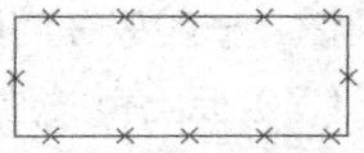　图14-18　拆除的建筑物图例

（5）坐标：如图14-19和图14-20所示。注意两种不同坐标的表示方法。

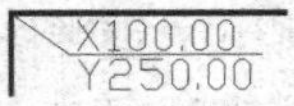

图14-19　测量坐标图例 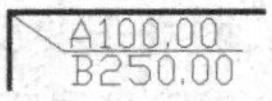　　　图14-20　施工坐标图例

（6）新建道路：如图14-21所示。其中，"R8"表示道路的转弯半径为8m，"30.10"为路面中心的标高。

（7）旧有道路：如图14-22所示。

图14-21　新建道路图例　　图14-22　旧有道路图例

（8）计划扩建的道路：如图14-23所示。

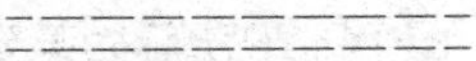

图14-23　计划扩建的道路图例

（9）拆除的道路：如图14-24所示。

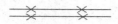

图14-24　拆除的道路图例

3．详解阅读总平面图

（1）了解图样比例、图例和文字说明。总平面图的范围一般都比较大，所以要采用比较小的比例。对于总平面图来说，1∶500算是很大的比例，也可以使用1∶1000或1∶2000的比例。总平面图上的尺寸标注要以"m"为单位。

（2）了解工程的性质和地形地貌。例如从等高线的变化可以知道地势的走向高低。

（3）可以了解建筑物周围的情况。

（4）明确建筑物的位置和朝向。房屋的位置可以用定位尺寸或坐标来确定。定位尺寸应标出与原建筑物或道路中心线的距离。当采用坐标来表示建筑物位置时，宜标出房屋的3个角坐标。建筑物的朝向可以根据风玫瑰图来确定。风玫瑰中有箭头的方向为北向。

（5）从底层地面和等高线的标高，可知该区域的地势高低、雨水排向，并可以计算挖填土方的具体数量。总平面图中的标高均为绝对标高。

4．标高投影知识

总平面图中的等高线是一种立体的标高投影。所谓标高投影，就是在形体的水平投影上，以数字标注出各处的高度来表示形体形状的一种图示方法。

众所周知，地形对建筑物的布置和施工有很大影响。一般情况下都要对地形进行人工改造，例如平整场地和修建道路等。所以要在总平面图中把建筑物周围的地形表示出来。如果还是采用原来的正投影、轴侧投影等方法来表示，则无法表示出地形的复杂情况。在这种情况下，可采用标高投影法来表示这种复杂的地形。

总平面图中的标高是绝对标高。所谓绝对标高，就是以我国青岛市外的黄海海平面作为零点来测定的高度尺寸。在标高投影图中，通常绘出立体上平面或曲面的等高线来表示该立体。山地一般是不规则的曲面，以一系列整数标高的水平面与山地相截，把所截得的等高截交线正投影到水平面上来，得到一系列形状不规则的等高线，标注上相应的标高值即可，所得图形称为地形图。图14-25所示为地形图的一部分。

图14-25　地形图的一部分

5．绘制指北针和风玫瑰

　　指北针和风玫瑰是总平面图中两个重要的指示符号。指北针的作用是在图纸上标出正北方向，如图14-26所示。风玫瑰不仅能标出正北方向，还能表示出全年该地区的风向频率大小，如图14-27所示。

图14-26　绘制指北针　　图14-27　风玫瑰最终效果图

14.1.4　建筑平面图概述

　　建筑平面图（简称平面图）就是假想使用一水平的剖切面沿门窗洞的位置将房屋剖切后，对剖切面以下部分所做的水平剖面图。建筑平面图主要反映房屋的平面形状、大小和房间的布置，墙柱的位置、厚度和材料，门窗类型和位置等。建筑平面图是建筑施工图中最为基本的图样之一。图14-28所示为某建筑平面图的示例。

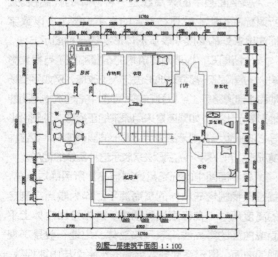

别墅一层建筑平面图 1∶100

图14-28　平面图示例

1．建筑平面图的图示要点

　　（1）每个平面图对应一个建筑物楼层，并注有相应的图名。

　　（2）可以表示多层的一张平面图称为标准层平面图。标准层平面图各层的房间数量、大小和布置都必须一样。

　　（3）建筑物左右对称时，可以将两层平面图绘制在同一张图纸上，左右分别绘制各层的一半，同时中间要注上对称符号。

　　（4）建筑平面较大时，可以分段绘制。

2．建筑平面图的图示内容

　　（1）注明墙、柱、门、窗的位置和编号，房间名称或编号，轴线编号等。

　　（2）注明室内外的有关尺寸及室内楼、地面的标高。建筑物的底层的标高为"±0.000"。

　　（3）注明电梯、楼梯的位置以及楼梯的上下方向和主要尺寸。

　　（4）注明阳台、雨篷、踏步、斜坡、雨水管道、排水沟等的具体位置和尺寸。

　　（5）绘出卫生器具、水池、工作台以及其他重要设备的位置。

　　（6）绘出剖面图的剖切符号以及编号。根据绘图习惯，一般只在底层平面图绘制。

　　（7）标出有关部位的节点详图的索引符号。

　　（8）绘制出指北针。根据绘图习惯，一般只在底层平面图绘出指北针。

14.1.5　建筑立面图概述

　　立面图主要反映房屋的外貌和立面装修的做法，这是因为建筑物给人的外表美感主要来自其立面的造型和装修。建筑立面图是用来研究建筑立面造型和装修的。反映主要入口或建筑物外貌特征的一面的立面图叫作正立面图，其余面的立面图相应地称为背立面图和侧立面图。如果按房屋的朝向来分，可以分为南立面图、东立面图、西立面图和北立面图。如果按轴线编号来分，也可以有①～⑥立面图、Ⓐ～Ⓜ立面图等。建筑立面图使用大量图例来表示很多细部，这些细部的构造和做法一般都另有详图。如果建筑物有一部分立面不平行于投影面，可以将这部分立面展开到与投影面平行的位置，再绘制其立面图，然后在其图名后注写"展开"字样。图14-29所示为某建筑立面图的示例。

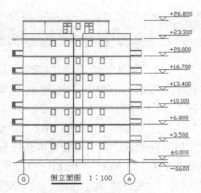

图14-29　建筑立面图示例

建筑立面图的图示内容主要包括以下几个方面。

（1）室内外地面线、房屋的勒脚、台阶、门窗、阳台、雨篷；室外的楼梯、墙和柱；外墙的预留孔洞、檐口、屋顶、雨水管、墙面修饰构件等。

（2）外墙各个主要部位的标高。

（3）建筑物两端或分段的轴线和编号。

（4）标出各部分构造、装饰节点详图的索引符号。用于说明外墙面的装饰材料和做法的图例和文字。

14.1.6 | 建筑剖面图概述

建筑剖面图就是假想用一个或多个垂直于外墙轴线的铅垂剖切面，将建筑物剖开后所得的投影图，简称剖面图。剖面图的剖切方向一般是横向（平行于侧面）的，当然，这不是绝对的要求。剖切位置一般选择在建筑物内部构造比较复杂和典型的位置，并应通过门窗。多层建筑物应该选择在楼梯间或层高不同的位置。剖面图上的图名应与平面图上所标注的剖切符号编号一致。剖面图的断面处理和平面图的处理相同。图14-30所示为某建筑剖面图示例。

剖面图的数量是根据建筑物的具体情况和施工需要来确定的，其图示内容主要包括以下几个方面。

（1）墙、柱及其定位轴线。

（2）室内底层地面、地沟，各层的楼面、顶棚、屋顶、门窗、楼梯、阳台、雨篷、墙洞、防潮层、室外地面、散水、脚踢板等能看到的内容。可以不画基础的大放脚。

（3）各个部位完成面的标高：包括室内外地面、各层楼面、各层楼梯平台、檐口或女儿墙顶面、楼梯间顶面、电梯间顶面的标高。

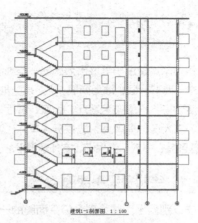

图14-30　建筑剖面图示例

（4）各部位的高度尺寸：包括外部尺寸和内部尺寸。外部尺寸包括门窗洞口的高度、层间高度以及总高度。内部尺寸包括地坑深度、隔断、隔板、平台、室内门窗的高度。

（5）楼面、地面的构造。一般采用引出线指向所说明的部位，按照构造的层次顺序，逐层加以文字说明。

（6）详图的索引符号。

14.1.7 | 建筑详图概述

建筑详图就是采用较大的比例将建筑物的细部结构和配件的形状、大小、做法以及材料详细表示出来的图样，简称详图。

详图的特点一是大比例，二是图示详尽清楚，三是尺寸标注全。通常，墙身剖面只需要一个剖面详图就能表示清楚，而楼梯间、卫生间就可能需要增加平面详图，门窗就可能需要增加立面详图。详图的数量与建筑物的复杂程度以及平、立、剖面图的内容及比例相关，需要根据具体情况来选择，其标准就是要能完全表达建筑物的细部结构和特点。图14-31所示为某建筑详图示例。

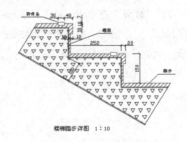

楼梯踏步详图　1:10

图14-31　建筑详图示例

14.2 绘制别墅建筑图

本例别墅是建造于某城市郊区的一座独院别墅，砖混结构，地下一层、地上两层，共3层。地下层主要布置活动室，一层布置客厅、卧室、餐厅、厨房、卫生间、工人房、棋牌室、洗衣房、车库、游泳池，二层布置卧室、书房、卫生间、室外观景平台。

14.2.1 | 绘制别墅平面图

本节以别墅平面图为例介绍平面图的一般绘制方法。别墅是练习建筑绘图的理想实例，因为其规模不大、不复杂，易接受，而且包含的建筑构配件也比较齐全。下面将主要介绍地下层平面图的绘制。

STEP 绘制步骤

❶ 设置绘图环境。

（1）在命令行输入"LIMITS"，设置图幅为"42000×29700"。

（2）单击"默认"选项卡"图层"面板中的"图层特性"按钮，打开"图层特性管理器"对话框。单击"新建图层"按钮，创建轴线、墙线、标注、标高、楼梯、室内布局等图层，然后修改各图层的颜色、线型和线宽等，结果如图14-32所示。

图14-32 设置图层

❷ 绘制轴线网。

（1）将当前图层设置为"轴线"图层。

（2）单击"默认"选项卡"绘图"面板中的"构造线"按钮，绘制一条水平构造线和一条竖直构造线，组成"十"字构造线，如图14-33所示。

图14-33 绘制"十"字构造线

（3）单击"默认"选项卡"修改"面板中的"偏移"按钮，将水平构造线分别向上偏移"1200""3600""1800""2100""1900""1500""1100""1600"和"1200"，得到水平方向的辅助线。将竖直构造线分别向右偏移"900""1300""3600""600""900""3600""3300"和"600"，得到竖直方向的辅助线，它们和水平辅助线一起构成正交的辅助线网。得到地下层的辅助线网格，结果如图14-34所示。

图14-34 地下层辅助线网格

❸ 绘制墙体。

（1）将当前图层设置为"墙线"图层。

（2）选择菜单栏中的"格式"→"多线样式"命令，打开"多线样式"对话框，如图14-35所示。单击"新建"按钮，打开"创建新的多线样式"对话框，在"新样式名"文本框中输入"240"，如图14-36所示。然后单击"继续"按钮，打开"新建多线样式：240"对话框，将"图元"列表框中的元素偏移量设为"120"和"-120"，如图14-37所示。

图14-35 "多线样式"对话框

图 14-36 "创建新的多线样式"对话框

图 14-37 "新建多线样式：240"对话框

（3）单击"确定"按钮，返回"多线样式"对话框，将多线样式"240"置为当前层，完成"240"墙体多线的设置。

（4）选择菜单栏中的"绘图"→"多线"命令，根据命令提示把对正方式设为"无"，把多线比例设为"1"，注意多线的样式为"240"，完成多线样式的调节。

（5）选取菜单栏中的"绘图"→"多线"命令，根据辅助线网格绘制墙线。

（6）单击"默认"选项卡"修改"面板中的"分解"按钮▣，将多线分解，然后单击"默认"选项卡"修改"面板中的"修剪"按钮▼和"绘图"面板中的"直线"按钮／，使绘制的全部墙体看起来都是光滑连贯的，结果如图 14-38 所示。

❹ 绘制混凝土柱。

（1）将当前图层设置为"混凝土柱"图层。

（2）单击"默认"选项卡"绘图"面板中的"矩形"按钮▢，捕捉内外墙线的两个角点作为矩形对角线上的两个角点，绘制混凝土柱边框，如图 14-39 所示。

图 14-38 绘制墙线结果 　　图 14-39 绘制混凝土柱边框

（3）单击"默认"选项卡"绘图"面板中的"图案填充"按钮▨，打开"图案填充创建"选项卡，设置填充图案为"SOLID"，如图 14-40 所示，填充柱子图形，结果如图 14-41 所示。

（4）单击"默认"选项卡"修改"面板中的"复制"按钮❀，将混凝土柱图案复制到相应的位置上。注意复制时灵活应用对象捕捉功能，这样会很方便定位。结果如图 14-42 所示。

图 14-40 "图案填充创建"选项卡

图 14-41 图案填充 　　图 14-42 复制混凝土柱

❺ 绘制楼梯。

（1）将当前图层设置为"楼梯"图层。

（2）单击"默认"选项卡"修改"面板中的"偏移"按钮◢，将楼梯间右侧的轴线向左偏移"720"，将上侧的轴线向下依次偏移"1380""290"和"600"。单击"默认"选项卡"修改"面板中的"修剪"按钮▼和"绘图"面板中的"直线"按钮／，对偏移后的直线进行修剪和补充，然后将其设置为"楼梯"图层，结果如图 14-43 所示。

（3）将楼梯承台位置的线段颜色设置为黑色，并将其线宽改为"0.6"，结果如图 14-44 所示。

图 14-43 偏移轴线并修剪 　　图 14-44 修改楼梯承台线段

（4）单击"默认"选项卡"修改"面板中的"偏移"按钮◢，将内墙线向左偏移"1200"，将楼梯承台的斜边向下偏移"1200"，然后将偏移后的直线设置为"楼梯"图层，结果如图 14-45 所示。

（5）单击"默认"选项卡"绘图"面板中的"直线"

按钮 ，绘制台阶边线，结果如图 14-46 所示。

图 14-45 偏移直线并修改   **图 14-46 绘制台阶边线**

（6）单击"默认"选项卡"修改"面板中的"偏移"按钮 ，将台阶边线向左侧偏移，偏移距离均为"250"，完成楼梯踏步的绘制，结果如图 14-47 所示。

（7）单击"默认"选项卡"修改"面板中的"偏移"按钮 ，将楼梯边线向左偏移"60"，绘制楼梯扶手，然后单击"默认"选项卡"绘图"面板中的"直线"按钮 和"圆弧"按钮 ，细化踏步和扶手，结果如图 14-48 所示。

图 14-47 绘制楼梯踏步   **图 14-48 绘制楼梯扶手**

（8）单击"默认"选项卡"绘图"面板中的"直线"按钮 ，绘制倾斜折断线，然后单击"默认"选项卡"修改"面板中的"修剪"按钮 ，修剪多余线段，结果如图 14-49 所示。

（9）单击"默认"选项卡"绘图"面板中的"多段线"按钮 和"多行文字"按钮 A，绘制楼梯箭头，完成地下层楼梯的绘制，结果如图 14-50 所示。

图 14-49 绘制折断线   **图 14-50 绘制楼梯箭头**

❻ 室内布置。

（1）将当前图层设置为"室内布局"图层。

（2）单击"视图"选项卡"选项板"面板中的"设计中心"按钮 ，在"文件夹"列表框中选择 X:\Program Files\AutoCAD 2021\Sample\Zh-cn\DesignCenter\Home-Space Planner.dwg 中的"块"选项，右侧的列表框中出现桌子、椅子、床、钢琴等室内布置样例，如图 14-51

所示，将这些样例拖到"工具选项板"的"建筑"选项卡中，如图 14-52 所示。

图 14-51 "设计中心"选项板

图 14-52 工具选项板

> **注意** 在使用图库插入家具模块时，经常会遇到家具尺寸太大或太小、角度与实际要求不一致，或在家具组合图块中，部分家具需要更改等情况。
>
> 这时，可以调用"比例""旋转"等修改工具来调整家具的比例和角度，如有必要，还可以将图形模块先进行分解，再对家具的样式或组合进行修改。

（3）单击"视图"选项卡"选项板"面板中的"工具选项板"按钮 ，在"建筑"选项卡中双击"钢琴"图块，命令行提示如下。

> 命令：忽略块 钢琴 – 小型卧式钢琴 的重复定义 指定插入点或 [基点 (B) / 比例 (S) / 旋转 (R)]：

确定合适的插入点和缩放比例，将钢琴放置在室内合适的位置，结果如图 14-53 所示。

（4）单击"默认"选项卡"块"面板中的"插入"下拉菜单中"最近使用的块"选项，打开"块"选项板，将沙发、茶几、音箱、台球桌、棋牌桌等插入合适位置，完成地下层平面图的室内布置，结果如图 14-54 所示。

图 14-53 插入钢琴 **图 14-54 地下层平面图的室内布置**

> **注意** 在CAD制图的过程中，利用好图块功能可以提高工作效率，减少出错概率。网络上有大量已创建好的图块供人们选用，如工程制图中常用的各种规格的齿轮与轴承，建筑制图中常用的门、窗、楼梯、台阶等。

❼ 尺寸标注和文字说明。

（1）将当前图层设置为"标注"图层。

（2）单击"默认"选项卡"注释"面板中的"多行文字"按钮 A，添加文字说明，主要包括房间及设施的功能用途等，结果如图 14-55 所示。

（3）单击"默认"选项卡"绘图"面板中的"直线"按钮 ╱ 和"多行文字"按钮 A，标注室内标高，结果如图 14-56 所示。

图 14-55 添加文字说明 **图 14-56 标注标高**

（4）将"轴线"层置为当前图层，修改轴线网，结果如图 14-57 所示。

图 14-57 修改轴线网

（5）单击"默认"选项卡"注释"面板中的"标注样式"按钮 ⊬，打开"标注样式管理器"对话框，

新建"地下层平面图"标注样式，进入"线"选项卡，在"尺寸界线"选项组中设置"超出尺寸线"为"200"。进入"符号和箭头"选项卡，设定"箭头"为 ╱ 建筑标记，"箭头大小"为"200"。进入"文字"选项卡，设置"文字高度"为"300"，在"文字位置"选项组中设置"从尺寸线偏移"量为"100"。

（6）单击"默认"选项卡"注释"面板中的"线性"按钮 ┡┥ 和"注释"选项卡"标注"面板中的"连续"按钮 ┡┝┥，标注第一道尺寸，文字高度为"300"，结果如图 14-58 所示。

图 14-58 标注第一道尺寸

（7）重复上述命令，进行第二道尺寸和最外围尺寸的标注，结果如图 14-59 和图 14-60 所示。

图 14-59 第二道尺寸标注

图 14-60 外围尺寸标注

（8）轴线号标注。根据规范要求，横向轴号一般用阿拉伯数字 1、2、3……标注，纵向轴号

用字母 A、B、C……标注。

单击"默认"选项卡"绘图"面板中的"圆"按钮⊙，在轴线端绘制一个直径为"600"的圆，单击"默认"选项卡"注释"面板中的"多行文字"按钮 A，在圆的中央标注一个数字"1"，字高为"300"，如图 14-61 所示。单击"默认"选项卡"修改"面板中的"复制"按钮，将该轴号图例复制到其他轴线端头，双击数字，修改其他轴线号中的数字，完成轴线号的标注，结果如图 14-62 所示。

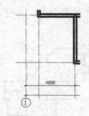

图 14-61　轴号 1

图 14-62　标注轴线号

（9）单击"默认"选项卡"注释"面板中的"多行文字"按钮 A，打开"文字格式"对话框。设置文字高度为"700"，在文本框中输入"地下层平面图"，完成地下层平面图的绘制，结果如图 14-63 所示。

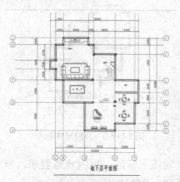

图 14-63　地下层平面图绘制

 注意　在图库中，图形模块的名称通常很简单，除汉字外还经常包含英文字母或数字，这些名称是用来表明该家具的特性或尺寸的。例如，前面使用过的图形模块"组合沙发-002P"，其名称中"组合沙发"表示家具的性质；"002"表示该家具模块是同类型家具中的第2个；字母"P"则表示该家具的平面图形。

例如，一个床模块名称为"单人床9×20"，表示该单人床宽度为900mm、长度为2000mm。有了这些简单又明了的名称，绘图者就可以依据自己的实际需要方便地选择所需的图形模块，而无须费神地辨认和测量了。

综合上述步骤继续绘制图 14-64～图 14-66 所示的一层平面图、二层平面图、屋顶平面图。

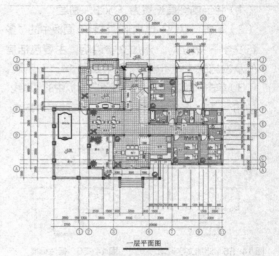

图 14-64　一层平面图

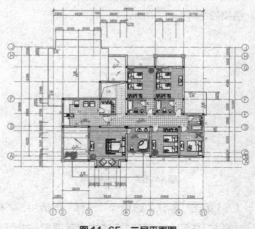

图 14-65　二层平面图

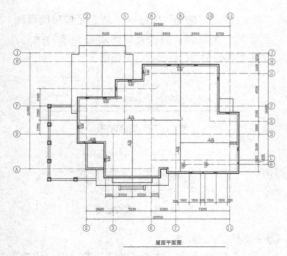

图 14-66　屋顶平面图

14.2.2 绘制别墅立面图

由于此别墅前、后、左、右4个立面图各不相同，而且均比较复杂，因此必须绘制4个立面图。首先绘制南立面图。

STEP 绘制步骤

❶ 设置绘图环境。

（1）在命令行输入"LIMITS"，设置图幅为"42000×29700"。

（2）单击"默认"选项卡"图层"面板中的"图层特性"按钮，打开"图层特性管理器"对话框，创建"立面"图层。

❷ 绘制定位辅助线。

（1）将当前图层设置为"立面"图层。

（2）复制一层平面图，并将暂时不用的图层关闭。单击"默认"选项卡"绘图"面板中的"多段线"按钮，将多段线的线宽设置为"100"，在一层平面图下方绘制一条地平线，地平线上方需留出足够的绘图空间。

（3）单击"默认"选项卡"绘图"面板中的"直线"按钮，由一层平面图向下引出定位辅助线，包括墙体外墙轮廓、墙体转折处，以及柱轮廓线等，如图 14-67 所示。

（4）单击"默认"选项卡"修改"面板中的"偏移"按钮，根据室内外高差、各层层高、屋面标高等，确定楼层定位辅助线，结果如图 14-68 所示。

图 14-67　绘制一层竖向定位辅助线

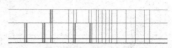

图 14-68　绘制楼层定位辅助线

（5）复制二层平面图，单击"默认"选项卡"绘图"面板中的"直线"按钮，绘制二层竖向定位辅助线，如图 14-69 所示。

图 14-69　绘制二层竖向定位辅助线

❸ 绘制一层立面图。

（1）绘制台阶和门柱。单击"默认"选项卡"绘图"面板中的"直线"按钮和"修改"面板中的"偏移"按钮，绘制台阶，台阶的踏步高度为"150"，第一阶为"200"，如图 14-70 所示。再根据门柱的定位辅助线，单击"默认"选项卡"绘图"面板中的"直线"按钮和"修改"面板中的"修剪"按钮，绘制门柱，如图 14-71 所示。

图 14-70　绘制台阶　　　图 14-71　绘制门柱

（2）绘制大门。单击"默认"选项卡"修改"面板中的"偏移"按钮，将二层室内楼面定位线依次向下偏移"500"和"400"，确定门的水平定位直线，结果如图 14-72 所示。然后单击"默认"选项卡"绘图"面板中的"直线"按钮和"修改"面板中的"修剪"按钮，绘制门框和门扇，如图 14-73 所示。

图 14-72　大门水平定位直线

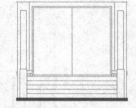

图 14-73　绘制门框和门扇

（3）绘制坎墙。单击"默认"选项卡"修改"面板中的"修剪"按钮，修剪坎墙的定位辅助线，完成坎墙的绘制，结果如图 14-74 所示。

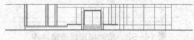

图 14-74　绘制坎墙

（4）绘制砖柱。单击"默认"选项卡"修改"面板中的"偏移"按钮和"修剪"按钮，根据砖柱的定位辅助线绘制砖柱，如图 14-75 所示。

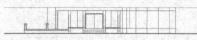

图 14-75　绘制砖柱

（5）绘制栏杆。单击"默认"选项卡"修改"面板中的"偏移"按钮，将坎墙线依次向上偏移"100""100""600"和"100"，然后单击"默认"选项卡"绘图"面板中的"直线"按钮，绘制两条竖直线，并单击"默认"选项卡"修改"面板中的"矩形阵列"按钮，将竖直线阵列，完成栏杆的绘制，绘制结果如图 14-76 所示。

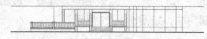

图 14-76　绘制栏杆

（6）绘制窗户。单击"默认"选项卡"绘图"面板中的"直线"按钮、"修改"面板中的"偏移"按钮和"修剪"按钮，绘制窗户，如图 14-77 所示。然后进一步细化窗户，绘制窗户的外围装饰，如图 14-78 所示。

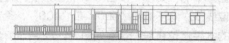

图 14-77　绘制窗户

（7）绘制一层屋檐。单击"默认"选项卡"绘图"面板中的"直线"按钮、"修改"面板中的"偏移"

按钮和"修剪"按钮，根据定位辅助直线，绘制一层屋檐。最终完成一层立面图的绘制，如图 14-79 所示。

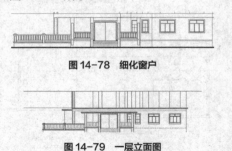

图 14-78　细化窗户

图 14-79　一层立面图

❹ 绘制二层立面图。

（1）绘制砖柱。单击"默认"选项卡"修改"面板中的"偏移"按钮和"修剪"按钮，根据砖柱的定位辅助线绘制砖柱，如图 14-80 所示。

图 14-80　绘制砖柱

（2）绘制栏杆。单击"默认"选项卡"修改"面板中的"复制"按钮，将一层立面图中的栏杆复制到二层立面图中并修改，如图 14-81 所示。

图 14-81　绘制栏杆

（3）绘制窗户。单击"默认"选项卡"修改"面板中的"复制"按钮，将一层立面图中大门右侧的 4 个窗户复制到二层立面图中。然后单击"默认"选项卡"绘图"面板中的"直线"按钮和"修改"面板中的"偏移"按钮，绘制左侧的两个窗户，如图 14-82 所示。

图 14-82　绘制窗户

（4）绘制二层屋檐。单击"默认"选项卡"绘图"面板中的"直线"按钮、"修改"面板中的"偏移"按钮和"修剪"按钮，根据定位辅助直线，绘制二层屋檐，完成二层立面体的绘制，如图 14-83 所示。

图 14-83 二层立面体

❺ 文字说明和标注。单击"默认"选项卡"绘图"面板中的"直线"按钮 ∕ 和"多行文字"按钮 **A**，进行标高标注和文字说明，最终完成南立面图的绘制，如图 14-84 所示。

注意 选择菜单栏中的"文件"→"图形实用工具"→"清理"命令，对图形和数据内容进行清理时，要确认该元素在当前图纸中确实毫无作用，避免丢失一些有用的数据和图形元素。对于一些暂时无法确定是否该清理的图层，可以先将其保留，仅删去该图层中无用的图形元素；或将该图层关闭，使其保持不可见状态，待整个图形文件绘制完成后再进行选择性的清理。

综合上述步骤继续绘制图 14-85 ～ 图 14-87 所示的北立面图、西立面图和东立面图。

图 14-84 南立面图

图 14-85 北立面图

图 14-86 西立面图

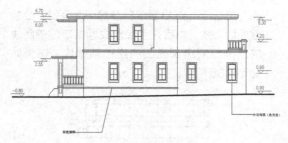

图 14-87 东立面图

注意 立面图中的标高符号一般绘制在立面图形外，同方向的标高符号应大小一致，并排列在同一条铅垂线上。必要时（为清楚起见），也可标注在图内。
若建筑立面图左右对称，标高应标注在左侧，否则两侧均应标注。

14.2.3 绘制别墅剖面图

本节以绘制别墅剖面图为例，介绍剖面图的绘制方法与技巧。

首先确定剖切位置和投射方向，根据别墅设计方案，选择 1-1 和 2-2 剖切位置。1-1 剖切位置中一层剖切线经过车库、卫生间、过道和卧室，二层剖切线经过北侧卧室、卫生间、过道和南侧卧室。2-2 剖切位置中一层剖切线经过楼梯间、过道和客厅，二层剖切线经过楼梯间、过道和主人房，剖视方向向左。

STEP 绘制步骤

❶ 设置绘图环境。

（1）在命令行输入"LIMITS"，设置图幅为"42000×29700"。

（2）单击"默认"选项卡"图层"面板中的"图层特性"按钮 ，打开"图层特性管理器"对话框，创建"剖面"图层。

❷ 绘制定位辅助线。

（1）将当前图层设置为"剖面"图层。

（2）复制一层平面图、二层平面图和南立面图，并将暂时不用的图层关闭。为便于从平面图中引出定位辅助线，单击"默认"选项卡"绘图"面板中的"构造线"按钮 ∕，在剖切位置绘制一条构造线。

（3）单击"默认"选项卡"绘图"面板中的"直

线"按钮╱，在立面图左侧同一水平线上绘制
室外地平线。然后采用绘制立面图定位辅助线
的方法绘制出剖面图的定位辅助线，结果如
图 14-88 所示。

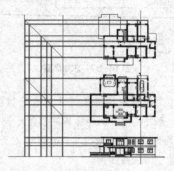

图 14-88　绘制定位辅助线

> **注意**　在绘制建筑剖面图中的门窗或楼梯时，除
> 了可利用前面介绍的方法直接绘制外，也
> 可借助图库中的图形模块进行绘制，例如，一些
> 未被剖切的可见门窗或一组楼梯栏杆等。在常见
> 的室内图库中，有很多不同种类和尺寸的门窗和
> 栏杆立面可以选择，绘图者只需找到合适的图形
> 模块进行复制，然后粘贴到自己的图形中即可。
> 如果图库中提供的图形模块与实际需要的图形之
> 间存在尺寸或角度上的差异，可利用"分解"命
> 令先将模块进行分解，然后利用"旋转"或"缩
> 放"命令进行修改，将其调整到满意的结果后，
> 插入图中的相应位置。

❸ 绘制室外地平线和一层楼板。

　　（1）单击"默认"选项卡"绘图"面板中的"直线"
按钮╱和"修改"面板中的"偏移"按钮⊆，
根据平面图中的室内外标高确定楼板层和地平线
的位置，然后单击"默认"选项卡"修改"面板
中的"修剪"按钮✄，修剪多余的线段。

　　（2）单击"默认"选项卡"绘图"面板中的"图
案填充"按钮▨，将室外地平线和楼板层填充为
"SOLID"图案，结果如图 14-89 所示。

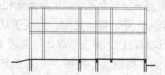

图 14-89　绘制室外地平线和一层楼板

❹ 绘制二层楼板和屋顶楼板。利用上述方法绘制二
层楼板和屋顶楼板，结果如图 14-90 所示。

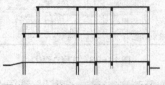

图 14-90　绘制二层楼板和屋顶楼板

❺ 绘制墙体。单击"默认"选项卡"修改"面板
中的"修剪"按钮✄，修剪墙线，然后设置
修剪后的墙线的线宽为"0.3"，形成墙体剖
面线，如图 14-91 所示。

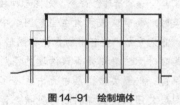

图 14-91　绘制墙体

❻ 绘制门窗。单击"默认"选项卡"修改"面板中
的"修剪"按钮✄，绘制门窗洞口。然后单击"默
认"选项卡"绘图"面板中的"多段线"按钮
⌐⏗，绘制门窗，绘制方法与平面图和立面图
中绘制门窗的方法相同。绘制结果如图 14-92
所示。

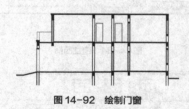

图 14-92　绘制门窗

❼ 绘制砖柱。利用与立面图中相同的方法绘制砖
柱，绘制结果如图 14-93 所示。

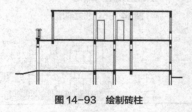

图 14-93　绘制砖柱

❽ 绘制栏杆。利用与立面图中相同的方法绘制栏
杆，绘制结果如图 14-94 所示。

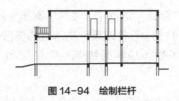

图14-94　绘制栏杆

❾ 文字说明和标注。

（1）单击"默认"选项卡"绘图"面板中的"直线"按钮 ／ 和"多行文字"按钮 A，进行标高标注，如图 14-95 所示。

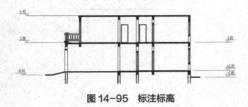

图14-95　标注标高

（2）单击"默认"选项卡"注释"面板中的"线性"按钮 ⊢⊣ 和"连续"按钮 ⊢⊢⊢，标注门窗洞口、层高、轴线和总体长度尺寸，如图 14-96 所示。

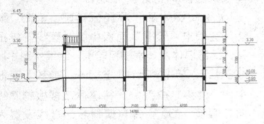

图14-96　标注尺寸

（3）单击"默认"选项卡"绘图"面板中的"圆"按钮 ⊘、"多行文字"按钮 A 和"修改"面板中的"复制"按钮 ⅋，标注轴线号和文字说明，完成 1-1 剖面图的绘制，如图 14-97 所示。综合上述步骤继续绘制图 14-98 所示的 2-2 剖面图。

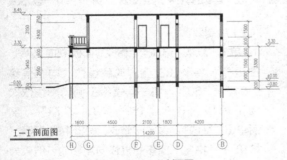

Ⅰ-Ⅰ 剖面图

图14-97　1-1 剖面图

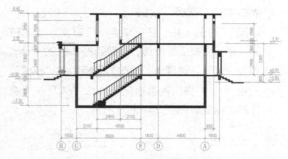

图14-98　2-2 剖面图

> **注意**
> 建筑剖面图的作用是剖切无法在平面图和立面图中表达清楚的建筑内部结构，以表达建筑设计师对建筑物内部的组织与处理。由此可见，剖切平面位置的选择很重要。剖面图的剖切平面一般选择在建筑内部结构和构造比较复杂的位置，或选择在内部结构和构造有变化、有代表性的部位，如楼梯间等。
> 不同建筑物的剖切面数量也是不同的。对于结构简单的建筑物，可能绘制一两个剖切面就足够了；对于有些构造复杂且内部功能没有明显规律性的建筑物，则需要绘制从多个角度剖切的剖面图才能满足要求。对于结构和形状对称的建筑物，剖面图可以只绘制一半，有的建筑物在某一条轴线之间具有不同的布置，则可以在同一个剖面图上绘出不同位置的剖面图，但是要添加文字标注加以说明。
> 另外，由于建筑剖面图要表达房屋高度与宽度或长度之间的组成关系，一般而言，比平面图和立面图都要复杂，且要求表达的构造内容也较多，因此，有时会将建筑剖面图采用较大的比例（如1:50）绘出。
> 以上这些绘图方法和设计原则，可以帮助设计者和绘图者更科学、更有效地绘制出建筑剖面图，以达到更准确、鲜明地表达建筑物性质和特点的目的。

14.2.4 绘制别墅建筑详图

本节以绘制别墅建筑详图为例，介绍建筑详图绘制的一般方法与技巧。首先绘制外墙身详图。

STEP　绘制步骤

❶ 绘制墙身节点1。墙身节点1的绘制内容包括屋面防水和隔热层。

（1）绘制檐口轮廓。单击"默认"选项卡"绘图"

面板中的"直线"按钮 ∕、"圆弧"按钮 ∕、
"圆"按钮 ⊙ 和"多行文字"按钮 A，绘制轴
线、楼板和檐口轮廓线，结果如图 14-99 所示。
单击"默认"选项卡"修改"面板中的"偏移"
按钮 ⊂，将檐口轮廓线向外偏移"50"，完成
抹灰的绘制，如图 14-100 所示。

图 14-99　檐口轮廓线　　　图 14-100　檐口抹灰

（2）单击"默认"选项卡"修改"面板中的
"偏移"按钮 ⊂，将楼板层分别向上偏移"20"
"40""20""10"和"40"，并将偏移后的
直线设置为细实线，结果如图 14-101 所示。
单击"默认"选项卡"绘图"面板中的"多段线"
按钮 ⊃，绘制防水层，多段线宽度为"10"，
转角处做圆弧处理，结果如图 14-102 所示。

图 14-101　偏移直线　　　图 14-102　绘制防水层

（3）图案填充。单击"默认"选项卡"绘图"
面板中的"图案填充"按钮 ▦，依次填充各
种材料图例，钢筋混凝土采用"ANSI31"和
"AR-CONC"图案的叠加，聚苯乙烯泡沫塑
料采用"ANSI37"图案，结果如图 14-103
所示。

（4）尺寸标注。单击"默认"选项卡"注释"
面板中的"线性"按钮 ⊢、"连续"按钮 ⊩ 和"半
径"按钮 ⟋，进行尺寸标注，如图 14-104 所示。

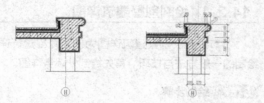

图 14-103　图案填充　　　图 14-104　尺寸标注

（5）文字说明。单击"默认"选项卡"绘图"
面板中的"直线"按钮 ∕，绘制引出线，然后

单击"默认"选项卡"注释"面板中的"多行
文字"按钮 A，说明屋面防水层的多层次构造，
完成墙身节点 1 的绘制，结果如图 14-105
所示。

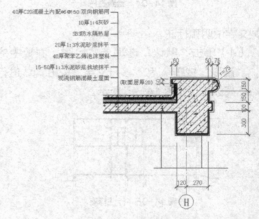

图 14-105　墙身节点 1

❷　绘制墙身节点 2。墙身节点 2 的绘制内容包括墙
体与室内外地坪的关系及散水。

（1）绘制墙体及一层楼板轮廓。单击"默
认"选项卡"绘图"面板中的"直线"按钮
∕，绘制墙体及一层楼板轮廓，结果如图 14-
106 所示。单击"默认"选项卡"修改"面板
中的"偏移"按钮 ⊂，将墙体及楼板轮廓线
向外偏移"20"，并将偏移后的直线设置为
细实线，完成抹灰的绘制，结果如图 14-107
所示。

图 14-106　绘制墙体及一层楼板轮廓　　图 14-107　绘制抹灰

（2）绘制散水。

1）单击"默认"选项卡"修改"面板中的"偏移"
按钮 ⊂，将墙线左侧的轮廓线依次向左偏移
"615""60"，将一层楼板下侧轮廓线依次
向下偏移"367""182""80""71"，然
后单击"默认"选项卡"修改"面板中的"移动"
按钮 ✛，将向下偏移的直线向左移动，结果如
图 14-108 所示。

图 14-108　偏移和移动直线

2）单击"默认"选项卡"修改"面板中的"旋转"按钮 ↻，将移动后的直线以最下端直线的左端点为基点进行旋转，旋转角度为 2°，结果如图 14-109 所示。

3）单击"默认"选项卡"修改"面板中的"修剪"按钮 ✂，修剪图中多余的直线，结果如图 14-110 所示。

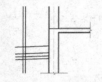

图 14-109　旋转直线　　　**图 14-110　修剪直线**

（3）图案填充。单击"默认"选项卡"绘图"面板中的"图案填充"按钮，依次填充各种材料图例，钢筋混凝土采用"ANSI31"和"AR-CONC"图案的叠加，砖墙采用"ANSI31"图案，素土采用"ANSI37"图案，素混凝土采用"AR-CONC"图案。单击"默认"选项卡"绘图"面板中的"椭圆"按钮 ⊙ 和"修改"面板中的"复制"按钮 ⊙，绘制鹅卵石图案，如图 14-111 所示。

（4）尺寸标注。单击"默认"选项卡"注释"面板中的"线性"按钮、"直线"按钮 ╱ 和"多行文字"按钮 A，进行尺寸标注，结果如图 14-112 所示。

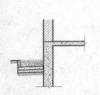 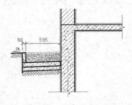

图 14-111　图案填充　　　**图 14-112　尺寸标注**

（5）文字说明。单击"默认"选项卡"绘图"面板中的"直线"按钮 ╱，绘制引出线。然后单击"默认"选项卡"注释"面板中的"多行文字"按钮 A，说明散水的多层次构造，完成墙身节

点 2 的绘制，结果如图 14-113 所示。

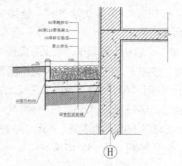

图 14-113　墙身节点 2

❸ 绘制墙身节点 3。墙身节点 3 的绘制内容包括地下室地坪和墙体防潮层。

（1）绘制地下室墙体及底部。单击"默认"选项卡"绘图"面板中的"直线"按钮 ╱，绘制地下室墙体及底部轮廓，结果如图 14-114 所示。单击"默认"选项卡"修改"面板中的"偏移"按钮 ⊑，将轮廓线向外偏移"20"，并将偏移后的直线设置为细实线，完成抹灰的绘制，如图 14-115 所示。

图 14-114　绘制地下室墙体及底部　　**图 14-115　绘制抹灰**

（2）绘制防潮层。单击"默认"选项卡"修改"面板中的"偏移"按钮 ⊑，将墙线左侧的抹灰线依次向左偏移"20""16""24""120""106"，将底部的抹灰线依次向下偏移"20""16""24""80"。然后单击"默认"选项卡"修改"面板中的"修剪"按钮 ✂，修剪偏移后的直线。再单击"默认"选项卡"修改"面板中的"圆角"按钮，将直角处倒圆角，并修改线段的宽度，结果如图 14-116 所示。单击"默认"选项卡"绘图"面板中的"直线"按钮 ╱，绘制防腐木条，如图 14-117 所示。

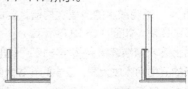

图 14-116　偏移直线并修改　　**图 14-117　绘制防腐木条**

（3）单击"默认"选项卡"绘图"面板中的"多段线"按钮🔲，绘制防水卷材，结果如图14-118所示。

（4）单击"默认"选项卡"绘图"面板中的"图案填充"按钮🔲，依次填充各种材料图例，钢筋混凝土采用"ANSI31"和"AR-CONC"图案的叠加，砖墙采用"ANSI31"图案，素土采用"ANSI37"图案，素混凝土采用"AR-CONC"图案，结果如图14-119所示。

图 14-118　绘制防水卷材　　图 14-119　图案填充

（5）尺寸标注。单击"默认"选项卡"注释"面板中的"线性"按钮🔲、"绘图"面板中的"直线"按钮✏️和"多行文字"按钮 A，进行尺寸标注和标高标注，结果如图14-120所示。

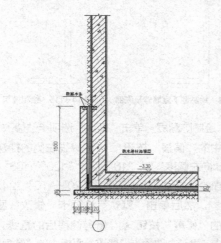

图 14-120　尺寸标注

（6）文字说明。单击"默认"选项卡"绘图"面板中的"直线"按钮✏️，绘制引出线。然后单击"默认"选项卡"注释"面板中的"多行文字"按钮 A，说明散水的多层次构造，完成墙身节点3的绘制，如图14-121所示。

综合上述步骤继续绘制图14-122～图14-125所示的卫生间4放大图、卫生间5放大图、装饰柱详图、栏杆详图。

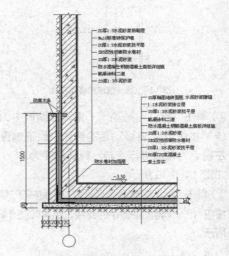

图 14-121　墙身节点 3

图 14-122　卫生间 4 放大图

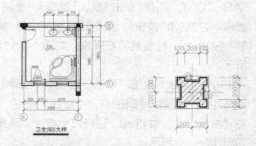

图 14-123　卫生间 5 放大图　　图 14-124　装饰柱详图

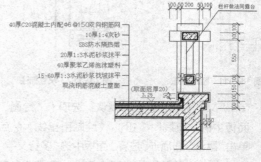

图 14-125　栏杆详图

14.3 上机实验

【实验1】绘制信息中心总平面图——新建建筑与辅助设施

1. 目的要求

如图14-126所示，本例给出的零件图形比较简单，可首先根据辅助线网绘制新建建筑，然后绘制辅助设施。

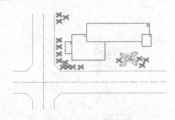

图14-126 平面图

通过本例的练习，读者应掌握建筑绘图的基本步骤和技巧。

2. 操作提示

（1）设置绘图环境。

（2）绘制新建筑轮廓。

（3）绘制道路。

（4）布置绿化。

【实验2】绘制居民楼侧立面图——底层立面图

1. 目的要求

如图14-127所示，本例只给出一个立面图，比较简单，旨在帮助读者熟悉立面图的画法。

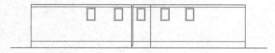

图14-127 立面图

2. 操作提示

（1）绘制窗户。

（2）绘制雨水管。

第五篇 工程项目实践

第15章

齿轮泵零件图

本章将详细讲解二维图形绘制中比较经典的实例的绘制方法，涉及绘图环境的设置、文字和尺寸标注样式的设置，是系统应用 AutoCAD 2021 二维绘图功能的综合实例。

重点与难点

- 传动轴的设计
- 垫圈的设计
- 齿轮的设计
- 齿轮花键轴的设计
- 齿轮泵前盖的设计
- 齿轮泵后盖的设计
- 绘制齿轮泵泵体
- 上机实验

15.1 传动轴的设计

传动轴是同轴回转体，结构对称，可以利用基本的"直线"命令、"偏移"命令来完成图形的绘制，也可以根据图形的对称性，只绘制图形的一半再进行"镜像"处理来完成。这里使用前一种方法。传动轴的设计如图 15-1 所示。

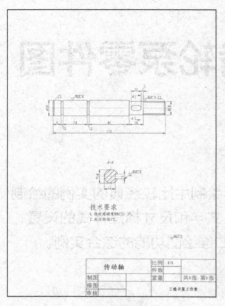

图 15-1　传动轴

15.1.1 配置绘图环境

打开随书资源中的"源文件\第15章\A4竖向样板图.dwg"文件，将其另存为"15.1传动轴设计.dwg"。

15.1.2 绘制传动轴图形

STEP　绘制步骤

❶ 绘制传动轴主视图。

（1）切换图层。将"中心线层"设定为当前图层。

（2）绘制中心线。单击"默认"选项卡"绘图"面板中的"直线"按钮，绘制一条水平直线{(54,200),(170,200)}，如图 15-2 所示。

图 15-2　绘制中心线

（3）切换图层。将"粗实线层"设定为当前图层。

（4）绘制直线。单击"默认"选项卡"绘图"面板中的"直线"按钮，绘制一条竖直直线{(57,208),(57,192)}，再单击"默认"选项卡"修改"面板中的"偏移"按钮，将竖直直线分别向右偏移"1""8""10""34""36""76""90""111"和"112"；将中心线分别向两侧偏移"7"和"8"，将偏移后的中心线放置在"粗实线层"，结果如图 15-3 所示。

图 15-3　绘制直线

（5）修剪处理。单击"默认"选项卡"修改"面板中的"修剪"按钮，对多余直线进行修剪。再单击"默认"选项卡"修改"面板中的"倒角"按钮，设置角度、距离模式分别为 45°和"1"，结果如图 15-4 所示。

图 15-4　修剪处理

（6）细化图形。单击"默认"选项卡"修改"面板中的"偏移"按钮，将图 15-4 中右端的水平直线 1、2，分别向内偏移"1"，并将偏移后的直线放置在"细实线层"。再单击"默认"选项卡"修改"面板中的"修剪"按钮和"延伸"按钮，对偏移后的直线进行修剪和延伸，结果如图 15-5 所示。

图 15-5　细化图形

（7）绘制键槽。单击"默认"选项卡"修改"面板中的"偏移"按钮，将直线 3 分别向左偏移"4.5"和"9.5";单击"默认"选项卡"绘图"面板中的"圆"按钮 ⊙，以偏移后的直线和水平中心线的交点为圆心，分别绘制半径为"2.5"的圆；单击"默认"选项卡"绘图"面板中的"直线"按钮 ╱，绘制两圆的切线；再单击"默认"选项卡"修改"面板中的"修剪"按钮 ╳，对多余的直线和圆弧进行修剪，完成传动轴主视图的绘制，结果如图 15-6 所示。

图 15-6 传动轴主视图

❷ 绘制传动轴移出剖面。

（1）切换图层。将"中心线层"设定为当前图层。

（2）绘制中心线。单击"默认"选项卡"绘图"面板中的"直线"按钮 ╱，绘制一条水平直线 {(105,130),(125,130)}，绘制一条竖直直线 {(115,140),(115,120)}，结果如图 15-7 所示。

（3）绘制圆。将"粗实线层"设定为当前图层。单击"默认"选项卡"绘图"面板中的"圆"按钮 ⊙，以中心线的交点为圆心，绘制半径为"7"的圆，结果如图 15-8 所示。

图 15-7 绘制中心线　　　图 15-8 绘制圆

（4）绘制键槽。单击"默认"选项卡"修改"面板中的"偏移"按钮 ⊑，将水平中心线分别向两侧偏移"2.5"，将竖直中心线向右偏移"4"，并将偏移后的直线放置在"粗实线层"；再单击"默认"选项卡"修改"面板中的"修剪"按钮 ╳，对多余的直线和圆弧进行修剪，结果如图 15-9 所示。

图 15-9 绘制键槽

（5）绘制剖面线。将"剖面层"设定为当前图层。单击"默认"选项卡"绘图"面板中的"图案填充"按钮 ▨，绘制剖面线，完成传动轴的绘制，结果如图 15-10 所示。

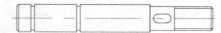

图 15-10 传动轴绘制

15.1.3 标注传动轴

STEP 绘制步骤

❶ 主视图尺寸标注。

（1）将当前图层设定为"尺寸标注层"，单击"默认"选项卡"注释"面板中的"标注样式"按钮 ⊾，将"机械制图标注"样式设置为当前使用的标注样式。

（2）单击"注释"选项卡"标注"面板中的"线性"按钮 ⊢、"连续"按钮 ⊩，并使用"QLEADER"命令对主视图进行尺寸标注，结果如图 15-11 所示。

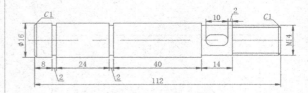

图 15-11 主视图尺寸标注

❷ 剖视图尺寸标注。单击"默认"选项卡"注释"面板中的"线性"按钮 ⊢，对剖视图进行尺寸标注，结果如图 15-12 所示。

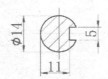

图 15-12 剖视图尺寸标注

❸ 剖切符号标注。分别在"尺寸标注层"和"文字层"单击"默认"选项卡"注释"面板中的"多行文字"按钮 A，并使用"QLEADER"命令标注剖切符号和标记文字，结果如图 15-13 所示。

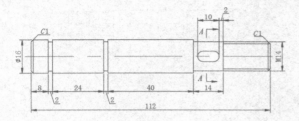

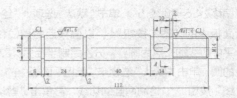

图 15-14 标注表面粗糙度

15.1.4 | 填写标题栏与技术要求

分别将"文字层"和"标题栏层"设置为当前图层，填写技术要求和标题栏相关项。输入文字的过程中注意调整文字大小，如图 15-15 和图 15-16 所示。传动轴设计的最终效果如图 15-1 所示。

图 15-13 标注剖切符号和文字

❹ 表面粗糙度标注。利用前面学习的方法标注传动轴表面粗糙度，结果如图 15-14 所示。

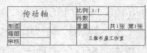

图 15-15 技术要求   图 15-16 标题栏

15.2 垫圈的设计

垫圈的设计是二维图形绘制中比较简单的实例，主要通过"直线""偏移"和"修剪"命令来完成。垫圈的设计图如图 15-17 所示。

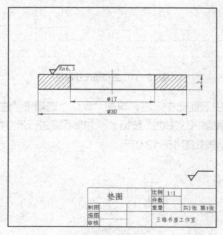

图 15-17 垫圈设计图

15.2.1 | 配置绘图环境

打开随书资源中的"源文件\第15章\A4竖向样板图.dwg"文件，将其另存为"15.2 垫圈设计.dwg"。

15.2.2 | 绘制垫圈

STEP 绘制步骤

❶ 切换图层。将"中心线层"设定为当前图层。

❷ 绘制中心线。单击"默认"选项卡"绘图"面板中的"直线"按钮 ╱，绘制一条竖直直线 {(115,202), (115,195)}，如图 15-18 所示。

图 15-22 所示。

图 15-22 垫圈

15.2.3 | 标注垫圈

STEP 绘制步骤

❶ 切换图层。将当前图层设置为"尺寸标注层"。

❷ 尺寸标注。单击"默认"选项卡"注释"面板中的"线性"按钮⊢，对图形进行尺寸标注，结果如图 15-23 所示。

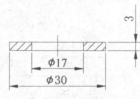

图 15-23 尺寸标注

❸ 利用前面学习的方法标注垫圈表面粗糙度，如图 15-24 所示。并在标题栏上方插入一个表面粗糙度符号。

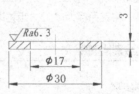

图 15-24 标注表面粗糙度

15.2.4 | 填写标题栏

将"标题栏层"设置为当前图层，在标题栏中填写相关项，垫圈的最终设计效果如图 15-17 所示。

图 15-18 绘制中心线

❸ 绘制水平直线。将"粗实线层"设定为当前图层。单击"默认"选项卡"绘图"面板中的"直线"按钮／，绘制一条水平直线 {(100,200), (130,200)}，结果如图 15-19 所示。

图 15-19 绘制水平直线

❹ 偏移处理。单击"默认"选项卡"修改"面板中的"偏移"按钮⊆，将水平直线向下偏移 3mm，将中心线分别向两侧偏移 15mm 和 8.5mm，并将偏移后的直线放置在"粗实线层"，结果如图 15-20 所示。

图 15-20 偏移处理

❺ 修剪处理。单击"默认"选项卡"修改"面板中的"修剪"按钮┗，对多余的直线进行修剪，结果如图 15-21 所示。

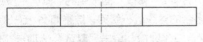

图 15-21 修剪处理

❻ 绘制剖面线。单击"默认"选项卡"绘图"面板中的"图案填充"按钮▦，切换到"剖面层"，绘制剖面线，完成垫圈的绘制，结果如图 15-22 所示。

15.3 齿轮的设计

依次绘制齿轮的主视图和局部视图，充分利用多视图投影对应关系，绘制辅助定位直线。齿轮的设计图如图 15-25 所示。

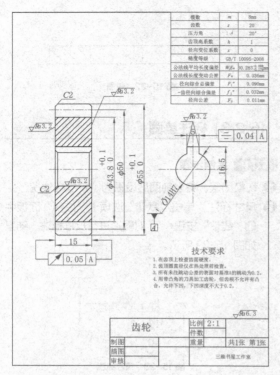

图 15-25　齿轮设计图

15.3.1 ┃ 配置绘图环境

打开随书资源中的"源文件\第15章\A4竖向样板图.dwg"文件,将其另存为"15.3齿轮设计.dwg"。

15.3.2 ┃ 绘制齿轮

STEP 绘制步骤

❶ 绘制齿轮主视图。

(1)切换图层。将"中心线层"设定为当前图层。

(2)绘制中心线。单击"默认"选项卡"绘图"面板中的"直线"按钮,绘制 3 条水平线,{(40,220),(80,220)},{(40,170),(80,170)},{(40,120),(80,120)},选中绘制的中心线并修改其线型比例为 0.2,结果如图 15-26 所示。

(3)绘制齿轮轮廓线。将"粗实线层"设定为当前图层。单击"默认"选项卡"绘图"面板中的"直线"按钮,绘制一条竖直直线{(45,228),(45,112)},然后单击"默认"选项卡"修改"面板中的"偏移"按钮,将竖直直线向右偏移"30",将中间的水平中心线向两侧分别偏移

"43.76"和"55",并将偏移后的直线放置在"粗实线层",结果如图 15-27 所示。

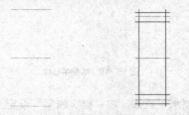

图 15-26　绘制中心线　　**图 15-27　绘制直线**

(4)修剪处理。单击"默认"选项卡"修改"面板中的"修剪"按钮,对多余的直线进行修剪,结果如图 15-28 所示。

(5)倒角处理。单击"默认"选项卡"修改"面板中的"倒角"按钮,设置角度、距离模式分别为 45°和"2",结果如图 15-29 所示。

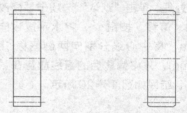

图 15-28　修剪处理　　**图 15-29　倒角处理**

(6)绘制键槽。单击"默认"选项卡"修改"面板中的"偏移"按钮,将两条竖直直线分别向内偏移"2",将中间的水平中心线分别向上偏移"14"和"19",向下偏移"14",并将偏移后的直线放置在"粗实线层"。然后单击"默认"选项卡"修改"面板中的"修剪"按钮,对多余的直线进行修剪,结果如图 15-30 所示。

(7)细化键槽。单击"默认"选项卡"修改"面板中的"倒角"按钮,设置角度、距离模式分别为 45°和"2",并对倒角后的图形进行修剪,结果如图 15-31 所示。

图 15-30　绘制键槽　　**图 15-31　细化键槽**

(8)绘制剖面线。切换到"剖面层",单击"默认"选项卡"绘图"面板中的"图案填充"按

钮，绘制剖面线，完成齿轮主视图的绘制，结果如图 15-32 所示。

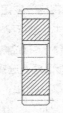

图 15-32　绘制剖面线

❷ 绘制局部视图。

（1）切换图层。将"中心线层"设定为当前图层。

（2）绘制中心线。单击"默认"选项卡"绘图"面板中的"直线"按钮，绘制一条水平直线{(130, 170),(186,170)}，绘制一条竖直直线{(158,198),(158,142)}，选中绘制的中心线，修改其线型比例为 0.2，结果如图 15-33 所示。

（3）绘制圆。将"粗实线层"设定为当前图层，单击"默认"选项卡"绘图"面板中的"圆"按钮，以中心线的交点为圆心，绘制半径为 14 的圆，结果如图 15-34 所示。

图 15-33　绘制中心线　　　图 15-34　绘制圆

（4）偏移直线。单击"默认"选项卡"修改"面板中的"偏移"按钮，将水平中心线向上偏移"19"，将竖直中心线分别向两侧偏移"5"，并将偏移后的直线放置在"粗实线层"；再单击"默认"选项卡"修改"面板中的"修剪"按钮，对多余的直线和圆弧进行修剪，并对主视图进行投影，修改倒角的位置，完成齿轮的绘制，结果如图 15-35 所示。

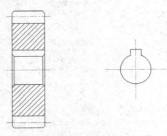

图 15-35　齿轮

15.3.3　标注齿轮

STEP　绘制步骤

❶ 主视图的尺寸标注。

（1）将当前图层从"粗实线层"切换到"尺寸标注层"。单击"默认"选项卡"注释"面板中的"标注样式"按钮，弹出"标注样式管理器"对话框。选择"机械制图标注"样式，单击"修改"按钮，弹出"修改标注样式"对话框。在"文字"选项卡中，将高度参数设置为"5"；在"符号和箭头"选项卡中，将箭头大小设置为"5"；在"主单位"选项卡中，将测量单位比例设置为"0.5"。单击"确定"按钮返回"标注样式管理器"对话框，将"机械制图标注"样式设置为当前使用的标注样式。

（2）主视图尺寸标注。单击"默认"选项卡"注释"面板中的"线性"按钮，并使用"QLEADER"命令对主视图进行尺寸标注，结果如图 15-36 所示。

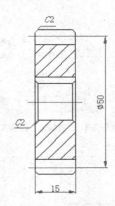

图 15-36　初步标注主视图

（3）替代标注样式。选择菜单栏中的"格式"→"标注样式"命令，弹出"标注样式管理器"对话框，选择"机械制图标注"样式，单击"替代"按钮，弹出"替代当前样式：机械制图标注"对话框。在"公差"选项卡的"公差格式"选项组中按图 15-37 所示进行设置；在"主单位"选项卡中进行图 15-38 所示的设置，单击"确定"按钮退出。

（4）单击"默认"选项卡"注释"面板中的"线性"按钮，标注齿根圆和齿顶圆直径，如

图 15-39 所示。

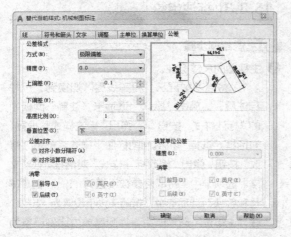

图 15-37 "公差"选项卡

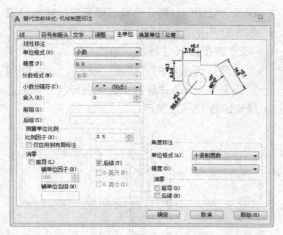

图 15-38 "主单位"选项卡

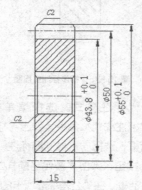

图 15-39 标注主视图尺寸

❷ 局部视图的尺寸标注。

（1）选择菜单栏中的"格式"→"标注样式"命令，弹出"标注样式管理器"对话框，选择"机械制图标注"样式，将"机械制图标注"样式

设置为当前标注样式。

（2）单击"默认"选项卡"注释"面板中的"线性"按钮├┤、"直径"按钮◯，对局部视图的直径 14H7 和尺寸 5 进行尺寸标注。

（3）单击"格式"→"标注样式"命令，弹出"标注样式管理器"对话框，选择"机械制图标注"样式，单击"修改"按钮，修改"主单位"选项卡中的精度为"0.0"，单击"确定"按钮，并单击"置为当前"按钮，然后退出。

（4）单击"默认"选项卡"注释"面板中的"线性"按钮├┤，对尺寸 16.5 进行标注。结果如图 15-40 所示。

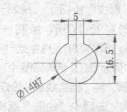

图 15-40 局部视图尺寸标注

❸ 标注几何公差。

（1）标注"对称度"公差。在命令行输入"QLEADER"，并选择"设置"选项，弹出"引线设置"对话框，按图 15-41 所示进行设置，单击"确定"按钮。在适当的位置单击，打开"形位公差"对话框，单击"符号"项下的色块，打开"特征符号"对话框，按图 15-42 所示进行设置。单击"默认"选项卡"绘图"面板中的"直线"按钮╱、"矩形"按钮▭，并单击"注释"面板中的"多行文字"按钮 A 绘制公差基准符号。"对称度"公差标注结果如图 15-43 所示。

图 15-41 "引线设置"对话框

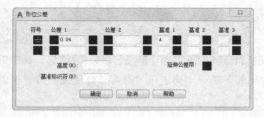

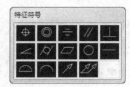

图 15-42 "形位公差"对话框

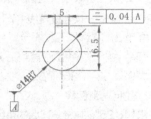

图 15-43 标注"对称度"公差

（2）标注"圆跳动"公差。用同样的方法标注两个"圆跳动"几何公差，结果如图 15-44 所示。

图 15-44 标注"圆跳动"公差

注意 系统指定的"圆跳动"几何公差特征符号与国标不符，系统提供的是空心箭头，而国标是实心箭头，解决此问题的办法是单击"默认"选项卡"绘图"面板中的"直线"按钮／和"图案填充"按钮，做一个等大小的实心填充块，放置在空心箭头位置，如图15-45所示。需要强调的是，系统不允许单击"默认"选项卡"修改"面板中的"分解"按钮，分解几何公差符号。

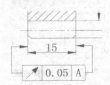

图 15-45 调整"圆跳动"公差

④ 标注表面粗糙度。按前面学习的方法标注齿轮表面粗糙度，结果如图 15-46 所示。

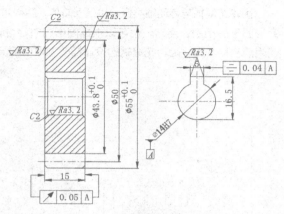

图 15-46 标注表面粗糙度

15.3.4 填写标题栏与技术要求

分别在"尺寸标注层"和"文字层"单击"默认"选项卡"绘图"面板中的"直线"按钮／和"注释"面板中的"多行文字"按钮 A，并使用相关编辑命令填写技术要求，绘制参数表，如图 15-47 和图 15-48 所示。在标题栏右上方插入表面粗糙度符号，设置数值为 Ra 6.3。最后填写标题栏，最终绘制结果如图 15-25 所示。

技 术 要 求
1. 在齿顶上检查齿面硬度。
2. 齿顶圆直径仅在热处理前检查。
3. 所有未注跳动公差的表面对基准A的跳动为0.2。
4. 用带凸角的刀具加工齿轮，但齿根不允许有凸。
台，允许下凹，下凹深度不大于0.2。

图 15-47 技术要求

模数	m	8mm
齿数	Z	20
压力角	α	20°
齿顶高系数	h	1
径向变位系数	x	0
精度等级		GB/T 10095-2008
公法线平均长度偏差	$W_k E_w$	$30.283_{-0.176}^{-0.088}$mm
公法线长度变动公差	F_w	0.036mm
径向综合总偏差	F_i''	0.090mm
一齿径向综合偏差	f_i''	0.032mm
齿向公差	F_β	0.011mm

图 15-48 参数表

15.4 齿轮花键轴的设计

齿轮花键轴与传动轴类似，也是回转体，结构对称，同样可以利用基本的"直线"命令、"偏移"命令来完成图形的绘制。当然，也可以根据图形的对称性，只绘制图形的一半再进行"镜像"处理来完成。这里使用前一种方法。齿轮花键轴的设计如图15-49所示。

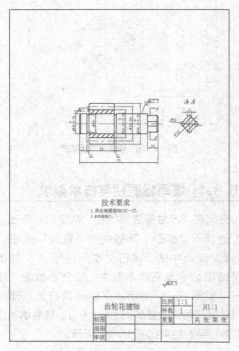

图 15-49　齿轮花键轴设计

15.4.1 配置绘图环境

打开随书资源中的"源文件\第15章\A4竖向样板图.dwg"文件，将其另存为"15.4齿轮花键轴设计.dwg"。

15.4.2 绘制齿轮花键轴

STEP 绘制步骤

❶ 绘制齿轮花键轴主视图。

（1）切换图层。将"中心线层"设定为当前图层。

（2）绘制中心线。单击"默认"选项卡"绘图"面板中的"直线"按钮 ╱，绘制3条水平直线 {(74,200)，(156,200)}，{(84,215.38)，(114,215.38)}和{(84,184.62),(114,184.62)}，如图15-50所示。

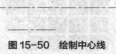

图 15-50　绘制中心线

（3）绘制直线。将"粗实线层"设定为当前图层。单击"默认"选项卡"绘图"面板中的"直线"按钮 ╱，绘制一条竖直直线 {(77,220)，(77,180)}；再单击"默认"选项卡"修改"面板中的"偏移"按钮，将竖直直线分别向右偏移"1""7""9""33""35""65""74"和"75"，将中心线分别向两侧偏移"2""7.5""8""9""12.51"和"18.25"，并将偏移后的直线放置在"粗实线层"，如图15-51所示。

图 15-51　绘制直线

（4）修剪处理。单击"默认"选项卡"修改"面板中的"修剪"按钮 ✂，对多余的直线进行修剪，结果如图15-52所示。

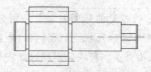

图 15-52　修剪处理

（5）倒角处理。单击"默认"选项卡"修改"面板中的"倒角"按钮 ╱，设置角度、距离模式分别为45°和"1"，结果如图15-53所示。

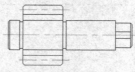

图 15-53　倒角处理

（6）绘制剖面线。将当前视图切换到"剖面层"，单击"默认"选项卡"绘图"面板中的"图案填充"按钮▨，绘制剖面线，完成齿轮花键轴主视图的绘制，结果如图 15-54 所示。

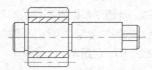

图 15-54 齿轮花键轴主视图

❷ 绘制齿轮花键轴断面图。

（1）切换图层。将"中心线层"设定为当前图层。

（2）绘制中心线。单击"默认"选项卡"绘图"面板中的"直线"按钮，绘制一条水平直线{(173,200),(191,200)}，绘制一条竖直直线 {(182,209),(182,191)}，选中绘制的中心线，修改其线型比例为"0.1"，结果如图 15-55 所示。

（3）绘制圆。将"粗实线层"设定为当前图层，单击"默认"选项卡"绘图"面板中的"圆"按钮⊙，以中心线的交点为圆心，分别绘制直径为15 和 12 的圆，结果如图 15-56 所示。

图 15-55 绘制中心线　图 15-56 绘制圆

（4）绘制花键。单击"默认"选项卡"修改"面板中的"偏移"按钮⊜，将水平中心线和竖直中心线分别向两侧偏移"2"，并将偏移后的直线放置在"粗实线层"；再单击"默认"选项卡"修改"面板中的"修剪"按钮⊁，对多余的直线和圆弧进行修剪，结果如图 15-57 所示。

（5）绘制剖面线。单击"默认"选项卡"绘图"面板中的"图案填充"按钮▨，切换到"剖面层"，绘制剖面线，完成齿轮花键轴的绘制，结果如图 15-58 所示。

 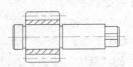

图 15-57 绘制花键　图 15-58 齿轮花键轴的绘制

15.4.3 | 标注齿轮花键轴

STEP 绘制步骤

❶ 主视图的尺寸标注。

（1）将当前图层从"剖面层"切换到"尺寸标注层"。单击"默认"选项卡"注释"面板中的"标注样式"按钮⊮，将"机械制图标注"样式设置为当前标注样式。

（2）单击"默认"选项卡"注释"面板中的"线性"按钮⊢⊣，并使用"QLEADER"命令对主视图进行尺寸标注。注意，在标注过程中要设置替代标注样式标注带小数的尺寸，结果如图 15-59 所示。

❷ 断面图的尺寸标注。单击"默认"选项卡"注释"面板中的"线性"按钮⊢⊣、"直径"按钮◌，对断面图进行尺寸标注，结果如图 15-60所示。

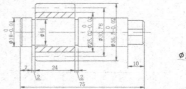

图 15-59　主视图尺寸标注　图 15-60　断面图尺寸标注

❸ 表面粗糙度和剖切符号的标注。按照前面的方法标注齿轮花键轴表面粗糙度和剖切符号，结果如图 15-61 所示。

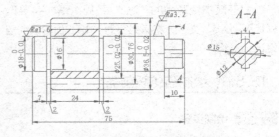

图 15-61　表面粗糙度和剖切符号标注

15.4.4 | 填写标题栏

按照前面介绍的方法填写技术要求和标题栏，最终效果如图 15-49 所示。

15.5 齿轮泵前盖的设计

泵体是组成机器的主要部件，通常有轴孔、螺孔、销孔等结构。齿轮泵前盖外形比较简单，内部结构比较复杂，因此，除绘制主视图外，还需要绘制剖视图才能将其表达清楚。从图中可以看到其结构不完全对称，主视图与剖视图都有其相关性，在绘制时只能部分运用"镜像"命令。本例先运用"直线""圆"和"修剪"等命令绘制出主视图的轮廓线，然后绘制剖视图。齿轮泵前盖所设计如图 15-62 所示。

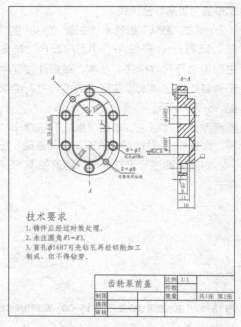

图 15-62　齿轮泵前盖

15.5.1 配置绘图环境

打开随书资源中的"源文件\第15章\A4竖向样板图.dwg"文件，将其另存为"15.5齿轮泵前盖设计.dwg"。

15.5.2 绘制齿轮泵前盖

STEP 绘制步骤

❶ 绘制齿轮泵前盖主视图。

（1）切换图层。将"中心线层"设定为当前图层。

（2）绘制中心线。单击"默认"选项卡"绘图"面板中的"直线"按钮，绘制两条水平直线 {(55,198),(115,198)} 和 {(55,169.24),(115,169.24)}，绘制一条竖直直线 {(85,228),(85,139.24)}，如图 15-63 所示。

（3）绘制圆。将"粗实线层"设定为当前图层，单击"默认"选项卡"绘图"面板中的"圆"按钮 ⊙，以中心线的两个交点为圆心，分别绘制半径为"15""16""22"和"28"的圆，结果如图 15-64 所示。

图 15-63　绘制中心线　　　图 15-64　绘制圆

（4）修剪处理。单击"默认"选项卡"修改"面板中的"修剪"按钮 ⊁，对多余的圆弧进行修剪，结果如图 15-65 所示。

（5）绘制直线。单击"默认"选项卡"绘图"面板中的"直线"按钮 ╱，分别绘制与两圆相切的直线，并将半径为"22"的圆弧和其切线放置在"中心线层"，结果如图 15-66 所示。

图 15-65　修剪结果　　　图 15-66　绘制直线

（6）绘制螺栓孔和销孔。单击"默认"选项卡"绘图"面板中的"圆"按钮 ⊙，按图 15-67 所示尺寸分别绘制螺栓孔和销孔，完成齿轮泵前盖主视图的设计。

❷ 绘制齿轮泵前盖剖视图。

（1）绘制定位线。单击"默认"选项卡"绘图"面板中的"直线"按钮 ╱，以主视图中的特征点为起点，利用"正交"功能绘制水平投影线，结果如图 15-68 所示。

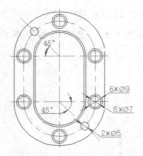

图 15-67　齿轮泵前盖主视图

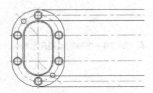

图 15-68　绘制定位线

（2）绘制剖视图轮廓线。单击"默认"选项卡"绘图"面板中的"直线"按钮 ，绘制一条与定位直线相交的竖直直线；单击"默认"选项卡"修改"面板中的"偏移"按钮 ，将竖直直线分别向右偏移"9"和"16"；单击"默认"选项卡"修改"面板中的"修剪"按钮 ，修剪多余的直线，整理结果如图 15-69 所示。

（3）圆角和倒角处理。单击"默认"选项卡"修改"面板中的"圆角"按钮 和"倒角"按钮 ，点 1 和点 2 处的圆角半径为"1.5"，点 3 和点 4 处的圆角半径为"2"，点 5 和点 6 处进行 C 1 的倒角，结果如图 15-70 所示。

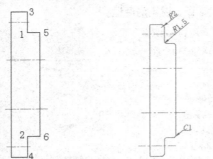

图 15-69　绘制剖视图轮廓线　　**图 15-70　圆角和倒角处理**

（4）绘制销孔和螺栓孔。单击"默认"选项卡"修改"面板中的"偏移"按钮 ，将直线 1 分别向两侧偏移"2.5"，将直线 2 分别向两侧偏移"3.5"和"4.5"，将偏移后的直线放

置在"粗实线层"；将直线 3 向右偏移"3"；单击"默认"选项卡"修改"面板中的"修剪"按钮 ，对多余的直线进行修剪，结果如图 15-71 所示。

（5）绘制轴孔。单击"默认"选项卡"修改"面板中的"偏移"按钮 ，将直线 4 分别向两侧偏移"8"，将偏移后的直线放置在"粗实线层"，将直线 3 向右偏移"11"；单击"默认"选项卡"修改"面板中的"修剪"按钮 ，对多余的直线进行修剪；单击"默认"选项卡"绘图"面板中的"直线"按钮 ，绘制轴孔端锥角；单击"默认"选项卡"修改"面板中的"镜像"按钮 ，以两端竖直直线的中点的连线为镜像线，对轴孔进行镜像处理，结果如图 15-72 所示。

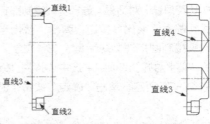

图 15-71　绘制销孔和螺栓孔　　**图 15-72　绘制轴孔**

（6）绘制剖面线。切换到"剖面层"，单击"默认"选项卡"绘图"面板中的"图案填充"按钮 ，绘制剖面线，完成齿轮泵前盖剖视图的绘制，结果如图 15-73 所示。

图 15-73　齿轮泵前盖

15.5.3 | 标注齿轮泵前盖

STEP　绘制步骤

❶ 主视图的尺寸标注。

（1）将当前图层切换到"尺寸标注层"。单击"默认"选项卡"注释"面板中的"标注样式"按钮 ，将"机械制图标注"样式设置为当前

标注样式。

（2）单击"默认"选项卡"注释"面板中的"半径"按钮 ⌒，对主视图进行尺寸标注，结果如图 15-74 所示。

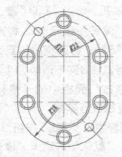

图 15-74　主视图半径尺寸标注

（3）替代标注样式。单击"默认"选项卡"注释"面板中的"标注样式"按钮 ⊯，弹出"标注样式管理器"对话框。选择"机械制图标注"样式，单击"替代"按钮，弹出"替代当前样式：机械制图标注"对话框，在"文字"选项卡的"文字对齐"选项组中选中"水平"单选钮，如图 15-75 所示。单击"确定"按钮，退出对话框。

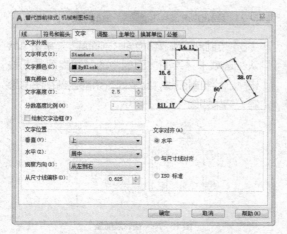

图 15-75　"替代当前样式：机械制图标注"对话框

（4）单击"默认"选项卡"注释"面板中的"直径"按钮 ⌀，标注直径，如图 15-76 所示。

（5）单击"默认"选项卡"注释"面板中的"多行文字"按钮 A，在尺寸"6×∅7"和"2×∅5"的尺寸线下面分别标注文字"沉孔 ∅9 深 6"和"与泵体同钻铰"。注意设置字体大小，以便与尺寸数字大小匹配。如果尺寸线的水平部

分不够长，可以利用"直线"命令补画，以使尺寸线的水平部分能够覆盖文本长度范围，结果如图 15-77 所示。

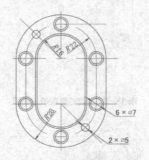

图 15-76　主视图直径尺寸标注

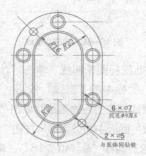

图 15-77　主视图文字标注

（6）单击"默认"选项卡"注释"面板中的"标注样式"按钮 ⊯，弹出"标注样式管理器"对话框。选择"机械制图标注"样式，单击"替代"按钮，弹出"替代当前样式：机械制图标注"对话框，在"公差"选项卡的"公差格式"选项组中进行图 15-78 所示的设置。单击"确定"按钮，退出对话框。

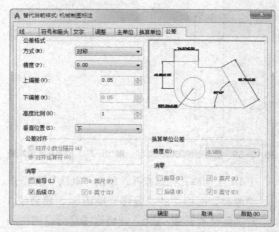

图 15-78　"公差"选项卡

（7）单击"默认"选项卡"注释"面板中的"线性"按钮，标注水平轴线之间的距离，如图15-79所示。

❷ 剖视图的尺寸标注。转换到"机械制图标注"样式，单击"默认"选项卡"注释"面板中的"线性"按钮，对剖视图进行尺寸标注，在命令行输入"QLEADER"，标注倒角，结果如图15-80所示。

❸ 表面粗糙度标注。按前面的方法标注齿轮泵前盖的剖视图以及标题栏上方的表面粗糙度，如图15-81所示。

❹ 剖切符号标注。分别在"粗实线层"和"文字层"单击"默认"选项卡"绘图"面板中的"直线"按钮和"注释"面板中的"多行文字"按钮 A 标注剖切符号和标记文字，最终绘制结果如图15-81所示。

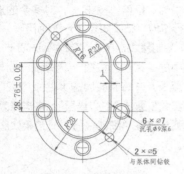

图 15-79　标注公差尺寸

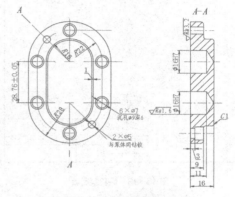

图 15-81　标注表面粗糙度和剖切符号

15.5.4 | 填写标题栏与技术要求

分别将"文字层"和"标题栏层"设置为当前图层，填写技术要求和标题栏相关项，如图15-82所示。齿轮泵前盖设计的最终效果如图15-62所示。

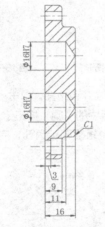

图 15-80　剖视图标注尺寸

图 15-82　填写技术要求与标题栏

15.6　齿轮泵后盖的设计

与齿轮泵前盖相似，齿轮泵后盖的外形也比较简单，但内部结构比较复杂，因此，同样需要绘制主视图和剖视图，才能将其表达清楚。从图中可以看到其结构不完全对称，在绘制时只能部分运用"镜像"命令。本例先运用"直线""圆"和"修剪"等命令绘制出主视图的轮廓线，再绘制剖视图。齿轮泵后盖的设计如图15-83所示。

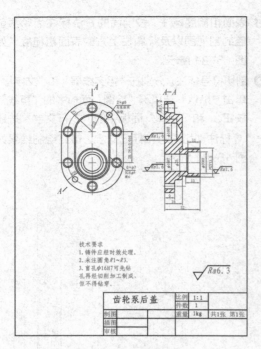

图 15-83 齿轮泵后盖

15.6.1 配置绘图环境

打开随书资源中的"源文件\第15章\A4竖向样板图.dwg"文件，将其另存为"15.6齿轮泵后盖设计.dwg"。

15.6.2 绘制齿轮泵后盖

STEP 绘制步骤

❶ 绘制齿轮泵后盖主视图。

（1）切换图层。将"中心线层"设定为当前图层。

（2）绘制中心线。单击"默认"选项卡"绘图"面板中的"直线"按钮，绘制两条水平直线 {(50,195),(110,195)} 和 {(50,166.24),(110,166.24)}，绘制一条竖直直线 {(80,225),(80,136.24)}，如图 15-84 所示。

（3）绘制圆。将"粗实线层"设定为当前图层。单击"默认"选项卡"绘图"面板中的"圆"按钮，以中心线的两个交点为圆心，分别绘制半径为"15""16""22"和"28"的圆，再以下侧的中心线交点为圆心，分别绘制半径为"8""10""12.5"和"13.5"的圆，结果如图 15-85 所示。

图 15-84 绘制中心线 **图 15-85 绘制圆**

（4）修剪处理。单击"默认"选项卡"修改"面板中的"修剪"按钮，对多余的直线和圆弧进行修剪，结果如图 15-86 所示。

（5）绘制直线。单击"默认"选项卡"绘图"面板中的"直线"按钮，分别绘制与两圆相切的直线，并将修剪后的半径为"22"的圆弧和其切线放置在"中心线层"，将半径为"12.5"的圆弧放置在"细实线层"，结果如图 15-87 所示。

图 15-86 修剪图形 **图 15-87 绘制直线**

（6）绘制螺栓孔和销孔。单击"默认"选项卡"绘图"面板中的"圆"按钮，按图 15-88 所示分别绘制螺栓孔和销孔，完成齿轮泵后盖主视图的设计。

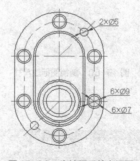

图 15-88 齿轮泵后盖主视图

❷ 绘制齿轮泵后盖剖视图。

（1）绘制定位线。单击"默认"选项卡"绘图"面板中的"直线"按钮，以主视图中的特征点为起点，利用"正交"功能绘制水平定位线，结果如图 15-89 所示。

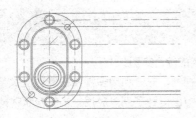

图 15-89 绘制定位线

（2）绘制剖视图轮廓线。单击"默认"选项卡"绘图"面板中的"直线"按钮 ／，绘制一条与定位线相交的竖直直线；单击"默认"选项卡"修改"面板中的"偏移"按钮 ⫶，将竖直直线向右分别偏移"9""16""19"和"32"；再单击"默认"选项卡"修改"面板中的"修剪"按钮 ⫸，修剪多余的直线，结果如图 15-90 所示。

（3）圆角和倒角处理。单击"默认"选项卡"修改"面板中的"圆角"按钮 ⌒和"倒角"按钮 ／，点 1 和点 2 处的圆角半径为"1.5"，点 3 和点 4 处的圆角半径为"2"，点 5 和点 6 处倒角为 $C1$，结果如图 15-91 所示。

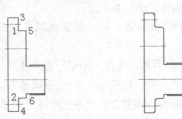

图 15-90 绘制剖视图轮廓线　图 15-91 圆角和倒角处理

（4）绘制销孔和螺栓孔。单击"默认"选项卡"修改"面板中的"偏移"按钮 ⫶，将直线 1 分别向两侧偏移"3.5"和"4.5"，将直线 2 分别向两侧偏移"2.5"，将偏移后的直线放置在"粗实线层"；将直线 3 向右偏移"3"；单击"默认"选项卡"修改"面板中的"修剪"按钮 ⫸，对多余的直线进行修剪，结果如图 15-92 所示。

（5）绘制轴孔。单击"默认"选项卡"修改"面板中的"偏移"按钮 ⫶，将直线 4 分别向两侧偏移"8"，将直线 5 分别向两侧偏移"8"和"10"，将偏移后的直线放置在"粗实线层"；将直线 3 分别向右偏移"11""20"和"21"；单击"默认"选项卡"修改"面板中的"修剪"

按钮 ⫸，对多余的直线进行修剪；再单击"默认"选项卡"绘图"面板中的"直线"按钮 ／，绘制轴孔端锥角，并补全轴孔，结果如图 15-93 所示。

图 15-92 绘制销孔和螺栓孔　图 15-93 绘制轴孔

（6）绘制剖面线。切换到"剖面层"，单击"默认"选项卡"绘图"面板中的"图案填充"按钮 ▦，绘制剖面线，完成齿轮泵后盖的绘制，结果如图 15-94 所示。

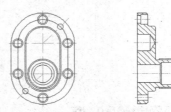

图 15-94 齿轮泵后盖

15.6.3 标注齿轮泵后盖

方法与 15.5.3 节相同，标注结果如图 15-95 所示。

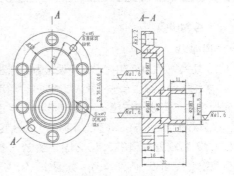

图 15-95 尺寸标注

15.6.4 填写标题栏与技术要求

方法与 15.5.4 节相同，齿轮泵后盖设计的最终效果如图 15-83 所示。

15.7 绘制齿轮泵泵体

齿轮泵泵体的绘制是系统使用AutoCAD 2021二维绘图功能的综合实例。

本实例的绘制思路为：依次绘制齿轮泵泵体的主视图、剖视图，充分利用多视图投影对应关系，绘制辅助定位线。在本例中，局部剖视图在齿轮泵泵体的绘制过程中也得到了充分应用。齿轮泵泵体的设计如图15-96所示。

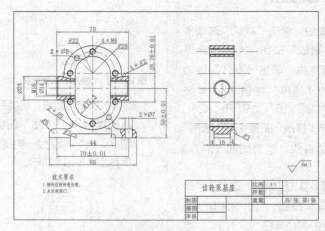

图 15-96 齿轮泵泵体的设计

15.7.1 配置绘图环境

打开随书资源中的"源文件\第15章\A4横向样板图.dwg"文件，将其另存为"15.7齿轮泵泵体设计.dwg"。

15.7.2 绘制齿轮泵泵体主视图

STEP 绘制步骤

❶ 绘制中心线。

（1）切换图层。将"中心线层"设定为当前图层。

（2）绘制中心线。单击"默认"选项卡"绘图"面板中的"直线"按钮 ／，绘制3条水平直线 {(47,205),(107,205)}、{(34.5,190), (119.5,190)} 和 {(47,176.24), (107,176.24)}，绘制一条竖直直线 {(77,235), (77,145)}，如图15-97所示。

图 15-97 绘制中心线

❷ 绘制齿轮泵泵体主视图。

（1）切换图层。将"粗实线层"设定为当前图层。

（2）绘制圆。单击"默认"选项卡"绘图"面板中的"圆"按钮 ⊙，以上下两条水平中心线和竖直中心线的交点为圆心，分别绘制半径为"17.3""22"和"28"的圆，并将半径为"22"的圆放置在"中心线层"，结果如图15-98所示。

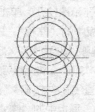

图 15-98 绘制圆

（3）绘制直线。单击"默认"选项卡"绘图"面板中的"直线"按钮 ／，绘制圆的切线；将与半径"22"的圆相切的直线放置在"中心线层"。再单击"默认"选项卡"修改"面板中的"修剪"按钮 ↘，对图形进行修剪，结果如图15-99所示。

图 15-99 绘制直线

（4）绘制销孔和螺栓孔。单击"默认"选项卡"绘图"面板中的"圆"按钮⊙，按图 15-100 所示绘制销孔和螺栓孔，并对螺栓孔进行修剪（注意，螺纹外径用细实线绘制）。

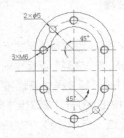

图 15-100 绘制销孔和螺栓孔

（5）绘制底座。单击"默认"选项卡"修改"面板中的"偏移"按钮⊂，将中间的水平中心线分别向下偏移"41""46"和"50"，将竖直中心线分别向两侧偏移"22"和"42.5"，并调整直线的长度，将偏移后的直线放置在"粗实线层"；单击"默认"选项卡"修改"面板中的"修剪"按钮，对图形进行修剪；再单击"默认"选项卡"修改"面板中的"圆角"按钮，进行圆角处理，结果如图 15-101 所示。

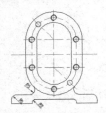

图 15-101 绘制底座

（6）绘制底座螺栓孔。单击"默认"选项卡"修改"面板中的"偏移"按钮⊂，将竖直中心线向左右各偏移"35"；再将偏移后的右侧中心线向两侧各偏移"3.5"，并将偏移后的直线放置在"粗实线层"；切换到"细实线层"，单击"默认"选项卡"绘图"面板中的"样条曲线拟合"按钮，在底座上绘制曲线构成剖

切平面界线；切换到"剖面层"，单击"默认"选项卡"绘图"面板中的"图案填充"按钮，绘制剖面线，结果如图 15-102 所示。

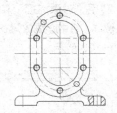

图 15-102 绘制底座螺栓孔

（7）绘制进出油管。单击"默认"选项卡"修改"面板中的"偏移"按钮⊂，将竖直中心线分别向两侧偏移"34"和"35"，将中间的水平中心线分别向两侧偏移"7""8"和"12"，将偏移"8"后的直线放置在"细实线层"；将偏移后的其他直线放置在"粗实线层"，并在"粗实线层"绘制倒角斜线；单击"默认"选项卡"修改"面板中的"修剪"按钮，对图形进行修剪，结果如图 15-103 所示。

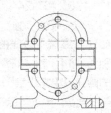

图 15-103 绘制进出油管

（8）细化进出油管。单击"默认"选项卡"修改"面板中的"圆角"按钮，进行圆角处理，圆角半径为"2"；切换到"细实线层"，单击"默认"选项卡"绘图"面板中的"样条曲线拟合"按钮，绘制曲线构成剖切平面；切换到"剖面层"，单击"默认"选项卡"绘图"面板中的"图案填充"按钮，绘制剖面线，完成主视图的绘制，结果如图 15-104 所示。

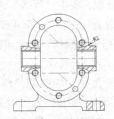

图 15-104 细化进出油管

❸ 绘制齿轮泵泵体剖视图。

（1）绘制定位线。单击"默认"选项卡"绘图"面板中的"直线"按钮 ✎，以主视图中的特征点为起点，利用"对象捕捉"和"正交"功能绘制水平定位线，将中心线放置在"中心线层"，结果如图 15-105 所示。

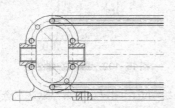

图 15-105　绘制定位线

（2）绘制剖视图轮廓线。单击"默认"选项卡"绘图"面板中的"直线"按钮 ✎，绘制两条竖直直线 {(191,233),(191,140)} 和 {(203,200),(203,180)}；将绘制的第 2 条直线放置在"中心线层"。单击"默认"选项卡"修改"面板中的"偏移"按钮 ⊆，将第 1 条竖直直线分别向右偏移"4""20"和"24"；单击"默认"选项卡"绘图"面板中的"圆"按钮 ⊙，以中间的水平中心线与竖直中心线的交点为圆心，绘制直径分别为"14"和"16"的圆，其中直径为"14"的圆在"粗实线层"，直径为"16"的圆在"细实线层"；单击"默认"选项卡"修改"面板中的"修剪"按钮 ✂，对图形的多余图线进行修剪，结果如图 15-106 所示。

图 15-106　绘制剖视图轮廓线

（3）圆角处理。单击"默认"选项卡"修改"面板中的"圆角"按钮 ⌐，采用修剪、半径模式，对剖视图进行圆角操作，圆角半径为"3"，结果如图 15-107 所示。

（4）绘制剖面线。切换到"剖面层"，单击"默认"选项卡"绘图"面板中的"图案填充"按钮 ▤，绘制剖面线，结果如图 15-108 所示。

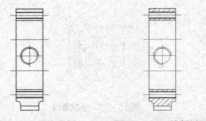

图 15-107　圆角处理　　　　**图 15-108　绘制剖面线**

15.7.3 │ 标注齿轮泵泵体

STEP　绘制步骤

❶ 尺寸标注。

（1）将当前图层切换到"尺寸标注层"。单击"默认"选项卡"注释"面板中的"标注样式"按钮 ⊨，打开"标注样式管理器"对话框。单击"修改"按钮，打开"修改标注样式"对话框，在"文字"选项卡中，将"文字高度"设置为"4.5"，单击"确定"按钮，然后将"机械制图标注"样式设置为当前标注样式。

（2）单击"默认"选项卡"注释"面板中的"线性"按钮 ⊢、"半径"按钮 ✎ 和"直径"按钮 ⊘，对主视图和左视图进行尺寸标注。其中，标注尺寸公差时要替代标注样式，结果如图 15-109 所示。

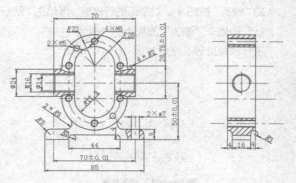

图 15-109　尺寸标注

❷ 表面粗糙度标注。按照前面的方法，在标题栏上方标注表面粗糙度。

15.7.4 │ 填写标题栏与技术要求

按照前面的方法填写技术要求与标题栏。齿轮泵泵体设计的最终效果如图 15-96 所示。

15.8 上机实验

【实验1】绘制涡轮

1. 目的要求

如图15-110所示，涡轮属于齿轮的一种。本实验的目的是帮助读者掌握齿轮类零件的设计方法。

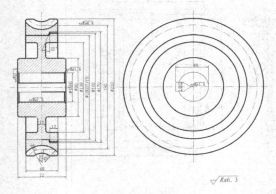

图 15-110 涡轮

2. 操作提示

（1）设置图层，插入图框。

（2）绘制轴线。

（3）绘制左视图一系列同心圆。

（4）绘制左视图键槽。

（5）利用主、左视图尺寸的对应关系绘制主视图的主要轮廓。

（6）完成主视图细部绘制，并进行图案填充。

（7）标注图形尺寸。

（8）标注粗糙度。

【实验2】绘制齿轮轴

1. 目的要求

如图15-111所示，齿轮轴是将齿轮与轴相结合的一种零件。本实验的目的是帮助读者掌握齿轮类零件的设计方法。

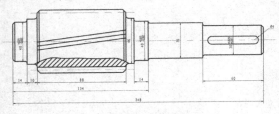

图 15-111 齿轮轴

2. 操作提示

（1）设置图层。

（2）绘制轴线。

（3）利用"直线""偏移"和"修剪"等命令绘制主视图上的水平和竖直图线。

（4）绘制键槽。

（5）利用"倒角"和"圆角"等命令进行倒角和圆角处理。

（6）绘制轮齿布局剖视图，并绘制斜齿示意线。

（7）标注图形尺寸。

【实验3】绘制端盖零件图

1. 目的要求

如图15-112所示，端盖属于典型的盘盖类零件。本实验的目的是帮助读者掌握盘盖类零件的设计方法。

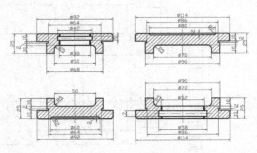

图 15-112 端盖

2. 操作提示

（1）设置图层。

（2）绘制轴线。

（3）同时绘制几个端盖的大体轮廓，注意采用镜像的方法生成对称的图线。

（4）绘制各个端盖不同的细部。

（5）进行图案填充。

（6）标注图形尺寸。

【实验4】绘制减速器箱体

1. 目的要求

如图15-113所示，箱体类零件属于机械零件中结构最复杂的零件，在绘制时，需要综合运用各种绘图命令和图形表达方法。本实验的目的是帮助读者深入掌握机械零件的设计方法和技能。

2．操作提示

（1）设置图层，插入图框。

（2）绘制轴线。

（3）绘制主视图，注意综合应用各种方法。

（4）利用主视图与俯视图的尺寸关系绘制俯视图。

（5）利用主视图、俯视图与左视图的尺寸关系绘制左视图。

（6）标注图形尺寸。

（7）填写技术要求。

（8）填写标题栏。

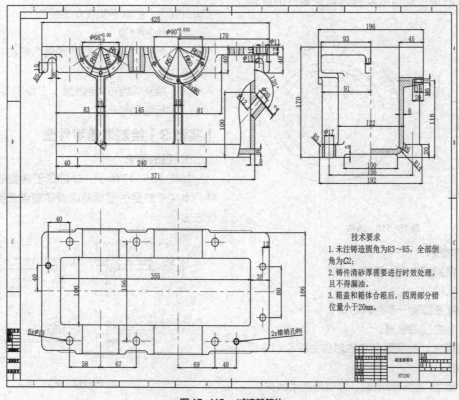

图 15-113　减速器箱体

第 16 章

齿轮泵装配图

本章将详细讲解二维图形绘制中比较经典的实例——轴总成与齿轮泵总成设计，涉及绘图环境的设置、文字和尺寸标注样式的设置，是系统应用 AutoCAD 2021 二维绘图功能的综合实例。

重点与难点

- 轴总成的设计
- 齿轮泵总成的设计
- 上机实验

16.1 轴总成的设计

首先将零件图生成图块，然后将这些图块插入装配图，最后添加尺寸标注和标题栏等，完成轴总成设计。轴总成的设计如图 16-1 所示。

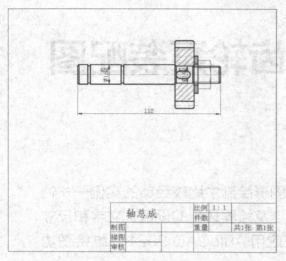

图 16-1　轴总成

16.1.1 配置绘图环境

打开随书资源中的"源文件\第16章\A4竖向样板图 .dwg"文件，将其另存为"轴总成 .dwg"。

16.1.2 绘制轴总成

STEP 绘制步骤

❶ 绘制图形。选择菜单栏中的"文件"→"打开"命令，打开随书资源中的"源文件 \ 第 16 章 \ 轴总成设计 \ 传动轴 .dwg"文件，然后选择"编辑"→"复制"命令，复制"传动轴"图形，并选择"编辑"→"粘贴"命令，将其粘贴到"轴总成 .dwg"中，将其他图形以同样的方式复制到"轴总成 .dwg"中，如图 16-2 所示。

❷ 定义块。单击"默认"选项卡"块"面板中的"创建"按钮，块名分别设置为"齿轮""螺母""垫圈"，单击"拾取点"按钮，拾取点分别选取点 A、点 B、点 C，如图 16-3 所示。再选中"删除"单选钮，使得定义块后，自动将所选择的

对象删除。

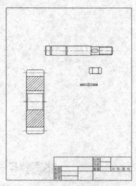

图 16-2　绘制图形

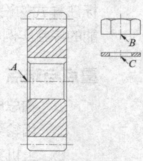

图 16-3　定义块

❸ 轴总成的绘制。

（1）插入齿轮图块。单击"插入"选项卡"块"面板中的"插入"下拉菜单中的"最近使用的块"选项，打开"块"选项板，插入齿轮图块，比例为"0.5"，基点选择点 1，结果如图 16-4 所示。

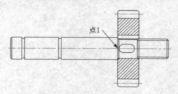

图 16-4　插入齿轮图块

（2）插入垫圈图块。单击"插入"选项卡"块"面板中的"插入"下拉菜单中"最近使用的块"选

项，打开"块"选项板，插入垫圈图块，基点选择点2，旋转角度为-90°，结果如图16-5所示。

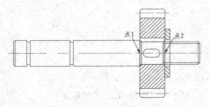

图16-5　插入垫圈图块

（3）插入螺母图块。单击"插入"选项卡"块"面板中的"插入"下拉菜单中"最近使用的块"选项，打开"块"选项板，插入螺母图块，基点选择点3，比例为"0.8"，旋转角度为-90°，结果如图16-6所示。

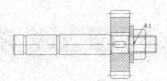

图16-6　插入螺母图块

（4）分解块。单击"默认"选项卡"修改"面板中的"分解"按钮，将图中的各图块分解。
（5）细化图形。单击"默认"选项卡"修改"面板中的"删除"按钮，将"图案填充"线删除；再单击"默认"选项卡"修改"面板中的"修剪"按钮，对多余的直线进行修剪，结果如图16-7所示。

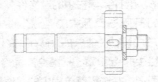

图16-7　细化图形

（6）绘制剖面线。切换到"剖面层"，单击"默认"选项卡"绘图"面板中的"图案填充"按钮，绘制剖面线，完成轴总成的绘制，结果如图16-8所示。

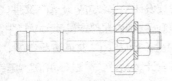

图16-8　轴总成的绘制

16.1.3　标注轴总成

STEP 绘制步骤

❶ 将当前图层切换到"尺寸标注层"。单击"默认"选项卡"注释"面板中的"标注样式"按钮，设置"机械制图标注"样式的替代样式，如图16-9所示。

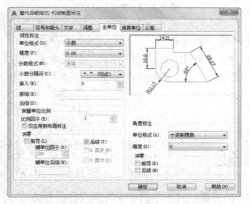

图16-9　"替代当前样式：机械制图标注"对话框

❷ 单击"默认"选项卡"注释"面板中的"线性"按钮，选择需标注的位置，如图16-10所示，此时，根据命令行提示输入"M"后按<Enter>键。系统打开多行文字编辑器，输入标注文字，选择"H7/h6"，单击上面的"堆叠"按钮，将文字堆叠，如图16-11所示。修改尺寸后的文字如图16-12所示。

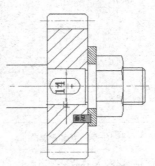

图16-10　尺寸标注

图16-11　多行文字编辑器

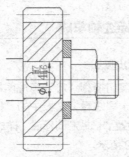

图 16-12 修改尺寸文字

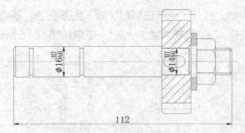

图 16-13 尺寸标注

❸ 用同样的方法标注"16H7/h6"文字。

❹ 单击"默认"选项卡"注释"面板中的"线性"按钮├─┤,对视图进行线性尺寸标注,如图 16-13 所示。

16.1.4 填写标题栏

将"标题栏层"设置为当前图层,在标题栏中填写"轴总成"及其他文字。轴总成设计的最终效果如图 16-1 所示。

16.2 齿轮泵总成的设计

齿轮泵总成的绘制过程是系统应用 AutoCAD 2021 二维绘图功能的综合实例。

本实例的绘制思路为:首先将零件图生成图块,然后将这些图块插入装配图,再补全装配图中的其他零件,最后添加尺寸标注和标题栏等,完成齿轮泵总成设计。

齿轮泵总成的设计如图 16-14 所示。

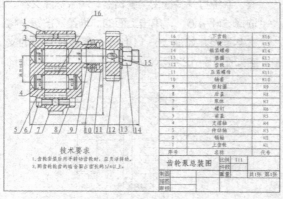

图 16-14 齿轮泵总成

16.2.1 配置绘图环境

打开随书资源中的"源文件\第16章\A4横向样板图.dwg"文件,将其另存为"齿轮泵总成设计.dwg"。

16.2.2 绘制齿轮泵总成

STEP 绘制步骤

❶ 绘制图形。选择菜单栏中的"文件"→"打开"命令,打开随书资源中的"源文件\第16章\齿轮泵总成设计\轴总成.dwg"文件,然后选取菜单栏中的"编辑"→"复制"命令,复制"轴总成"图形,并选择菜单栏中的"编辑"→"粘贴"命令,将其粘贴到"齿轮泵总成设计.dwg"中。同样,打开随书资源中的"源文件\第16章\齿轮泵总成设计\齿轮泵前盖设计.dwg"文件、"源文件\第16章\齿轮泵总成设计\齿轮泵后盖设计.dwg"文件和"源文件\第16章\齿轮泵总成设计\齿轮总成.dwg"文件,以同样的方式复制到"齿轮泵总成设计.dwg"中,并将"齿轮泵前盖设计.dwg"文件进行镜像,将"齿轮泵后盖设计.dwg"文件进行180°旋转后镜像,将两个镜像的源文件删去。结果如图16-15所示。

图块，结果如图 16-18 所示。

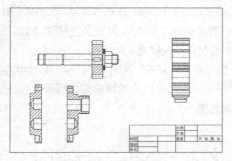

图 16-15 绘制图形

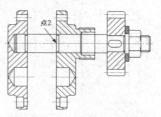

图 16-18 插入齿轮泵后盖图块

❷ 定义块。采用 16.1.2 中定义块的方式，分别定义齿轮泵前盖、齿轮泵后盖和齿轮总成图块，块名分别设置为"齿轮泵前盖""齿轮泵后盖"和"齿轮总成"。单击"拾取点"按钮，拾取点分别选取点 A、点 B、点 C，如图 16-16 所示。再选中"删除"单选钮，自动将所选择对象删除。

（3）插入齿轮总成图块。单击"插入"选项卡"块"面板中的"插入"下拉菜单绘制"最近使用的块"选项，打开"块"选项板，选择齿轮总成图块，基点选择点 3，插入齿轮总成图块，结果如图 16-19 所示。

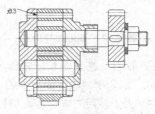

图 16-19 插入齿轮总成图块

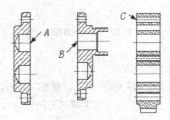

图 16-16 定义块

（4）分解块。单击"默认"选项卡"修改"面板中的"分解"按钮，将图 16-19 中的各图块分解。

❸ 绘制齿轮泵总成。

（5）删除并修剪多余的直线。单击"默认"选项卡"修改"面板中的"删除"按钮，将多余的直线删除；再单击"默认"选项卡"修改"面板中的"修剪"按钮，对多余的直线进行修剪，结果如 16-20 所示。

（1）插入齿轮泵前盖图块。单击"插入"选项卡"块"面板中的"插入"下拉菜单中"最近使用的块"选项，打开"块"选项板，选择齿轮泵前盖图块，基点选择点 1，插入齿轮泵前盖图块，结果如图 16-17 所示。

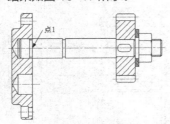

图 16-17 插入齿轮泵前盖图块

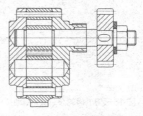

图 16-20 删除并修剪多余的直线

（6）绘制传动轴。单击"默认"选项卡"修改"面板中的"复制"按钮和"镜像"按钮，绘制传动轴，结果如图 16-21 所示。

（2）插入齿轮泵后盖图块。单击"插入"选项卡"块"面板中的"插入"下拉菜单中"最近使用的块"选项，打开"块"选项板，选择齿轮泵后盖图块，基点选择点 2，插入齿轮泵后盖图块。

（7）细化销钉和螺钉。单击"默认"选项卡"绘图"面板中的"直线"按钮和"修改"面板中的"偏移"按钮，细化销钉和螺钉，结果如图 16-22 所示。

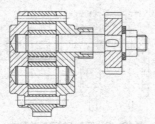

图 16-21 绘制传动轴

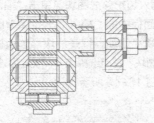

图 16-22 细化销钉和螺钉

（8）插入轴套、密封圈和压紧螺母图块。单击"插入"选项卡"块"面板中的"插入"下拉菜单中"最近使用的块"选项，打开"块"选项板，插入"轴套""密封圈"和"压紧螺母"图块。

（9）单击"默认"选项卡"修改"面板中的"分解"按钮🔲，将图中的各图块分解。删除并修剪多余的直线。单击"默认"选项卡"绘图"面板中的"图案填充"按钮🔳，对部分区域进行填充。最终完成齿轮泵总成的绘制，结果如图 16-23 所示。

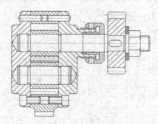

图 16-23 齿轮泵总成的绘制

16.2.3 标注齿轮泵总成

STEP 绘制步骤

❶ 尺寸标注。

（1）将当前图层切换到"尺寸标注层"。单击"默认"选项卡"注释"面板中的"标注样式"

按钮🔲，打开"标注样式管理器"对话框，将"机械制图标注"样式设置为当前标注样式。注意设置替代标注样式。

（2）单击"默认"选项卡"注释"面板中的"线性"按钮🔲，对齿轮泵总成进行尺寸标注，结果如图 16-24 所示。

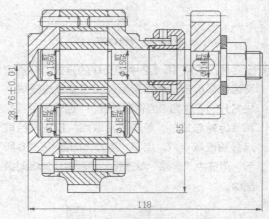

图 16-24 尺寸标注

❷ 标注明细表及序号。

（1）设置文字标注格式。单击"默认"选项卡"注释"面板中的"文字样式"按钮🅰，打开"文字样式"对话框，在"样式名"下拉列表中选择"技术要求"选项，单击"置为当前"按钮，将其设置为当前使用的文字样式。

（2）文字标注与表格绘制。按前文讲述的方法绘制明细表，输入文字并标注序号，如图 16-25 和图 16-26 所示。

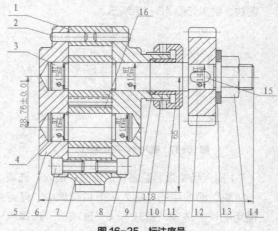

图 16-25 标注序号

16	下齿轮	H16
15	键	H15
14	锁紧螺母	H14
13	垫圈	H13
12	齿轮	H12
11	压紧螺母	H11
10	垫套	H10
9	密封圈	H9
8	后盖	H8
7	泵体	H7
6	螺钉	H6
5	前盖	H5
4	支撑轴	H4
3	传动轴	H3
2	销轴	H2
1	上齿轮	H1
序号	名称	代号

图 16-26　明细表

16.2.4 填写标题栏与技术要求

按前面介绍的方法填写技术要求和标题栏。技术要求如图 16-27 所示。齿轮泵总成设计的最终效果如图 16-14 所示。

技术要求
1. 齿轮安装后用手转动齿轮时，应灵活转动。
2. 两齿轮轮齿的啮合面占齿长的 3/4 以上。

图 16-27　技术要求

16.3　上机实验

【实验】绘制变速箱装配图

1. 目的要求

变速箱装配图如图 16-28 所示。装配图主要用于表达部件的结构原理和装配关系，是一种非常重要的工程图。在绘制时，主要利用插入图块的方法。本实验的目的是帮助读者深入掌握机械装配图的设计方法和技能。

2. 操作提示

（1）设置图层，插入图框。

（2）插入箱体图块。

（3）依次插入其他各个图块。

（4）分解相关图块，修剪相关图线，厘清相关图线在空间的位置关系。

（5）标注图形尺寸。

（6）标注零件序号。

（7）绘制明细表。

（8）填写技术要求。

（9）填写标题栏。

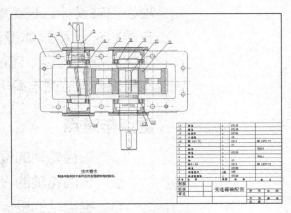

图 16-28　变速箱装配图

第 17 章

齿轮泵零件立体图

　　本章将详细讲解三维图形绘制中比较经典的实例，涉及短齿轮轴设计、长齿轮轴设计、锥齿轮设计、左端盖设计、右端盖设计和泵体设计。本章是系统应用 AutoCAD 2021 功能的综合实例，通过对本章的学习，读者可以进一步理解和掌握三维绘图与编辑命令的使用方法和技巧。

重点与难点

- 短齿轮轴的设计
- 长齿轮轴的设计
- 锥齿轮的设计
- 左端盖的设计
- 右端盖的设计
- 泵体的设计
- 上机实验

17.1 短齿轮轴的设计

短齿轮轴由齿轮和轴两部分组成，绘制时注意绘制倒角。由于该图具有对称结构，因此本实例的绘制思路为首先绘制齿轮，然后在齿轮的一边绘制轴及倒角，再使用"镜像"命令镜像另一边，最后通过"并集"命令将全部图形合并为一个整体。

17.1.1 | 配置绘图环境

STEP 绘制步骤

❶ 启动系统。启动 AutoCAD 2021，使用默认设置的绘图环境。

❷ 建立新文件。单击快速访问工具栏中的"新建"按钮 🗋，打开"选择样板"对话框，单击"打开"按钮右侧的 ▾ 按钮，以"无样板打开－公制"方式建立新文件；将新文件命名为"短齿轮轴.dwg"并保存。

❸ 设置线框密度。执行"ISOLINES"命令，设置线框密度为"10"。

❹ 设置视图方向。单击"视图"选项卡"命名视图"面板中的"前视"按钮 ▣，将当前视图设置为前视图。

17.1.2 | 绘制短齿轮轴

短齿轮轴如图 17-1 所示。

图 17-1 短齿轮轴

STEP 绘制步骤

❶ 绘制齿轮。

（1）绘制圆。单击"默认"选项卡"绘图"面板中的"圆"按钮 ⊙，在坐标原点绘制半径为"12"和"17"的圆，结果如图 17-2 所示。

（2）绘制直线。单击"默认"选项卡"绘图"面板中的"直线"按钮，绘制坐标点为 {(0,0)，(@20<95)} 和 {(0,0)，(@20<101)} 的两条直线，结果如图 17-3 所示。

图 17-2 绘制圆　　　　**图 17-3 绘制直线**

（3）绘制圆弧。单击"默认"选项卡"绘图"面板中的"圆弧"按钮 ⌒，绘制以图 17-3 中的点 1 为起点、点 2 为端点、半径为"15.28"的圆弧，结果如图 17-4 所示。

（4）删除直线。单击"默认"选项卡"修改"面板中的"删除"按钮 ✎，删除图 17-4 中的直线 1 和直线 2，结果如图 17-5 所示。

图 17-4 绘制圆弧　　　**图 17-5 删除直线后的图形**

（5）镜像圆弧。单击"默认"选项卡"修改"面板中的"镜像"按钮 ⚠，对图 17-5 中的圆弧进行镜像复制，结果如图 17-6 所示。

（6）修剪对象。单击"默认"选项卡"修改"面板中的"修剪"按钮 ✂，修剪多余的图形，结果如图 17-7 所示。

图 17-6 镜像圆弧　　　**图 17-7 修剪后的图形**

> **注意** 绘制齿轮时，先绘制单个齿的轮廓，再使用"环形阵列"命令绘制全部齿，然后把整个轮廓线拉伸为一个齿轮立体图。

（7）阵列绘制的齿形。单击"默认"选项卡"修改"面板中的"环形阵列"按钮，命令行提示如下。

```
命令：_arraypolar
选择对象：（选择图17-7中的齿形）
选择对象：↙
类型 = 极轴 关联 = 是
指定阵列的中心点或 [ 基点 (B)/ 旋转轴 (A)]：
（选择圆心作为旋转中心）
选择夹点以编辑阵列或 [ 关联 (AS)/ 基点 (B)/
项目 (I)/ 项目间角度 (A)/ 填充角度 (F)/ 行
(ROW)/ 层 (L)/ 旋转项目 (ROT)/ 退出 (X)]
< 退出 >：AS ↙ 创建关联阵列 [ 是 (Y)/ 否
(N)] < 是 >：N ↙
选择夹点以编辑阵列或 [ 关联 (AS)/ 基点 (B)/
项目 (I)/ 项目间角度 (A)/ 填充角度 (F)/ 行
(ROW)/ 层 (L)/ 旋转项目 (ROT)/ 退出 (X)]
< 退出 >：I ↙ 输入阵列中的项目数或 [ 表达式
(E)] <6>：9 ↙ 选择夹点以编辑阵列或 [ 关联
(AS)/ 基点 (B)/ 项目 (I)/ 项目间角度 (A)/
填充角度 (F)/ 行 (ROW)/ 层 (L)/ 旋转项目
(ROT)/ 退出 (X)] < 退出 >：↙
```

结果如图17-8所示。

> **注意** 在执行"环形阵列"命令时，必须取消阵列的关联性。

（8）修剪对象。单击"默认"选项卡"修改"面板中的"修剪"按钮，修剪多余的图形，结果如图17-9所示。

图17-8 阵列齿形　　　　**图17-9 修剪后的图形**

（9）设置视图方向。单击"视图"选项卡"命名视图"面板中的"西南等轴测"按钮，将当前视图设置为西南等轴测视图，结果如图17-10所示。

图17-10 西南等轴测视图中的图形

（10）编辑多段线。选择菜单栏中的"修改"→"对象"→"多段线"命令，命令行提示如下。

```
命令：_pedit
选择多段线或 [ 多条 (M)]：（选择一条线段）
选定的对象不是多段线
是否将其转换为多段线 ？ <Y> ↙
输入选项 [ 闭合 (C)/ 合并 (J)/ 宽度 (W)/ 编
辑顶点 (E)/ 拟合 (F)/ 样条曲线 (S)/ 非曲线化
(D)/ 线型生成 (L)/ 反转 (R)/ 放弃 (U)]：J ↙
选择对象：（选择所有线段）
选择对象：↙
多段线已增加 35 条线段
输入选项 [ 打开 (O)/ 合并 (J)/ 宽度 (W)/ 编
辑顶点 (E)/ 拟合 (F)/ 样条曲线 (S)/ 非曲线化
(D)/ 线型生成 (L)/ 反转 (R)/ 放弃 (U)]：↙
```

（11）拉伸多段线。单击"三维工具"选项卡"建模"面板中的"拉伸"按钮，将合并后的多段线进行拉伸处理，拉伸高度为"24"。消隐后的结果如图17-11所示。

图17-11 拉伸多段线

> **注意** 在执行"拉伸"命令时，拉伸的对象必须是一个连续的线段。在拉伸齿轮时，因为外形轮廓不是一个连续的线段，所以要将其合并为一个连续的多段线。

❷ 绘制齿轮轴。

（1）绘制圆柱体。单击"三维工具"选项卡"建模"面板中的"圆柱体"按钮，命令行提示如下。

```
命令：_cylinder
指定底面的中心点或 [ 三点 (3P)/ 两点 (2P)/ 切
点、切点、半径 (T)/ 椭圆 (E)]：0,0,24 ↙
指定底面半径或 [ 直径 (D)]：7.5 ↙
指定高度或 [ 两点 (2P)/ 轴端点 (A)]<24.0000>：
A ↙
指定轴端点：@0,0,2 ↙
命令：_cylinder
指定底面的中心点或 [ 三点 (3P)/ 两点 (2P)/ 切
点、切点、半径 (T)/ 椭圆 (E)]：0,0,26 ↙
指定底面半径或 [ 直径 (D)] <7.5000>：8 ↙
指定高度或 [ 两点 (2P)/ 轴端点 (A)] <2.0000>：
A ↙
指定轴端点：@0,0,10 ↙
```

消隐后如图17-12所示。

（2）倒角处理。单击"默认"选项卡"修改"面板中的"倒角"按钮 ⌒，对图 17-12 中的边 1 进行倒角处理，倒角距离为"1.5"，结果如图 17-13 所示。

图 17-12　绘制圆柱体　　　　**图 17-13　倒角**

（3）设置视图方向。单击"视图"选项卡"命名视图"面板中的"左视"按钮，将当前视图设置为左视图。消隐后如图 17-14 所示。

（4）镜像对象。单击"默认"选项卡"修改"面板中的"镜像"按钮 ⚠，将图 17-14 中右侧的两个圆柱体以花键轴的中点为镜像点进行镜像处理，结果如图 17-15 所示。

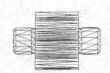

图 17-14　左视图中的图形　　　**图 17-15　镜像**

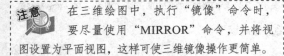

> **注意**　在三维绘图中，执行"镜像"命令时，要尽量使用"MIRROR"命令，并将视图设置为平面视图，这样可使三维镜像操作更简单。

（5）设置视图方向。单击"视图"选项卡"命名

视图"面板中的"西南等轴测"按钮 ◈，将当前视图设置为西南等轴测视图。

（6）并集处理。单击"三维工具"选项卡"实体编辑"面板中的"并集"按钮 ●，将所有图形进行并集处理，结果如图 17-16 所示。

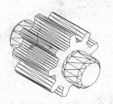

图 17-16　并集处理后的图形

（7）设置视图方向。选择菜单栏中的"视图"→"动态观察"→"受约束的动态观察"命令，将当前视图调整到能够看到另一个边轴的位置，结果如图 17-17 所示。

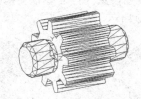

图 17-17　设置视图方向后的图形

（8）渲染视图。单击"视图"选项卡"视觉样式"面板中的"概念"按钮 ▧，对实体进行渲染，结果如图 17-1 所示。

17.2　长齿轮轴的设计

长齿轮轴由齿轮和轴两部分组成，绘制时注意绘制键槽及锁紧螺纹。

本实例的绘制思路为，先绘制齿轮，然后绘制轴，再绘制键槽及锁紧螺纹，最后通过"并集"命令将全部图形合并为一个整体。

17.2.1　配置绘图环境

STEP　绘制步骤

❶ 启动系统。启动 AutoCAD 2021，使用默认设置的绘图环境。

❷ 建立新文件。选择菜单栏中的"文件"→"新建"命令，打开"选择样板"对话框，单击"打

开"按钮右侧的 ▾ 按钮，以"无样板打开－公制"方式建立新文件；将新文件命名为"长齿轮轴.dwg"并保存。

❸ 设置线框密度。执行"ISOLINES"命令，设置线框密度为"10"。

❹ 设置视图方向。单击"视图"选项卡"命名视图"面板中的"前视"按钮 ▤，将当前视图设置为前视图。

17.2.2 | 绘制长齿轮轴

长齿轮轴如图 17-18 所示。

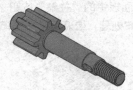

图 17-18　长齿轮轴

STEP 绘制步骤

❶ 绘制齿轮。重复 17.1.2 节中的步骤 1 绘制齿轮，如图 17-19 所示。

❷ 绘制齿轮轴光轴。

（1）设置视图方向。单击"视图"选项卡"命名视图"面板中的"西北等轴测"按钮 ◈，将当前视图设置为西北等轴测视图，结果如图 17-20 所示。

图 17-19　绘制齿轮　图 17-20　西北等轴测视图中的图形

（2）绘制圆柱体。单击"三维工具"选项卡"建模"面板中的"圆柱体"按钮 ▣，命令行提示如下。

```
命令 :_cylinder
指定底面的中心点或 [ 三点 (3P)/ 两点 (2P)/ 切
点、切点、半径 (T)/ 椭圆 (E)]: 0,0,0 ✓
指定底面半径或 [ 直径 (D)] <8.0000>: 7.5 ✓
指定高度或 [ 两点 (2P)/ 轴端点 (A)]<-
17.0000>:A ✓
指定轴端点 : @0,0,-2 ✓
命令 : _cylinder
指定底面的中心点或 [ 三点 (3P)/ 两点 (2P)/ 切
点、切点、半径 (T)/ 椭圆 (E)]: 0,0,-2 ✓
指定底面半径或 [ 直径 (D)] <7.5000>: 8 ✓
指定高度或 [ 两点 (2P)/ 轴端点 (A)]<-
2.0000>:A ✓
指定轴端点 : @0,0,-10 ✓
```

消隐后如图 17-21 所示。

（3）倒角处理。单击"默认"选项卡"修改"面板中的"倒角"按钮 ╱，对图 17-21 中的边 1 进行倒角处理，倒角距离为"1.5"，结果如图 17-22 所示。

图 17-21　绘制圆柱体　　　图 17-22　倒角

（4）设置视图方向。单击"视图"选项卡"命名视图"面板中的"西南等轴测"按钮 ◈，将当前视图设置为西南等轴测视图，结果如图 17-23 所示。

（5）绘制圆柱体。单击"三维工具"选项卡"建模"面板中的"圆柱体"按钮，绘制以点（0,0,24）为底面中心点，半径为"7.5"，高度为"2"的圆柱体；以点（0,0,26）为底面中心点，半径为"8"，高度为"41"的圆柱体；以点（0,0,67）为底面中心点，半径为"7"，高度为"11"的圆柱体。结果如图 17-24 所示。

图 17-23　西南等轴测视图中的图形　图 17-24　绘制圆柱体

❸ 绘制键槽。

（1）设置视图方向。单击"视图"选项卡"命名视图"面板中的"左视"按钮，将当前视图设置为左视图。

（2）绘制多段线。单击"默认"选项卡"绘图"面板中的"多段线"按钮，命令行提示如下。结果如图 17-25 所示。

```
命令 :_pline
指定起点 : 70,2.5 ✓
当前线 宽为 0.0000
指定下一个点或 [ 圆弧 (A)/ 半宽 (H)/ 长度
(L)/ 放弃 (U)/ 宽度 (W)]: @5,0 ✓
指定下一点或 [ 圆弧 (A)/ 闭合 (C)/ 半宽
(H)/ 长度 (L)/ 放弃 (U)/ 宽度 (W)]: A ✓
指定圆弧的端点 ( 按住 Ctrl 键以切换方向 )
或 [ 角度 (A)/ 圆心 (CE)/ 闭合 (CL)/ 方向
(D)/ 半宽 (H)/ 直线 (L)/ 半径 (R)/ 第二个点
(S)/ 放弃 (U)/ 宽 度 (W)]: A ✓
指定夹角 : -180 ✓
指定圆弧的端点 ( 按住 <Ctrl> 键以切换方向 ) 或
圆心 (CE)/ 半径 (R)]: R ✓
```

指定圆弧的半径：2.5 ✓
指定圆弧的弦方向（按住<Ctrl>键以切换方向）
<0>：270 ✓
指定圆弧的端点（按住<Ctrl>键以切换方向）
或[角度（A）/圆心（CE）/闭合（CL）/方向
（D）/半宽（H）/直线（L）/半径（R）/第二个点
（S）/放弃（U）/宽度（W）]：L ✓
指定下一点或[圆弧（A）/闭合（C）/半宽（H）/
长度（L）/放弃（U）/宽度（W）]：@-5,0 ✓
指定下一点或[圆弧（A）/闭合（C）/半宽
（H）/长度（L）/放弃（U）/宽度（W）]：A ✓
指定圆弧的端点（按住<Ctrl>键以切换方向）
或[角度（A）/圆心（CE）/闭合（CL）/方向
（D）/半宽（H）/直线（L）/半径（R）/第二个点
（S）/放弃（U）/宽度（W）]：A ✓
指定夹角：-180 ✓
指定圆弧的端点（按住<Ctrl>键以切换方向）
或[圆心（CE）/半径（R）]：(捕捉多段线的起点)
指定圆弧的端点（按住<Ctrl>键以切换方向）
或[角度（A）/圆心（CE）/闭合（CL）/方向
（D）/半宽（H）/直线（L）/半径（R）/第二个点
（S）/放弃（U）/宽度（W）]：＊取消＊

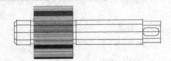

图 17-25　绘制多段线

（3）设置视图方向。单击"视图"选项卡"命名视图"面板中的"西南等轴测"按钮 ◈，将当前视图设置为西南等轴测视图，结果如图 17-26 所示。

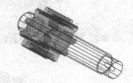

图 17-26　西南等轴测视图中的图形

（4）拉伸多段线。单击"三维工具"选项卡"建模"面板中的"拉伸"按钮 ▮，将步骤（2）中绘制的多段线进行拉伸，拉伸高度为"10"，结果如图 17-27 所示。

（5）设置视图方向。单击"视图"选项卡"命名视图"面板中的"前视"按钮 ▯，将当前视图设置为前视图，结果如图 17-28 所示。

（6）移动对象。单击"默认"选项卡"修改"面板中的"移动"按钮 ✛，将拉伸后的实体向左移动，距离为"4"，结果如图 17-29 所示。

图 17-27　拉伸多段线　　**图 17-28　前视图中的图形**

（7）设置视图方向。单击"视图"选项卡"命名视图"面板中的"西南等轴测"按钮 ◈，将当前视图设置为西南等轴测视图。

（8）差集处理。单击"三维工具"选项卡"实体编辑"面板中的"差集"按钮 ▱，对圆柱体与拉伸多段线后的实体进行差集处理，结果如图 17-30 所示。

图 17-29　移动拉伸的实体　　**图 17-30　差集处理**

❹ 绘制锁紧螺纹。

（1）绘制螺旋线。单击"默认"选项卡"绘图"面板中的"螺旋"按钮 ⬚，绘制螺纹轮廓，命令行提示如下。

```
命令：_Helix
圈数 = 3.0000    扭曲 =CCW
指定底面的中心点：0,0,76.25 ✓
指定底面半径或[直径（D）]<1.0000>：5 ✓
指定顶面半径或[直径（D）]<5.0000>：5 ✓
指定螺旋高度或[轴端点（A）/圈数（T）/圈高
（H）/扭曲（W）]<1.0000>：T ✓
输入圈数 <3.0000>：14 ✓
指定螺旋高度或[轴端点（A）/圈数（T）/圈高
（H）/扭曲（W）]<1.0000>：25 ✓
```

结果如图 17-31 所示。

（2）改变坐标系。利用"UCS"命令，将坐标系移动到螺旋线的右端点。结果如图 17-32 所示。

图 17-31　绘制螺旋线　　**图 17-32　改变坐标系**

（3）绘制牙型截面轮廓。单击"默认"选项卡"绘图"面板中的"直线"按钮 ╱，捕捉螺旋线的右端点绘制牙型截面轮廓，尺寸参照

图 17-33。单击"默认"选项卡"绘图"面板中的"面域"按钮 ，将其创建成面域，结果如图 17-34 所示。

图 17-33　牙型尺寸　　　图 17-34　绘制牙型截面轮廓

（4）扫掠形成实体。单击"三维工具"选项卡"建模"面板中的"扫掠"按钮 ，将三角牙型轮廓沿螺纹线进行扫掠，结果如图 17-35 所示。

（5）改变坐标系。利用"UCS"命令，将坐标系恢复到世界坐标系，并绕 X 轴旋转 90°。

（6）创建圆柱体。单击"三维工具"选项卡"建模"面板中的"圆柱体"按钮 ，以坐标点（0,0,78）为底面中心点，创建半径为"5"，高度为"25"的圆柱体；以坐标点（0,0,100.75）为底面中心点，创建半径为"8"，高度为"10"的圆柱体，结果如图 17-36 所示。

图 17-35　扫掠实体　　　图 17-36　创建圆柱体

（7）布尔运算处理。单击"三维工具"选项卡"实体编辑"面板中的"并集"按钮 ，除去半径为"8"的圆柱体外，其余部分全部进行并集处理。单击"三维工具"选项卡"实体编辑"面板中的"差集"按钮 ，从螺纹主体中减去半径为"8"的圆柱体，结果如图 17-37 所示。

图 17-37　布尔运算处理

（8）着色面。单击"三维工具"选项卡"实体编辑"面板中的"着色面"按钮 ，命令行提示如下。

```
命令：_solidedit
实体编辑自动检查 ：SOLIDCHECK=1
输入实体编辑选项 [面 (F)/边 (E)/体 (B)/放弃
(U)/退出 (X)] <退出>：_face
输入面编辑选项 [拉伸 (E)/移动 (M)/旋转 (R)/偏移 (O)/倾斜 (T)/删除 (D)/复制 (C)/颜色 (L)/材质 (A)/放弃 (U)/退出 (X)] <退出>：_color
选择面或 [放弃 (U)/删除 (R)]：(选择一个面)
选择面或 [放弃 (U)/删除 (R)/全部 (ALL)]：
ALL ✓
找到 65 个面
选择面或 [放弃 (U)/删除 (R)/全部 (ALL)]：✓
```

此时弹出"选择颜色"对话框，如图 17-38 所示。在其中选择需要的颜色，然后单击"确定"按钮。命令行继续出现如下提示。

```
输入面编辑选项 [拉伸 (E)/移动 (M)/旋转 (R)/偏移 (O)/倾斜 (T)/删除 (D)/复制 (C)/颜色 (L)/材质 (A)/放弃 (U)/退出 (X)] <退出>：✓
实体编辑自动检查 ：SOLIDCHECK=1
输入实体编辑选项 [面 (F)/边 (E)/体 (B)/放弃 (U)/退出 (X)] <退出>：* 取消 *
```

着色后的图形如图 17-18 所示。

图 17-38　"选择颜色"对话框

17.3　锥齿轮的设计

本实例绘制的锥齿轮由轮毂、轮齿、轴孔及键槽等部分组成。锥齿轮通常用于垂直相交两轴之间的传动，由于锥齿轮的轮齿位于圆锥面上，因此齿厚是变化的。

本实例的绘制思路为，先绘制轮毂的轮廓，然后使用"旋转"命令创建轮毂，再绘制轮齿，最后绘制轴孔及键槽。本实例涉及的知识点比较多，下面将分别介绍。

17.3.1 配置绘图环境

STEP 绘制步骤

❶ 启动系统。启动 AutoCAD 2021，使用默认设置的绘图环境。

❷ 建立新文件。选择菜单栏中的"文件"→"新建"命令，打开"选择样样板"对话框，单击"打开"按钮右侧的⊡按钮，以"无样板打开 – 公制"方式建立新文件；将新文件命名为"锥齿轮 .dwg"并保存。

❸ 设置线框密度。执行"ISOLINES"命令，设置线框密度为"10"。

❹ 设置视图方向。单击"视图"选项卡"命名视图"面板中的"前视"按钮🗗，将当前视图设置为前视图。

17.3.2 绘制锥齿轮

锥齿轮如图 17-39 所示。

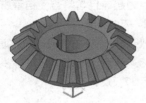

图 17-39 锥齿轮

STEP 绘制步骤

❶ 创建锥齿轮轮毂。

（1）绘制圆。单击"默认"选项卡"绘图"面板中的"圆"按钮⊙，在坐标原点绘制 3 个直径分别为"65.72""70.72"和"74.72"的圆。

（2）绘制直线。单击"默认"选项卡"绘图"面板中的"直线"按钮／，以坐标原点为起点，绘制一条水平直线和一条竖直直线。重复"直线"命令，绘制一条与 X 轴成 45° 夹角的斜直线。重复"直线"命令，以直径为"70.72"的圆与斜直线的交点为起点，绘制一条与斜直线垂直的直线。重复"直线"命令，以竖直线与斜直线的交点为起点，以 45° 斜直线与直径"74.72"的圆的交点为端点，绘制一条直线，结果如图 17-40 所示。

（3）偏移直线。单击"默认"选项卡"修改"面板中的"偏移"按钮，将水平直线向上偏移

"19"和"29"；重复"偏移"命令，将 45°斜线向上偏移"10"，结果如图 17-41 所示。

图 17-40 绘制直线　　　**图 17-41 偏移直线**

（4）修剪图形。单击"默认"选项卡"修改"面板中的"修剪"按钮🗡 和"删除"按钮✐，修剪和删除多余的线段，结果如图 17-42 所示。

图 17-42 修剪图形

（5）创建面域。单击"默认"选项卡"绘图"面板中的"面域"按钮▣，将上一步绘制的线段创建为面域。

（6）设置视图方向。选择菜单栏中的"视图"→"三维视图"→"西南等轴测"命令，将当前视图设置为西南等轴测视图。

（7）三维旋转。单击"三维工具"选项卡"建模"面板中的"旋转"按钮➡，将步骤（5）绘制的面域绕 Y 轴旋转，旋转角度为 360°，结果如图 17-43 所示。

❷ 绘制锥齿轮的轮齿轮廓。

（1）切换坐标系。在命令行中输入"UCS"，将坐标系切换到世界坐标系；重复"UCS"命令，将坐标系绕 X 轴旋转 45°。

（2）切换视图方向。选择菜单栏中的"视图"→"三维视图"→"平面视图"→"当前 UCS"命令，将视图方向切换到当前 UCS 视图方向，结果如图 17-44 所示。

图 17-43 旋转实体　　　**图 17-44 切换视图方向**

（3）新建图层。单击"默认"选项卡"图层"

面板中的"图层特性"按钮 ，打开"图层特性管理器"选项板，新建"轮齿"图层并设置为当前图层。隐藏 0 层。

（4）绘制圆。单击"默认"选项卡"绘图"面板中的"圆"按钮 ，在坐标原点绘制 3 个直径分别为"65.72""70.72"和"75"的圆，结果如图 17-45 所示。

（5）绘制直线。单击"默认"选项卡"绘图"面板中的"直线"按钮 ，以坐标原点为起点，分别绘制一条竖直直线和一条与 X 轴成 92.57° 的斜直线，结果如图 17-46 所示。

图 17-45　绘制圆　　　　图 17-46　绘制直线

（6）偏移直线。单击"默认"选项卡"修改"面板中的"偏移"按钮 ，将竖直直线向左偏移，偏移距离为"0.55"和"2.7"，结果如图 17-47 所示。

（7）绘制圆弧。单击"默认"选项卡"绘图"面板中的"圆弧"按钮 ，捕捉图 17-47 中的 A、B 和 C 3 点绘制圆弧，结果如图 17-48 所示。

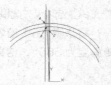 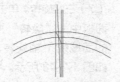

图 17-47　偏移直线　　　　图 17-48　绘制圆弧

（8）单击"默认"选项卡"修改"面板中的"镜像"按钮 ，将上一步绘制的圆弧以第（5）步绘制的竖直直线为中心线进行镜像复制，结果如图 17-49 所示。

（9）单击"默认"选项卡"修改"面板中的"修剪"按钮 和"删除"按钮 ，修剪和删除多余的线段，结果如图 17-50 所示。

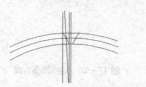

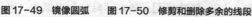

图 17-49　镜像圆弧　　图 17-50　修剪和删除多余的线段

（10）创建面域。单击"默认"选项卡"绘图"面板中的"面域"按钮 ，将上一步绘制的线段创建为面域。

❸ 创建齿形。

（1）切换坐标系。将 0 层显示。在命令行中输入"UCS"，将坐标系切换到世界坐标系，并绕 Y 轴旋转 90°。

（2）切换视图方向。选择菜单栏中的"视图"→"三维视图"→"平面视图"→"当前UCS"命令，将视图方向切换到当前 UCS 视图方向。

（3）绘制圆。单击"默认"选项卡"绘图"面板中的"圆"按钮 ，在坐标原点处绘制直径为 70.72 的圆。

（4）绘制直线。单击"默认"选项卡"绘图"面板中的"直线"按钮 ，以坐标原点为起点，绘制一条水平直线和一条与 X 轴成 135° 的斜直线。重复"直线"命令，绘制一条以斜直线与圆的交点为起点且与斜直线相垂直的直线，结果如图 17-51 所示。

（5）删除线段。单击"默认"选项卡"修改"面板中的"删除"按钮 ，删除多余的线段，结果如图 17-52 所示。

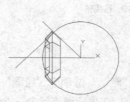 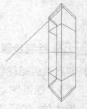

图 17-51　绘制直线　　　　图 17-52　删除线段

（6）设置视图方向。选择菜单栏中的"视图"→"三维视图"→"西北等轴测"命令，将当前视图设置为西北等轴测视图。

（7）扫掠轮齿。单击"三维工具"选项卡"建模"面板中的"扫掠"按钮 ，选择轮齿轮廓为扫掠对象，选择斜直线为扫掠路径，结果如图 17-53 所示。

（8）阵列轮齿。选择菜单栏中的"修改"→"三维操作"→"三维阵列"命令，将上一步创建的轮齿绕 X 轴进行环形阵列，阵列个数为 20。

（9）差集运算。单击"三维工具"选项卡"实

体编辑"面板中的"差集"按钮 ，对齿轮主
体与轮齿进行差集运算，结果如图 17-54 所示。

图 **17-53**　扫掠轮齿

图 **17-54**　差集运算

❹ 创建键槽和轴孔。

（1）切换坐标系。在命令行中输入"UCS"，
将坐标系切换到世界坐标系。

（2）创建圆柱体。单击"三维工具"选项卡
"建模"面板中的"圆柱体"按钮 ，以坐
标点（0,0,16）为底面中心，分别创建半径为
"12.5"、高度为"3"和半径为"7"、高度为
"15"的圆柱体。

（3）布尔运算。单击"三维工具"选项卡"实
体编辑"面板中的"并集"按钮 ，将半径为
"12.5"的圆柱体和齿轮主体合并为一体。单击
"三维工具"选项卡"实体编辑"面板中的"差
集"按钮 ，对齿轮主体与半径为"7"的圆柱
体进行差集处理，结果如图 17-55 所示。

（4）切换视图方向。选择菜单栏中的"视图"
→"三维视图"→"平面视图"→"当前 UCS"
命令，将视图方向切换到当前 UCS 视图方向。

（5）绘制直线。单击"默认"选项卡"绘图"
面板中的"直线"按钮 ，绘制高度为9.3，

宽度为"5"的矩形，结果如图 17-56 所示。

图 **17-55**　布尔运算

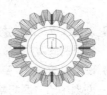

图 **17-56**　绘制直线

（6）创建面域。单击"默认"选项卡"绘图"
面板中的"面域"按钮 ，将上一步绘制的线
段创建为面域。

（7）设置视图方向。选择菜单栏中的"视图"→
"三维视图"→"西南等轴测"命令，将当前
视图设置为西南等轴测视图。

（8）拉伸处理。单击"三维工具"选项卡"建模"
面板中的"拉伸"按钮，将创建的面域进行拉伸，
拉伸高度为"30"。

（9）差集运算。单击"三维工具"选项卡"实
体编辑"面板中的"差集"按钮，对齿轮主体
与拉伸体进行差集处理，结果如图 17-57 所示。

图 **17-57**　差集运算

（10）渲染视图。单击"视图"选项卡"视觉样
式"面板中的"概念"按钮 ，对实体进行渲染，
结果如图 17-39 所示。

17.4　左端盖的设计

　　左端盖由下部和上部组成，上面还有定位孔、连接孔和轴孔。在本例中，左端盖的下部和上部图形相似，
但采用了两种不同的绘制方法，希望读者灵活运用。左端盖的下部通过绘制立体图，然后合并而成；左端盖
的上部通过绘制外形轮廓线，然后拉伸而成。对于定位孔、连接孔和轴孔，本例采用在所需要的位置绘制圆
柱体，然后通过"差集"命令来形成。

17.4.1　配置绘图环境

STEP 绘制步骤

❶ 启动系统。启动 AutoCAD 2021，使用默认设

置的绘图环境。

❷ 建立新文件。选择菜单栏中的"文件"→"新建"
命令，打开"选择样板"对话框，单击"打开"
按钮右侧的 按钮，以"无样板打开 - 公制"方

式建立新文件；将新文件命名为"左端盖.dwg"
并保存。

❸ 设置线框密度。执行"ISOLINES"命令，设置
线框密度为"10"。

❹ 设置视图方向。单击"视图"选项卡"命名视图"
面板中的"西南等轴测"按钮 ，将当前视图
设置为西南等轴测视图。

17.4.2 | 绘制左端盖

STEP 绘制步骤

左端盖如图17-58所示。

图17-58 左端盖

❶ 绘制左端盖下部。

（1）绘制长方体。单击"三维工具"选项卡"建
模"面板中的"长方体"按钮，绘制角点在原点，
长度为"56"，宽度为"28.76"，高度为"9"
的长方体，结果如图17-59所示。

（2）绘制圆柱体。单击"三维工具"选项卡
"建模"面板中的"圆柱体"按钮 ，分别以
（28,0,0）和（28,28.76,0）为底面中心点，
绘制半径为"28"，高度为"9"的圆柱体，结
果如图17-60所示。

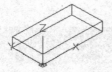

图17-59 绘制长方体

图17-60 绘制圆柱体

（3）并集处理。单击"三维工具"选项卡"实体
编辑"面板中的"并集"按钮 ，对前面绘制的
长方体和圆柱体进行并集处理，结果如图17-61
所示。

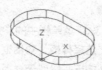

图17-61 并集处理

 注意 图17-61所示的图形，是先绘制一个长方体
和两个圆柱体，然后通过并集处理合并而
成的。本例也可以先绘制外形轮廓线，然后拉伸而
成，但这需要用户对AutoCAD命令非常熟练，并能
灵活运用。下面绘制的左端盖上部将采用该方法。

❷ 绘制左端盖上部。

（1）设置视图方向。单击"视图"选项卡"命名
视图"面板中的"俯视"按钮 ，将当前视图设
置为俯视图。

（2）绘制多段线。单击"默认"选项卡"绘图"
面板中的"多段线"按钮 ，命令行提示如下。

```
命令：_pline
指定起点：12,0 ✓
当前线宽为 0.0000
指定下一个点或 [ 圆弧 (A)/ 半宽 (H)/ 长度
(L)/ 放弃 (U)/ 宽度 (W)]：@0,28.76 ✓
指定下一点或 [ 圆弧 (A)/ 闭合 (C)/ 半宽
(H)/ 长度 (L)/ 放弃 (U)/ 宽度 (W)]：A ✓
指定圆弧的端点（ 按住 <Ctrl>键以切换方向 ）
或 [ 角度 (A)/ 圆心 (CE)/ 闭合 (CL)/ 方向
(D)/ 半宽 (H)/ 直线 (L)/ 半径 (R)/ 第二个点
(S)/ 放弃 (U)/ 宽度 (W)]：A ✓
指定夹角：-180 ✓
指定圆弧的端点或 [ 圆心 (CE)/ 半径 (R)]：CE ✓
指定圆弧的圆心：@16,0 ✓
指定圆弧的端点（ 按住 <Ctrl>键以切换方向 ）
或 [ 角度 (A)/ 圆心 (CE)/ 闭合 (CL)/ 方向
(D)/ 半宽 (H)/ 直线 (L)/ 半径 (R)/ 第二个点
(S)/ 放弃 (U)/ 宽度 (W)]：L ✓
指定下一点或 [ 圆弧 (A)/ 闭合 (C)/ 半宽 (H)/
长度 (L)/ 放弃 (U)/ 宽度 (W)]：@0,-28.76 ✓
指定下一点或 [ 圆弧 (A)/ 闭合 (C)/ 半宽
(H)/ 长度 (L)/ 放弃 (U)/ 宽度 (W)]：A ✓
指定圆弧的端点（ 按住 <Ctrl>键以切换方向 ）
或 [ 角度 (A)/ 圆心 (CE)/ 闭合 (CL)/ 方向
(D)/ 半宽 (H)/ 直线 (L)/ 半径 (R)/ 第二个点
(S)/ 放弃 (U)/ 宽度 (W)]：(捕捉多段线的起点)
指定圆弧的端点（ 按住 <Ctrl>键以切换方向 ）
或 [ 角度 (A)/ 圆心 (CE)/ 闭合 (CL)/ 方向
(D)/ 半宽 (H)/ 直线 (L)/ 半径 (R)/ 第二个点
(S)/ 放弃 (U)/ 宽度 (W)]：* 取消 *
```

结果如图17-62所示。

图17-62 绘制多段线

绘制立体图的草图时，可以在不同方向的视图中绘制。但是在某些视图中绘制时，草图不直观，而且输入数据也比较烦琐，所以建议通过变换视图方向，将要绘制的草图设置在某一平面视图中。

（3）设置视图方向。单击"视图"选项卡"命名视图"面板中的"西南等轴测"按钮 ，将当前视图设置为西南等轴测视图，结果如图 17-63 所示。

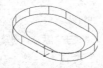

图 17-63　西南等轴测视图中的图形

（4）拉伸多段线。单击"三维工具"选项卡"建模"面板中的"拉伸"按钮 █，对步骤（2）中绘制的多段线进行拉伸，拉伸高度为"16"，结果如图 17-64 所示。

（5）并集处理。单击"三维工具"选项卡"实体编辑"面板中的"并集"按钮 █，将左端盖的下部和上部合并，结果如图 17-65 所示。

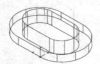　　

图 17-64　拉伸多段线　　　**图 17-65　并集处理**

（6）圆角处理。单击"默认"选项卡"修改"面板中的"圆角"按钮 █，命令行提示如下。

```
命令 :_fillet
当前设置 : 模式 = 修剪, 半径 = 0.0000
选择第一个对象或 [ 放弃 (U)/ 多段线 (P)/ 半
径 (R)/ 修剪 (T)/ 多个 (M)]: R ✓
指定圆角半径 <0.0000>: 1 ✓
选择第一个对象或 [ 放弃 (U)/ 多段线 (P)/
半径 (R)/ 修剪 (T)/ 多个 (M)]:（选择合并后
的实体）
输入圆角半径或 [ 表达式 (E) ] <1.0000>: ✓
选择边或 [ 链 (C)/ 环 (L)/ 半径 (R)]: C ✓
选择边链或 [ 边 (E)/ 半径 (R)]:（选择左端盖
上部的边线）
选择边链或 [ 边 (E)/ 半径 (R)]: ✓
已选定 4 个边用于圆角
```

结果如图 17-66 所示。

（7）消隐处理。选择菜单栏中的"视图"→"消隐"命令，结果如图 17-67 所示。

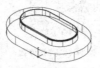　　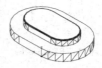

图 17-66　圆角处理　　　　**图 17-67　消隐处理**

消隐主要是为了更清楚地观看视图，适当地消隐背景线可使显示更加清晰，但是该命令不能编辑消隐或渲染后的视图。

❸ 绘制连接孔。

（1）设置视图方向。单击"视图"选项卡"命名视图"面板中的"俯视"按钮 █，将当前视图设置为俯视图。

（2）绘制圆。单击"默认"选项卡"绘图"面板中的"圆"按钮 ⊙，绘制以（6,0）为圆心，半径为"3.5"的圆。

（3）复制圆。单击"默认"选项卡"修改"面板中的"复制"按钮 █，命令行提示如下。

```
命令 :_copy
选择对象 :（选择上一步绘制的圆）
选择对象 : ✓
当前设置 : 复制模式 = 多个
指定基点或 [ 位移 (D)/ 模式 (O)]< 位移 >:
6,0 ✓
指定第二个点或 [ 阵列 (A)] < 使用第一个点作
为位移 >: 28.63,-22 ✓
指定第二个点或 [ 阵列 (A)/ 退出 (E)/ 放弃
(U)]< 退出 >: 50,0 ✓
指定第二个点或 [ 阵列 (A)/ 退出 (E)/ 放弃
(U)]< 退出 >: 50,28.76 ✓
指定第二个点或 [ 阵列 (A)/ 退出 (E)/ 放弃
(U)]< 退出 >: 28,50.76 ✓
指定第二个点或 [ 阵列 (A)/ 退出 (E)/ 放弃
(U)]< 退出 >: 6,28.76 ✓
指定第二个点或 [ 阵列 (A)/ 退出 (E)/ 放弃
(U)]< 退出 >: ✓
```

结果如图 17-68 所示。

（4）设置视图方向。单击"视图"选项卡"命名视图"面板中的"西南等轴测"按钮 █，将当前视图设置为西南等轴测视图。

（5）拉伸圆。单击"三维工具"选项卡"建模"面板中的"拉伸"按钮 █，对 6 个圆进行拉伸，拉伸高度为"9"，结果如图 17-69 所示。

图 17-68 复制圆

图 17-69 拉伸圆

（6）差集处理。单击"三维工具"选项卡"实体编辑"面板中的"差集"按钮📥，分别对左端盖与拉伸后的6个圆柱体进行差集处理，结果如图17-70所示。

> **注意** 上面绘制圆柱体时，先绘制平面图形，然后拉伸为圆柱体。这样做主要是为了让用户熟悉AutoCAD命令，熟练掌握图形的不同生成方式。下面将使用"圆柱体"命令直接绘制圆柱体。

（7）绘制圆柱体。单击"三维工具"选项卡"建模"面板中的"圆柱体"按钮🛢️，创建以（6,0,9）为底面中心点，半径为"4.5"，高度为"-6"的圆柱体，结果如图17-71所示。

图 17-70 差集处理

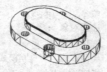
图 17-71 绘制圆柱体

（8）复制圆柱体。单击"默认"选项卡"修改"面板中的"复制"按钮🗐，将上一步绘制的圆柱体以上端圆心为基点，复制到坐标点（28.63,-22,9），（50,0,9），（50,28.76,9），（28,50.76,9）和（6,28.76,9），复制后的结果如图17-72所示。

（9）差集处理。单击"三维工具"选项卡"实体编辑"面板中的"差集"按钮📥，分别对左端盖与6个圆柱体进行差集处理，结果如图17-73所示。

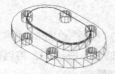
图 17-72 复制圆柱体

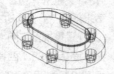
图 17-73 差集处理

❹ 绘制定位孔。

（1）设置视图方向。单击"视图"选项卡"命

名视图"面板中的"俯视"按钮⊡，将当前视图设置为俯视图，结果如图17-74所示。

图 17-74 俯视图中的图形

（2）绘制圆。单击"默认"选项卡"绘图"面板中的"圆"按钮⊘，绘制以（28,0）为圆心，半径为"2.5"的圆。

（3）复制圆。单击"默认"选项卡"修改"面板中的"复制"按钮🗐，将上一步绘制的圆以圆心为基点，复制到坐标点（@22<-135）和（@0,28.76），分别得到圆2和圆3；单击"默认"选项卡"修改"面板中的"复制"按钮🗐，将圆3以圆心为基点，复制到坐标点（@22<45），结果如图17-75所示。

（4）删除圆。单击"默认"选项卡"修改"面板中的"删除"按钮✐，删除图17-75中的圆1和圆3，结果如图17-76所示。

图 17-75 复制圆   图 17-76 删除圆

> **注意** 为了绘制图17-75中的圆2和圆4，本例采用了间接的方法，并且采用了极坐标的输入形式。这主要是因为若直接输入这两个圆的坐标，其坐标不为整数，定位不精确。所以，在绘制图形时，要灵活掌握坐标的输入形式。

（5）设置视图方向。单击"视图"选项卡"命名视图"面板中的"西南等轴测"按钮◈，将当前视图设置为西南等轴测视图。

（6）拉伸圆。单击"三维工具"选项卡"建模"面板中的"拉伸"按钮🗐，将圆2和圆4进行拉伸，拉伸高度为"9"，结果如图17-77所示。

（7）差集处理。单击"三维工具"选项卡"实体编辑"面板中的"差集"按钮📥，分别对左端盖与拉伸后的两个圆柱体进行差集处理，结果如图 17-78 所示。

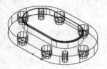 

图 17-77　拉伸圆　　　**图 17-78　差集处理**

❺ 绘制轴孔。

（1）绘制圆柱体。单击"三维工具"选项卡"建模"面板中的"圆柱体"按钮 ⬡，绘制以（28,0,0）为底面中心点，半径为"8"，高度为"11"的圆柱体，结果如图 17-79 所示。

（2）复制圆柱体。单击"默认"选项卡"修改"面板中的"复制"按钮 ❀，将上一步绘制的圆柱体以圆柱体的下底面圆心为基点，复制到坐标点（@0,28.76,0），结果如图 17-80 所示。

（3）差集处理。单击"三维工具"选项卡"实体编辑"面板中的"差集"按钮 ◩，分别对左

端盖与两个圆柱体进行差集处理。

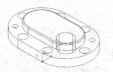 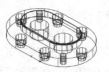

图 17-79　绘制圆柱体　　**图 17-80　复制圆柱体**

（4）渲染视图。选择菜单栏中的"视图"→"视觉样式"→"概念"命令，渲染后的图形如图 17-81 所示。

图 17-81　渲染后的图形

（5）设置视图方向。单击"三维导航"工具栏中的"受约束的动态观察"按钮 ⟳，将当前视图调整到能够看到轴孔的位置，结果如图 17-58 所示。

17.5　右端盖的设计

右端盖由下部、上部以及连接部等部分组成，上面还有定位孔、连接孔以及轴孔。

本实例的绘制思路为：依次绘制右端盖的下部、上部和连接部，然后通过"并集"命令，将其合并为一个整体。在本例中，右端盖的下部和上部相似，但采用了两种不同的方法绘制，希望读者灵活运用。右端盖的下部通过绘制立体图，然后合并而成；右端盖的上部通过绘制外形轮廓线，然后拉伸而成。对于定位孔、连接孔和轴孔，本例采用在所需要的位置绘制圆柱体，然后通过"差集"命令来形成。

17.5.1 | 配置绘图环境

STEP　绘制步骤

❶ 启动系统。启动 AutoCAD 2021，使用默认设置的绘图环境。

❷ 建立新文件。选择菜单栏中的"文件"→"新建"命令，打开"选择样板"对话框，单击"打开"按钮右侧的 ▾ 按钮，以"无样板打开 – 公制"方式建立新文件；将新文件命名为"右端盖 .dwg"并保存。

❸ 设置线框密度。执行"ISOLINES"命令，设置线框密度为"10"。

❹ 设置视图方向。单击"视图"选项卡"命名视图"面板中的"西南等轴测"按钮 ◈，将当前视图设置为西南等轴测视图。

17.5.2 | 绘制右端盖

右端盖如图 17-82 所示。

图 17-82　右端盖

STEP 绘制步骤

❶ 绘制右端盖下部。

（1）绘制长方体。单击"三维工具"选项卡"建模"面板中的"长方体"按钮 ▦，绘制以（-28,0,0）为角点，长度为"56"，宽度为"28.76"，高度为"9"的长方体，结果如图 17-83 所示。

（2）绘制圆柱体。单击"三维工具"选项卡"建模"面板中的"圆柱体"按钮 ▦，分别绘制底面中心点为（0,0,0）和（0,-28.76,0），半径为"28"，高度为"9"的两个圆柱体，结果如图 17-84 所示。

图 17-83 绘制长方体　　**图 17-84 绘制圆柱体**

（3）并集处理。单击"三维工具"选项卡"实体编辑"面板中的"并集"按钮 ▦，对前两步绘制的长方体和圆柱体进行并集处理，结果如图 17-85 所示。

图 17-85 并集处理

❷ 绘制右端盖上部。

（1）设置视图方向。单击"视图"选项卡"命名视图"面板中的"俯视"按钮 ▦，将当前视图设置为俯视图。

（2）绘制多段线。单击"默认"选项卡"绘图"面板中的"多段线"按钮 ▁，命令行提示如下。

```
命令：_pline
指定起点：-16,-28.76 ↙
当前线宽为 0.0000
指定下一个点或 [ 圆弧 (A)/ 半宽 (H)/ 长度 (L)/ 放弃 (U)/ 宽度 (W)]：@0,28.76 ↙
指定下一点或 [ 圆弧 (A)/ 闭合 (C)/ 半宽 (H)/ 长度 (L)/ 放弃 (U)/ 宽度 (W)]：A ↙
指定圆弧的端点或 [ 角度(A)/ 圆心(CE)/ 闭合(CL)/ 方向(D)/ 半宽(H)/ 直线(L)/ 半径(R)/ 第二个点 (S)/ 放弃(U)/ 宽度 (W)]：A ↙
指定夹角：-180 ↙
指定圆弧的端点（ 按住 <Ctrl>键以切换方向 ）或 [ 圆心 (CE)/ 半径 (R)]：@32,0 ↙
```

```
指定圆弧的端点（ 按住<Ctrl>键以切换方向 ）或 [ 角度(A)/ 圆心(CE)/ 闭合(CL)/ 方向(D)/ 半宽(H)/ 直线(L)/ 半径(R)/ 第二个点(S)/ 放弃(U)/ 宽度(W)]：L ↙
指定下一点或 [ 圆弧 (A)/ 闭合 (C)/ 半宽 (H)/ 长度 (L)/ 放弃 (U)/ 宽度 (W)]：@0,-28.76 ↙
指定下一点或 [ 圆弧 (A)/ 闭合 (C)/ 半宽 (H)/ 长度 (L)/ 放弃 (U)/ 宽度 (W)]：A ↙
指定圆弧的端点（ 按住<Ctrl>键以切换方向 ）或 [ 角度 (A)/ 圆心 (CE)/ 闭合 (CL)/ 方向 (D)/ 半宽 (H)/ 直线 (L)/ 半径 (R)/ 第二个点 (S)/ 放弃 (U)/ 宽度 (W)]：（捕捉多段线的起点）
指定圆弧的端点（ 按住<Ctrl>键以切换方向 ）或 [ 角度 (A)/ 圆心 (CE)/ 闭合 (CL)/ 方向 (D)/ 半宽 (H)/ 直线 (L)/ 半径 (R)/ 第二个点 (S)/ 放弃 (U)/ 宽度 (W)]：* 取消 *
```

结果如图 17-86 所示。

（3）设置视图方向。单击"视图"选项卡"命名视图"面板中的"西南等轴测"按钮 ▦，将当前视图设置为西南等轴测视图，结果如图 17-87 所示。

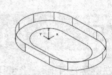

图 17-86 绘制多段线　**图 17-87 西南等轴测视图中的图形**

（4）拉伸多段线。单击"三维工具"选项卡"建模"面板中的"拉伸"按钮 ▦，对步骤（2）中绘制的多段线进行拉伸处理，拉伸高度为"16"，结果如图 17-88 所示。

（5）并集处理。单击"三维工具"选项卡"实体编辑"面板中的"并集"按钮 ▦，将右端盖的下部和上部合并，结果如图 17-89 所示。

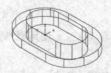
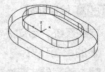

图 17-88 拉伸多段线　　**图 17-89 并集处理**

（6）倒圆角。单击"默认"选项卡"修改"面板中的"圆角"按钮 ▢，选择拉伸体的上端面边线，创建半径为"1"的圆角，结果如图 17-90 所示。使用同样的命令，对右端盖的其他部分倒圆角，结果如图 17-91 所示。

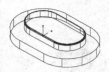

图 17-90 倒圆角

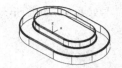

图 17-91 全部倒圆角后的图形

> **注意** 连续执行相同的命令时，不必在命令行中输入相同的命令，直接按<Enter>键即可。这样可以提高绘图的效率；如果在连续两次执行相同的命令之间执行了其他的命令操作，则只能再次输入命令。

（7）消隐处理。单击“视图”选项卡“视觉样式”面板中的“隐藏”按钮，结果如图 17-92 所示。

❸ 绘制连接部。

（1）绘制圆柱体。单击“三维工具”选项卡“建模”面板中的“圆柱体”按钮，绘制底面中心点为（0,0,16），半径为“12.5”，高度为“5”的圆柱体，结果如图 17-93 所示。

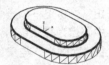

图 17-92 消隐处理

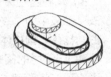

图 17-93 绘制圆柱体

（2）绘制螺纹线。单击“默认”选项卡“绘图”面板中的“螺旋”按钮，绘制螺纹轮廓，命令行提示如下。

```
命令 :_Helix
圈数 = 3.0000      扭曲 = CCW
指定底面的中心点 : 0,0,21 ↙
指定底面半径或 [ 直径 (D)] <1.0000>: 12.5 ↙
指定顶面半径或 [ 直径 (D)] <12.5000>: 12.5 ↙
指定螺旋高度或 [ 轴端点 (A)/ 圈数 (T)/ 圈高 (H)/ 扭曲 (W)] <1.0000>: T ↙
输入圈数 <3.0000>: 9 ↙
指定螺旋高度或 [ 轴端点 (A)/ 圈数 (T)/ 圈高 (H)/ 扭曲 (W)] <1.0000>: 13.7 ↙
```

结果如图 17-94 所示。

（3）切换坐标系。利用“UCS”命令，将坐标系移动到螺旋线端点上，结果如图 17-95 所示。

（4）绘制牙型截面轮廓。单击“默认”选项卡“绘图”面板中的“直线”按钮，捕捉螺旋线的上端点绘制牙型截面轮廓，尺寸参照图 17-96；单击“默认”选项卡“绘图”面板中的“面域”按钮，将其创建成面域，结果如图 17-97 所示。

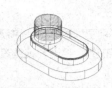

图 17-94 绘制螺纹线

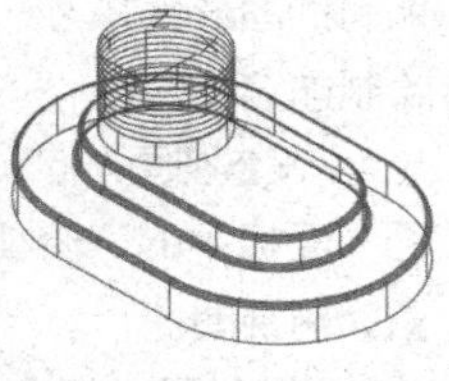

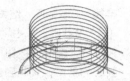

图 17-95 切换坐标系

图 17-96 牙型尺寸

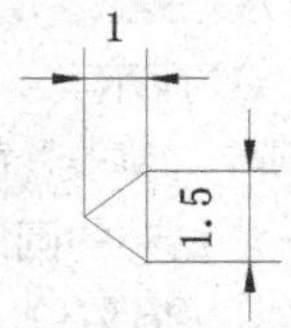

图 17-97 绘制牙型截面轮廓

（5）扫掠形成实体。单击“三维工具”选项卡“建模”面板中的“扫掠”按钮，将三角牙型轮廓沿螺纹线扫掠成实体，结果如图 17-98 所示。

（6）创建圆柱体。将坐标系切换到世界坐标系，单击“三维工具”选项卡“建模”面板中的“圆柱体”按钮，以坐标点（0,0,31.5）为底面中心点，创建半径为“20”，高度为“10”的圆柱体；以坐标点（0,0,21）为底面中心点，创建半径为“12.6”，高度为“14”的圆柱体，结果如图 17-99 所示。

图 17-98 扫掠实体

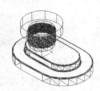

图 17-99 创建圆柱体

（7）布尔运算处理。单击“三维工具”选项卡“实体编辑”面板中的“并集”按钮，对螺纹与半径为“12.6”的圆柱体进行并集处理，然后利用“差集”命令从螺纹中减去半径为“20”的圆柱体，结果如图 17-100 所示。

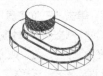

图 17-100 布尔运算处理

（8）并集处理。单击“三维工具”选项卡“实

体编辑"面板中的"并集"按钮 ，将视图中所有的图形合并为一个实体。

❹ 绘制连接孔。

（1）设置视图方向。单击"视图"选项卡"命名视图"面板中的"俯视"按钮 ，将当前视图设置为俯视图。

（2）绘制圆。单击"默认"选项卡"绘图"面板中的"圆"按钮 ，绘制圆心为（-22,0），半径为 3.5 的圆，结果如图 17-101 所示。

（3）复制圆。单击"默认"选项卡"修改"面板中的"复制"按钮 ，将上一步绘制的圆以圆心为基点，复制到坐标点（@0,-28.76），（@22,-50.76），（@44,-28.76），（@44,0）和（@22,22），结果如图 17-102 所示。

图 17-101　绘制圆　　　　图 17-102　复制圆

 注意 在执行"COPY"命令时，命令行一直在提示指定位移的第二点，直到按<Enter>键结束为止，这样可避免重复操作，提高绘图的效率。另外，需要注意的是，指定的第二点的位移是相对基点而言的，而不是相对上一点的位移。

（4）设置视图方向。选择菜单栏中的"视图"→"三维视图"→"西南等轴测"命令，将当前视图设置为西南等轴测视图，结果如图 17-103 所示。

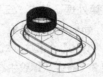

图 17-103　西南等轴测视图中的图形

（5）拉伸圆。单击"三维工具"选项卡"建模"面板中的"拉伸"按钮 ，对 6 个圆进行拉伸处理，拉伸高度为"9"，结果如图 17-104 所示。

（6）差集处理。单击"三维工具"选项卡"实体编辑"面板中的"差集"按钮 ，分别对右端盖与拉伸后的 6 个圆柱体进行差集处理，结

果如图 17-105 所示。

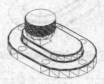

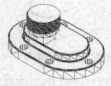

图 17-104　拉伸圆　　　　图 17-105　差集处理

 注意 为了让用户熟练掌握AutoCAD命令，上面在绘制圆柱体时，采用分步绘制，先绘制平面图形，然后拉伸为圆柱体。为了使用户掌握不同的绘制方式，下面将采用"圆柱体"命令直接绘制圆柱体。

（7）绘制圆柱体。单击"三维工具"选项卡"建模"面板中的"圆柱体"按钮 ，绘制底面中心点为（-22,0,9），半径为"4.5"，高度为"-6"的圆柱体，结果如图 17-106 所示。

（8）复制圆柱体。单击"默认"选项卡"修改"面板中的"复制"按钮 ，将上一步绘制的圆柱体以圆柱体的底面中心点为基点复制到步骤（5）中的圆柱体的上端面圆心，结果如图 17-107 所示。

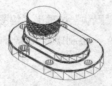
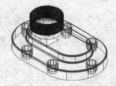

图 17-106　绘制圆柱体　　　图 17-107　复制圆柱体

（9）差集处理。单击"三维工具"选项卡"实体编辑"面板中的"差集"按钮 ，分别对右端盖与 6 个圆柱体进行差集处理，结果如图 17-108 所示。

❺ 绘制定位孔。

（1）设置视图方向。单击"视图"选项卡"命名视图"面板中的"俯视"按钮 ，将当前视图设置为俯视图，结果如图 17-109 所示。

图 17-108　差集处理　　　图 17-109　俯视图中的图形

（2）绘制圆。单击"默认"选项卡"绘图"面板中的"圆"按钮 ⊙ ，绘制圆心为（0,0），半径为"2.5"的圆。

（3）复制圆。单击"默认"选项卡"修改"面板中的"复制"按钮 ❀ ，将上一步绘制的圆复制到坐标（@22<45）和（@0,-28.76）处，分别得到圆2和圆3。重复"复制"命令，将圆3复制到坐标（@22<-135）处，结果如图 17-110 所示。

（4）删除圆。单击"默认"选项卡"修改"面板中的"删除"按钮 ✐ ，删除图 17-110 中的圆1和圆3，结果如图 17-111 所示。

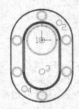 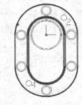

图 17-110　复制圆　　　**图 17-111　删除圆**

（5）设置视图方向。选择菜单栏中的"视图"→"三维视图"→"西南等轴测"命令，将当前视图设置为西南等轴测视图。

（6）拉伸圆。单击"三维工具"选项卡"建模"面板中的"拉伸"按钮 ▣ ，对圆2和圆4进行拉伸处理，拉伸高度为"9"，结果如图 17-112 所示。

（7）差集处理。单击"三维工具"选项卡"实体编辑"面板中的"差集"按钮 ➅ ，分别对右端盖与拉伸后的两个圆柱体进行差集处理，结果如图 17-113 所示。

 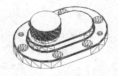

图 17-112　拉伸圆　　　**图 17-113　差集处理**

❻ 绘制轴孔。

（1）绘制圆柱体。单击"三维工具"选项卡"建模"面板中的"圆柱体"按钮 ▢ ，命令行提示如下。

```
命令：_cylinder
指定底面的中心点或 [ 三点 (3P)/ 两点 (2P)/ 相切、相切、半径 (T)/ 椭圆 (E)]:0,-28.76,0 ✓
指定底面半径或 [ 直径 (D)]: 8 ✓
指定高度或 [ 两点 (2P)/ 轴端点 (A)]: 11 ✓
命令：_cylinder
指定底面的中心点或 [ 三点 (3P)/ 两点 (2P)/ 相切、相切、半径 (T)/ 椭圆 (E)]:0,0,0 ✓
指定底面半径或 [ 直径 (D)]: 8 ✓
指定高度或 [ 两点 (2P)/ 轴端点 (A)]: 21 ✓
命令：_cylinder
指定底面的中心点或 [ 三点 (3P)/ 两点 (2P)/ 相切、相切、半径 (T)/ 椭圆 (E)]:0,0,21 ✓
指定底面半径或 [ 直径 (D)]: 10 ✓
指定高度或 [ 两点 (2P)/ 轴端点 (A)]: 15 ✓
```

结果如图 17-114 所示。

（2）差集处理。单击"三维工具"选项卡"实体编辑"面板中的"差集"按钮 ➅ ，分别对右端盖与步骤（1）中创建的3个圆柱体进行差集处理，结果如图 17-115 所示。

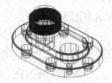 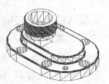

图 17-114　绘制圆柱体　　　**图 17-115　差集处理**

（3）设置视图方向。选择菜单栏中的"视图"→"动态观察"→"受约束的动态观察"命令，将当前视图调整到能够看到右端盖下面轴孔的位置，结果如图 17-116 所示。

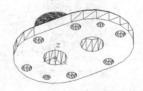

图 17-116　调整视图方向

（4）渲染视图。单击"视图"选项卡"视察样式"面板中的"概念"按钮 ▣ ，渲染后的图形如图 17-82 所示。

17.6 泵体的设计

泵体由泵体腔部和支座两部分组成，上面还有定位孔、连接孔以及进出油口。

本实例的绘制思路为：依次绘制泵体的腔部和支座，然后通过并集处理，将其合并为一个整体，再绘制上面的定位孔、连接孔和进出油口。在本例中，泵体的腔部和支座一部分是通过绘制多段线，然后进行拉伸，最后运用差集处理来形成；另一部分是通过直接创建长方体和圆柱体，然后运用差集处理来形成。对于定位孔、连接孔和进出油口，本例采用在所需要的位置绘制圆柱体，然后通过差集处理的方式来形成。

17.6.1 配置绘图环境

STEP 绘制步骤

❶ 启动系统。启动 AutoCAD 2021，使用默认设置的绘图环境。

❷ 建立新文件。选择菜单栏中的"文件"→"新建"命令，打开"选择样板"对话框，单击"打开"按钮右侧的▾按钮，以"无样板打开 - 公制"方式建立新文件；将新文件命名为"泵体.dwg"并保存。

❸ 设置线框密度。执行"ISOLINES"命令，设置线框密度为"10"。

❹ 设置视图方向。单击"视图"选项卡"命名视图"面板中的"前视"按钮 ⬚，将当前视图设置为前视图。

17.6.2 绘制泵体

泵体如图 17-117 所示。

图 17-117　泵体

STEP 绘制步骤

❶ 绘制泵体腔部。

（1）绘制多段线。单击"默认"选项卡"绘图"面板中的"多段线"按钮 ⬭，命令行提示如下。

```
命令 :_pline
指定起点 : -28,-28.76 ✓
当前线宽为 0.0000
指定下一个点或 [ 圆弧 (A)/ 半宽 (H)/ 长度
(L)/放弃 (U)/ 宽度 (W)]: @0,28.76 ✓
```

```
指定下一点或 [ 圆弧 (A)/ 闭合 (C)/ 半宽
(H)/ 长度 (L)/ 放弃 (U)/ 宽度 (W)]: A ✓
指定圆弧的端点 （ 按住 <Ctrl> 键以切换方向 ）
或 [ 角度 (A)/ 圆心 (CE)/ 闭合 (CL)/ 方向
(D)/ 半宽 (H)/ 直线 (L)/ 半径 (R)/ 第二个点
(S)/ 放弃 (U)/ 宽 度 (W)]: A ✓
指定夹角 : -180 ✓
指定圆弧的端点 （ 按住 <Ctrl> 键以切换方向 ）
或 [ 圆心 (CE)/ 半径 (R)]: @56,0 ✓
指定圆弧的端点 （ 按住 <Ctrl> 键以切换方向 ）
或 [ 角度 (A)/ 圆心 (CE)/ 闭合 (CL)/ 方向
(D)/ 半宽 (H)/ 直线 (L)/ 半径 (R)/ 第二个点
(S)/ 放弃 (U)/ 宽度 (W)]: L ✓
指定下一点或 [ 圆弧 (A)/ 闭合 (C)/ 半宽 (H)/
长度 (L)/ 放弃 (U)/ 宽度 (W)]: @0,-28.76 ✓
指定下一点或 [ 圆弧 (A)/ 闭 合 (C)/ 半宽
(H)/ 长度 (L)/ 放弃 (U)/ 宽度 (W)]: A ✓
指定圆弧的端点 （ 按住 <Ctrl> 键以切换方向 ）
或 [ 角度 (A)/ 圆心 (CE)/ 闭合 (CL)/ 方向
(D)/ 半宽 (H)/ 直线 (L)/ 半径 (R)/ 第二个点
(S)/ 放弃 (U)/ 宽度 (W)]: （捕捉多段线的起点）
指定圆弧的端点 （ 按住 <Ctrl> 键以切换方向 ）
或 [ 角度 (A)/ 圆心 (CE)/ 闭合 (CL)/ 方向
(D)/ 半宽 (H)/ 直线 (L)/ 半径 (R)/ 第二个点
(S)/ 放弃 (U)/ 宽度 (W)]: * 取消 *
```

结果如图 17-118 所示。

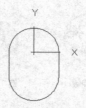

图 17-118　绘制多段线

（2）设置视图方向。选择菜单栏中的"视图"→"三维视图"→"西南等轴测"命令，将当前视图设置为西南等轴测视图。

（3）拉伸多段线。单击"三维工具"选项卡"建模"面板中的"拉伸"按钮 ▣，将步骤（1）中绘制的多段线进行拉伸处理，拉伸高度为"26"，结果如图 17-119 所示。

（4）设置视图方向。选择菜单栏中的"视图"→"三维视图"→"前视"命令，将当前视图设置为前视图。

（5）绘制多段线。单击"默认"选项卡"绘图"面板中的"多段线"按钮 ⌐，命令行提示如下。

```
命令：_pline
指定起点：-16.25,-28.76 ✓
当前线宽为 0.0000
指定下一个点或 [ 圆弧 (A)/ 半宽 (H)/ 长度 (L)/
放弃 (U)/ 宽度 (W)]：@0,24 ✓
指定下一点或 [ 圆弧 (A)/ 闭合 (C)/ 半宽 (H)/
长度 (L)/ 放弃 (U)/ 宽度 (W)]：@-1,0 ✓
指定下一点或 [ 圆弧 (A)/ 闭合 (C)/ 半宽 (H)/
长度 (L)/ 放弃 (U)/ 宽度 (W)]：@0,4.76 ✓
指定下一点或 [ 圆弧 (A)/ 闭合 (C)/ 半宽
(H)/ 长度 (L)/ 放弃 (U)/ 宽度 (W)]：A ✓
指定圆弧的端点（按住<Ctrl>键以切换方向）
或 [ 角度 (A)/ 圆心 (CE)/ 闭合 (CL)/ 方向
(D)/ 半宽 (H)/ 直线 (L)/ 半径 (R)/ 第二个点
(S)/ 放弃 (U)/ 宽度 (W)]：A ✓
指定夹角：-180 ✓
指定圆弧的端点（按住<Ctrl>键以切换方向）或
[ 圆心 (CE)/ 半径 (R)]：@34.5,0 ✓
指定圆弧的端点（按住<Ctrl>键以切换方向）
或 [ 角度 (A)/ 圆心 (CE)/ 闭合 (CL)/ 方向
(D)/ 半宽 (H)/ 直线 (L)/ 半径 (R)/ 第二个点
(S)/ 放弃 (U)/ 宽度 (W)]：L ✓
指定下一点或 [ 圆弧 (A)/ 闭合 (C)/ 半宽 (H)/
长度 (L)/ 放弃 (U)/ 宽度 (W)]：@0,-4.76 ✓
指定下一点或 [ 圆弧 (A)/ 闭合 (C)/ 半宽 (H)/
长度 (L)/ 放弃 (U)/ 宽度 (W)]：@-1,0 ✓
指定下一点或 [ 圆弧 (A)/ 闭合 (C)/ 半宽 (H)/
长度 (L)/ 放弃 (U)/ 宽度 (W)]：@0,-24 ✓
指定下一点或 [ 圆弧 (A)/ 闭合 (C)/ 半宽 (H)/
长度 (L)/ 放弃 (U)/ 宽度 (W)]：@1,0 ✓
指定下一点或 [ 圆弧 (A)/ 闭合 (C)/ 半宽
(H)/ 长度 (L)/ 放弃 (U)/ 宽度 (W)]：A ✓
指定圆弧的端点（按住<Ctrl>键以切换方向）
或 [ 角度 (A)/ 圆心 (CE)/ 闭合 (CL)/
(D)/ 半宽 (H)/ 直线 (L)/ 半径 (R)/ 第二个点
(S)/ 放弃 (U)/ 宽度 (W)]：A ✓
指定夹角：-180 ✓
指定圆弧的端点（按住<Ctrl>键以切换方向）
或 [ 圆心 (CE)/ 半径 (R)]：@-34.5,0 ✓
```

指定圆弧的端点（按住<Ctrl>键以切换方向）或 [角度 (A)/ 圆心 (CE)/ 闭合 (CL)/ 方向 (D)/ 半宽 (H)/ 直线 (L)/ 半径 (R)/ 第二个点 (S)/ 放弃 (U)/ 宽度 (W)]：L ✓
指定下一点或 [圆弧 (A)/ 闭合 (C)/ 半宽 (H)/ 长度 (L)/ 放弃 (U)/ 宽度 (W)]：@1,0 ✓
指定下一点或 [圆弧 (A)/ 闭合 (C)/ 半宽 (H)/ 长度 (L)/ 放弃 (U)/ 宽度 (W)]：✓
结果如图 17-120 所示。

图 17-119　拉伸多段线　　图 17-120　绘制多段线

（6）设置视图方向。选择菜单栏中的"视图"→"三维视图"→"西南等轴测"命令，将当前视图设置为西南等轴测视图。

（7）拉伸多段线。单击"三维工具"选项卡"建模"面板中的"拉伸"按钮 ▣，对步骤（5）中创建的多段线进行拉伸处理，拉伸高度为"26"，结果如图 17-121 所示。

（8）差集处理。单击"三维工具"选项卡"实体编辑"面板中的"差集"按钮 ▣，对外部拉伸实体和内部拉伸实体进行差集处理。消隐后的结果如图 17-122 所示。

图 17-121　拉伸多段线　　图 17-122　差集处理

> **注意**　在绘制泵体腔部的过程中，使用了先绘制多段线，然后拉伸图形的方式，这是因为该腔部的形状比较复杂。如果图形比较简单，则可以直接绘制实体。

（9）绘制圆柱体。单击"三维工具"选项卡"建模"面板中的"圆柱体"按钮 ▣，以（-28，-16.76,13）为中心点，绘制半径为"12"，轴端点为（@-7,0,0）的圆柱体；重复"圆柱体"命令，以（28,-16.76,13）为中心点，绘制半径为"12"，轴端点为（@7,0,0）的圆柱体，结果如图 17-123 所示。

（10）并集处理。单击"三维工具"选项卡"实体编辑"面板中的"并集"按钮 ，将视图中所有的图形合并。

（11）倒圆角。单击"默认"选项卡"修改"面板中的"圆角"按钮 ，对图 17-123 中的边 1 和边 2 进行圆角处理，圆角半径为"3"，结果如图 17-124 所示。

图 17-123　绘制圆柱体　　　　**图 17-124　倒圆角**

❷ 绘制泵体的支座。

（1）绘制长方体。单击"三维工具"选项卡"建模"面板中的"长方体"按钮 ，创建角点坐标为（-40,-67,2.6）和（@80,14,20.8）的长方体。重复"长方体"命令，创建角点坐标为（-23,-53,2.6）和（@46,10,20.8）的长方体，结果如图 17-125 所示。

（2）并集处理。单击"三维工具"选项卡"实体编辑"面板中的"并集"按钮 ，将视图中所有的图形合并，结果如图 17-126 所示。

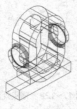
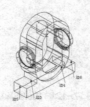

图 17-125　绘制长方体　　　　**图 17-126　并集处理**

（3）倒圆角。单击"默认"选项卡"修改"面板中的"圆角"按钮 ，对图 17-126 中的边 3 和边 4 进行圆角处理，圆角半径为"5"。重复"圆角"命令，对图 17-126 中的边 5 和边 6 进行圆角处理，圆角半径为"1"，结果如图 17-127 所示。

（4）设置视图方向。单击"视图"选项卡"命名视图"面板中的"前视"按钮 ，将当前视图设置为前视图。

（5）绘制多段线。单击"默认"选项卡"绘图"面板中的"多段线"按钮 ，命令行提示如下。

```
命令: _pline
指定起点 : -17.25,-28.76 ✓
当前线宽为 0.0000
指定下一个点或 [ 圆弧 (A)/ 半宽 (H)/ 长度
(L)/ 放弃 (U)/ 宽度 (W)]: @34.5,0 ✓
指定下一点或 [ 圆弧 (A)/ 闭合 (C)/ 半宽
(H)/ 长度 (L)/ 放弃 (U)/ 宽度 (W)]: A ✓
指定圆弧的端点 （按住<Ctrl>键以切换方向） 或
[ 度 (A)/ 圆心 (CE)/ 闭合 (CL)/ 方向 (D)/
半宽(H)/ 直线 (L)/ 半径 (R)/ 第二个点 (S)/
放弃 (U)/宽 度 (W)]: A ✓
指定夹角 : -180 ✓
指定圆弧的端点 （按住 <Ctrl> 键以切换方向 ）
或 [ 圆心 (CE)/ 半径 (R)]: @-34.5,0 ✓
指定圆弧的端点 （按住 <Ctrl> 键以切换方向 ）
或 [ 度 (A)/ 圆心 (CE)/ 闭合 (CL)/ 方向
(D)/ 半宽 (H)/ 直线 (L)/ 半径 (R)/ 第二个点
(S)/ 放弃 (U)/ 宽度 (W)]: ✓
```

结果如图 17-128 所示。

图 17-127　倒圆角　　　　**图 17-128　绘制多段线**

（6）设置视图方向。选择菜单栏中的"视图"→"三维视图"→"西南等轴测"命令，将当前视图设置为西南等轴测视图。

（7）拉伸多段线。单击"三维工具"选项卡"建模"面板中的"拉伸"按钮 ，对步骤（5）中绘制的多段线进行拉伸处理，拉伸高度为"26"，结果如图 17-129 所示。

（8）差集处理。单击"三维工具"选项卡"实体编辑"面板中的"差集"按钮 ，对泵体和步骤（7）中创建的拉伸实体进行差集处理，结果如图 17-130 所示。

图 17-129　拉伸多段线　　　　**图 17-130　差集处理**

（9）绘制长方体。单击"三维工具"选项卡"建模"面板中的"长方体"按钮 ，绘制角点为

（-20,-67,2.6）和（@40,4,20.8）的长方体，结果如图 17-131 所示。

（10）差集处理。单击"三维工具"选项卡"实体编辑"面板中的"差集"按钮 ◢，对泵体和步骤（9）中创建的长方体进行差集处理，结果如图 17-132 所示。

图 17-131　绘制长方体　　　图 17-132　差集处理

（11）倒圆角。单击"默认"选项卡"修改"面板中的"圆角"按钮 ⌒，对图 17-132 中的边 7 和边 8 进行圆角处理，圆角半径为"2"，结果如图 17-133 所示。

❸ 绘制连接孔。

（1）设置视图方向。选择菜单栏中的"视图"→"三维视图"→"前视"命令，将当前视图设置为前视图。

（2）绘制圆。单击"默认"选项卡"绘图"面板中的"圆"按钮 ⊙，绘制圆心为（-22,0），半径为"3.5"的圆。

（3）复制圆。单击"默认"选项卡"修改"面板中的"复制"按钮 ❀，将上一步绘制的圆复制到（@0,-28.76）,（0,-50.76）,（22,-28.76）,（22,0）和（0,22）处，结果如图 17-134 所示。

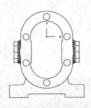

图 17-133　倒圆角　　　　图 17-134　复制圆

（4）设置视图方向。选择菜单栏中的"视图"→"三维视图"→"西南等轴测"命令，将当前视图设置为西南等轴测视图。

（5）拉伸圆。单击"三维工具"选项卡"建模"面板中的"拉伸"按钮 ◨，对 6 个圆进行拉伸处理，拉伸高度为"26"，结果如图 17-135 所示。

（6）差集处理。单击"三维工具"选项卡"实体编辑"面板中的"差集"按钮 ◢，分别对泵体与拉伸后的 6 个圆柱体进行差集处理，结果如图 17-136 所示。

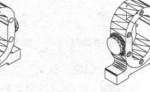

图 17-135　拉伸圆　　　　图 17-136　差集处理

（7）绘制圆柱体。单击"三维工具"选项卡"建模"面板中的"圆柱体"按钮 ◖，以坐标点（-35,-67,13）为中心点，绘制半径为"3.5"，轴端点为（@0,14,0）的圆柱体；重复"圆柱体"命令，以坐标点（35,-67,13）为中心点，绘制半径为"3.5"，轴端点为（@0,14,0）的圆柱体，消隐后如图 17-137 所示。

（8）差集处理。单击"三维工具"选项卡"实体编辑"面板中的"差集"按钮 ◢，分别对泵体与步骤（7）中创建的两个圆柱体进行差集处理，结果如图 17-138 所示。

图 17-137　绘制圆柱体　　　图 17-138　差集处理

❹ 绘制定位孔。

（1）设置视图方向。选择菜单栏中的"视图"→"三维视图"→"前视"命令，将当前视图设置为前视图，结果如图 17-139 所示。

（2）绘制圆。单击"默认"选项卡"绘图"面板中的"圆"按钮 ⊙，绘制圆心为（0,0），半径为"2.5"的圆。

（3）复制圆。单击"默认"选项卡"修改"面板中的"复制"按钮 ❀，将上一步绘制的圆复制到坐标点（@22<45）,（@22<135）和（@28.76<270），分别得到圆 2、圆 3 和圆 4；重复"复制"命令，将圆 4 复制到坐标点（@22<-45）和（@22<-135），结果如

图 17-140 所示。

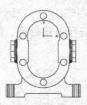
图 17-139　前视图中的图形

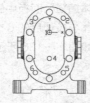
图 17-140　复制圆

（4）删除圆。单击"默认"选项卡"修改"面板中的"删除"按钮，删除图 17-140 中的圆 1 和圆 4，结果如图 17-141 所示。

（5）设置视图方向。选择菜单栏中的"视图"→"三维视图"→"西南等轴测"命令，将当前视图设置为西南等轴测视图。

（6）拉伸圆。单击"三维工具"选项卡"建模"面板中的"拉伸"按钮，对步骤（3）中创建的 4 个圆进行拉伸处理，拉伸高度为"26"，结果如图 17-142 所示。

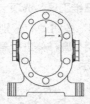
图 17-141　删除圆

图 17-142　拉伸圆

（7）差集处理。单击"三维工具"选项卡"实体编辑"面板中的"差集"按钮，分别对泵体与拉伸后的 4 个圆柱体进行差集处理，结果如图 17-143 所示。

❺ 绘制进出油口。

（1）绘制圆柱体。单击"三维工具"选项卡

"建模"面板中的"圆柱体"按钮，以坐标点（-35，-16.76，13）为中心点，绘制半径为"5"，轴端点为（@35，0，0）的圆柱体；重复"圆柱体"命令，以坐标点（0，-16.76，13）为中心点，绘制半径为"5"，轴端点为（@35，0，0）的圆柱体，结果如图 17-144 所示。

图 17-143　差集处理

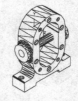
图 17-144　绘制圆柱体

（2）差集处理。单击"三维工具"选项卡"实体编辑"面板中的"差集"按钮，分别对泵体与步骤（1）中创建的两个圆柱体进行差集处理，结果如图 17-145 所示。

（3）设置视图方向。选择菜单栏中的"视图"→"三维视图"→"东南等轴测"命令，将当前视图设置为东南等轴测视图，结果如图 17-146 所示。

图 17-145　差集处理

图 17-146　东南等轴测视图中的图形

（4）渲染视图。单击"视图"选项卡"视觉样式"面板中的"概念"按钮，渲染后的图形如图 17-117 所示。

17.7　上机实验

【实验 1】绘制深沟球轴承立体图

1. 目的要求

轴承是一种转动轴的承载零件，深沟球轴承如图 17-147 所示。本实验的目的是帮助读者掌握轴承类零件立体图的设计方法。

图 17-147　深沟球轴承

2. 操作提示

（1）绘制轴承内外圈的截面轮廓。

（2）旋转生成轴承内外圈立体图。

（3）绘制轴承截面图。

（4）绘制单个滚珠。

（5）阵列。

（6）着色。

【实验2】绘制齿轮立体图

1. 目的要求

如图17-148所示，齿轮是一种非常重要的传动零件。本实验的目的是帮助读者掌握齿轮类零件立体图的设计方法。

图 17-148 齿轮

2. 操作提示

（1）绘制齿轮基体截面轮廓。

（2）旋转生成齿轮基体立体图。

（3）绘制齿轮截面图。

（4）拉伸生成齿轮立体图并阵列。

（5）移动齿轮立体图并进行布尔运算。

（6）绘制键槽和减重孔。

（7）着色。

【实验3】绘制端盖立体图

1. 目的要求

如图17-149所示，端盖属于典型的盘盖类零件。本实验的目的是帮助读者掌握盘盖类零件立体图的设计方法。

图 17-149 端盖

2. 操作提示

（1）绘制端盖截面轮廓。

（2）旋转生成端盖基体。

（3）镜像生成另两个端盖基体。

（4）绘制端盖轴孔和凹坑。

【实验4】绘制箱体立体图

1. 目的要求

如图17-150所示，箱体类零件属于机械零件中结构最复杂的零件，其立体图绘制也相对复杂。本实验的目的是帮助读者深入掌握机械零件立体图的设计方法。

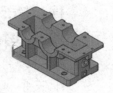

图 17-150 箱体

2. 操作提示

（1）绘制箱体主体。

（2）绘制箱体孔系。

（3）绘制耳钩。

（4）绘制油标插孔。

（5）绘制放油孔。

（6）局部细化。

（7）着色。

第18章

齿轮泵装配立体图

本章将详细讲解三维装配图——齿轮泵装配图的绘制过程。装配图表达了各个零件的相互位置、尺寸和结构形状。通过对本章的学习，读者能够掌握机械装配图的绘制方法和步骤，熟悉装配图的设计构思以及设备的工作原理和装配关系。

重点与难点

- ➡ 配置绘图环境
- ➡ 绘制齿轮泵装配图
- ➡ 剖切齿轮泵装配图
- ➡ 上机实验

18.1 配置绘图环境

齿轮泵装配图由泵体、垫片、左端盖、右端盖、长齿轮轴、短齿轮轴、轴套、锁紧螺母、键、锥齿轮、垫圈和压紧螺母等组成。

本实例的绘制思路为：首先打开基准零件图，将其变为平面视图；然后打开要装配的零件图，将其变为平面视图，将要装配的零件图复制粘贴到基准零件视图中；再通过确定合适的点，将要装配的零件图装配到基准零件图中；最后，通过着色及变换视图方向，为装配图设置合理的位置和颜色，并渲染处理。

STEP 绘制步骤

❶ 启动系统。启动 AutoCAD 2021，使用默认设

置的绘图环境。

❷ 建立新文件。选择菜单栏中的"文件"→"新建"命令，打开"选择样板"对话框，单击"打开"按钮右侧的▽按钮，以"无样板打开-公制"方式建立新文件；将新文件命名为"齿轮泵装配图 .dwg"并保存。

❸ 设置线框密度。执行"ISOLINES"命令，设置线框密度为"10"。

❹ 设置视图方向。单击"视图"选项卡"命名视图"面板中的"前视"按钮 ，将当前视图设置为前视图。

18.2 绘制齿轮泵装配图

齿轮泵装配图如图 18-1 所示。

图 18-1 齿轮泵装配图

STEP 绘制步骤

❶ 装配泵体。

（1）打开文件。单击快速访问工具栏中的"打开"按钮 ，打开随书资源中的"源文件\第 18 章\泵体 .dwg"文件。

（2）设置视图方向。单击"视图"选项卡"命名视图"面板中的"左视"按钮 ，将当前视图设置为左视图。

（3）复制泵体。选择菜单栏中的"编辑"→"带基点复制"命令，将"泵体"图形复制到"齿轮泵装配图"中。指定的插入点为（0,0），结果如图 18-2 所示。

（4）设置视图方向。单击"视图"选项卡"命

名视图"面板中的"西南等轴测"按钮 ，将当前视图设置为西南等轴测视图。

（5）单击"视图"选项卡"视觉样式"面板中的"概念"按钮 ，结果如图 18-3 所示。

图 18-2 复制泵体   **图 18-3 西南等轴测视图中的图形**

❷ 装配垫片。

（1）打开文件。单击快速访问工具栏上的"打开"按钮 ，打开随书资源中的"源文件\第 18 章\垫片 .dwg"文件，并改变图形中的坐标系，结果如图 18-4 所示。

（2）复制垫片。选择菜单栏中的"编辑"→"带基点复制"命令，将"垫片"图形复制到"齿轮泵装配图"中，基点为（0,0），插入点为（0,0），结果如图 18-5 所示。再向右端复制垫片。

该装配图中有两个垫片，分别位于左、右端盖和泵体之间，起密封作用。

图 18-4　垫片　　　　　图 18-5　复制垫片

❸ 装配左端盖。

（1）打开文件。单击快速访问工具栏中的"打开"按钮 📂，打开随书资源中的"源文件\第18章\左端盖.dwg"文件。

（2）设置视图方向。单击"视图"选项卡"命名视图"面板中的"右视"按钮 🔂，将当前视图设置为右视图。

 在装配图形时，要适当地变换装配图的视图方向，使其有利于图形的装配。

（3）旋转视图。单击"默认"选项卡"修改"面板中的"旋转"按钮 ↻，将左端盖视图旋转 90°。然后切换到西南等轴测视图，结果如图 18-6 所示。

（4）复制左端盖。选择菜单栏中的"编辑"→"带基点复制"命令，将"左端盖"图形复制到"齿轮泵装配图"中，使图 18-6 中的中点 2 与图 18-5 中的中点 1 重合，结果如图 18-7 所示。

图 18-6　设置视图方向后的左端盖　　图 18-7　复制左端盖

（5）着色面。单击"三维工具"选项卡"实体编辑"面板中的"着色面"按钮 🔩，对泵体进行着色处理，结果如图 18-8 所示。

❹ 装配右端盖。

（1）打开文件。单击快速访问工具栏上的"打开"按钮 📂，打开随书资源中的"源文件\第18章\右端盖.dwg"文件，如图 18-9 所示。

（2）设置视图方向。单击"视图"选项卡"命名视图"面板中的"左视"按钮 🔂，将当前视图设置为左视图。

图 18-8　着色后的图形　　　图 18-9　右端盖

（3）旋转视图。单击"默认"选项卡"修改"面板中的"旋转"按钮 ↻，将右端盖视图旋转 -90°，结果如图 18-10 所示。

图 18-10　变换视图后的右端盖

（4）设置视图方向。单击"视图"选项卡"命名视图"面板中的"西南等轴测"按钮 ⬒，将当前视图设置为西南等轴测视图，结果如图 18-11 所示。

图 18-11　西南等轴测视图中的图形

（5）复制右端盖。选择菜单栏中的"编辑"→"带基点复制"命令，将"右端盖"图形复制到"齿轮泵装配图"中，使图 18-11 中的中点 3 与图 18-12 中的中点 4 重合，结果如图 18-13 所示。

图 18-12　选择重合点　　　图 18-13　复制右端盖

（6）着色面。单击"三维工具"选项卡"实体编辑"面板中的"着色面"按钮 🔩，对泵体进行着色处理，结果如图 18-14 所示。

❺ 装配长齿轮轴。

（1）打开文件。单击快速访问工具栏上的"打开"按钮 📂，打开随书资源中的"源文件\第18章\长齿轮轴 .dwg"文件，如图 18-15 所示。

图 18-14　着色后的图形　　　图 18-15　长齿轮轴

（2）设置视图方向。单击"视图"选项卡"命名视图"面板中的"左视"按钮，将当前视图设置为左视图，并对图形设置线框显示。

（3）复制长齿轮轴。选择菜单栏中的"编辑"→"带基点复制"命令，将"长齿轮轴"图形复制到"齿轮泵装配图"中，使图 18-16 中的点 5 和点 6 重合，结果如图 18-17 所示。

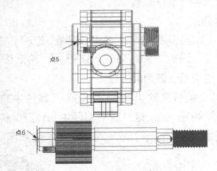

图 18-16　长齿轮轴的放置位置

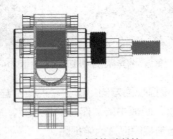

图 18-17　复制长齿轮轴

（4）单击"视图"选项卡"视觉样式"面板中的"概念"按钮 🎨，西南等轴测视图中的长齿轮轴装配立体图如图 18-18 所示。

❻ 装配短齿轮轴。

（1）打开文件。单击快速访问工具栏上的"打开"按钮 📂，打开随书资源中的"源文件\第18章\短齿轮轴 .dwg"文件，如图 18-19 所示。

 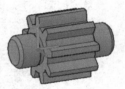

图 18-18　"概念"视觉样式下的图形　图 18-19　短齿轮轴

（2）复制短齿轮轴。选择菜单栏中的"编辑"→"带基点复制"命令，将"短齿轮轴"图形复制到"齿轮泵装配图"中，使图 18-20 中的点 7 和点 8 重合，结果如图 18-21 所示。

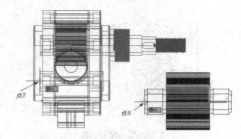

图 18-20　短齿轮轴的放置位置

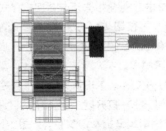

图 18-21　复制短齿轮轴

（3）单击"视图"选项卡"视觉样式"面板中的"概念"按钮 🎨，西南等轴测视图中的短齿轮轴装配立体图如图 18-22 所示。

❼ 装配轴套。

（1）打开文件。单击快速访问工具栏上的"打开"按钮 📂，打开随书资源中的"源文件\第18章\轴套 .dwg"文件，如图 18-23 所示。

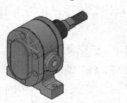

图 18-22　"概念"视觉样式下的图形　图 18-23　轴套

（2）复制轴套。选择菜单栏中的"编辑"→"带基点复制"命令，将"轴套"图形复制到"齿轮泵装配图"中，使图 18-24 中的点 9 和点 10 重合。线框显示后的结果如图 18-25 所示。

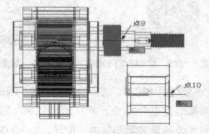

图 18-24　轴套的放置位置

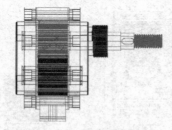

图 18-25　复制轴套

（3）单击"视图"选项卡"视觉样式"面板中的"概念"按钮 ，东北等轴测视图中的轴套装配立体图如图 18-26 所示。

❽ 装配锁紧螺母。

（1）打开文件。单击快速访问工具栏上的"打开"按钮 ，打开随书资源中的"源文件\第 18 章\锁紧螺母.dwg"文件，如图 18-27 所示。

图 18-26　"概念"视觉样式下的图形　　图 18-27　锁紧螺母

（2）设置视图方向。单击"视图"选项卡"命名视图"面板中的"右视"按钮 ，将当前视图设置为右视图。

（3）复制锁紧螺母。选择菜单栏中的"编辑"→"带基点复制"命令，将"锁紧螺母"图形复制到"齿轮泵装配图"中，使图 18-28 中的点 11 和点 12 重合。线框显示后的视图如图 18-29 所示。

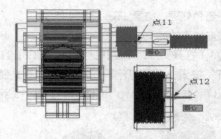

图 18-28　锁紧螺母的放置位置

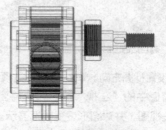

图 18-29　复制锁紧螺母

（4）单击"视图"选项卡"视觉样式"面板中的"概念"按钮 ，东南等轴测视图中的结果如图 18-30 所示。

❾ 装配键。

（1）设置视图方向。单击"视图"选项卡"命名视图"面板中的"前视"按钮 ，将装配图的当前视图设置为前视图。

（2）打开文件。单击快速访问工具栏中的"打开"按钮 ，打开随书资源中的"源文件\第 18 章\键.dwg"文件，如图 18-31 所示。

图 18-30　"概念"视觉样式下的图形　　图 18-31　键

（3）设置视图方向。单击"视图"选项卡"命名视图"面板中的"俯视"按钮 ，将键立体图的当前视图设置为俯视图。

（4）复制键。选择菜单栏中的"编辑"→"带基点复制"命令，将"键"图形复制到"齿轮泵装配图"中，使图 18-32 中的点 13 和点 14 重合。

（5）单击"视图"选项卡"视觉样式"面板中的"概念"按钮 ，东南等轴测视图中的结果如图 18-33 所示。

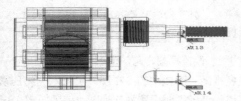

图 18-32　键的放置位置

图 18-35　锥齿轮　**图 18-36　设置视图方向后的锥齿轮**

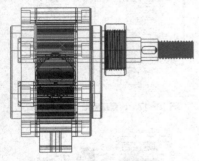

图 18-33　"概念"视觉样式下的图形

> **注意**　在装配立体图时，通常使用平面视图，这就可能引起面装配到位，而体装配不到位的问题。所以装配立体图时，要适当地变换视图方向，看看装配体是否到位，并借助变换的视图方向，进行二次装配。

⑩ 装配锥齿轮。

（1）设置视图方向。单击"视图"选项卡"命名视图"面板中的"前视"按钮，将装配图的当前视图设置为前视图，结果如图 18-34 所示。

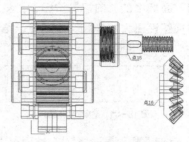

图 18-37　锥齿轮的放置位置

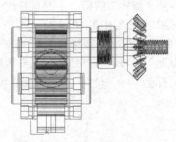

图 18-38　复制锥齿轮

（5）单击"视图"选项卡"视觉样式"面板中的"概念"按钮，东南等轴测视图中的结果如图 18-39 所示。

图 18-34　前视图中的图形

（2）打开文件。单击快速访问工具栏中的"打开"按钮，打开随书资源中的"源文件\第18章\锥齿轮.dwg"文件，如图 18-35 所示。

（3）设置视图方向。使用三维视图以及旋转命令，将锥齿轮视图设置为图 18-36 所示方向。

（4）复制锥齿轮。选择菜单栏中的"编辑"→"带基点复制"命令，将"锥齿轮"图形复制到"齿轮泵装配图"中，使图 18-37 中的点 15 和点 16 重合。线框显示的结果如图 18-38 所示。

图 18-39　"概念"视觉样式下的图形

> **注意**　在装配锥齿轮立体图时，不要采用中心点来装配，这是因为采用轴上的中心点时，采集点在键上，装配时会导致两个零件不在同一轴线上。

⑪ 装配垫圈。

（1）打开文件。单击快速访问工具栏中的"打开"按钮，打开随书资源中的"源文件\第18

章\垫圈 .dwg 文件",如图 18-40 所示。

图 18-40　垫圈

（2）设置视图方向。单击"视图"选项卡"命名视图"面板中的"前视"按钮，将垫圈的当前视图设置为前视图。线框显示结果如图 18-41 所示。

图 18-41　垫圈的前视图

（3）旋转垫圈。单击"默认"选项卡"修改"面板中的"旋转"按钮 ↺，将前视图中的垫圈旋转 -90°，结果如图 18-42 所示。

（4）复制垫圈。选择菜单栏中的"编辑"→"带基点复制"命令，将"垫圈"图形复制到"齿轮泵装配图"中，使图 18-43 中的点 17 和点 18 重合。

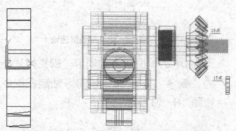

图 18-42　旋转后的垫圈　　图 18-43　垫圈的放置位置

（5）单击"视图"选项卡"视觉样式"面板中的"概念"按钮，东南等轴测视图中的结果如图 18-44 所示。

⑫ 装配长齿轮轴压紧螺母。

（1）打开文件。单击快速访问工具栏中的"打开"按钮，打开随书资源中的"源文件\第18章\长齿轮轴压紧螺母 .dwg"文件，如图 18-45 所示。

图 18-44　"概念"视觉样式下的图形　图 18-45　压紧螺母

> **注意** 压紧螺母立体图的绘制方式与螺母的绘制方式是一样的，它的具体尺寸可以参考机械设计手册。

（2）设置视图方向。单击"视图"选项卡"命名视图"面板中的"左视"按钮，将压紧螺母的当前视图设置为左视图，结果如图 18-46 所示。

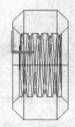

图 18-46　左视图中的压紧螺母

（3）复制长齿轮轴压紧螺母。选择菜单栏中的"编辑"→"带基点复制"命令，将"长齿轮轴压紧螺母"图形复制到"齿轮泵装配图"中，使图 18-47 中的点 A 和点 B 重合。结果如图 18-48 所示。

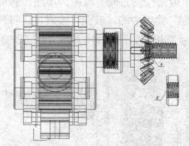

图 18-47　设置压紧螺母的放置位置

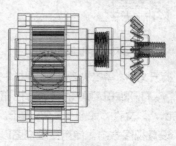

图 18-48　复制压紧螺母

（4）设置视图方向。单击"视图"选项卡"命名视图"面板中的"东南等轴测"按钮，将装配后的当前视图设置为东南等轴测视图。渲染后的图形如图 18-1 所示。

18.3 剖切齿轮泵装配图

剖切的齿轮泵装配图如图 18-49 所示。

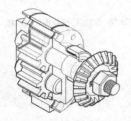

图 18-49 渲染后的 1/2 剖切视图

STEP 绘制步骤

❶ 1/4 剖切视图。

（1）打开文件。单击快速访问工具栏中的"打开"按钮，打开随书资源中的"源文件\第18章\齿轮泵装配图.dwg"文件。

（2）消隐视图。选择菜单栏中的"视图"→"消隐"命令，对视图进行消隐。

（3）剖切视图。选择菜单栏中的"修改"→"三维操作"→"剖切"命令，命令行提示如下。

```
命令：_slice
选择要剖切的对象：（用鼠标依次选择左端盖、两个垫
片、右端盖、泵体、锁紧螺母共6个零件，如图18-50
所示）
选择要剖切的对象：✓
指定 切面 的起点或 [ 平面对象 (O)/ 曲面 (S)/Z
轴 (Z)/ 视图 (V)/XY(XY)/YZ(YZ)/ZX(ZX)/ 三
点 (3)] < 三点 >：XY ✓
指定 XY 平面上的点 <0,0,0>：✓
在所需的侧面上指定点或 [ 保留两个侧面 (B)]<
保留两个侧面 >：B ✓
命令：SLICE ✓
选择要剖切的对象：（用鼠标依次选择左端盖、两个垫
片、右端盖、泵体、锁紧螺母共6个零件，如图18-51
所示）
选择要剖切的对象：✓
指定 切面 的起点或 [ 平面对象 (O)/ 曲面 (S)/
Z 轴 (Z)/ 视图 (V)/XY(XY)/YZ(YZ)/ZX(ZX)/
三点 (3)] < 三点 >：ZX ✓
指定 ZX 平面上的点 <0,0,0>：（捕捉泵体左端面圆
心点 A，如图 18-51 所示）
在所需的侧面上指定点或 [ 保留两个侧面 (B)]<
保留两个侧面 >：0,0,10 ✓
在所需的侧面上指定点或 [ 保留两个侧面 (B)] <
保留两个侧面 >：✓
```

剖切后的图形如图 18-52 所示。

图 18-50 选择要剖切的对象

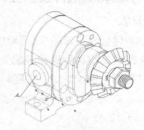

图 18-51 选择要剖切的对象

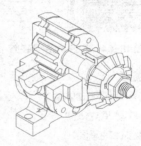

图 18-52 1/4 剖切视图

❷ 1/2 剖切视图。

（1）打开文件。单击快速访问工具栏中的"打开"按钮，打开随书资源中的"源文件\第18章\齿轮泵装配图.dwg"文件。

（2）消隐视图。选择菜单栏中的"视图"→"消隐"命令，对视图进行消隐。

（3）剖切视图。选择菜单栏中的"修改"→"三维操作"→"剖切"命令，命令行提示如下。

```
命令：_slice
选择要剖切的对象：（用鼠标依次选择左端盖、两个垫
片、右端盖、泵体、锁紧螺母共6个零件，如图18-53
所示）
选择要剖切的对象：✓
指定切面的起点或 [ 平面对象 (O)/ 曲面 (S)/Z 轴
```

(Z)／视图(V)/XY(XY)/YZ(YZ)/ZX(ZX)／三点
(3)]＜三点＞: XY ✓
指定 XY 平面上的点 <0,0,0>: ✓
在所需的侧面上指定点或 ［保留两个侧面 (B)]
＜保留两个侧面 ＞: 0,0,-10 ✓

（4）对相应的面和实体进行着色处理，渲染后
的图形如图 18-49 所示。

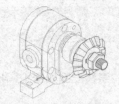

图 18-53　选择要剖切的对象

18.4　上机实验

【实验1】小齿轮轴组件装配立体图

1. 目的要求

小齿轮轴组件装配图如图18-54所示。装配图
主要用于表达部件的结构原理和装配关系，是一种
非常重要的工程图。在绘制时，主要利用图块插入
的方法来完成。本实验的目的是帮助读者深入掌握
机械装配图的设计方法。

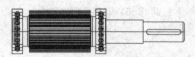

图 18-54　小齿轮轴组件装配图

2. 操作提示

（1）打开小齿轮轴立体图。
（2）插入小轴承立体图。
（3）复制立体轴承图。

【实验2】减速箱总体装配立体图

1. 目的要求

减速箱总装配图如图18-55所示。总装配图是

在组件装配图的基础上进行绘制的。本实验的目的
是帮助读者综合掌握机械装配图的设计方法。

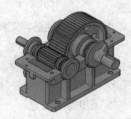

图 18-55　减速箱总装配图

2. 操作提示

（1）打开减速箱箱体立体图。
（2）插入小齿轮轴组件图块。
（3）插入大齿轮组件图块。
（4）插入端盖图块。
（5）插入油标尺图块。